超超临界火电机组技术问答丛书

电气运行技术问答

李洪战　霍永红　主编
闫修峰　宋志明　主审

中国电力出版社
www.cepp.com.cn

内 容 提 要

本书是《超超临界火电机组技术问答丛书》之一。

本书可作为《超超临界火电机组丛书　电气设备与运行》的配套教材。全书共分十一章，主要内容为基础知识与基本理论、同步发电机及其运行、同步发电机的励磁系统、电力变压器及其运行、电气接线和配电装置、断路器和隔离开关、互感器和避雷器、保安电源和 UPS、直流系统、继电保护以及自动装置等。每一章均以问答形式，从设备运行及检修维护角度精心设计了难易适中的技术问答题目，并结合实际给出了详尽的答案，供读者参考。

本书可供从事超超临界火电机组设计、安装、调试、运行、检修及管理工作的工程技术人员培训使用，也可供高等院校相关专业师生参考。

图书在版编目（CIP）数据

电气运行技术问答/李洪战，霍永红主编．—北京：中国电力出版社，2008.6（2019.10重印）
（超超临界火电机组技术问答丛书）
ISBN 978-7-5083-7062-0

Ⅰ. 电…　Ⅱ. ①李…②霍…　Ⅲ. 火电厂-电力系统运行-问答
Ⅳ. TM 621-44

中国版本图书馆 CIP 数据核字(2008)第 060979 号

中国电力出版社出版、发行
（北京市东城区北京站西街 19 号　100005　http://www.cepp.sgcc.com.cn）
三河市百盛印装有限公司印刷
各地新华书店经售

*

2008 年 6 月第一版　　2019 年 10 月北京第四次印刷
850 毫米×1168 毫米　32 开本　14.625 印张　392 千字　2 插页
印数 6501—7500 册　　定价 **45.00** 元

超超临界火电机组技术问答丛书

编　委　会

前言

超超临界发电技术是在超临界发电技术基础上发展起来的一种成熟、先进、高效的发电技术，可以大幅度提高机组的热效率，在国际上已经是商业化的成熟发电技术。近十几年来，世界上许多发达国家都在积极开发和应用超超临界参数发电机组。超超临界发电技术是我国电力工业升级换代，缩小与发达国家技术与装备差距的新一代技术，因此随着超超临界火电机组的国产化，我国在今后新增的火电装机结构中必将大力发展超超临界机组。超超临界火电技术的发展，还将带动制造工业、材料工业、环保工业及其他相关产业的发展，创造新的经济增长点，是电力工业可持续发展的战略选择。

为帮助从事超超临界火力发电机组设计、制造、运行和检修工作的技术人员和管理人员尽快掌握超超临界火力发电技术，山东省电力学校组织编写了《超超临界火电机组技术问答丛书》。

《超超临界火电机组技术问答丛书》以山东邹县发电厂超超临界火电机组为例，编写内容紧密结合现场实际，知识点全面，数据充分，可作为《超超临界火电机组丛书》的配套教材使用，既可供从事超超临界火力发电机组运行、检修工作的技术人员培训使用，也可供电厂管理人员和高等院校相关专业师生参考。

《超超临界火电机组技术问答丛书》共五个分册：《超超临界火电机组技术问答丛书　锅炉运行技术问答》、《超超临界火电机组技术问答丛书　汽轮机运行技术问答》由山东省电力学校张磊主编，《超超临界火电机组技术问答丛书　电气运行技术问答》由山东省电力学校李洪战、霍永红主编，《超超临界火电机组技术问答丛书　热工控制系统技术问答》由山东省电力学校柴彤主编，《超超临界火电机组技术问答丛书　环境保护与管理技术问答》由山东省电力学校张磊、刘红蕾合编。

在《超超临界火电机组技术问答丛书》的编写过程中，华电国际、中国东方电气集团公司、西北电力设计院、山东省电建一公司、山东省电建三公司、山东省电力研究院、山东省电力咨询院提供了大量的技术资料和帮助，在此表示衷心的感谢。

由于水平所限，加之时间仓促，疏漏之处在所难免，恳请广大读者批评指正。

《超超临界火电机组技术问答丛书》编委会

2008年3月

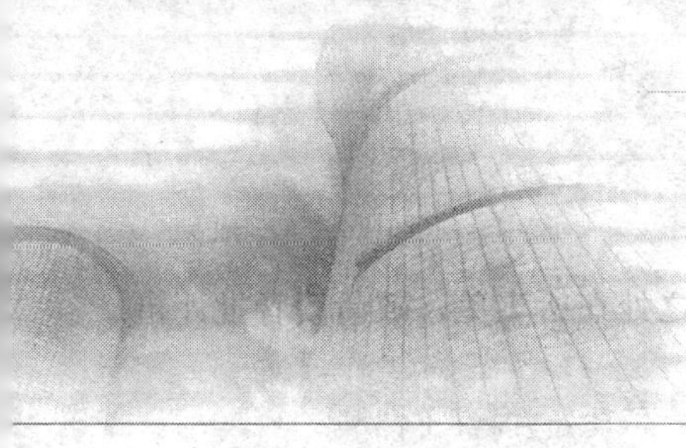

本书前言

随着超临界机组已向大容量、高参数、高效率、低污染的超超临界机组发展的国际大趋势，中国电力工业也进入了大机组、大电厂、大电网、超（特）高压、自动化和信息化的全新发展时期。尽快掌握世界先进的超超临界发电技术，尽快提高百万千瓦级超超临界发电机组的设计、制造、运行、维护及管理水平，成为电力工业相关生产人员、科研人员、管理人员及其他相关专业技术人员的迫切要求。在此背景下，我们以华电山东邹县发电厂 2×1000MW 发电机组相关技术资料以及机组安装、调试、运行、维护等过程的相关经验，编写了本书。

本书以大量翔实的技术资料为基础，紧密结合现场实际，经过精心归纳、整理和总结，以问答形式编写了超超临界火电机组的发电机、变压器、继电保护与自动装置以及其他电气设备和系统的性能、特点及运行维护知识。本书内容丰富，覆盖面广，突出所涉及问题的实用性和针对性，通俗易懂，易于掌握，是一本适合生产、科研、管理及其他工程技术人员使用的参考书。

本书由山东省电力学校李洪战、霍永红主编并统稿，尹君、潘磊、张志龙参编。全书共分十一章，其中第一、十、十一章由霍永红编写，第二、五、六章由李洪战编写，第三章由华电邹县发电厂尹君编写，第四、七章由黑龙江佳木斯热电厂潘磊编写，第八、九章由大唐佳木斯第二发电厂张志龙编写。华电邹县发电厂闫修峰和山东省电力学校宋志明担任本书主审，对全书进行了认真审阅并提出了很多宝贵意见和建议。

在本书编写过程中，得到了华电邹县发电厂现场技术人员的大力支持和帮助，参阅了大量正式出版文献以及邹县发电厂、设备制造厂、电力设计院及安装单位的大量技术资料等，在此一并表示感谢。

由于编者水平所限，本书疏漏之处在所难免，敬请读者批评指正。

编　者

2008年3月

目录

第二章 同步发电机及其运行

第三章 同步发电机的励磁系统

第四章 电力变压器及其运行

第五章　电气接线和配电装置

第六章 断路器和隔离开关

第七章 互感器和避雷器

第八章 保安电源和 UPS

第九章 直 流 系 统

第十章 继 电 保 护

第十一章 自 动 装 置

第一章

基础知识与基本理论

1-1　电场和磁场的基本概念是什么？各有什么特性？

在带电体周围的空间，存在着一种特殊的物质，它对放在其中的任何电荷表现为力的作用，这一特殊物质叫做电场。

磁场也是一种特殊形态的物质，它的存在通常是通过对磁性物质和运动电荷具有作用力而表现出来。

磁场和电场相似，均具有力和能的特性。

1-2　电力线与磁力线各有何特点？

在静电场中，电力线是一簇假想的用来描述电场状态的曲线，曲线上每一点的切线方向代表该点电场强度的方向，曲线的疏密程度表示电场强度的大小。电力线总是从正电荷出发，终止于负电荷，不闭合、不中断、不相交。

磁力线是一簇假想的用以形象描述磁场特性的虚拟曲线，曲线上某点的切线方向表示该点磁场的方向，曲线的疏密程度表示该点磁感应强度的大小。磁力线总是从磁铁N极出发回到S极，在磁铁内部是从S极到N极的闭合曲线，不中断、不相交。

1-3　电路和磁路的基本概念是什么？它们的区别是什么？

简单地说，电路就是电流流通的路径，它是由若干电气设备包括电源、负载和开关电器及传输导线等部件按一定方式组合起来的。

所谓磁路，同样可以简单地理解为是磁通流通的路径。由于电气设备的铁芯材料都具有相当高的磁导率，远大于铁芯周围的空气、真空或油的磁导率，因此当线圈中流经电流时，产生的磁通绝大多数会被约束在由铁芯及铁芯中的气隙构成的磁路中流通，称为主磁通。而铁芯外部相对很弱的磁通称为漏磁通。

电路和磁路在形式上有可类比之处，但二者有本质的区别。电路中流通的电流是真实的带电粒子的运动而形成的，而磁路中“流通”的磁通只是一种假想的分析手段而已。直流电通过电阻会引起能量损耗，而恒定磁通通过磁阻不会引起任何形式的能量损失，只是表示有能量存储在该磁阻代表的磁路当中。

1-4 如何描述电和磁之间的基本关系？

（1）电流的磁效应。电流流过导体时，在导体周围会产生磁场，电流与磁场的方向符合右手螺旋定则。

（2）电磁感应定律。设磁场中有一匝数为 N 的线圈，当磁场发生变化时，线圈两端将会产生感应电动势。

1）磁场的大小、方向随时间变化时，若规定的正方向符合右手螺旋定则，则感应电动势为 $e=-N\frac{d\Phi}{dt}$（Φ 为磁通量）。

2）导体与磁场在空间上发生相对运动时，若规定的正方向符合右手定则，则产生的感应电动势为

$$e = Blv$$

式中 B——磁感应强度；

l——导体的长度；

v——运动速度。

（3）电磁力定律。在磁场中，载流导体会受到电磁力的作用，如果导体与磁场相互垂直，则导体受到的电磁力为

$$f = Bli$$

式中 B——磁感应强度；

l——导体的长度；

i——电流强度。

电磁力的方向根据左手定则判断。

（4）电感。当线圈中的电流发生变化时，这个变化的电流引起的变化的磁通，在线圈自身引起电磁感应的现象称为自感。由于一个电路中的磁通量的变化，而引起与之有磁联系的相邻电路中产生感应电动势的现象称为互感。

（5）安培环路定律（全电流定律）。在磁场中，磁场强度矢量 $\dot{H}$ 沿任一闭合回路的线积分等于穿过该闭合路径的电流的代数和，即

$$\oint \dot{H} \mathrm{d}l = \sum \dot{I} \tag{1-1}$$

在发电机、变压器中，通常磁路由多段组成，运用这一定律时，可写成

$$\sum_{k=1}^{n} H_k L_k = \sum \dot{I} = N\dot{I} \tag{1-2}$$

式中 $N\dot{I}$——磁动势，安匝。

（6）电路和磁路的类比。工程上常把磁场简化为磁路来处理，磁路与电路具有形式上的相似之处，将磁路类比于电路有助于理解磁路的基本概念和分析方法。类比情况详见表 1-1。

表 1-1　　电路与磁路的类比

电　路	磁　路
电动势 E(V)	磁动势 NI 或 F(A)
电流 I(A)	磁通 Φ(Wb)
电阻 $R=\rho\dfrac{l}{S}$(Ω)	磁阻 $R_m=\dfrac{l}{\mu S}$(H^{-1})
电导 $G=\dfrac{1}{R}$(S)	磁导 $\Lambda=\dfrac{1}{R_m}$(H)
欧姆定律 $U=IR$	欧姆定律 $F=\Phi R_m$
节点 $\sum I=0$	节点 $\sum \Phi=0$
回路 $\sum E=\sum U$	回路 $\sum F=\sum U_m$
场强 $\oint E\mathrm{d}l=U$	场强 $\oint H\mathrm{d}l=IN$
电流密度 $j=\dfrac{I}{S}$(A/m^2)	磁通密度 $B=\dfrac{\Phi}{S}$(T)
电导率 $\sigma=\dfrac{j}{E}$(S/m)	磁导率 $\mu=\dfrac{B}{H}$(H/m)

1-5　什么是楞次定律？如何利用楞次定律判断感应电动势或感生电流的方向？

线圈中感应电动势的方向总是企图使它所产生的感应电动势反抗原有磁通的变化，这一规律称为楞次定律。楞次定律可以简单地

表述为，感应电动势或感生电流总是阻碍产生它本身的原因。

利用楞次定律可以判断任何感应电动势或感生电流的方向。例如，在磁铁插入线圈的过程中，穿过线圈的磁通是从无到有、从少到多的增加过程，即$\frac{d\Phi}{dt}>0$，在这个过程中产生感生电流。这个感生电流所产生的磁通是阻碍外加磁通增加的，它的方向与外加磁通相反。既然感生电流的磁通方向已确定，那么按右手螺旋定则可以容易地确定出感生电流的方向。

1-6 人们对电磁现象的认知过程是怎样的？

最初的认识来源于人们对于电磁现象的观察记录，公元前6世纪希腊学者泰勒斯（Thales）观察到用布摩擦过的琥珀能吸引轻微物体。在我国，最早是在公元前4～3世纪战国时期《韩非子》中有关“司南勺”（一种用天然磁石做成的指向工具）和《吕氏春秋》中有关“磁石召铁”的记载。东汉王充在《论衡》一书中记有“顿牟缀芥，磁石引针”字句（顿牟即琥珀，缀芥即吸拾轻微物体）。西方在16世纪末，吉尔伯特（William Gilbert）对“顿牟缀芥”现象以及磁石的相互作用做了较详细的观察和记录。Electricity（电）这个字就是他根据希腊字“琥珀”创造的。在我国，“电”字最早见于周朝（公元前8世纪）遗物青铜器“番生簋”上的铭文中，是雷电这种自然现象的观察记录。

后来，对电磁现象的定量理论研究，为电磁现象赋予了科学的含义。库仑1785年发现了电荷之间的相互作用，其后通过泊松、高斯等人的研究形成了静电场（以及静磁场）的理论。伽伐尼于1786年发现了电流，后经伏特、欧姆、法拉第等人发现了关于电流的定律。1820年，奥斯特发现了电流的磁效应，很快，毕奥—萨伐尔、安培、拉普拉斯等做了进一步定量的研究。1831年，法拉第发现了著名的电磁感应现象，并提出了场和力线的概念，进一步揭示了电与磁的联系。在这样的基础上，麦克斯韦集前人之大成，再加上他极富创见的关于感应电场和位移电流的假说，建立了以一套方程组（麦克斯韦方程）为基础的完整的宏观的电磁场理论，使人类对宏观电磁现象的认识达到了一个新的高度。麦克斯韦的这一成就可以认为是从牛顿建立力学理论到爱因斯坦提出相对论的这段时期中物理学史上最主要的理论成果。

1905年，爱因斯坦创立了相对论。它不但使人们对牛顿力学有了更全面的认识，也使人们对已知的电磁现象和理论有了更深刻的理解。可以证明，从不同的参考系观测，同一电磁场可表现为只是电场，或只是磁场，或电场和磁场并存。更确切地说，表征电磁场的物理量——电场强度和磁感应强度是随参考系改变的，这说明电磁场是一个统一的整体。电磁感应和电磁波是揭示电场和磁场相互联系的规律。

1-7 物质的磁性是从哪里来的？磁性物质的分类及其特点有哪些？

19世纪，法国科学家安培提出一个假说，即组成磁铁的最小单元（磁分子）就是环型电流。若这样一些分子环流定向排列起来，在宏观上就会显示出磁性来，其中磁性最强的部分称为磁极（N极、S极），这就是安培分子环流假说。我们知道，原子是由带正电的原子核和绕核旋转的带负电的电子组成。电子不仅绕核旋转，而且还自转。原子、分子等微观粒子内电子的这些运动形成了“分子环流”，这便是物质磁性的基本来源。

不同的物质按照导磁性能的不同，可分为顺磁性物质（顺磁质）、逆磁性物质（抗磁质）和铁磁性物质（铁磁质）三类。其中前两种物质属于非铁磁性物质，它们的导磁性能很低，磁导率是接近于真空的磁导率 $\mu_0=4\pi\times10^{-7}$ H/m，如空气、铜、铝和绝缘材料等物质；而铁磁性物质如铁、钴、镍及其合金等，具有相当高的导磁性能，其磁导率远大于真空磁导率的几千甚至上万倍。值得注意的是，磁场是以场的形式存在，导磁体与非导磁体，或铁磁性物质与非铁磁性物质的磁导率差别不像物质的电导率那样差别巨大，因而磁力线不只是顺着导磁体传播，而是可以向各个方向散播的。不存在磁的绝缘体物质，这也是电机设备中漏磁通产生的主要原因。

铁磁性物质根据其磁滞回线的形状及其在工程上的应用，主要分为硬磁（永磁）材料和软磁材料两大类。这两类材料特点如下：

（1）硬磁材料的特点是磁滞回线较宽，剩磁和矫顽磁力都较大，这类材料在磁化后能保持很强的剩磁，适宜于制作永久磁铁。常用的硬磁材料有铝钴镍合金、钨钢、钴钢、钡铁氧体等，在磁电式仪表、电声器材、永磁发电机等设备中所用的磁铁就是硬磁材料。

（2）软磁材料的特点是磁导率高，磁滞回线狭窄、回线面积小，磁滞损耗小。软磁材料又分为用于低频和高频两种。用于高频的软磁材料要求具有较大的电阻率，以减少高频涡流损失，常用的有铁氧体，如半导体收音机中的磁棒和中周变压器的铁芯就是用的软磁铁氧体。用于低频的有铸钢、硅钢、坡莫合金等。电机、变压器等设备中的铁芯多为硅钢片。

1-8　磁场的特征是什么？

磁场是由电流产生的。恒定电流产生恒定磁场，交变电流产生交变磁场。磁场也是物质的一种形态，具有一定的质量和能量。

磁场的特征为：

（1）磁场对处于其中的载流导体、运动的电荷及磁针都有一定方向的电磁力作用，即磁场有力的效应。

（2）磁场以其储存的磁能作用于的磁场范围内的其他带有电流的导体，使其移动，也就是说，磁场可以做功，即磁场有能量的效应。

1-9　表征磁场特性的四个物理量是什么？

（1）磁感应强度。磁感应强度是表征磁场的力效应的物理量，用 B 表示。在磁场中某点有一小段导线 Δl，其中通过电流 I，并与磁场方向垂直，它所受的电磁力为 ΔF 时，则磁场在该点的磁感应强度的大小为 $B=\frac{\Delta F}{I\Delta l}$，国际单位为特斯拉（tesla），用 T 表示。磁感应强度的方向就是该点的磁场方向。

（2）磁通。在磁场中，磁感应强度与垂直磁场方向的面积的乘积，叫做沿法线正方向穿过该面积的磁感应强度向量的通量，简称磁通（magnetic flux），用 Φ 表示，国际单位为韦伯（weber），单位符号为 Wb。若磁场为均匀磁场，面积 S 垂直于磁场方向，则 $\Phi=BS$，即 $B=\frac{\mathrm{d}\Phi}{\mathrm{d}S}$，因此，某一点的磁感应强度也就是该点的磁通密度。

（3）磁导率。磁场不仅与产生它的电流及导体的形状有关，而且与磁场内磁介质的性质有关。磁导率是一个用来表示磁介质磁性的量，用 μ 表示。磁导率的国际单位为 H/m（亨利/米）。不同的物质有不同的 μ，根据 μ 的不同可以将物质分为铁磁性物质和非铁磁性物质。非铁磁性物质的 μ 基本不变，而铁磁性物质的 μ 会随着磁感应强度及温度的变化呈非线性变化，这就是铁磁性物质存在饱和特性的主要原因。

（4）磁场强度。磁场强度用 H 表示，也是磁场的一个基本物理量。在无限大的均匀磁介质中，如果载流导体的形状、电流大小及所求点在磁场中的位置确定时，磁场强度这个量与磁介质的磁性无关。也就是说，对同一相对位置的某一点来说，如果磁场强度相同而磁介质不同，则磁感应强度不同，即 $H=\frac{B}{\mu}$，其国际单位为 A/m。这就是电机设备应该采用高磁导率的铁磁性物质做铁芯材料的主要原因。

以关系式 $B=\mu H$ 作出磁感应强度 B 和磁场强度 H 的关系曲线，称为磁化曲线 $B=f(H)$ 或 $\Phi=f(I)$，如图 1-1 所示。从图 1-1 中可以看出，非铁磁性物质的磁化曲线 1 是一条过原点的直线，B 随着 H 的增加而成比例地增加，表明非铁磁性物质的导磁性能基本不变。铁磁性物质的磁化曲线 2 在磁化初期是接近直线，但当磁场强度到达某一值后，磁感应强度增加缓慢，磁化曲线为一非线性的曲线。从这一点开始，铁

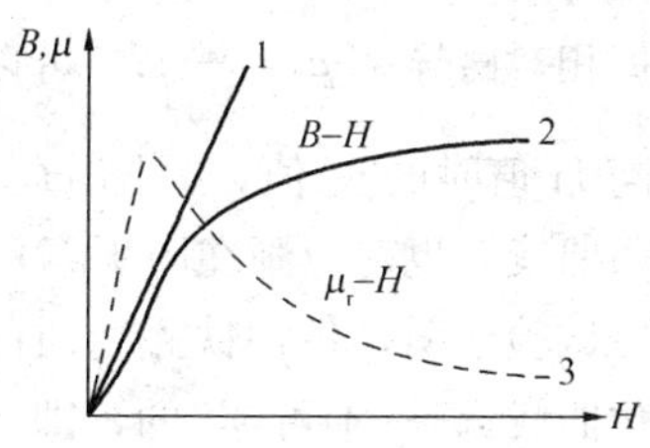

图 1-1　铁磁性物质的磁化曲线

1—非铁磁性物质磁化曲线；

2—铁磁性物质的磁化曲线；

3—μ_r 随 H 变化的关系曲线

磁性物质开始进入磁饱和状态。进入磁饱和状态以后，磁感应强度几乎不再随磁场强度的增大而增大，此时，铁磁物质的磁化强度达到了最大值。处于饱和状态的电机设备的励磁电流增加，漏磁通增加，涡流磁滞损耗增加，温度升高。这就是电机设备应避免进入铁芯饱和状态的主要原因。

1-10　什么是铁磁性物质的磁滞回线？

如图 1-1 所示的磁化曲线可以用试验的方法测得。如图 1-2 所示，将匝数为 N 的线圈缠绕在环形的铁磁物质上，线圈中通入电流后，铁磁物质就被磁化，线圈中的电流 I 称为励磁电流。环形铁磁物质中的磁场强度

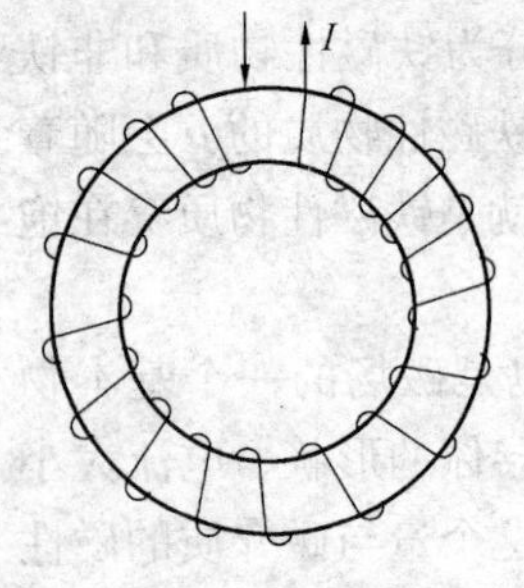

图 1-2　环状铁芯被磁化

$$H=\frac{NI}{2\pi r}$$

式中　r——环形物质的平均半径。

这时环内的磁感应强度 B 可以用另外的方法测得，于是可得到一组对应的 B 和 H 值。改变电流 I 的值，可以得到多组对应的 B 和 H 值，这样就可以绘出一条关于试样的 H-B 关系曲线以表示其磁化特点，该曲线称为磁化曲线。如果从试样完全没有磁化的状态开始，逐渐增大励磁电流 I，从而逐渐增大 H，那么得到的磁化曲线称为起始磁化曲线。另外，根据相对磁导率 $\mu_r=\frac{B}{\mu_0 H}$，可以求出不同 H 值时的 μ_r 值，μ_r 随 H 变化的关系曲线 3 也对应画在图 1-1 中。

试验证明，各种铁磁物质的起始磁化曲线都是“不可逆”的，即当铁磁物质达到磁饱和后，如果慢慢减小磁化电流以减小 H 的值，铁磁物质中的 B 并不沿起始磁化曲线逆向逐渐减小，而是减小得比原来增加时缓慢，

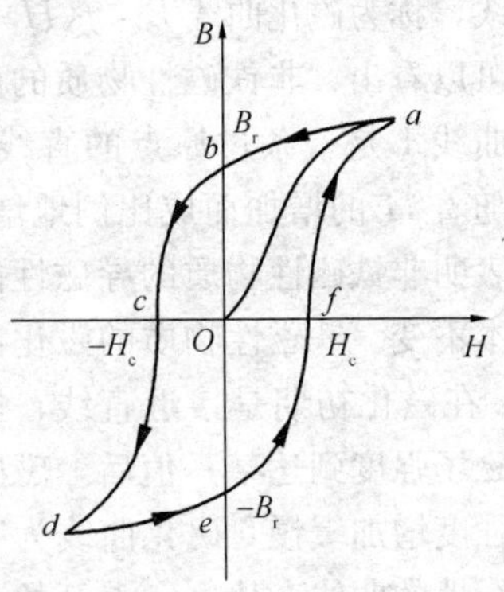

图 1-3　铁磁物质的磁滞回线

如图 1-3 中 ab 线段所示。当电流 I 为 0，磁场强度 H 为 0 时，磁感应强度 B 并不为 0，而是还保持一定值。这种现象叫做铁磁物质的磁滞效应。H 恢复到 0 时铁磁物质内仍保留的磁化状态叫做剩磁，相应的磁感应强度常用 B_r 表示。

要想把剩磁完全消除，必须改变电流的方向，并逐渐增大反向的电流(如图中线段 bc)。当 H 增大到 $-H_c$ 时，$B=0$。这个使铁磁质中的 B 完全消失的 H_c 值叫铁磁质的矫顽力。再增大反向电流以增加 H，可以使铁磁物质达到反向的磁饱和状态(cd 段)。这时如果再将反向电流逐渐减小至零，铁磁质会达到 $-B_r$ 所代表的反向剩磁状态(de 段)。然后把电流改回原来的方向并逐渐增大，铁磁质又会经过 H_c 表示的状态而回到原来的磁饱和状态(efa 段)。这样，磁化曲线就形成了一个闭合曲线，这一闭合曲线称为铁磁物质的磁滞回线。由该曲线可以看出，铁磁质的磁化状态并不能由励磁电流或磁场强度值单一确定，它还取决于该铁磁质此前的磁化历史。

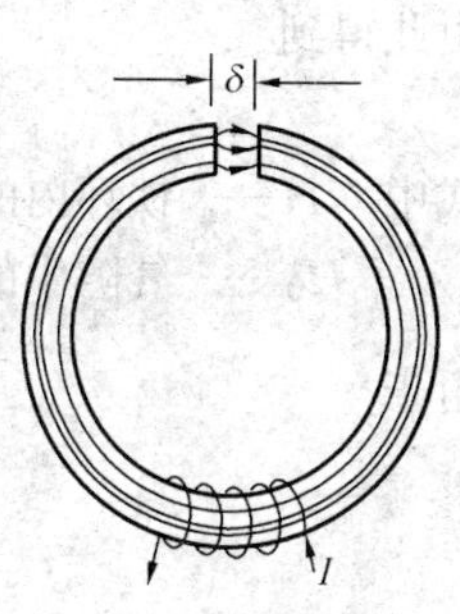

图 1-4　带气隙铁环的磁场分布

1-11　计算铁环气隙中的磁感应强度 *B* 的数值。

如图 1-4 所示，某带有气隙的铁环，上面缠绕匝数为 N 的线圈。设环的长度 $l=0.5\text{m}$，截面积 $S=4\times10^{-4}\text{m}^2$，环上的气隙宽度 $\delta=1.0\times10^{-3}\text{m}$。线圈匝数 $N=200$ 匝，设通过线圈的电流 $I=0.5\text{A}$，而铁芯相应的 $\mu_r=5000$，求铁环气隙中的磁感应强度 B 的数值。

如忽略漏磁通，根据磁通连续定理，通过铁环各截面的磁通量 Φ 应该相等，因而铁芯内各处的磁感应强度 $B=\dfrac{\Phi}{S}$ 也应相等。在气隙内，由于 δ 远小于 l，因此可认为磁场均被约束在铁芯与气隙组成的截面相等的范围内。这样，磁通连续定理给出气隙中的磁感应强度 $B_0=B=\dfrac{\Phi}{S}$。为了计算 B 的数值，我们应用磁场强度 H 的环

路定理，做一条沿着铁环轴线穿过气隙的封闭曲线，将它作为安培环路 L，则有

$$\oint_L H \cdot \mathrm{d}l = \int_l H \mathrm{d}l + \int_\delta H_0 \mathrm{d}l = NI \tag{1-3}$$

由此得到

$$Hl + H_0 \delta = NI \tag{1-4}$$

式中 H——铁环内的磁场强度的值；

H_0——气隙中的磁场强度值。

由于

$$H = \frac{B}{\mu_0 \mu_r}$$

$$H_0 = \frac{B_0}{\mu_0} = \frac{B}{\mu_0}$$

所以式(1-4)可写成

$$\frac{Bl}{\mu_0 \mu_r} + \frac{B\delta}{\mu_0} = NI \tag{1-5}$$

于是

$$B = \frac{\mu_0 NI}{\dfrac{l}{\mu_r} + \delta} = \frac{4\pi \times 10^{-7} \times 200 \times 0.5}{\dfrac{0.5}{5000} + 10^{-3}} = 0.114(\mathrm{T})$$

从上式可以看出，由于空气的 μ_0 比铁芯的 μ_r 小得多，因此，即使是很短的一小段气隙也会大大影响铁芯内的磁场。在本例中，有气隙和没有气隙相比，磁感应强度减弱到1/10。

由于 $B = \dfrac{\Phi}{S}$，由上述分析可以得到

$$\Phi\left(\frac{l}{\mu_0 \mu_r S} + \frac{\delta}{\mu_0 S}\right) = NI \tag{1-6}$$

括号内两项具有电阻公式 $R = \rho \dfrac{l}{S}$ 的形式，因而被称为磁阻，用 R_m 表示。前后两项分别是铁环和气隙的磁阻。与全电路欧姆定律公式 $I(R+r)=E$ 对比，磁通 Φ 与电流类似，而 NI 与电动势类似，因此将 NI 称作磁路的磁动势。这样类比之下，磁通、磁阻、磁动势就在形式上服从欧姆定律，同样也服从基尔霍夫定律。因而，实际分析计算中，常把复杂的磁路问题利用电路的基本定律形式来解决。

1-12 电机的性能与其磁场有什么关系？

电机是根据电磁感应原理实现机、电能量转换的电气设备，电机的磁场是能量转换的媒介。磁场是一种特殊形态的物质，磁场中能够储存能量。

磁场中的体积能量密度 ω_m 可由式（1-7）确定

$$\omega_m = \frac{1}{2}BH \tag{1-7}$$

式中 B——某点的磁感应强度；

H——磁场强度；

ω_m——磁场中该处的能量密度。

显然，磁场的总储能是能量密度的体积分，即

$$\omega_m = \int_v \left(\int_0^B H \mathrm{d}B \right) \mathrm{d}V \tag{1-8}$$

对于线性介质，磁导率 μ 为常数，则式（1-8）可写成

$$\omega_m = \frac{B^2}{2\mu} = \frac{B^2}{2\mu_r\mu_0} \tag{1-9}$$

式中 μ_r——铁磁物质的相对磁导率；

μ_0——真空的磁导率。

电机的定、转子之间存在气隙，而铁芯作为铁磁材料，其磁导率要远远高于气隙的磁导率，由式（1-9）可知，一般电机的磁场能量主要存储在空气隙中，尽管气隙的体积远小于铁芯材料的体积。假如气隙中的磁通密度为1T时，气隙中单位体积的磁场储能将高达 $3.98\times10^5\mathrm{J/m^3}$。因此，电机各部分的尺寸将直接影响电机空气隙中磁场能量的强弱，也直接决定着电机可能转换的功率的大小，关系到电机性能的好坏。

1-13 电机设备绕组的电抗（电感）与什么因素有关？

若磁路的磁导率为恒定值时，或气隙磁路起主导作用时，线圈中产生的磁链和流过的电流之间有正比关系，比例系数（$L=\psi/I$）就是线圈的电感。电感是反映导体（线圈）电磁特性的参数，也可写成 $L=\frac{\psi}{I}=\frac{N\Phi}{I}=\frac{NF}{IR_m}=\frac{N^2}{R_m}$，可见电感 L 与线圈匝数 N 的平方成正比，与磁场介质的磁阻 R_m 成反比关系。

当线圈流过正弦交流电时，线圈的电感作用常用相应的电抗（$X_L=\omega L$）来表示。电抗 X_L 是电机设备的一个重要参数，直接影响设备的电磁性能。电抗 X_L 与电感 L 成正比，与交变频率 ω 成正比。因为电感 L 与磁场介质的磁阻 R_m 成反比（与磁导成正比），而电机的磁路材料为良好的高导磁材料，其磁化曲线具有非线性特性，饱和程度不同时，相应的磁导也不同，所以电机的电抗与电机磁路的饱和程度有关。例如，如果电机设备施加的电压越高，则磁路感应的磁通就越大，磁路的饱和程度就越大，而铁磁材料的磁导率 μ_{Fe} 会越来越小，磁阻越来越大，电机电抗就越小，进而引起励磁电流增加，损耗增加，温度升高。因此，电机设备应该工作在额定电压之下。

1-14　什么是电机的可逆性原理？

根据电磁基本定律可知，只要导体切割磁力线，在导体中便会有感应电动势产生；而载流导体在磁场中会受到电磁力的作用。因此，如在电机轴上施加外力使电机绕组与磁场发生相对运动，便可产生感应电动势并输出电功率；如在电机绕组中输入电功率，则载流导体便在磁场中受到力的作用而发生旋转并输出机械功率。也就是说，任何电机既可以作为发电机运行，也可以作为电动机运行，这一性质称为电机的可逆性原理，即电机的运行状态是可以相互转化的。

1-15　什么是涡流损耗？它对电机设备有什么影响？

当穿过大块导体的磁通发生变化时，在其中产生感应电动势，由于大块导体可自成闭合回路，因而在感应电动势的作用下产生感应电流，这个电流就叫做涡流。涡流所造成的发热损失叫做涡流损耗。

虽然可以利用涡流原理制作成感应炉及电工仪表等设备加以利用，但发电机、变压器等电机设备中的涡流将引起不容忽视的附加损耗，造成电气设备效率降低、容量得不到充分利用。因此，为了减小涡流损耗，电气设备的铁芯常用互相绝缘的 0.3mm 或 0.5mm 的硅钢片叠制而成。

1-16　什么是磁滞损耗？

在交流电产生的磁场中，磁场强度的方向和大小都不断发生变化，铁芯被反复地磁化和去磁的过程中，有磁滞现象。外磁场不断地驱使磁畴转向时，为克服磁畴间的阻碍作用就需要消耗能量，这种能量的损耗就叫做磁滞损耗。为了减小磁滞损耗，应选用磁滞回线狭长的磁性材料（如硅钢片）制作铁芯。

1-17　什么是交流电的谐振？

用一定的连接方式将交流电源、电感线圈与电容器组合起来，在一定的条件下，电路有可能发生电能与磁能相互交换的现象。此时，外施交流电源仅提供电阻上的能量消耗，不再与电感线圈或电容器发生能量转换，这种现象就称为电路发生了谐振。谐振包括串联谐振和并联谐振。

串联谐振是指在 R、L、C 串联的电路中，出现电路的端电压和电路总电流同相位的现象。串联谐振时，因为 $X_L=X_C$，所以阻抗 $Z_0=R$ 达到最小值，具有纯电阻特性；在电压不变的情况下，电流达到最大值 $I_0=\frac{U}{R}$，此电流即为谐振电流。

并联谐振是指在 R、L、C 并联的电路中，出现电路的端电压与电路总电流同相位的现象。

1-18　什么是过渡过程？ 为何会产生过渡过程？

所谓过渡过程是一个暂态过程，是从一个稳定状态转换到另一个稳定状态所要经过的一段时间内的物理变化过程。

产生过渡过程的原因是由于储能元件的存在。储能元件如电感和电容，它们在电路中的能量不能跃变，即电感中的电流和电容上的电压在变化过程中不能突变。因此，电路从一个稳定状态过渡到另一个稳定状态要有一个过程。

1-19　什么是基波？ 什么是谐波？

周期为 Ts 的信号中有大量正弦波，其频率分别为$\frac{1}{T}$，$\frac{2}{T}$，…，$\frac{n}{T}$Hz，一般称频率为$\frac{1}{T}$Hz 的正弦波为“基波”，频率为$\frac{n}{T}$Hz

的正弦波为“n 次谐波”。

1-20 什么是交流电的集肤效应？ 如何利用集肤效应？

集肤效应又称趋肤效应，是指在交流电通过导体时，导体截面上各处电流分布不均匀，导体中心处密度最小，越靠近导体的表面密度越大，这种电流集中在导体表面流通的现象称为集肤效应。

集肤效应使导体的有效电阻增加，相当于导线的截面减小，电阻增大。既然导线的中心部分几乎没有电流通过，就可以把这中心部分除去以节约材料。因此，在高频电路中可以采用空心导线代替实心导线。此外，为了削弱集肤效应，可以采用分裂导线供电。

1-21 什么是半导体？

自然界中存在着各种物质，按其导电能力强弱可分导体、半导体和绝缘体。其中半导体的导电性能介于导体和绝缘体之间。

半导体是一种非线性元件，在不同的条件下导电能力有显著的差异。有些半导体受到热或光的激发时，电导率会明显增长，而有些半导体中掺入某些微量元素，它的导电能力会大大增强。因此，人们利用半导体的这些特性制成了热敏元件、光敏元件、三极管、场效应管、晶闸管等半导体元器件。

1-22 什么是晶闸管？ 晶闸管的工作原理是怎样的？

晶闸管是一种大功率整流元件，它的整流电压可以控制，当供给整流电路的交流电压一定时，输出电压能够均匀调节，它是一个四层三端的半导体器件。

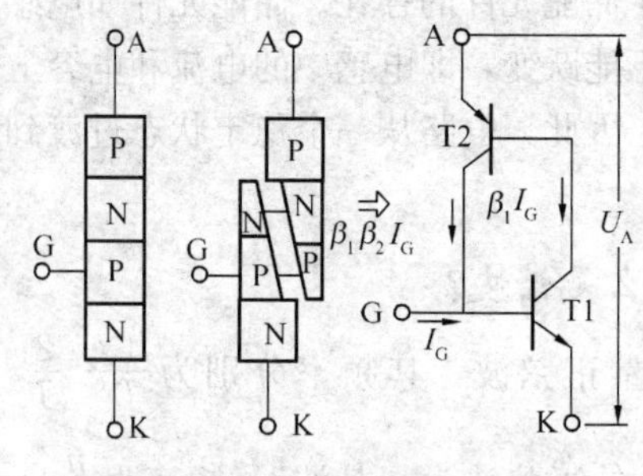

图 1-5 晶闸管工作原理示意图

如图 1-5 所示，把四层三端结构的晶闸管等效为两支复合的互补三极管来分析。当晶闸管加反向电压时，相当于三极管 T1、T2 都承受反向电压，没有导通条件，所以，无论门极上加不加信号，T1、T2 都截止，即晶闸管不导通。当晶闸管加正向电压时，两支三极管都承受正向电压，但如果门极不加正向电压，则 T1 也因由于无基极偏压而截止；如果门极 G 是加反向电压，则由于 T1 发射极截止，整个晶闸管仍不能导通。

当晶闸管阳极—阴极间加正向电压，又在门极 G 上加上较小的正向电压时，相当于 T1 有了一个基极电流 I_G，集电极上出现等于 $\beta_1 I_G$ 的集电极电流，这就是 T2 的基极电流，于是 T2 集电极上出现等于 $\beta_1\beta_2 I_G$ 的集电极电流，它又成为 T1 的基极电流，……如此循环往复的正反馈过程，使两支三极管都迅速进入饱和状态，也就是整支晶闸管完全导通这一过程称为触发导通，门极上所加的使管子触发导通的正向电压，称为触发电压。

管子导通以后，即使去掉触发电压，T1 基极上有比触发电压大得多的反馈信号注入，两只三极管维持饱和状态，管子仍然导通，也就是门极与触发电压失去了控制作用。要关断晶闸管，必须采用减低阳极电压，甚至加反向电压的办法，当阳极电流小于某一数值，管内正反馈过程不能维持下去时，晶闸管就重新转为阻断状态。由原理分析可以得出以下结论：

（1）普通管子不仅和二极管一样具有反向阻断能力，也具有正向阻断能力。

（2）导通的条件是，阳极—阴极间加入正向电压的同时，门极和阴极上也加正向触发电压。

（3）晶闸管一旦导通，就失去控制作用。如要重新关断，则必须将阳极电流减小到低于维持电流。

1-23　如何用晶闸管实现可控整流？

在整流电路中，晶闸管在承受正向电压的时间内，改变触发脉冲的输入时刻，即改变控制角的大小，在负载上可得到不同数值的直流电压，因而控制了输出电压的大小。

1-24　晶闸管整流的控制过程是怎样的？

下面以最简单的纯电阻负载单相半波可控整流电路为例来分析其控制过程，如图 1-6 所示。

图 1-6（a）为整流电路图，由电源变压器、晶闸管 T 和负载 R

组成主回路。触发电压U_{GT}加在门极—阴极间。在晶闸管承受输入交流电压正半周时，如果同时给门极送去触发电压U_{GT}，管子就导通。

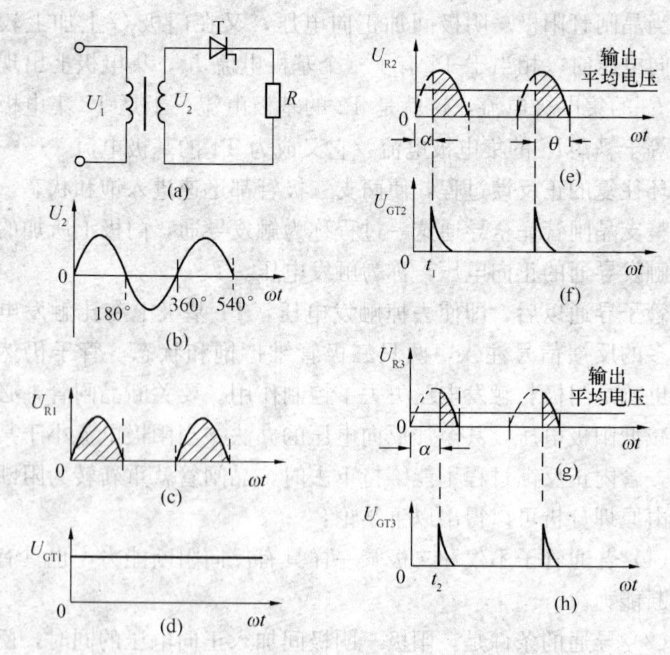

图 1-6　单相半波可控整流波形

（a）整流电路图；（b）电源变压器输出电压U_2；

（c）负载电压U_{R1}；（d）直流触发电压U_{GT1}；

（e）负载电压U_{R2}；（f）触发电压U_{GT2}；

（g）负载电压U_{R3}；（h）触发电压U_{GT3}

（1）如果门极加上固定不变的直流触发电压U_{GT1}，则电源电压U_2正半周一到来，管子立即导通，负载R上得到相应的正半周电压U_{R1}，与二极管半波整流情况相同，如图 1-6（b）、（c）、（d）所示。

（2）如果t_1时刻门极上才加触发电压U_{GT2}，如图 1-6（f）所示，则晶闸管从t_1起开始导通，直到U_2正半周结束过零时，正向导通电流降低到小于维持电流，管子自动关断。这一段导通时间对应的电角度称为导通角 θ。在导通角内管子导通，通态平均电压如图 1-6（g）所示。从 0 到 t_1 段晶闸管内门极没有触发电压而关断，这一段时间对应的电角度称为控制角 α，显然 $\theta+\alpha=180^\circ$。在控制角内晶闸管因关断而承受电源全部正向电压，U_2 是有效值，$\sqrt{2}U_2$ 是最大值。当 $\alpha<90^\circ$ 时，达不到最大值。在 U_2 负半周时，晶闸管当然不导通，管子承受电源全部负向电压 $\sqrt{2}U_2$。紧接着下一个周期开始，如此往复循环，负载上得到的电压 U_{R2} 波形是不完整的正弦波形，如图 1-6（e）所示的阴影部分。显然其平均电压比图 1-6（c）中正半周完全导通时低。

（3）如果触发脉冲延迟到 t_2 时刻才加到门极上，如图 1-6（h）所示，则晶闸管导通时间相应延迟到 t_2，即控制角 α 加大，导通角 θ 减小，负载上得到的 U_{R3} 更低。

1-25 什么是半导体三极管？ 如何分类？

半导体三极管也叫三极管，由两个 PN 结组成，由于两者间的相互作用，因而表现出单个 PN 结不具备的功能，即电流放大作用。三极管的种类很多，按功率的大小可分为大功率管和小功率管；按电路的工作频率高低可分为高频管和低频管；按半导体材料不同可分为硅管和锗管等。但从外形来看，各种三极管都有三个电极，内部结构有 PNP 型和 NPN 型两种。

1-26 什么是整流？ 整流是如何实现的？

整流电路是一种将交流电（AC）变换为直流电（DC）的变换电路，是利用半导体二极管的单向导电性和晶闸管是半控型器件的特性来实现的。

1-27 逆变电路必须具备什么条件才能进行逆变工作？

逆变电路按照其工作形式分为无源逆变电路和有源逆变电路两种。无源逆变电路就是将直流电能转换为某一固定频率或可变频率的交流电能，并且直接供给负载使用的逆变电路；有源逆变电路就是将直流电能转换为交流电能后，又送到交流电网的逆变电路。

逆变电路必须同时具备下列两个条件才能产生有源逆变：

(1) 变流电路直流侧应具有能提供逆变能量的直流电源电势 E_d，其极性应与晶闸管的导电电流方向一致。

(2) 变流电路输出的直流平均电压 U_d 的极性必须与整流电路相反，以保证与直流电源电势 E_d 构成同极性相连，且满足 $U_d < E_d$。

1-28 整流电路、滤波电路、稳压电路各有什么作用？

整流电路的作用是将交流电压整流成单方向的脉动电压；滤波电路通常由 L、C 等储能元件组成，其作用是滤除单向脉动电压中的交流分量，使输出电压更接近直流电压；稳压电路的作用是当交流电源和负载波动时，自动保持负载上的直流电压稳定，即由它向负载提供功率足够、电压稳定的直流电源。

1-29 单相半波整流电路的工作原理及特点是什么？

在变压器的二次绕组的两端串联一个整流二极管和一个负载电阻。当交流电压为正半周时，二极管导通，电流流过负载电阻；当交流电压为负半周时，二极管截止，负载电阻中没有电流流过。因此，负载电阻上的电压只有交流电压的正半周，即达到整流的目的。

单相半波整流电路的特点是接线简单，使用的整流元件少，但输出电压低，效率低，脉动大。

1-30 全波整流电路的工作原理及特点是什么？

变压器的二次绕组中有中心抽头，组成两个匝数相等的绕组，每个半绕组出口各串接一个二极管，使交流电在正、负半周时各流过一个二极管，以同一方向流过负载。这样就在负载上获得一个脉动的直流电流和电压。

全波整流电路的特点是输出电压高、脉动小、电流大，整流效率也较高；但变压器的二次绕组要有抽头，使其体积增大，工艺复杂，而且两个半绕组只有半个周期内有电流流过，使变压器的利用率降低，二极管承受的反向电压高。

1-31 什么是集成电路？

集成电路是相对于分立元件电路而言的，是指把整个电路的各个元件以及各元件之间的连接同时制造在一块半导体基片上，使之成为一个不可分割的整体。

1-32 什么是运算放大器？ 它主要有哪些应用？

运算放大器是一种增益很高的放大器，能同时放大直流电压和一定的交流电压，能完成积分、微分和加法等数学运算。运算放大器是一种具有高放大倍数、深度负反馈的直流放大器。随着集成运算放大器的问世，运算放大器在测量、控制、信号等方面都得到了广泛的应用。

1-33 为什么负反馈能使放大器工作稳定？

在放大器中，由于环境温度的变化、管子老化、电路元件参数的改变以及电源电压波动等原因，都会引起放大器的工作不稳定，导致输出电压发生变化。如果放大器中具有负反馈电路，当输出信号发生变化时，通过负反馈电路可立即把这个变化反映到输入端，通过对输入信号变化的控制，使输出信号接近或恢复到原来的大小，使放大器稳定地工作，且负反馈越深，放大器的工作性能越稳定。

1-34 防止晶闸管误触发有哪些措施？

（1）触发电路电源变压器、同步变压器应具有静电隔离设施，脉冲变压器必要时也可加静电隔离屏蔽层。

（2）尽量避免控制极电路靠近大的电感性元件，也不要与大电流的母线靠得太近。脉冲电路的输入线及输出到晶闸管门极的控制线应采用屏蔽线。

（3）选用有较大触发电流的晶闸管，使晶闸管不会被较小的干扰脉冲误触发。

（4）在晶闸管的控制极和阴极间并联 0.01～0.03μF 的电容，也可减小干扰，但由于电容会使正常触发脉冲的前沿变缓，因此电容的选择不要过大。

（5）在晶闸管的控制极和阴极间加 30V 左右的反向偏置电压，

可用固定负压或二极管、稳压管等实现。

(6) 脉冲电路的电源应加滤波器，为了消除电解电容器对电感的影响，应并联一只小容量的金属纸介质或陶瓷电容，以吸收高频干扰。

1-35 DC/DC变换电路的主要形式和工作特点是什么？

DC/DC变换器有两种主要的形式：一种是逆变整流型，另一种是斩波电路控制型。

逆变整流型是将直流电压逆变成一个固定的高频交流电压，然后将这个交流电压经变压器变为要求的交流电压，再整流成所需要的直流电压。逆变电路一般采用恒压恒频控制，适用于小功率的电源变换和变压比较大的变换。

斩波电路控制型可选用多种脉冲调制方式作为控制输入，适用于不需要隔离的场合和升压、降压比不大的场合。

1-36 斩波电路的主要功能和控制方式是怎样的？

直流斩波电路是一种直流/直流（DC/DC）变换电路，其主要功能是通过控制直流电源的通和断，实现对负载上的平均电压和功率的控制，即所谓的调压调功功能。

斩波电路常用的三种控制方式：时间比控制方式、瞬时值控制方式和时间比与瞬时值相结合的控制方式。

1-37 什么是电力系统？什么是电力网？

电力系统是指由发电厂、变电站、输配电线路和用户在电气上连接成的整体。在发电厂中将一次能源转换为电能（又称二次能源），发电厂生产的电能需要输送给电力用户。在向用户供电的过程中，为了提高供电的可靠性和经济性，广泛通过升、降压变电站和输电线路将多个发电厂用电力网连接起来并联工作，向用户供电。

电力网是指电力系统中除发电机和用电设备以外的部分，即由升、降压变电站和不同电压等级的输电线路以及相关输配电设备连接在一起构成，是电力系统的骨架部分。

1-38 电能的生产与其他工业生产相比有什么特点?

电能的生产与其他工业生产相比有以下特点:

(1) 电能的生产与国民经济各部门之间密切相关，电能供应的中断或不足，将直接影响各部门的生产、运行和人民生活。

(2) 电力系统电磁变化过程非常短暂，电能的传输、电气设备的投切、运行方式的改变均在瞬间完成，因此，要求电力系统电能的生产具有很高的自动化水平。

(3) 电能的生产、输送、分配和使用是同时进行的，因为电能不能大量存储，电能的生产和使用应时刻保持平衡。

1-39 什么是电气设备的额定电压? 为什么要规定额定电压等级?

所谓电气设备的额定电压，是指电气设备长期、连续、正常工作所能承受的最高电压，在此电压下长期工作，能获得最佳的技术和经济性能。

当输送功率一定时，输电电压越高，电流越小，导线等电气设备的投资越小；但电压越高，对电气设备绝缘的要求也越高，投资又有所加大。因此，为了便于实现电气设备选择、制造和使用的标准化、系列化，我国规定了标准电压（即额定电压）等级系列。在设计时，应选择最合理的额定电压等级，而不是任意选择。

1-40 什么是平均额定电压?

计算电路中，可能有几个用变压器联系起来的电压级。在实际计算中，为了方便起见，各电压级的实际电压用平均额定电压代替，并注明在计算图中的母线上。

由于线路有电压损失，所以线路供电端变压器 T1 的额定电压 U_{1N} 比受电端变压器 T2 的电压 U_{2N} 要高，如 $U_{1N}=121\text{kV}$，$U_{2N}=110\text{kV}$，则线路所在电压等级的平均额定电压为

$$U_{av}=\frac{1}{2}(U_{1N}+U_{2N})=\frac{1}{2}(121+110)\approx115(\text{kV})$$

各级平均额定电压分别为 525、346、230、162、115、63、37、15.7、13.8、10.5、6.3、3.15、0.4、0.23 kV。

应用平均额定电压计算时，可以认为凡接在同一电压级的所有元件的额定电压都等于其平均额定电压。这样计算引起的误差减小，且简化计算。

1-41 电力系统的中性点运行方式有哪些类型？不同的运行方式有何影响？

电力系统的中性点是指三相系统作星形连接的发电机和变压器的中性点。电力系统常见的中性点运行方式（即接地方式）可分为两个类型，即中性点非有效接地方式（或称小接地电流系统）和中性点有效接地方式（或称大接地电流系统）。其中非有效接地又包括中性点不接地、经消弧线圈接地和经高阻抗接地；而有效接地又包括中性点直接接地和经低阻抗接地。

中性点采用不同的接地方式，对电力系统的供电可靠性、设备绝缘水平、对通信系统的干扰和继电保护的动作特性等问题都有着直接的影响。

1-42 中性点不接地三相系统有何特点？

中性点不接地三相系统有以下特点：

（1）在中性点不接地系统中，发生单相接地故障时，由于线电压不变，用户可继续工作，提高了供电的可靠性。

（2）由于非故障相对地电压可升高到线电压，所以在中性点不接地系统中，电气设备和输电线路的对地绝缘必须按线电压考虑，从而增加了投资。

（3）需增设绝缘监察装置。

（4）适用于线路不长、电压不高、单相接地电流不大的设备及系统。

1-43 中性点直接接地的三相系统有何特点？

中性点直接接地的三相系统有以下特点：

（1）该运行方式的主要优点。发生单相接地短路时，中性点的电位近似等于零，非故障相的对地电压接近于相电压，系统中电气设备和输电线路的对地绝缘按承受相电压设计，绝缘上的投资不会增加。

(2) 中性点直接接地系统的缺点。

1) 发生单相短路时立即断开故障线路，中断对用户的供电，降低了供电的可靠性。增设自动重合闸装置可以满足供电可靠性的要求。

2) 单相接地短路时的短路电流很大，必须选用较大容量的开关设备。单相接地时导致的电网电压剧烈下降可能破坏系统的稳定性。为了限制单相短路电流，通常只将系统中一部分变压器的中性点直接接地或经阻抗接地。

(3) 较大的单相短路电流会对附近的通信线路产生电磁干扰。

1-44　中性点经高阻抗接地有何作用？

对发电机—变压器组单元接线的单机容量200MW以上的发电机，当接地电流超过允许值时，常常采用中性点经电压互感器或接地变压器的一次绕组接地的方式，电阻接在电压互感器或变压器的二次侧。此种接线方式可改变接地电流的相位，可以加速泄放回路的残余电荷，促使接地电弧的熄灭，限制间歇电弧过电压。同时可以提供零序电压，便于实现发电机定子绕组的100%接地保护。

1-45　现代电力网具有哪些显著特征？

现代电力网已经进入超高压、长距离、大容量、高度自动化的时代，今后将会继续沿着这个方向迅速发展。其具有以下显著特征：

(1) 电压等级高、输送距离远。远距离输电需要越来越高的输电电压等级，可以实现电能的合理分配、资源的合理利用，可以降低损耗，提高经济效益。

(2) 电网规模大，结构更坚固。科学合理的电网结构，越来越大的传输容量，可以提高电网运行的稳定、可靠性，提供优良质量的电能。

(3) 机组容量逐步增大。大容量机组的投产运行，可以提高运营效益，降低污染。减少损耗，降低运行费用，实现电网的科学发展和可持续发展。

(4) 自动化程度越来越高。现代化、高品质的安全自动装置的快速发展，对电力系统实现全面调度自动化、提高系统运行的安全稳定性意义重大，势在必行。

1-46 什么是功率因数？ 为什么要提高功率因数？

有功功率 P 对视在功率 S 的比值，叫做功率因数，常用 $\cos\varphi$ 表示。提高电路的功率因数，可以充分发挥电源设备的潜在能力，同时可以减少线路上的功率损失和电压损失，提高用户电压质量。

1-47 怎样提高电网的功率因数？

提高功率因数的方法有：变电站装设无功补偿设备，如调相机、电容器组及静止补偿装置；对用户可以采用装设低压电容器等措施。

1-48 什么是中性点位移？

当星形连接的负载不对称时，如果没有中线或中线的阻抗较大，就会出现中性点电压，这样的现象叫做中性点位移。

1-49 什么是无限大容量电力系统？

实际电力系统中，它的容量和阻抗都有一定的数值。因此，在供电电路中的电流发生变动时，系统母线电压便相应变动；但元件容量比系统容量小很多、阻抗比系统阻抗大得多的元件，如变压器、电抗器和线路等，其电路中的电流发生任何变动，甚至短路时，系统母线电压变化甚微。实际计算中，为了简化计算，往往不考虑此电压的变动，即认为系统母线电压维持不变，此时电流回路所接的电源便认为是无限大容量的电力系统，即系统容量等于无限大，而其内阻抗等于零。

在选择、校验电气设备的短路电流计算中，若系统阻抗不超过短路回路总阻抗的5％～10％，便可以不考虑系统阻抗。

按无限大容量系统计算所得的短路电流，是装置通过的最大短路电流。因此，在估算装置的最大短路电流或缺乏系统数据时，都可以认为短路回路所接的电源是无限大容量电力系统。

1-50 什么是保护接地和保护接零？

为了保证电力系统在正常及故障情况下的安全运行，通常发电厂变电站中设置可靠的接地点，以保证设备和人员的安全。所谓接地，就是将电气装置中必须接地的部分与大地作良好的连接，接地分为保护接地（安全接地）及工作接地两种。

其中，为了保证人身安全，将正常工作时不带电，而由于绝缘损坏可能带电的金属构件或电气设备外壳进行的接地，称为保护接地，如电动机的外壳接地；而为了保证电力系统在正常运行及故障情况下，能够可靠工作的接地是工作接地，如变压器的中性点接地。

在中性点直接接地的380/220V三相四线制低压系统中，目前广泛采用保护接零。在中性点直接接地的低压配电网中，星形连接的电源中性点与大地有良好的连接，即为“零”，从零点引出的金属导线称为零线，或称接地中性线，用N表示。将电气设备平时不带电的外露可导电部分与中性线作良好的连接，称为保护接零。保护接零分为TN-C系统、TN-S系统和TN-C-S系统三种形式。

第二章 同步发电机及其运行

2-1 1000MW 汽轮发电机的主要参数有哪些？

现以邹县发电厂2×1000MW发电机组汽轮发电机为例进行说明，该发电机由日本某公司和我国某公司共同制造。发电机为全封闭、自通风、强制润滑、水/氢/氢冷却（即定子绕组水内冷、转子绕组氢内冷、定子铁芯氢冷）、圆筒形转子、同步交流发电机。定子绕组为直接水冷，定、转子铁芯及转子绕组为氢气冷却。密封油系统采用单流环式密封瓦。励磁系统为全静止晶闸管机端自并励励磁方式，励磁电源直接取自发电机出口，设有分相式励磁变压器，启励电源取自本机汽轮机MCC段。表2-1所列为QFSN-1000-2-27汽轮发电机主要参数。

表2-1　QFSN-1000-2-27汽轮发电机主要参数

发电机主要参数	
型式	全封闭、自通风、强制润滑、水/氢/氢冷却、圆筒形转子、同步交流发电机
型号	QFSN-1000-2-27
额定功率	1008MW（1120MVA）
最大连续功率	1100MW（1230MVA）
额定电压	27kV
额定电流	23949A
额定功率因数	0.9滞后
额定励磁电流	5272A（计算值）
额定励磁电压（110℃）	501V（计算值）
额定频率	50Hz
额定转速	3000r/min

续表

发电机主要参数	
相数	3
极数	2
定子绕组接法	YY
出线端子数目	6
冷却方式	定子绕组：直接水冷；定、转子铁芯及转子绕组：直接氢冷
环境温度	5～40℃
额定氢压	0.52MPa
最高氢压	0.56MPa
短路比（保证值）	≥0.50
超瞬变电抗（保证值）	≥0.15
效率	99.11%（在1000MW、0.9滞后功率因数时）
轴承座振动（P—P）	≤0.025mm
轴振（P—P）	≤0.06mm
漏氢	≤12m³/d
励磁方式	自并励静止晶闸管励磁
强励顶值电倍数	≥2
强励电压响应比	≥4倍/s
允许强励时间	20s
发电机噪声（距机座1m处，高度1.2m）	≤87dB（A）
绝缘等级	定子、转子绕组：F级；定子铁芯：F级
转子额定电压	501V
转子额定电流	5272A
转子空载电压	166V
转子空载电流	1827A
制造	日立东方电机厂

2-2 同步发电机是如何发出三相交流电的？

同步发电机是根据导体切割磁力线感应电动势这一基本原理工作的。将导线连成闭合回路，就有电流流过，同步发电机就是利用电磁感应原理将机械能转变为电能的。大多数同步发电机把磁极做成旋转式，称为转子。在转子上绕有励磁绕组，通以直流电流励磁，并由原动机带动旋转。把切割磁力线的导体分为结构和参数相同的三相绕组 UX、VY、WZ，它们在空间上互差 120°电角度，并固定在定子的铁芯槽中。定子与转子之间有气隙，如图 2-1 所示。当原动机驱动发电机的转子以转速 n 按图示方向做恒速旋转时，定子三相绕组依次切割磁力线，分别感应出大小相等、时间上彼此相差 120°电角度的交流电动势。若气隙中的磁通密度按正弦规律分布，则三相绕组感应电动势的波形也为正弦波，如图 2-2 所示。其相序为 U-V-W，数学表达式为

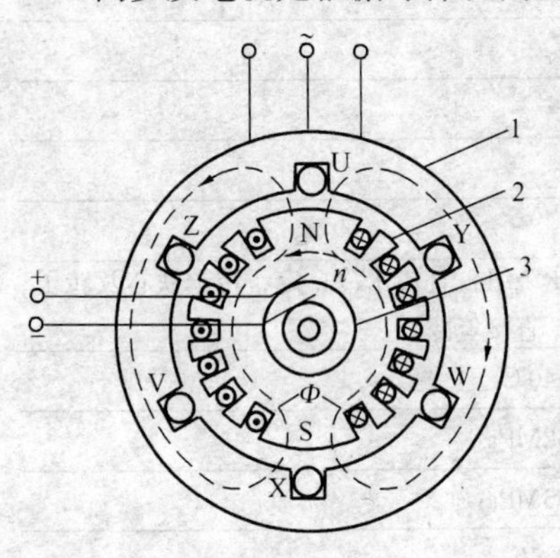

图 2-1　同步发电机的工作原理图

1—定子；2—转子；3—集电环

$$
\begin{aligned}
e_U &= E_m \sin \omega t \\
e_V &= E_m \sin (\omega t - 120^\circ) \\
e_W &= E_m \sin (\omega t - 240^\circ)
\end{aligned}
\tag{2-1}
$$

定子绕组感应电动势的频率与发电机转子的磁极对数 p 和转子的转速 n 有关。当磁极对数为 1 时，转子旋转一周，定子绕组感应电动势变化一个周期。当同步发电机的转子有 p 对极时，转子旋转一周，感应电动势变化 p 个周期；而当转子的转速为每分钟 n 转时，则感应电动势每分钟变化 pn 个周

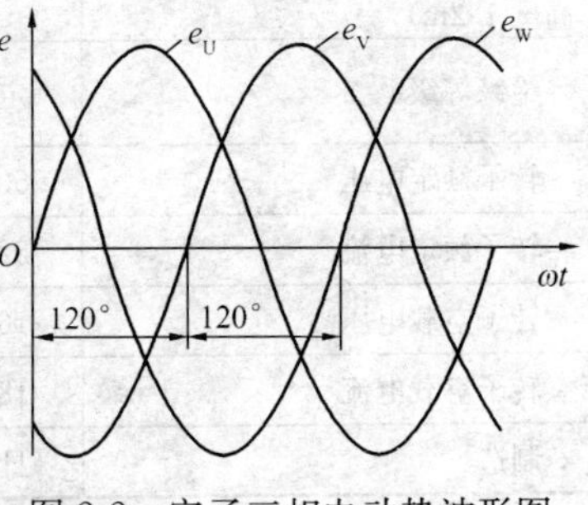

图 2-2　定子三相电动势波形图

期，即定子绕组感应电动势的频率为

$$f=\frac{pn}{60} \tag{2-2}$$

由式（2-2）可见，当同步发电机的极对数一定时，定子绕组感应电动势的频率与转子转速之间有着恒定的比例关系，这是同步电机的主要特点。我国电力系统的标准频率为50Hz，因此同步发电机的极对数与转速成反比。如一台汽轮机的转速 $n=3000$r/min，则被其拖动的发电机极对数应为一对极；当 $n=1500$r/min 时，发电机应为两对极，以此类推。

2-3 发电机铭牌上有哪些内容？

发电机铭牌上有以下内容：

（1）发电机型号。表示该发电机的型式、特点，如 QFSN-1000-2 型，Q 表示汽轮机，F 表示发电机，S 表示定子绕组水内冷，N 表示转子绕组氢内冷（定子铁芯氢冷），1000 表示功率（MW），2 表示极对数。

（2）额定容量 P_N。表示该发电机长期连续安全运行的最大允许输出功率。

（3）额定电压 U_N。表示该发电机长期安全工作的最高允许电压（线电压）。

（4）额定电流 I_N。表示该发电机正常连续运行的最大工作电流。

（5）额定温升 τ_N。表示该发电机某部分的允许最高温度与冷却介质额定入口温度的差值。

（6）额定功率因数 $\cos\varphi_N$。表示该发电机的额定有功功率与额定视在功率的比值。

2-4 发电机的容量如何选择？

（1）额定容量。在额定功率因数和额定氢压及最高冷却额定温度的前提下，发电机的额定容量与汽轮机的额定出力配合选择。如一台 600MW 的发电机功率因数为 0.9，则发电机的额定容量为 667MVA，也就是发电机的铭牌功率；一台 1000MW 的发电机功率因数为0.9，则其额定容量为1120MVA。

（2）最大连续容量。发电机的最大连续容量应与汽轮机的最大连续出力配合选择。此时，发电机的功率因数为额定功率因数，氢压为额定氢压，冷却器进水温度与汽轮机相应工况下的冷却水温相一致。

考虑到汽轮机的最大连续进汽量工况出力系制造厂为补偿制造偏差和汽轮机老化等所留的裕度，即汽轮机不宜在此工况下长期连续运行，所以，发电机的最大连续出力在功率因数和氢压为额定值时与汽轮机的最大连续出力配合即可。

制造厂一般提供发电机有功功率和无功功率随功率因数变化的曲线（出力图），发电厂值班人员应根据出力曲线适当加大功率因数，以满足增加的有功功率，而无需加大发电机容量。从全国大多数地区来看，无功功率还是缺乏的，所以在考虑发电机的超发能力时，不宜通过提高功率因数来解决。

机电配合的原则如表2-2所示。

表2-2　　机电容量配合表

工况	汽轮机功率	主要技术条件	汽轮机进汽量	发电机条件
额定工况（经济工况ECR）	额定功率（最经济连续功率）	额定排汽压力，补水率0%（设计水温）	额定进汽量（TRD）	全部额定
最大连续工况	最大连续功率	额定排汽压力，补水率0%（设计水温）	TMCR进汽量与能力工况相同	希望全部为额定条件。如果有困难，允许降低冷却介质温度
阀门全开工况（或TV-WO+OP工况，余同）	阀门全开功率（最大容量）	额定排汽压力，补水率0%（设计水温）	TVWO进汽量等于1.03～1.05TMCR进汽量	允许降低冷却介质温度，提高氢压

续表

工况	汽轮机功率	主要技术条件	汽轮机进汽量	发电机条件
部分负荷工况（如 75%、50%等）	部分负荷功率	额定排汽压力，补水率0%（设计水温）	部分负荷进汽量	全部额定
高压加热器全停工况	不小于额定功率	额定排汽压力，补水率0%（设计水温）	计算值	全部额定

2-5　三相正弦交流电流流过对称三相交流绕组时，合成磁动势的基波具有什么特点？

三相合成磁动势的基波是一个幅值恒定的旋转磁动势波，该旋转磁动势波具有如下特点：

（1）幅值等于单相脉振磁动势基波最大幅值的 1.5 倍；

（2）当某相电流达到最大值时，合成磁动势波的幅值正好处在该相绕组的轴线上；

（3）转速即为同步转速 $n_1=\dfrac{60f_1}{p}$（r/min）；

（4）转向与电流相序一致。

2-6　高次谐波电动势的存在有什么不良影响？大型发电机采用哪些措施削弱其影响？

实际的电机中，由于磁极磁场不可能是理想的正弦波形，因此造成感应的定子电动势也不可能是理想的正弦波形，必然含有幅值、频率与基波不等的各高次谐波分量。高次谐波分量的存在，主要有以下不良影响：

（1）发电机本身损耗增加，温升增加，效率下降。

（2）可能引起输电线路的电感和电容谐振，产生过电压。

（3）对通信线路产生干扰。

大型发电机削弱高次谐波影响的常用方法有：

（1）隐极发电机的气隙是均匀的，因此只要把每极范围内安放的励磁绕组与极距之比设计在0.7～0.8范围内，就可使发电机磁极磁场的波形比较接近于正弦波形。

（2）采用Y形绕组。3次谐波及其倍数奇次谐波是同大小、同相位的，因此采用这种接法可把这些谐波抵消掉。

（3）采用短距绕组，可削弱5、7次谐波。

（4）采用分布绕组，即增大每极每相槽数q，可显著削弱高次谐波电动势；但随着q值的增大，电枢槽数增多，这将引起制造成本增加。所以，一般隐极发电机的每极每相槽数取6～12之间。

2-7 什么是发电机电压波形的正弦畸变率？它是如何测定的？

发电机电压波形正弦畸变率K_μ表征发电机输出电压的质量。如畸变率高，则发电机就会产生各种不同谐波的电压，是干扰源。它除产生附加发热外，还会影响继电保护和自动装置动作的可靠性，故应设法减少或消除。GB 7064—1986《透平型同步电机国标技术要求》中规定："汽轮发电机定子绕组接成正常工作接法时，在空载及额定电压下，其线电压波形正弦畸变率不超过5%"。目前国产发电机已改善绕组的布置与结构，K_μ一般都在1%以内。

K_μ可直接用仪表测定，也可以测出每一谐波值，然后按式（2-3）计算

$$K_\mu = \frac{100}{\mu_1}\sqrt{\mu_2^2 + \mu_3^2 + \mu_4^2 + \cdots + \mu_n^2} \tag{2-3}$$

式中 K_μ——波形正弦畸变率；

μ_1——基波电压有效值，也可用线电压的有效值代替；

μ_n——n次谐波电压有效值。

2-8 大容量机组在制造、基建和运行的经济性方面具有哪些优点？

对于二极隐极汽轮发电机而言，发展大容量机组在制造、基建和运行的经济性方面具有下列优点：

（1）可降低电机造价和材料消耗率。如一台800MW机组比一台500MW机组单位成本降低17%，一台1200MW机组比一台

800MW 机组单位成本降低 15%～20%。材料消耗率随单机容量的增大而降低。

（2）可降低电厂基建安装费用。一个电厂单位造价随着单机容量的增大而降低。

（3）可降低运行费用，减少煤耗及单位千瓦运行人员和厂用电率。

（4）可减少电厂布点，有益于环境保护，减少污染。

2-9　大型发电机组在参数设计方面具有哪些与中小型发电机组不同的特点？

（1）短路比减小，电抗增大。大型发电机的短路比减小到 0.5 左右，各种电抗都比中小型发电机大。因此，大型发电机组的短路水平反而比中小型机组的短路水平低，这对继电保护是十分不利的。由于 x_d 的增大使发电机的静稳储备系数 K_{ch} 减小，因此在系统受到扰动或发电机发生失磁故障时，很容易失去静态稳定。由于 x''_d、x'_d、x_d 等参数的变大使发电机平均异步转矩大大降低，从中小型发电机的 2～3 倍额定值减至额定值左右，于是失磁后，一方面异步运行时滑差增大，允许异步运行的负载小、时间短，另一方面要从系统吸取更多的无功功率，对系统稳定运行不利。

（2）衰减时间常数增大。大型发电机组定子回路时间常数 $T_a=\dfrac{X_\Sigma}{R_\Sigma}$ 和比值 $\dfrac{T_a}{T''_d}$ 显著增大，短路时，定子电流非周期分量的衰减较慢，整个短路电流偏移在时间轴一侧若干工频周期，使电流互感器更容易饱和，影响大机组保护正确工作。

（3）惯性时间常数降低。大容量机组的体积并不随容量成比例地增大，有效材料利用率提高，其直接后果是，机组的惯性常数 H 明显降低，在受到扰动的情况下，机组更易于发生振荡。

（4）热容量降低。有效材料利用率提高的另一后果是发电机的热容量（WS/℃）与铜损、铁损之比显著下降，温度每上升 1℃所用的时间减少，发电机承受负序过负荷的能力降低。例如对于 200MW 及更小的发电机，定子绕组对称过负荷能力为 1.5 倍额定电流，允许持续运行 120s，转子绕组过负荷能力为 2 倍额定励磁电流，允许持续运行 30s；对于 600MW 汽轮发电机，定子绕组过负荷能力规定为 1.5 倍额定电流时，只允许持续运行 30s，转子绕组过负荷能力为 2 倍额定励磁电流时，只允许持续运行 10s。转子表层承受负序过负荷的能力为 I_2^2t，中小汽轮发电机组（间接冷却方式）为 30s，而 1000MW 汽轮发电机减小到 6s。

2-10 发展大容量发电机存在的主要问题是什么？

发展大容量发电机与中小型发电机相比，需考虑的主要问题有以下三个方面：

（1）参数设计方面。如上题所述，大型发电机容量大，体积并不成倍增加，材料的利用率提高，造成了大型发电机虽然 GD^2（G 为重量，D 为直径）的绝对值增加，但与容量的比值减小，即惯性时间常数 $H=\frac{2.74GD^2n^2}{S}\times10^{-3}$ 反而降低，使机组更易于失去稳定。此外，电机参数增大、衰减时间常数增加、热容量降低、励磁电流增加、功率极限和静稳定储备下降等问题都是发展大容量发电机时在设备制造工艺、运行维护水平和继电保护配置的可靠和完善等方面需要重点考虑的问题。

（2）结构工艺方面。

1）冷却方式复杂。由于容量增大，因此定、转子电流增加，漏磁增加，运行中发热增加，在结构设计方面如何进行有效地冷却至关重要。

2）轴向与径向比增大，运行中振动加剧。

3）大机组的并联分支多，绕组结构复杂，尤其是水轮发电机，中性点的连接非常复杂。

（3）运行方面。

1）励磁系统复杂，失磁故障的几率增加。

2）自并励励磁系统的发电机，故障后短路电流快速衰减，对后备保护的形成比较困难。

3）异常运行的工况多。

4）发电机与主变压器之间不设置断路器，机端故障和发电机失磁使厂用电电压下降严重。

2-11 发电机绕组为什么都接成双星形?

发电机的定子绕组的电动势波形，取决于气隙中磁通沿空间的分布情况，在实际的电机结构中，无法做到使磁通成为理想的正弦波波形，因此，电动势中不可避免地存在高次谐波，而高次谐波的主要成分为三次谐波。它是由于槽与槽之间磁场的间断分布而产生的。基波的一个周期相当于三次谐波的三个周期，即基波的360°相当于三次谐波的3×360°，因此，由于基波三相各差120°相位，对于三次谐波来说是3×120°=360°，相当于各相没有相位差。如果接成三角形的话，就会在绕组间产生环流，产生额外损耗使发电机绕组发热。而接成星形便不能构成回路，三次谐波电流无法流通。三次谐波电动势虽然在相电动势中存在，但线电动势中并不存在，因为三相相互抵消了。所以，发电机绕组接成星形接线的作用有两个：一是消除高次谐波的存在；二是如果接成三角形，当内部故障或绕组接错造成三相不对称时，就会产生环流而危及发电机的绕组安全。

另外，定子绕组接成双星形，是为了增加每相绕组的并联支路数，避免每相导体中载流量过大。

2-12 大型发电机的定子绕组为什么采用三相双层短距分布绕组?

采用三相双层短距绕组，目的是为了改善电流波形，即消除绕组的高次谐波电动势，以获得较为理想的正弦波电动势。只要合理选择线圈节距，使某次谐波的短距系数等于或接近0，使得线圈两有效边中感应的某次谐波电动势大小相等、相位相同，在沿线圈回路内正好相互抵消，就可以消除或削弱该次谐波电动势。虽然这种接法对基波电动势大小有所影响，但这种影响不大。

2-13 发电机定子绕组接成三角形如何?

如果发电机采用三角形接法，当三相不对称或绕组接线出现错误时，会造成发电机电动势不对称，不再满足 $e_U+e_V+e_W=0$，这样将在三角形绕组内部产生环流，该环流会随着三相不对称程度的增大而增大，有可能会使发电机烧毁。另外，因为星形连接可以消除电动势中三次谐波的影响，有利于改善发电机电动势的波形，所以一般均采用星形接法。

2-14　QFSN-1000-2-27 型 1000MW 汽轮发电机的主要结构部件包括哪些？

QFSN-1000-2-27 型汽轮发电机为汽轮机直接拖动的隐极式、二极、三相同步发电机。发电机采用水/氢/氢冷却方式，采用端盖式轴承支撑。发电机本体结构主要由定子部分（机座和隔振结构、定子铁芯、定子绕组、定子出线和出线盒、定子水路、氢冷却器及其外罩等）和转子部分（铁芯及绕组、绕组电气连接件、转轴、护环、风扇和阻尼系统等）构成。

2-15　发电机的机座和端盖有何作用？

汽轮发电机的机座和端盖既是机械上的主要支撑，又是通风系统的重要组成部分，其构件也是整个发电机所有部件中尺寸最大的，机座要通过端盖支撑转子的重量。氢冷发电机的机座既要能承受氢气爆炸时的压力，又要能满足强度和震动的要求。

机座由端板、外壳和风区隔板等组焊而成的壳体结构，与端盖之间用注入密封胶的方式进行密封。机座要求具有足够的强度和刚度，其作用是支撑定子铁芯、定子绕组和旋转的励磁构件。在机座顶部和底部两侧各有一个冷却气体通道，机座内部只有支撑管而无通风管。机座作为氢气的密闭容器，能承受机内意外氢气爆炸产生的冲击。

发电机端盖既是发电机外壳的一部分，又是轴承座，为便于安装，沿水平方向分为上下两半。端盖与机座的配合面及水平合缝面上开有密封槽，以便槽内充密封胶，密封机内氢气。端盖应具有足够的强度和刚度，以支撑转子，同时承受机内氢气压力甚至氢气爆炸产生的压力。发电机转子轴承、氢气轴封和向这些部件供油的油路均包含在外端盖中并由其支撑。

2-16　什么是大型汽轮发电机的隔振结构？

发电机定子铁芯与机座的连接，既要固定支撑铁芯，又能将传递给机座的倍频振动（电磁力矩引起）限制在一定范围，从而有效地将铁芯振动与定子机座隔开，因此，必须具有隔振的功能。隔振结构是在铁芯与机座之间装设轴向弹簧板或弹簧安装组件，如图2-3所示。弹簧板使定子外壳在径向上和切线方向上与定子铁芯的磁振动隔离。电枢扇形片安装在定位筋上，定位筋按顺序固定到弹簧板上。弹簧板栓接到机座上，并在其总长度上和圆周上支持铁芯组件。通过结构设计将弹簧板的弹性限制到安全数值内，在强度上

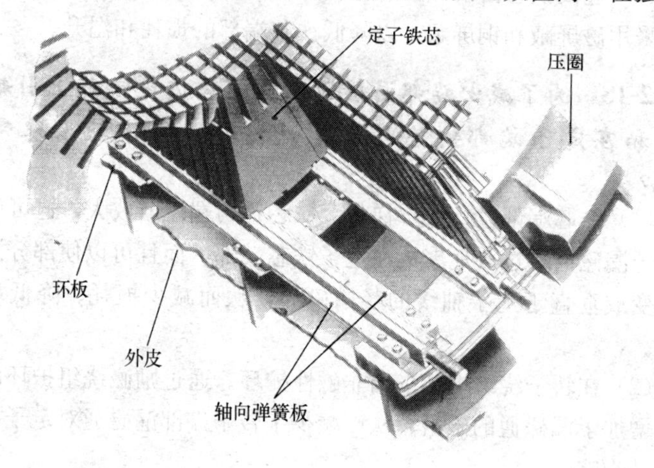

图 2-3　大型汽轮发电机的隔振结构

能承受几十倍额定转矩的突然短路扭矩对机座及基础的影响。

2-17　大型汽轮发电机的定子铁芯如何考虑满足强度、刚度和降低铁芯损耗？

（1）大型发电机的铁芯要求由磁导率高、损耗小的优质冷轧硅钢片叠压而成，不仅满足通风冷却的要求，还要满足一定强度和刚度的要求，而且要考虑减少绕组端部漏磁和铁芯部漏磁产生的环流而引起的铁芯损耗。

（2）定子铁芯是用相互绝缘的扇形片叠装压紧制成的。为减少电气损耗，扇形片采用高导磁低损耗的冷轧硅钢片冲制而成。单张硅钢片冲成扇形，扇形片两面刷涂有绝缘漆。

（3）扇形片冲有嵌放定子绕组的下线槽和放置槽楔用的鸽尾

槽。叠压时利用定子定位筋定位，叠装过程中经多次施压，两端采用低磁性的球墨铸铁压圈将铁芯夹紧成一个刚性圆柱体。铁芯齿部是靠压圈内侧的非磁性压指来压紧的。边段铁芯涂有黏接漆，在铁芯装压后加热使其黏接成一个牢固的整体，进一步提高铁芯的刚度。

（4）边段铁芯齿设计成阶梯状并在齿中间开窄槽，同时在铁芯端部采用磁屏蔽和铜屏蔽，以降低铁芯端部的损耗和温升。

2-18 为了减少端部漏磁通在压圈和边段铁芯上引起的发热和在定子端部铁芯引起附加电气损耗，应采取哪些措施？

（1）铁芯端部设计成阶梯状。铁芯孔两端逐渐放大，这可以防止转子漏磁通量过多地聚集在定子铁芯端部，而且可以使部分漏磁通转变成垂直于定子轴线的径向磁通，从而减少损耗、降低端部发热。

（2）在转子绕组端部采用非磁性护环。通过励磁绕组护环的作用，增加了漏磁通的磁阻，从而减少了转子端部漏磁通对定子端部铁芯的影响。

（3）在铁芯端部表面，采用一块铜防护板，即所谓的电屏蔽环。采用电屏蔽的目的是防止端部大部分轴向漏磁通穿过铁芯。铁芯端部采用阶梯形后，压圈处的漏磁会有所增加，利用漏磁通能在铜防护板内产生的大量涡流，此涡流的方向将会阻止漏磁通的穿过；而铜与用作铁芯端片的石墨铸铁相比，电阻率只有约1/5，损耗降到大约1/2，而且铜的导热系数是石墨铸铁的5倍，因而，铜防护板不会出现过热现象。

（4）铁芯端部压圈和铁芯端板（压指）采用低磁导率、高电阻率材料。这种材料增大了铜防护板和铁芯间的磁阻，使漏磁通不易穿过铁芯，高电阻率又使该部位涡流减小，故此部件也不会发热。

（5）在铁芯端部扇形体上开槽。由于在铁芯端部扇形齿部开槽隙，使得涡流流动面积减少了约1/2，于是涡流损耗减少了约3/4。

（6）冷却风系统中，加强对端部的冷却。

2-19 转子护环、中心环、阻尼环的作用是什么？

转子旋转时，转子绕组端部受到很大的离心力作用。为了防止对该部位的损害，采用了非磁性、高强度合金钢（Mn18Cr18）锻件加工而成的护环来保护转子绕组端部。护环分别装配在转子本体两端，与本体端热套配合，另一端热套在悬挂的中心环上。

中心环对护环起着与转轴同心的作用，当转子旋转时，轴的挠度不会使护环受到交变应力而损坏，中心环还有防止转子端部轴向位移的作用。

为减小由不平衡负荷产生的负序电流在转子上引起的发热，提高发电机承受不平衡负荷（负序电流和异步运行）的能力，采用了半阻尼绕组，在转子本体两端（护环下）和槽内设有全阻尼绕组。阻尼电流通路是由护环、槽楔、阻尼铜条形成的阻尼系统。

2-20 大型汽轮发电机需考虑哪些特殊问题？

（1）机座的隔振。大型两极电机铁芯振动的双倍振幅如达到或超过 30～40μm 时，机座和铁芯之间就要采取刚性连接结构进行隔振，以减轻铁芯振动对机座和基础的危害。

（2）定子绕组槽部和端部的固定。大容量发电机中，必须考虑事故时定子绕组受到的巨大的电磁力作用，必须采取措施加强槽部和端部的固定以防止绕组受力变形或绝缘损伤。在固定线棒的槽部时，在槽底和上下层线棒间垫以半导体材料的垫条，槽楔下垫以弹性波纹垫条，侧面也垫以绝缘垫条，槽口用对头楔楔紧，侧面也用斜楔楔紧。定子绕组的端部也因漏磁影响而受到交变电磁力的作用，因此，除加强端部绝缘外，绕组端部用绝缘压板将绕组固定在绝缘支架上，以提高端部绕组的机械强度。

（3）考虑铁芯端部发热的预防措施。具体见 2-18 题。

（4）转子阻尼系统。定子三相电流不平衡时会产生负序旋转磁场，在转子表面感应出双倍频率的电流，引起附加损耗、转子表面灼伤甚至机组振动。因此，必须装设阻尼绕组以分担转子表面的倍频电流，降低表面损耗，避免转子表面温升和损伤。

（5）轴承油膜振荡。油膜振荡是在一定条件下激起的轴颈中心在轴承中的不稳定旋转，从而导致机组振动。大型汽轮发电机可采取下列措施防止油膜振荡：

1）改变轴承的长径比以增加单位面积的压力，如允许可直接缩短轴瓦长度。

2）改变轴瓦间隙。

3）改变进油温度，从而改变油的黏度。

4）精确校验动平衡，减小残留的不平衡。

2-21 QFSN-1000-2-27型汽轮发电机的定子绕组的布置和固定有何特点？

定子绕组由嵌入铁芯槽内的绝缘条形线棒组成，绕组端部为篮式结构，并且由连接线连接成规定的相带组。绕组绝缘采用少胶VPI绝缘，绝缘等级为F级，表面有防晕处理措施。线棒由绝缘空心股线和实心股线混合编织换位组合而成。定子绕组为60°相带，三相，双层绕组，双支并联，YY连接。

定子线棒在槽内有良好的固定，侧面有半导体波纹板，径向还有波纹板和带斜度的槽楔组合固定。定子线圈在槽内固定于高强度玻璃布卷包模压槽楔下，在铁芯两端用割有倒齿的、行之有效的关门槽楔就地锁紧，防止运行中因振动而产生的轴向位移。楔下设有高强度弹性绝缘波纹板，在径向压紧线棒。在部分槽楔上开有小孔，以便检修时可测量波纹板的压缩度（有随机测量工具）以控制槽楔松紧度。在槽底和上、下层线棒之间都垫以热固性适形材料，从而保证相互间良好接触。采用的涨管热压工艺使线棒能在槽内紧固可靠地就位；为了线棒表面能良好接地，防止槽内电腐蚀，在侧面用半导体板紧塞线棒。如图2-4所示。

定子绕组端部用浸胶无纬玻璃纤维带绑扎固定在由绝缘支架和绑环组成的端部固定件上，绑扎固定后进行烘焙固化，使整个端部在径向和轴向成为一个刚性的整体，确保端部固有频率远离倍频，避免运行时发生共振。

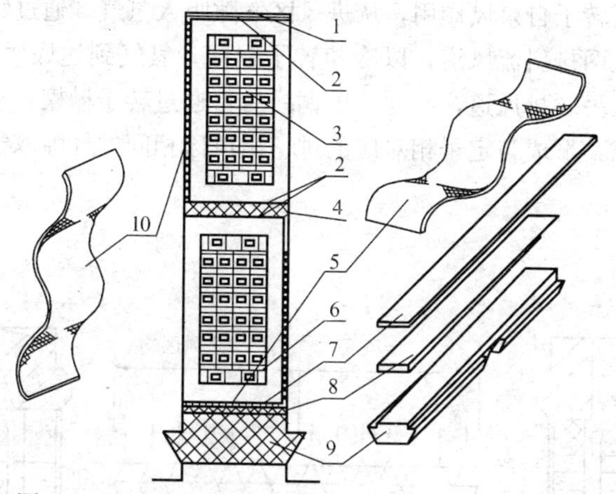

图 2-4　定子绕组在槽内固定及定子槽楔布置示意图

1—槽底垫条；2—适形垫条；3—下层线棒；4—层间垫条；
5—楔下波纹板；6—上层线棒；7—楔下垫条及调节垫条；
8—斜楔；9—定子槽楔；10—侧面波纹板

轴向可沿支架滑销方向自由移动，减少由于负荷或工况变化而在定子绕组和支撑系统中引起的应力，满足机组调峰运行的要求。

定子绕组的端部全部采用刚—柔绑扎固定结构。它由充胶的层间支撑软管、可调节绑环、径向支撑环、绝缘楔块和绝缘螺杆等结构件以及绑带、适形材料等将伸出铁芯槽口的绕组端部固定在绝缘大锥环内成为一个牢固的整体，绝缘大锥环的小直径端搁在铁芯端部出槽口下的（覆盖着滑移层的）绝缘环上，而绝缘大锥环的环体则固定在绝缘支架上，支架的下部又通过弹簧板固定在铁芯端部的分块压板上，形成沿轴向的弹性结构，使绕组在径向、切向具有良好的整体性和刚性，而沿轴向却具有自由伸缩的能力，从而有效地缓解了由于运行中温度变化和铜铁膨胀量不同在绝缘中所产生的机械应力，故能充分地适应机组的调峰方式和非正常运行工况。水冷的定子绕组连接线也固定在大锥环和绝缘支架上。为了运行安全，绕组端部上的紧固零件全部为高强度绝缘材料所制成。

2-22　1000MW 发电机转子槽部采用什么通风方式？

如图 2-5 所示，转子绕组槽部采用气隙取气斜流通风的内冷方式。利用转子自泵风作用，从进风区气隙吸入氢气。通过转子槽楔后，进入两排斜流风道，以冷却转子铜线。氢气到达底匝铜线后，转向进入另一排风道，冷却转子铜线后再通过转子槽楔，从出风区排入气隙，形成与定子相对应的进、出风区相间的气隙取气斜流通风系统。

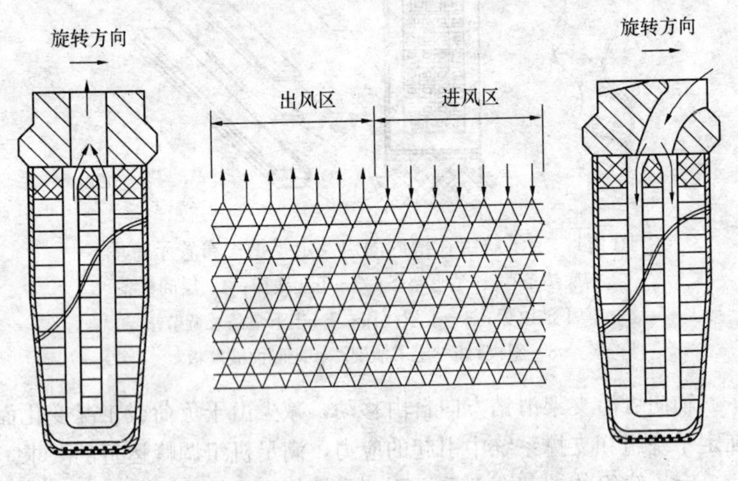

图 2-5 转子绕组本体气隙取气风路示意图

2-23 1000MW 发电机转子绕组的端部通风结构如何？

转子绕组端部采用冷却效果较好的“两路半”风路结构如图 2-6

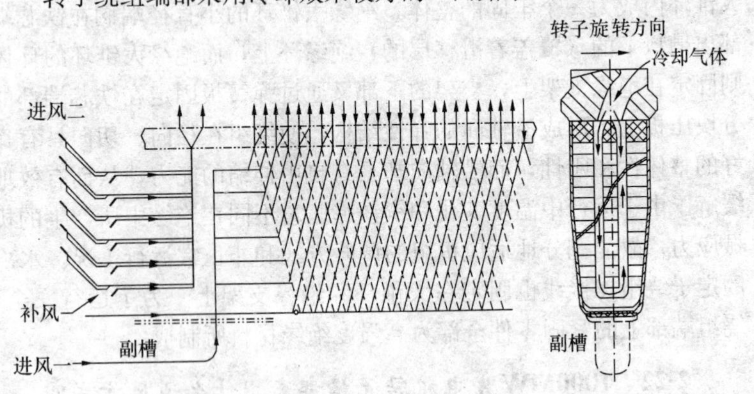

图 2-6 转子绕组端部两路半通风示意图

所示。一路风从下线槽底部的副槽进入转子本体部分的端部风路，另一路风从转子线圈端部的中部进入铜线风道，再从转子本体端部排入气隙。为了加强后一路风的冷却效果，在这路风的中途再补入半路风，即形成“两路半”的风路结构。

2-24 转子阻尼绕组的作用和结构是怎样的？

为减少由于不平衡负荷产生的负序电流在转子上引起的发热，提高发电机承担不平衡负荷的能力，大型汽轮发电机的转子本体两端（护环下）和槽内设有全阻尼绕组。

阻尼绕组是一种短路绕组，由放在槽楔下的铜条和转子两端的铜环焊接成闭合回路。其主要作用是，当发电机发生不平衡运行或不平衡短路事故时，利用其感应电流来削弱负序旋转磁场的作用。另外，在同步发电机发生振荡时起到阻尼作用，使振荡衰减。

2-25 为什么水冷发电机的端部发热较严重？

发电机的端部构件发热与端部漏磁有关。端部分布有复杂的漏磁场，它是由定子绕组的端部漏磁和转子绕组的端部漏磁合成的，而且是旋转的。端部漏磁场的大小和形状与电机的结构特点、参数及某些构件的材料有关。发电机运行时，漏磁场的磁力线与发电机端部构件发生相对运动，会在这些金属构件中感应产生涡流损耗，引起构件发热。尤其是用整块铁磁材料制成的部件，发热更为严重。

所有发电机都存在端部漏磁引起的发热问题，但由于水冷发电机的电磁负荷大，即定、转子的线负荷（沿电机圆周单位长度上的电流）高（同步发电机的冷却介质与冷却方式的不断改进，已使发电机的线负荷由 60A/mm 左右提高到了 200～250A/mm 左右，1000MW 的发电机线负荷已达 1888A/cm），因此产生的漏磁量大，而这些损耗又几乎跟磁通密度的平方成正比，所以发热也特别严重。

2-26 什么是水冷发电机的电屏蔽？

所谓电屏蔽是一个用铜板或铝板制成的圆环，它平行地装在压圈的外侧，如图 2-7 所示，或装在压圈与定子铁芯之间。它的作用是阻挡端部漏磁通进入压圈和铁芯，减少这些构件因涡流引起的局部发热。由于交变磁通在电屏蔽环内感应生成涡流，而这个涡流便会产生一个反磁场阻碍漏磁通通过，即对漏磁通起到削弱作用，这样，被屏蔽环挡住的压圈和铁芯的端部漏磁通就会减少，涡流也减少，使温度降低。但屏蔽环本身也会因为涡流而发热，因此，电屏蔽环上应该采用水循环冷却。

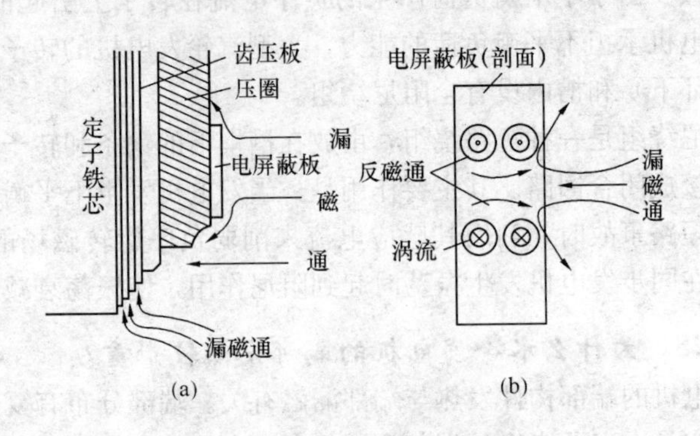

图 2-7　铁芯端部电屏蔽示意图

(a) 屏蔽环结构；(b) 涡流屏蔽作用

2-27　什么是水冷发电机的磁屏蔽？

磁屏蔽和电屏蔽一样，也是解决发电机端部发热的一项重要措施。磁屏蔽是用耐热性好、黏接强度高的黏剂将磁导率较高的薄硅钢片粘制而成的一个圆环来实现的。它一般装在定子端部齿牙板与压圈之间，如图 2-8 所示。其作用是减少垂直进入边端铁芯的漏磁通，使齿牙板和边端铁芯的漏磁减少，温度降低。磁通总是企图通过磁阻最小的路径，当它绕过绕组端部将进入铁芯的时候，因为处于铁芯齿部牙板外面的磁屏蔽环的磁导率高，磁阻小，所以大部分磁通就进入磁屏蔽环内，只有很少一部分磁通才通过气隙后进入齿牙板及边端铁芯，因而能起到磁分路作用。

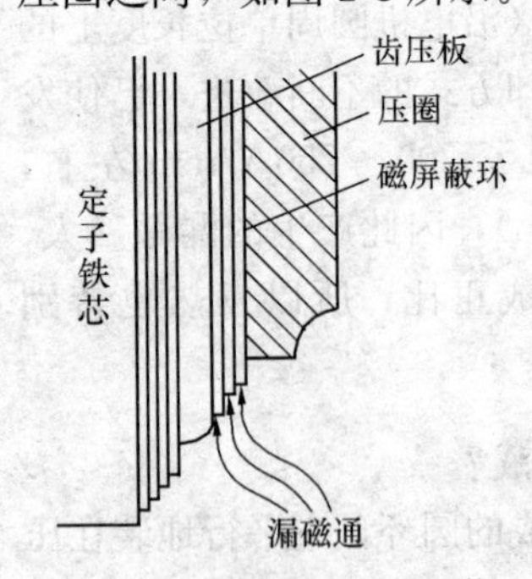

图 2-8　铁芯端部磁屏蔽

磁屏蔽也只是把高热点转移和削

弱，不能根本消除发热，它本身也要产生损耗和发热。

2-28 为什么水冷发电机定子线棒的振动较大？

定子线棒的振动是由电磁力引起的。我们知道，定子绕组通过电流就会产生磁通，其中主要的部分与转子磁场相互作用，称为电枢反应磁通。另一部分在槽部跨越气隙只链着定子绕组本身的称为槽部漏磁通。定子线棒处在槽内漏磁通中，这些跨越槽的漏磁通与定子绕组内的电流相互作用就会产生电磁力，方向可以判断是把线棒推向槽底的。这个力虽然是单一方向作用的，但在50Hz的电机中就会产生100次/s的振动。因为水冷发电机的定子线负荷较大，所以这种振动就比较大。

2-29 汽轮发电机冷却技术的发展情况如何？ 有何主要问题？

每台发电机都有一个额定容量，这个容量是考虑了发电机的发热情况、效率和机械强度等情况而定的，在此容量下长期、连续正常工作，发电机能获得最佳的经济、技术性能。就是说发电机发出的功率超过它的额定容量时，就会导致温升过高和效率降低。在小容量的电机中，由于体积小，工艺相对简单，因而发热问题容易解决。但在大型同步发电机中，常常是发热问题对机组的出力起着主要制约作用。大型电机体积大，内部产生的热量不容易散发出来，使内部和表面之间的温差增大，提高了电机内部的温升。随着发电机容量的增大，额定电压也需要增高，定子绕组的绝缘也需要加强，绕组铜线的损耗要透过绕组绝缘传出来也就越困难，使得绕组内外的温差常达到20～30℃。所以，改进电机的冷却方式，提高电机的电磁负载，用同样的材料做出更大容量的电机，将是对经济发展的重大贡献。

最初的汽轮发电机采用空气冷却。虽然该方式具有辅机系统少、安装维护方便、检修时间较短、运行费用低等优势，但这种冷却方式冷却能力差，摩擦损耗大，且需要的空气量随着机组容量的增大而增加，电机尺寸也随之加大。另外，辅助系统消耗功率也增加，效率不能达到要求。因此，增加空冷发电机容量的主要难题就是抑制线圈温度和降低包括风耗在内的各种损耗及解决材料强度的限制。据悉，世界上最大的空冷发电机可以做到150MW。我国目前已成功制造并运行135MW级别的空冷发电机。20世纪中期开始，用氢气代替空气冷却的氢冷技术发展起来，取得了比较显著的效果。因为氢气的质量只有空气的十几分之一，辅助系统消耗大大减小，而且氢气导热性能比空气高6倍，流动性也比空气好，可以提高发电机的单机容量。自20世纪50年代以后，氢冷技术由最初的氢表面冷却发展到内部冷却阶段，即氢内冷方式。冷却技术有了明显突破，同时，热容量更大，冷却效果更好的冷却介质如水和油，都得到了广泛的应用，使得发电机的单机容量有了大幅度的提高。国外汽轮发电机的最大单机容量已达1710MVA（4极）和1412MVA（两极）。我国在引进吸收和消化国外先进技术的基础上对原有电机进行了改型和优化设计，并相继开发和研制出多种新型电机，在1986年制成300MW双水内冷和全氢冷型汽轮发电机的基础上，1989年又试制成功优化型300MW水氢氢冷汽轮发电机，并投入运行。600MW的单机也逐步进入一些大的电力系统，这些电机的一些主要性能已经达到当今的国际水平。

今天，经过世界各国的共同努力，无论是氢冷还是水冷，在技术上都有很大进步，积累了大量宝贵的经验。对定子绕组采用水冷方式效果显著，制造工艺较为简单，技术上比较成熟，尤其对大容量发电机的冷却比较合适。就其转子冷却方式看，氢冷转子仍在主导地位，技术比较成熟，可靠性高。尽管水冷效果显著，但在水接头及引水管的结构形式、材料选用以及装配工艺、气蚀问题和水压问题等方面都尚有技术上的难题，各国正在研究中。可以说，水冷和氢冷两种冷却方式各有所长，各有利弊。目前，定子、转子都采用氢内冷的最大单机容量为960MW；定子水内冷、转子氢内冷、定子铁芯氢外冷的最大单机容量已达1500MW。

2-30 现代大功率汽轮发电机的主要冷却方式是怎样的？

现代大功率汽轮发电机的冷却介质和冷却方法多为组合式，其中主要有以下五种：

（1）定子绕组氢外冷，转子绕组氢内冷，铁芯氢冷；

（2）定子绕组氢内冷，转子绕组氢内冷，铁芯氢冷；

（3）定子绕组水内冷，转子绕组氢内冷，铁芯氢冷；

（4）定子绕组水内冷，转子绕组水内冷，铁芯氢冷；

（5）定子绕组水内冷，转子绕组水内冷，铁芯空冷。

其中第三种冷却方式应用最多，广泛应用于20～1000MW左右的机组上。

由此可见，通过冷却技术的发展来提高单机容量有较大潜力。几十年来，发电机的冷却介质由空气到氢气，又发展为水冷，使得发电机单机容量大幅度上升，这是由介质的性能所决定的。

表2-3列出了空气、氢气和水三种介质的冷却性能。表中均以空气的各项指标为1，其他介质所列为相对值。从冷却角度看，水的冷却性能最好，水的热容量比空气大4.16倍，密度较空气大1000倍，散热能力比空气大84倍。此外，水还有良好的绝缘性能，得到电阻率为$200\times10^{3}\Omega\cdot m$的凝结水是没有困难的。

表2-3　　常用冷却介质的相对指标

冷却介质	相对比热容	相对密度	吸热能力		散热能力	
			体积流量	相对吸热量	流速（m/s）	相对散热系数
空气	1	1	1	1	30	1
氢气	14.35	0.21	1	3	40	5
水	4.16	1000	0.05	208	2	84

大型同步发电机已不采用完全空气冷却方式了，目前较为普遍的冷却方式为转子绕组采用氢内冷、定子铁芯采用氢表冷、定子绕组为水内冷（简称水/氢/氢冷却）方式，其单机容量极限为1200MW。

同步发电机的冷却介质与冷却方式的不断改进，已使发电机的线负荷由60A/mm左右提高到了200～250A/mm左右。若要再进一步提高，在现有冷却方式下极为困难。

2-31　水/氢/氢冷却的汽轮发电机的定子冷却水系统的作用是什么？

氢冷发电机的冷却水系统主要是用来向发电机的定子绕组和引

出线不间断地供水，利用冷却水的循环将运行中产生的热量带走，降低该元件各部位的运行温度。此系统常简称为定子冷却水系统。大型发电机的定子绕组采用氢气和水作为冷却介质，水冷的效果是氢冷的50倍。水内冷绕组的导体既是导电回路又是通水回路，每个线棒分成若干组，每组内含有一根空心铜管和数根实心铜线，空心铜管内通过冷却水带走线棒产生的热量。到线棒出槽以后的末端，空心铜管与实心铜线分开，空心铜管与其他空心铜管汇集成型后与专用水接头焊好由一根较粗的空心铜管与绝缘引水管连接到总的进（或出）汇流管。冷却水由一端进入线棒，冷却后由另一端流出，循环工作不断地带走定子线棒产生的热量。

2-32 定子冷却水系统如何构成？其工作流程如何？

发电机定子冷却水系统由定子水箱、主冷却水泵、冷却器、离子交换器、电导率仪、压力控制阀、温控阀、滤网等设备组成。主要工作流程如图2-9所示。

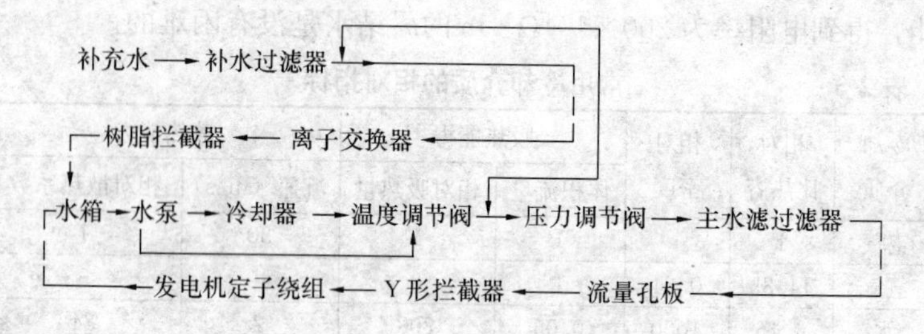

图2-9 定子冷却水系统的主要工作流程

由于对水质要求严格，因而对水冷却系统的组成部件亦有特殊要求，即整个水系统的管道、阀门、水箱等必须采取防锈措施，所有管道全部采用不锈钢材料制作。为保持水质稳定，在供水站还装有离子交换器以提高系统中水的水质。每次水质在进行化学分析之前，必须从离子交换设备中提取，水中所含SiO_2、Te、Cu等杂质应少于50μg/kg，所含Ci、S等杂质应少于1μg/g。另外，还装有两只电导率计，一只用来监视进入发电机定子绕组冷却水的电导率，另一只用来监视离子交换器出水电导率，以便判断树脂是否需要再生，电导率计在水质超限时可以发出信号。

定子水系统中配有两台定子冷却水泵，正常运行时运行一台，备用一台。当工作泵输出压力低时，通过压力开关信号应能使备用泵自动投入运行。水泵为单级式耐腐蚀离心泵。为有效防止空气漏入水中，在水箱上部充氢压力值通过一台减压器得以保证。排除水箱中水位、温度（包括环境温度）对水箱内氢气压力的影响后，如果这一压力出现持续上升的趋势，则说明有漏氢的现象。首先要检查补氢阀门（旁路）泄漏或减压器失调等情况，其次检查定子绕组或引线是否有破损，氢气是否从破损处漏入了水中。切断补氢管路的气源，观察压力变化情况，便可判断氢气泄漏至水箱的原因。

水箱中氢压高时，接点式压力表可以发出报警信号。减压器上有安全阀，氢压过高时，安全阀开启释放压力。水箱上还装有补水电磁阀和液位信号器，液位计和油封箱上部的液位计一样，外壳位为透明有机玻璃制成，既便于人工观察水位，又可发出报警信号。水位低时，操作补水电磁阀向水箱补水。补水和系统初始充水的水质与含氧量要符合要求。

温度阀即温度调节阀，用于调节定子冷却水进入定子绕组前的温度。采用气动式三通调节阀，温度信号由铂热电阻输出信号到发电厂集控室DCS系统，转变成4～20mA电信号后，再反馈到调节阀上的气/电定位器，输出工作信号以驱动调节阀输出机构。压力调节阀用于调节定子冷却水进入定子绕组前的压力，采用气动式调节蝶阀，压力信号上传至DCS系统，再反馈到调节阀上的气/电定位器，输出工作信号以驱动调节阀输出机构。

2-33　1000MW汽轮发电机组定子冷却水系统的参数要求是怎样的？

（1）冷却水应当透明、纯洁、无机械杂质和颗粒。

（2）冷却水的导电度正常运行中应当小于0.5μs/cm。过大的导电度会引起较大的泄漏电流，使绝缘引水管老化外，还会使定子相间发生闪络。

（3）防止热状态下造成冷却管内壁结垢，降低冷却效果，甚至堵塞。应当控制水中的硬度不大于2 μmol/L。

(4) NH_3浓度越低越好，以防腐蚀铜管。

(5) pH 值要求为中性，规定为 7～8。

(6) 为防止发电机内部结露，对应于氢气进口温度，定子水温也应当大于一定值，一般规定为 40～46℃。

2-34 发电机采用氢气冷却有何特点？

氢气作为冷却介质具有密度小、导热能力强、清洁及冷却效果稳定等优势，因此氢冷技术在汽轮发电机中广泛应用且日趋成熟。采用氢气冷却，可以降低电机的通风损耗及转子表面对气体的摩擦损耗，可以使绝缘内间隙及其他间隙的导热能力改善、增强传热效果，还可以保持机内清洁，降低事故以及延长绝缘材料寿命等。但同时，采用氢气冷却也会带来电机结构、系统运行的复杂性。比如，必须保证严格的密封性，必须设置专门的供氢装置，必须采取严格的监视手段，必须采用防爆结构等，以防止和避免氢气泄漏和爆炸事故的发生。

2-35 1000MW 发电机的通风系统是怎样的？

发电机采用径向多流式密闭循环通风，如图 2-10 所示。定子铁芯沿轴向分为九个进风区和十个出风区，九个进风区和十个出风

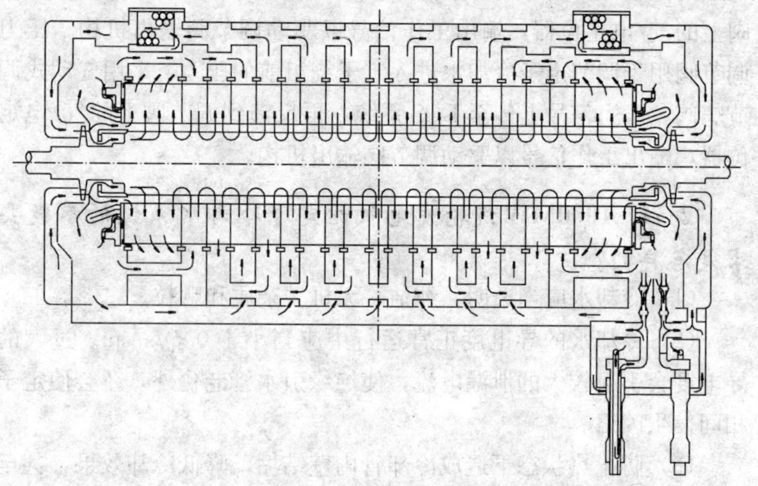

图 2-10 发电机内部通风冷却示意图

区相间布置。安装在转轴上的两个轴流式风扇（汽、励端各一个）将氢气分别鼓入气隙和机座底部外通风道。进入机座底部外通风道的氢气进入铁芯背部，沿铁芯径向风道冷却进风区铁芯后，进入气隙；少部分氢气进入转子槽内风道，冷却转子绕组；其他大部分氢气再折回铁芯，冷却出风区铁芯，最后从机座顶部外风道进入冷却器；被冷却器冷却后的氢气进入风扇后，进行再循环。

这种交替进出的径向多流通风，保证了发电机铁芯和绕组的均匀冷却，减少了结构件热应力和局部过热。

2-36 如何保证发电机氢气冷却系统的安全运行？

（1）必须设置专门的氢气供应系统，有控制地向发电机内输送氢气，保持机内氢气压力稳定。

（2）保证机内氢气品质合格，自动监视机内氢气纯度、温度和湿度等参数负荷运行要求。

（3）配置机内氢气密封装置，设置完善的气体、液体泄漏检测装置。

（4）保证氢冷水系统的正常运行，参数符合要求。

（5）氢气系统的操作动作要轻缓，避免猛烈碰撞。

（6）远离火源，配置完善的消防设施。

2-37 氢冷系统的主要控制参数是什么？

氢气系统用来保证实现发电机内的气体转换，氢气用于转子绕组、定子铁芯等部位运行中的冷却，因此必须维持机内氢气压力、纯度、温度、湿度满足特定要求，以确保发电机安全额定运行。必须根据以上参数的变化，及时调整发电机的负荷。

（1）运行中冷氢温度在35～48℃之间，热氢温度不得高于68℃。冷氢温度降低时不允许提高出力。

（2）机内氢气压力为0.48～0.56MPa，当低于额定压力0.52MPa时，必须根据制造厂提供的要求降低发电机出力。

（3）运行中氢气纯度应保持95%以上，低于此值应立即进行排污。氢气纯度每降低1%，通风摩擦损耗将增加11%，因此必须保证纯度在97%～98%以上。

（4）运行中氢气湿度正常值为露点－5℃，最低限为－25℃。湿度过高，会影响绕组的绝缘强度并会加速转子护环的应力腐蚀。

2-38 发电机运行中氢压降低的原因可能有哪些？

（1）轴封油压过低或供油中断。

（2）供氢母管氢压低。

（3）发电机突然甩负荷，引起过冷却而造成氢压降低。

（4）氢气管道或阀门泄漏。

（5）密封瓦塑料垫破裂，造成氢气大量进入油系统、定子引出线套管。

（6）转子密封破坏造成漏氢。

（7）冷却器铜管有砂眼或裂纹，造成氢气进入冷却水系统。

（8）运行中发生误开排氢门的操作等。

2-39 运行中氢压降低如何处理？

运行中若发现氢压指示下降或报警、补氢量增加或发电机风扇差压降低时，可判断为氢压不正常降低。氢压降低的处理方法为：

（1）如密封油中断，应紧急停机并排氢。

（2）发现氢压降低，应核对就地表计，确认氢压下降，必须立即查明原因予以处理，并增加补氢量以维持发电机内额定氢压，同时加强对氢气纯度及发电机铁芯、绕组温度的监视。

（3）检查氢温自动调节是否正常，如失灵应切至手动调节。

（4）若氢冷系统泄漏，应查出泄漏点，同时做好防火防爆的安全措施。查漏时，应用检漏计或肥皂水。

（5）管子破裂、阀门法兰、发电机各测量引线处泄漏等引起漏氢。在不影响机组正常运行的前提下设法处理，不能处理时停机处理。

（6）发电机密封瓦或出线套管损坏，应迅速汇报值长，停机处理。

（7）误操作或排氢阀未关严，立即纠正误操作，关严排氢阀，同时补氢至正常氢压。

（8）怀疑发电机定子绕组或氢冷器泄漏时，应立即报告值长，必要时停机处理。

(9) 氢气泄漏到厂房内，应立即开启有关区域门窗，加强通风换气，禁止一切动火工作。

(10) 若氢压下降无法维持额定值，应根据定子铁芯温度情况，联系值长相应降低机组负荷直至停机。

(11) 密封油压低，无法维持正常油氢差压。设法将其调整至正常或增开备用泵，若密封油压无法提高，则降低氢压运行。氢压下降时按氢压与负荷对应曲线控制负荷。

2-40 1000MW氢冷发电机氢气冷却器的容量设计原则是什么？

(1) 5%的冷却水管堵塞时，发电机可以在额定出力下连续运行。

(2) 一个氢气冷却器退出运行时，允许发电机带80%负荷连续运行。

2-41 发电机运行中对氢冷系统应监视哪些内容？

(1) 发电机正常运行时，机内氢压应保持在480～560kPa（就地控制盘指示）之间，高于560kPa或低于480kPa，将发出报警。氢压过高时，可开启排气阀来排去部分H_2，降压到正常值。发电机内氢压必须高于定子冷却水压。氢压低于480kPa（LCD指示）时，应向发电机内补氢。最大补氢率12m^3/d，超过此限值，应进行检漏。

(2) 发电机运行中的H_2纯度最低限值为90%，露点温度为0℃。纯度、湿度不合格时，应进行排污，并向机内补充H_2来提高纯度，减小湿度。

(3) 发电机正常运行中应投入H_2去湿装置。

(4) 发电机正常运行时，要使氢冷系统良好运行，必须保持密封油系统正常运行，应特别注意密封油压恒定大于机内H_2压力36～76kPa（LCD指示）。

(5) 发电机正常运行，四台氢冷却器全部投入运行。如一台氢冷器退出运行，发电机负荷限制为80%额定负荷。

(6) 正常运行中，必须保证发电机进氢温度低于发电机定子冷却水入口温度。保持氢冷器出口所有温度测点均低于发电机定子冷却水入口温度。

(7) 氢冷器出口温度测点中任一测点偏差大时，及时联系检修人员处理。

(8) 发电机氢冷器出口测点中任一测点温度高于发电机定子冷却水入口温度时，应及时检查并调节氢温或定子冷却水温度至正常范围。若为测点指示不准引起，应及时联系检修人员处理。

2-42 发电机本体结构中哪些部位容易漏氢?

(1) 机壳的结合面。大型发电机由于机体庞大，结合面多，加工工艺和密封质量以及施工质量均是造成结合面漏氢的因素。

(2) 密封油系统。由于密封轴瓦和瓦座的间隙不合格，运行中氢侧密封油压调整不当，氢气漏入密封油侧随油循环泄漏，因此，运行中应保证密封油系统的各差压调节阀工作正常。

(3) 氢冷却器。多管式结构的氢冷却器产生氢漏的可能性很大，所以大修以后必须做水压试验。运行中氢压略大于水压，所以要在排水中检测是否有漏氢。

(4) 出线套管。出线套管的瓷件与法兰之间极易松脱漏氢，因此出线套管穿过出线台板的密封处也是重点监视的部位。

2-43 怎样防止氢气爆炸?

氢爆是非常危险的，但可以预防，只要了解掌握了氢气的性质、氢爆发生的条件，并做到以下几方面，就可以保证氢气系统的安全运行。

(1) 保证运行中氢气的纯度。

1) 保证供应氢气纯度在99%以上，一旦发现纯度下降，立即查找原因并排出。

2) 在充氢、排氢的置换操作中，严格遵守规程规定，不能简化操作。

(2) 深入了解氢气的性质，制定防范措施，提高安全意识。

(3) 严格按规程操作。遵守制氢规程、氢气置换规程、电业安全工作规程、明火作业规程，严格工作票制度和操作票制度。

(4) 加强氢气系统的巡回检查，发现隐患及时查找并处理。

(5) 加强氢气系统的取样、化验工作，加强系统各参数的监视、监督工作。

2-44 密封油系统的作用和要求是什么？

为了防止发电机氢气沿轴隙向外泄漏或漏入空气，发电机氢冷系统应保持密封，特别是发电机两端大轴穿出机壳处必须采用可靠的轴密封系统。为密封装置提供密封油的系统称为密封油系统。采用油进行密封的原理是，在高速旋转的轴与静止的密封瓦之间注入一连续的油流（油源来自汽轮机润滑油系统），形成一层油膜来封住气体，使机内的氢气不外泄，外面的空气也不能进入机内。为此，油压必须要高于氢压一个数值（0.03～0.08MPa）。

密封油系统除了向油密封装置提供不含空气和水分的压力油以外，还应保证密封油压始终大于机内氢压，以确保密封效果，而且即使出现故障，也必须有可靠的备用油源，保证不间断供油。为了防止轴电流破坏油膜、烧伤密封瓦和减少定子漏磁通在轴密封装置产生的附加损耗，密封装置与端盖和外部油管法兰盘接触处都需加绝缘垫片。

2-45 什么是单流环式密封油系统？

氢冷发电机多采用油密封装置即密封瓦，瓦内通有一定压力的密封油。密封油除起密封作用外，还对密封装置起润滑和冷却作用。由于密封瓦的结构不同，因此密封油系统的供油方式也有多种形式。

如图2-11所示，该形式的密封油系统称为单流环式，是一套供油系统。来自汽轮机润滑油系统的密封油至真空油箱经两台100%密封油泵，再经冷油器和串联压差调节阀使油压高于氢压一定值，然后通过滤网分别进入汽侧和励侧的密封瓦进油，密封油进入中间油孔，沿轴隙分别向氢侧和空侧流去形成油膜起密封作用。密封瓦的回油分氢侧和空侧，氢侧回油进入油氢分离器，氢气进入机壳，含氢的油进入液气分离器流入回油母管。密封瓦空侧回油与轴承润滑油混合后分别流入润滑油回油母管和密封油回油母管。密封油从回油母管进入真空油箱喷雾脱气。真空油箱由一台真空泵连

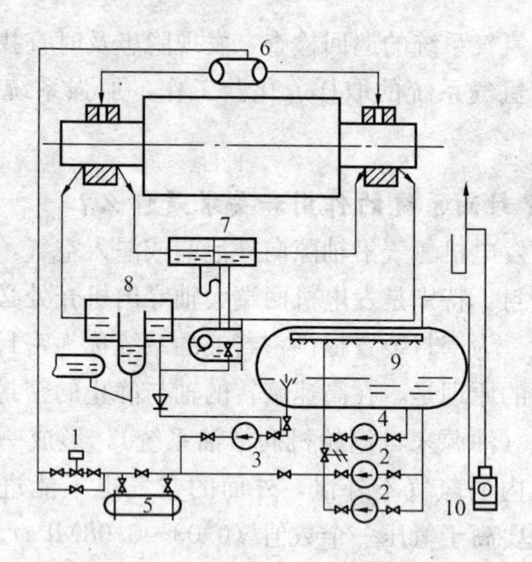

图 2-11　某电厂单流环式密封油系统

1—压力调节阀；2—密封油泵；3—事故油泵；4—再循环油泵；5—冷油器；6—滤网；7—氢侧回油箱；8—空侧回油箱；9—真空油箱；10—真空泵

续运行，将氢气排入大气，另一台真空油泵作紧急备用。经真空油箱脱气后的密封油由密封油泵送往密封瓦，再循环泵不断作油的循环净化。

单流环式密封油系统的设备配置少，系统相对简单，运行维护较为方便。

2-46　单流环式密封油系统有几种运行方式？

单流环式密封油系统有三种运行方式，能保证各种工况下对机内氢气的密封。

（1）正常运行时，一台主密封油泵运行，油源来自主机润滑油。密封油真空箱要保持−90kPa的额定真空，以利析出并排出油中水汽。

（2）当主密封油泵均出现故障或失去交流电源时，运行方式为：油源来自主机润滑油→直流密封油泵→密封瓦→膨胀箱→空气析出箱→主油箱。

（3）当交直流密封油泵均故障时，应紧急停机并排氢，降压直至主机润滑油压能够对氢气进行密封。

2-47 什么是双流环式密封油系统？

如图 2-12 所示为双流环式密封油系统。氢侧与空侧密封油系统各自独立，氢侧有密封油泵一台，油冷却器一台，回油箱一只；空侧有密封油泵两台（其中一台交流，一台直流），油冷却器一台，回油箱一只。双流环式密封瓦的两侧油压相等。密封瓦中两股油流各自流向氢侧和空侧。两侧油几乎没有交换量，因而氢侧油溶有饱和氢气，空侧油溶有饱和空气和水分。油流各自独立，能保证发电机内氢气的纯度和湿度。密封油压必须大于氢压，这是由压差调节阀实现的。空侧和氢侧油压相等，这是由压力平衡阀实现的。当两侧油压有压差时，两侧油流就可能发生交换，此时氢侧回油箱的油位发生变化，然后由浮子阀来调节油位。正常情况下，两侧油流不发生交换，因此不需要专门的脱气装置。空侧油几乎不含氢，与支撑轴承的润滑油相混合，只需一只排烟风机就能满足。此外，氢侧只有一台油泵，没有备用油泵，当氢侧油泵故障时，能自动变为单流环式密封，但空侧油泵不能中断，且油压必须高于氢压，因此必

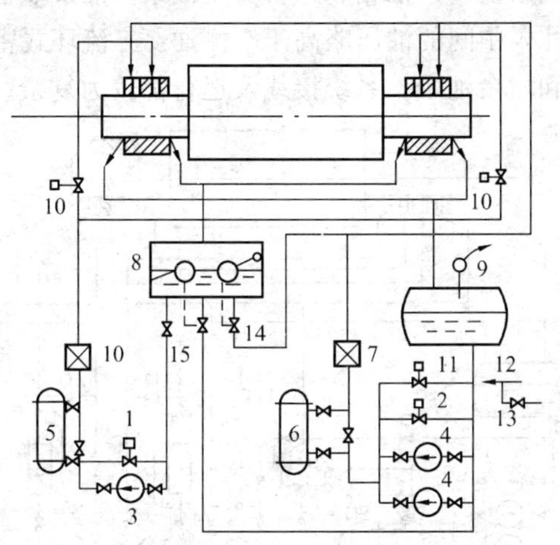

图 2-12　某电厂双流环式密封油系统

1—氢侧压力调节阀；2—空侧压力调节阀；3—氢侧密封油泵；4—空侧密封油泵；5—氢侧冷油器；6—空侧冷油器；7—滤网；8—氢侧回油箱；9—空侧回油箱；10—压力平衡阀；11—压差调节阀；12—来自汽轮机主油箱；13—来自备用密封油泵；14—油位低补油浮球阀；15—油位高放油浮球阀

有可靠的备用电源。

双流环式密封油系统，配上灵敏度高的平衡阀，就可把密封瓦的间隙做得大一些，从而降低瓦温，提高运行可靠性，满足大容量汽轮发电机轴径大、氢压高的要求。

2-48 什么是三流环式密封油系统？

图 2-13 所示为三流环式密封油系统，氢侧油与空侧油压力相等。在两侧油流中间又加一股油称为浮动油，油压略高于空侧油压，其目的是迫使密封环在大轴上“浮起”。空侧油系统有回油箱、两台 100％交流密封油泵、一台 100％直流密封油泵、两台 100％冷油器和两台 100％滤网。油压高于氢压是靠油泵出口旁路阀来调节的。氢侧油又分为两个独立的系统，即汽轮机侧氢侧油系统和励磁机侧氢侧油系统。每一个系统有一台交流油泵和一台冷油器。两个系统的回油管上有一根联络管。该两个系统油压的调节按各自测取汽轮机侧和励磁机侧的氢压，用油泵出口的旁路阀来调节。中间浮动油系统则又增设一只油箱和一台交流油泵，油泵取自空侧油的供油母管。因此，中间的油压略高于空侧油。三流环式密封油系统共有四个系统和六台油泵，系统接线及运行都较为复杂。

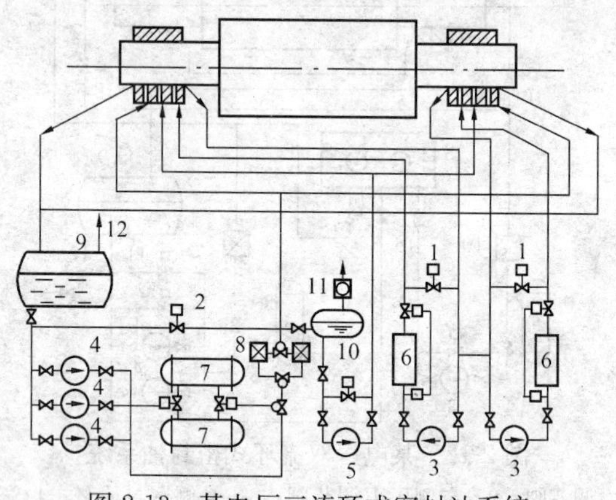

图 2-13 某电厂三流环式密封油系统

1—氢侧压力调节阀；2—空侧压力调节阀；3—氢侧密封油泵；4—空侧密封油泵；5—中间油泵；6—氢侧冷油器；7—空侧冷油器；8—滤网；9—空侧回油箱；10—真空油箱；11—真空泵；12—排气风扇

2-49 发电机进油的原因有哪些？如何预防？

发电机进油的原因有：①密封油压大大高于氢压；②密封油箱满油；③密封瓦损坏；④密封油系统回油不畅。

防止发电机进油的措施有：①调整油压大于氢气压力在设计范围以内；②调整空侧压力与氢侧压力至正常；③严密监视密封油箱油位，防止满油和无油位运行；④检查防爆风机运行是否正常；⑤检查回油管路是否畅通；⑥检查氢侧压力下降情况，判断密封瓦运行状况。

2-50 隐极汽轮发电机空载时的电磁状况是怎样的？

如图 2-14（a）所示为隐极同步发电机的主磁路。转子绕组分布在转子铁芯槽内。

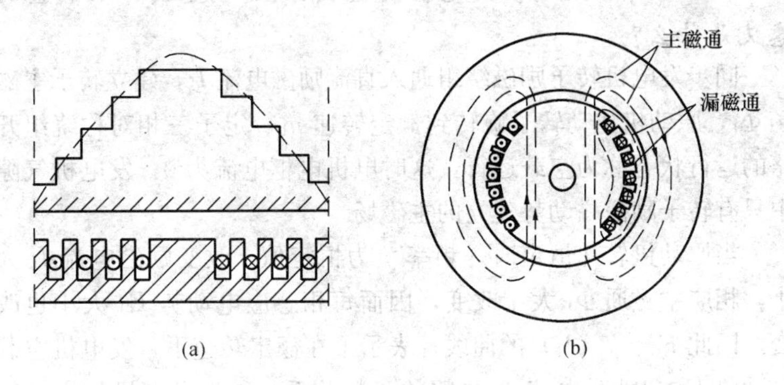

图 2-14 隐极同步发电机的主磁路

（a）隐极同步发电机的主磁路；（b）隐极电机励磁安匝的布置和气隙磁通密度的分布图

如果不考虑槽和齿的影响，定、转子间的气隙可看成是均匀的，沿转子圆周气隙的磁阻相等。当励磁绕组通入直流励磁电流，产生励磁磁动势，气隙中继而产生随转子旋转的气隙磁通（或称主极磁通），同时交链定、转子绕组。受齿、槽的影响，励磁磁动势在空间产生的磁通为阶梯形分布，如图 2-14（b）所示。利用谐波分析法可分接出基波磁通分量（虚线部分），合理选择大齿的宽度，可使气隙磁通的分布接近于正弦波形，进而产生正弦波形的定子感应电动势。

除此之外，励磁磁动势产生的磁通还有很少一部分只与转子绕组交链，称为漏磁通，该部分磁通没有参与发电机的能量转换过程，只有主磁通才是能量转换的媒介。

定子每相绕组中产生的感应电动势的大小及其波形与气隙磁场的大小和分布、绕组的排列和连接方法都有密切的关系。基波相电动势的有效值为

$$E_{\Phi} = 4.44 f N k_{w1} \Phi_{m}$$

式中 N——每相绕组每条支路串联的总匝数；

k_{w1}——绕组系数；

Φ_{m}——每极气隙磁通。

2-51 什么是同步发电机的空载特性？空载特性试验的意义是什么？

同步发电机转子励磁绕组通入直流励磁电流 I_f，建立转子主磁场 Φ_0，原动机拖动转子旋转到额定转速 n_1、定子三相对称绕组开路的运行状态称为空载运行，这时电机电枢电流为 0，发电机气隙中只有转子励磁磁动势建立的主磁场。

当原动机转速恒定时，频率 f 为恒定值，改变励磁电流 I_f 大小，相应主磁通 Φ_0 大小改变，因而每相感应电动势 E_0 大小也改变。因此 $E_0=f(I_f)$ 的曲线，表示了在额定转速下，发电机空载电动势 E_0 与励磁电流 I_f 之间的函数关系，称为发电机的空载特性，如图 2-15 所示。

由于 $E_0 \propto \Phi_0$，空载特性坐标改换比例尺也可表示为 $\Phi_0 = f(I_f)$的关系曲线，称为发电机的磁化曲线，即当发电机转子励磁电流改变时，气隙中主磁通 Φ_0 大小的变化规律。由图 2-15 可知，当主磁通 Φ_0 较小时，发电机整个磁路处于未饱和状态，故其曲线为直线，即线性段。当主磁通较大时，发电机整个磁路部分出现饱和，Φ_0 将不再随 I_f 成正比增大，故空载特性逐渐弯曲，呈现“饱和”现象。为充分利用铁磁材料，一般在设计发电机时，使空载电动势 $E_0=U_N$ 时的 F_{f0}处在空载特性曲线的转弯处，即初饱和段，如图 2-15 中的 c 点。将曲线下部直线部分延长，其延长线 Oh 称为

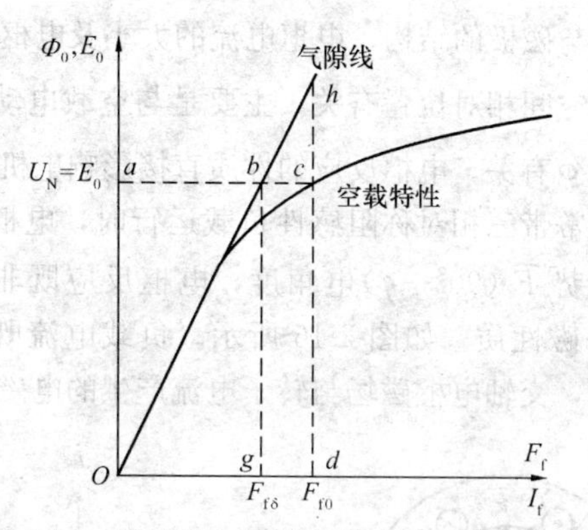

图 2-15　同步发电机的空载特性（磁化曲线）

气隙线。Oh 表示了在发电机磁路不饱和情况下，气隙中主磁通 Φ_0 大小随励磁磁动势 F_{f0} 大小的变化规律。

以上分析得出，发电机的空载特性实质上反映了发电机的磁化曲线，是由发电机的磁路特点决定的，它反映了发电机内部的“电”与“磁”的基本关系。空载特性是发电机的一个基本特性，对已制成的发电机，可利用空载试验来求取。试验时，应注意励磁电流 I_f 的调节只能单向进行，否则铁磁物质的磁滞作用会使试验数据产生误差。可以用发电机的空载特性曲线来求发电机的电压变化率、未饱和的同步电抗值等参数。在实际工作中，还可以用来励磁绕组和定子铁芯的故障分析等，分析电压变动时发电机的运行状况及整定磁场电阻都需要利用空载特性。

2-52　同步发电机对称负载运行时的电磁状况是怎样的？

当发电机定子接上对称的三相负载后，定子绕组流过对称的三相电流，此时产生了另一个磁动势量——电枢磁动势 F_a。电枢磁动势将和励磁磁动势以相同的转速、相同的转向同步旋转，彼此没有相对运动，两者共同建立负载时气隙的合成磁动势。这正是一切感应电机正常工作的基本条件。

我们把对称负载时电枢磁动势基波对励磁磁动势基波的作用和影响称为发电机对称负载时的电枢反应。电枢反应的性质（去磁、助磁或交磁）与磁极的结构、电枢电流的大小及电枢磁动势和励磁磁动势之间的空间相对位置有关，主要是与空载电动势 $\dot{E}_0$ 和电枢电流 $\dot{I}$ 的夹角 φ 有关。电枢反应的性质直接影响电机能量的转换过程。发电机正常带三相对称阻感性负载运行时，电枢磁动势 $\overline{F}_a$ 滞后于励磁磁动势 $\overline{F}_f$（$90°+\varphi$）电角度，电枢反应既非纯交磁性质，也非纯直轴去磁性质。如图 2-16 所示。负载电流既有交轴分量，也有直轴分量，交轴电枢磁场与转子电流产生的电磁力总是阻止转

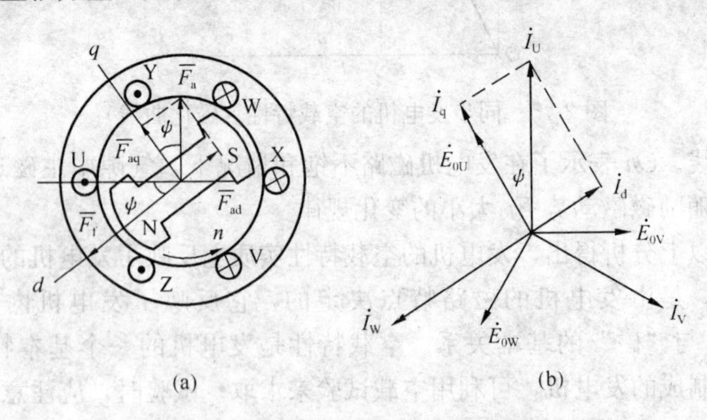

图 2-16　对称负载一般情况下的电枢反应

（a）相量图；（b）矢量关系图

子的旋转，电磁力矩是制动性质；直轴电枢磁场与转子电流部产生电磁力，但此时电枢磁动势对转子磁场产生去磁作用，使气隙磁场削弱，发电机端电压降低。因此，要维持发电机转速或频率不变，必须随着有功负载的变化，调节原动机的输入功率；要维持端电压不变，必须随着无功负载的变化调节转子的励磁电流。

2-53　发电机同步电抗的含义是什么？

同步电抗是同步发电机最重要的参数之一，它表征同步发电机在对称稳态运行时，电枢反应磁场和漏磁场对各相电路影响的一个综合参数。同步电抗的大小直接影响同步发电机端电压随负载变化的程度以及运行的稳定性。同步电抗包括定子漏抗和电枢反应电抗。

由于漏磁通（包括定子槽漏磁通和绕组端部漏磁通）和差漏磁通（电枢反应磁动势的高次谐波产生的谐波磁通）均具有基波频率 f_1，

故统称为定子漏磁通，其作用就用漏电抗 X_σ 来表征，漏磁通在定子绕组中感应的漏电动势可以表示为 $\dot{E}_\sigma=-\mathrm{j}\,\dot{I}X_\sigma$。定子漏磁通对同步电机的运行性能有很大影响，在导体中增加集肤效应、绕组铜耗上升和增加端部构件的涡流损耗等；同时漏抗还影响到端电压随负载变化的程度，也影响到稳定短路电流和瞬变过程中电流的大小。

在分析电枢反应时，通常把负载电流分解为直轴分量和交轴分量，相应的电枢反应磁通也分解为直轴电枢磁通 $\dot{\Phi}_{ad}$ 和交轴电枢磁通 $\dot{\Phi}_{aq}$，经过的磁路路径也不相同。对于凸极同步发电机，交轴磁路的磁阻远大于直轴磁路的磁阻，表现的电枢反应电抗 X_{ad} 和 X_{aq} 也不同，因此可用直轴同步电抗 $X_d=X_\sigma+X_{ad}$ 和交轴同步电抗 $X_q=X_\sigma+X_{aq}$ 来表示电枢反应磁场和漏磁场的作用。而对于隐极同步发电机，由于直轴和交轴磁路的磁阻相同，因此可用 $X_a=X_{ad}=X_{aq}$ 表示其电枢反应电抗，用 $X_t=X_\sigma+X_a$ 表示隐极发电机的同步电抗。

2-54　同步发电机的功角 δ 的物理意义是怎样的？

功角 δ 具有双重的物理意义：一是空载电动势 $\dot{E}_0$ 和端电压 $\dot{U}$ 两个相量的夹角；二是主极励磁磁场 $\overline{F}_f$（$\dot{\Phi}_0$）轴线和合成等效磁场 $\overline{F}_R$（$\dot{\Phi}_R$）轴线之间的夹角（电角度），如图 2-17 所示。图 2-17 中，$\overline{F}_f$（$\dot{\Phi}_0$）超前 $\dot{E}_0$ 90°，$\overline{F}_R$（$\dot{\Phi}_R$）超前 $\dot{U}$ 90°。夹角 δ 的存在使

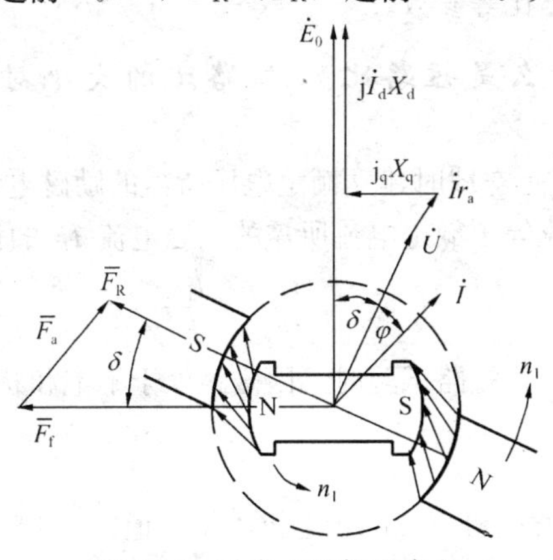

图 2-17　功角 δ 的物理意义

两磁极间的气隙中通过的磁力线扭斜了，产生了“磁拉力”，这些磁力线像弹簧一样有弹性地将两磁极联系在一起。对于并列运行在无穷大容量电力系统的发电机，在励磁电流不变的情况下，功角 δ 越大，磁拉力越大，相应的电磁转矩和电磁功率越大。

功角 δ 是同步发电机并列运行的一个重要物理量，不仅反映了转子主磁极的空间位置，也决定着并列运行时输出功率的大小。功角的变化势必引起同步发电机的有功功率和无功功率的变化。

2-55 什么是同步发电机的短路特性？ 有何意义？

同步发电机的短路特性是指发电机保持额定转速，定子三相绕组的出线稳定短路时，定子相电流 I（即稳态短路电流）与励磁电流 I_f 之间的关系。短路特性曲线可以根据发电机三相稳态短路试验测得。将三相定子绕组出线短接，然后维持转速不变，增加励磁电流，读取励磁电流 I_f 及对应的定子电流 I，知道定子电流达到额定值，即得到发电机的短路特性曲线。试验时，定子短路即定子电压 $U=0$，限制短路电流的仅仅是发电机内部阻抗，而绕组电阻又远远小于同步电抗，$\psi=90°$，故电枢反应是直轴去磁性质，气隙合成磁动势很小，它所产生的气隙磁通也就很小，磁路处于不饱和状态，短路特性是一条直线。

短路特性可以用来判断转子绕组有无匝间短路、计算发电机的同步电抗、短路比等参数。

2-56 什么是短路比？ 短路比的大小对发电机有何影响？

短路比 K_c 是空载时建立额定电压所需的励磁电流 I_{f0} 与短路时产生的短路电流等于额定电流所需的励磁电流 I_{fN} 的比值，表示为

$$K_c = \frac{I_{f0}}{I_{fN}} = \frac{I_{K0}}{I_N} \tag{2-4}$$

当发电机三相短路试验时，因磁路处于不饱和状态，所以

$$I_{K0} = \frac{E_0'}{X_d} \tag{2-5}$$

式中 X_d——发电机直轴同步电抗不饱和值。

因为隐极式发电机的气隙均匀，各位置的同步电抗大小相等.

故 $X_d = X_t$。

将式（2-5）代入式（2-4），得

$$K_c = \frac{E_0'/X_d}{I_N} = \frac{E_0'/U_N}{I_N X_d/U_N} = k_\mu \frac{1}{X_{d*}} \tag{2-6}$$

式（2-6）表明，短路比 K_c 等于 X_d 值的标幺值的倒数乘以饱和系数 k_μ（通常 k_μ 取 1.1～1.25）。短路比 K_c 是影响到同步发电机技术经济指标好坏的一个重要参数，其大小对发电机的影响如下：

（1）影响发电机的尺寸和造价。短路比大，X_{d*} 小，即气隙大，要在电枢绕组中产生一定的励磁电动势，则励磁绕组的安匝数势必增加，导致发电机的用铜量、尺寸和造价都增加。

（2）影响发电机的运行性能的好坏。短路比大，X_{d*} 小，发电机具有较大的过载能力、运行稳定性较好；X_{d*} 小，负载电流在 X_d 上的压降小，负载变化时引起发电机端电压波动的幅度较小；X_{d*} 小，发电机短路时的短路电流则较大。

所以，设计合理的同步发电机，其短路比 K_c 数值的选用要兼顾到制造成本和运行性能两个方面。一般随着单机容量的增大，为了提高材料的利用率，短路比的要求值是有所降低的。

2-57　什么是同步发电机的外特性？有何意义？

外特性是指发电机保持额定转速不变，励磁电流和负载功率因数不变时，发电机的端电压与负载电流之间的关系，即 $n=n_N$，I_f＝常数，$\cos\varphi$＝常数，$U=f(I)$。

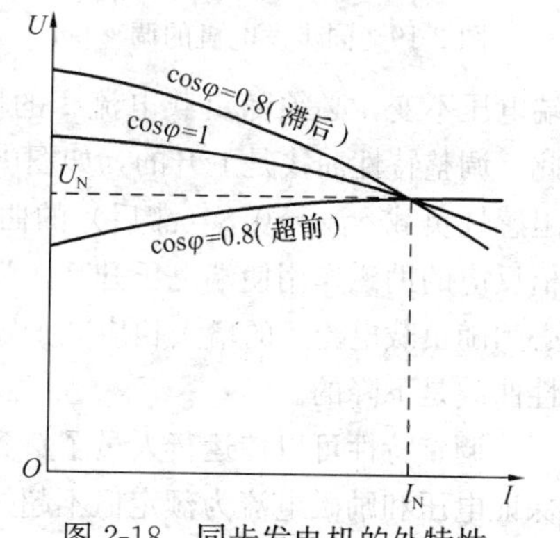

图 2-18　同步发电机的外特性

如图 2-18 所示为不同负载功率因数时的外特性曲线。从图2-18可见，在带纯电阻性负载 $\cos\varphi=1$ 和带阻感性负载 $\cos\varphi=0.8$（滞后）时，随负载电流 I 的增大，外特性曲线都是下降的。这是因为当发电机带有上述两种性质的负载时，发电机的电枢反应均有去磁作用。同时，随负载电流 I 的增大，定子绕组漏阻抗压降增大，致使发电机的端电压 U 下降。带容性负载 $\cos\varphi=0.8$（超前）时，若 φ 角为负值，电枢反应为助磁作用，所以随负载电流 I 的增大，端电压 U 是升高的。从图 2-18 中还看到，为了在不同的功率因数下，在 $I=I_N$ 时，都能得到 $U=U_N$，感性负载需要较大的励磁电流，而容性负载的励磁电流则较小。

外特性可以用来分析发电机运行中的电压变化情况，借以提出对自动励磁调节装置调节范围的要求。

2-58　什么是同步发电机的调整特性？ 有何意义？

对电力用户来说，总希望电压是稳定的。当负载发生变化时，从外特性曲线可知，发电机的端电压也随之变化。因此，为了保持发电机电压不变，必须随负载的变化相应调节励磁电流。

调整特性就是指发电机保持 $U=U_N$，$n=n_N$，$\cos\varphi=$ 常数时，励磁电流 I_f 与负载电流 I 的关系曲线 $I_f=f(I)$，如图 2-19 所示。图中示出了对应于不同负载功率因数有不同的调整特性曲线。对于纯电阻性和感性负载，为了补偿负载电流形成电枢反应的去磁作用和绕组阻漏电抗压降，保持发电机的端电压不变，必须随负载电流 I 的增大相应增大励磁电流 I_f。因此，调整特性曲线是上升的，如图中带纯电阻性负载 $\cos\varphi=1$ 和带阻感性负载 $\cos\varphi=0.8$（滞后）的曲线所示。而对容性负载时，电枢反应的助磁作用使端电压升高，为保持发电机的端电压不变，就必须随负载电流 I 的增大相应减少励磁电流 I_f。因此，它的调整特性曲线是下降的。

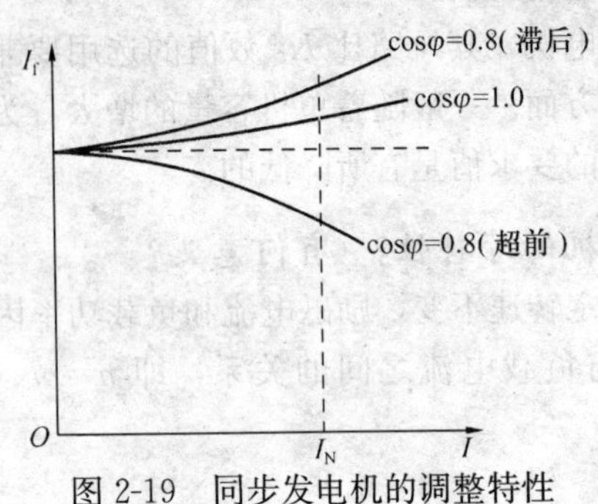

图 2-19　同步发电机的调整特性

调整特性可以使运行人员了解到在某一功率因数运行时，如何保证电压和励磁电流为额定值不超标，如何合理分配系统的无功功率更合理。

2-59 电力系统同步运行的稳定性包括哪些内容？

电力系统同步运行的稳定性分为三类，即静态稳定、动态稳定和暂态稳定。

静态稳定是指电力系统在受到小的扰动以后，不发生非周期性失步，自动恢复到初始运行状态的能力；暂态稳定是指系统在某种运行方式下，受到大的扰动以后，经过一个机电暂态过程达到新的稳定运行状态或回到初始稳定运行状态的能力；动态稳定是指电力系统受到扰动以后，不发生振幅不断增大的振荡而失步，主要有电力系统的低频振荡、机电耦合的次同步振荡、同步发电机的自激等。

动态稳定涉及同步发电机的阻尼力矩问题。所谓阻尼力矩，是指当发电机转速发生变化时，发电机本身所具有的反应于这种变化的力矩。所谓正的阻尼力矩，说明这种力矩的方向正好制止（阻尼）这种转速的变化，即当转速高于额定转速时，这个力矩起制动作用，而当转速下降低于额定转速时，这个力矩起加速作用。负阻尼力矩的作用正好相反，它将进一步加速转速的变化。动态稳定问题发生在发电机转速有所变化的情况下。

2-60 何谓汽轮发电机的功角特性？

所谓功角，是指发电机的空载电势 $\dot{E}_0$ 和端电压 $\dot{U}$ 之间的相位角。功角特性是指同步发电机接在无限大容量电网上稳态运行时，发电机的电磁功率与功角之间的关系。假定发电机与无限大系统并列运行，假定发电机处于不饱和状态，且忽略定子绕组的电阻，则可以根据发电机的功率平衡关系和运行相量图得到发电机电磁功率表达式为

$$P_G = mUI\cos\varphi = m\frac{E_0U}{X_d}\sin\delta \qquad (2\text{-}7)$$

式中 P_G——发电机一相的电磁功率；

U——发电机的相电压；

I——发电机的相电流；

E_0——发电机的空载电势；

X_d——发电机的同步电抗；

φ——功率因数角；

δ——功角；

m——定子绕组相数。

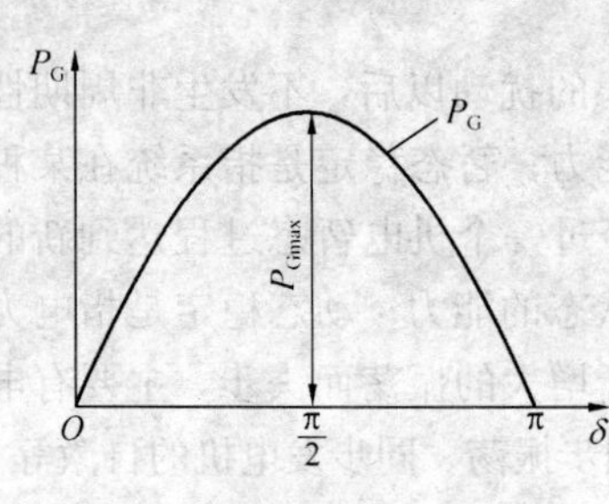

图 2-20　隐极同步发电机的功角特性曲线

式（2-7）表明，在发电机的端电压及励磁电流不变时，电磁功率 P_G 的大小决定于 δ 角的大小，所以称 δ 角为功角。电磁功率随着功角的变化曲线，称为功角特性曲线，如图 2-20 所示。

从功角特性曲线可知，同步发电机的电磁功率 P_G 与功角成正弦函数关系。当功角从 0°逐渐增加到 90°的区间，功角特性曲线是上升的，电磁功率 P_G 随着功角 δ 的增加而增加；当 $\delta=90°$时，电磁功率达到最大值，即$P_{Gmax}=\frac{E_0U}{X_d}$。

当功角 δ 从 90°继续增加到 180°的区间，功角特性曲线是下降的，电磁功率随功角的增加而减小；当 $\delta>180°$时，电磁功率由正变负，说明发电机不再向电网输送有功功率，而从电网吸收有功功率，即电机从发电机运行状态变成电动机或调相机运行状态。

2-61　什么是电力系统的静态稳定？如何提高静态稳定性？

电力系统的静态稳定是指电力系统正常运行时，原动机供给发电机的功率和发电机供给系统负荷的功率以及各种损耗之间总是处于一种平衡关系（功角 δ 为某一值）。当电力系统受到小的扰动后，能够自动恢复到原来运行状态的能力。所谓小的扰动是指在这种扰动下系统状态的变化量很小，如负荷的小范围波动、电压的较小变化等。

提高静态稳定性的措施有：

（1）增大电力系统有功功率和无功功率的储备容量。

（2）减小系统各元件的电抗，提高功率的稳定极限值。

（3）采用自动调节励磁装置。

（4）采用按频率减负荷装置。

（5）采用电力系统稳定器，消除发电机的自发振荡。

（6）采用最优励磁控制器，抑制低频振荡，提高静态稳定极限。

2-62 什么是电力系统的暂态稳定？如何提高暂态稳定性？

暂态稳定是指系统受到较大的急剧扰动下的稳定性，即系统在某种运行方式下受到大的扰动（如发电机、变压器、线路等元件的投入或切除；短路或断线故障发生），使得电网结构和系统参数都发生同时变化的时候，是否能够恢复到原来的稳定运行工作点或过渡到一个新的平衡状态，继续保持同步运行的能力。

提高电力系统暂态稳定性的措施有：

（1）快速切除短路故障（继电保护、断路器均具有快速反应能力）。

（2）采用快速励磁系统。

（3）采用自动重合闸装置。

（4）变压器中性点经小阻抗接地。

（5）设置开关站减小线路长度和采用强行串联电容补偿。

（6）采用联锁切机。

（7）采用电气制动和机械制动。

（8）快速控制调速汽门等。

2-63 快速自动励磁调节如何调节系统稳定性？如何提高它的静态稳定性？

励磁自动控制系统对电力系统运行的稳定性有着密切的关系。快速的自动励磁调节能提高发电机并列运行的输出功率的极限值，增大了发电机运行的稳定储备。

当电力系统受到短路等严重干扰时，励磁系统对发电机运行稳定的影响表现在强行励磁的作用以及短路切除后转子摇摆期间给以恰当的励磁控制，使振荡快速平息下来。短路时，原动机供给的功率不变，而发电机的输出功率却因端电压的降低而明显减少，产生过剩功率使转子加速，威胁同步发电机的同步运行并可能使其失去同步。在此时实现强励，可以迅速提高发电机励磁电压的顶值，提高发电机的内部磁通，在发电机转子和系统间发生相对位移的第一个摇摆期间增加发电机的电磁功率，减少其加速功率，从而改善了系统的动态稳定性。因此要求励磁控制系统具有高速响应性能和高顶值电压的特性。

快速励磁系统反应灵敏，调节快速，因此提高了静态稳定极限功率，扩大了人工稳定区。但快速励磁系统允许的开环放大倍数小，否则发电机将在小的干扰下产生自发振荡而失去稳定。为了既能避免自发振荡，又能保证要求的电压精度，目前可以通过以下措施来提高具有快速励磁系统的发电机的静态稳定性：

（1）采用镇定环节——电力系统稳定器。在励磁调节器上引入一个按功角的变化率来影响励磁电流的调节环节，相当于增加了发电机阻尼，这样可以在高放大倍数下消除发电机的自发振荡，提高静态稳定性。

（2）采用最优励磁控制器。以微机为主体的最优励磁控制器可以按多个状态量的变化对发电机的励磁进行最优的控制，它能提供适当阻尼，有效抑制各种频率的低频振荡，从而可以大幅度地提高静态稳定的极限。

2-64　什么是电气制动？

所谓电气制动，是指在故障切除后，人为地在送端发电机上短时间加一电负荷，吸收发电机的过剩功率，以便校正发电机输入和输出功率之间的平衡，以提高系统的运行稳定性。

2-65　什么是快关汽门？

所谓快关汽门，是指在线路故障并使发电机突然甩负荷时，快速关闭汽轮机的进汽阀门，以减少原动机的输入功率，并在发电机第一摇摆周期摆到最大功角时，再慢慢地将汽门打开。快关汽门的作用是减少机组输入和输出之间的不平衡功率，减少机组摇摆，提高发电机的暂态稳定性。

2-66　同步发电机运行中有功功率和无功功率的调整应满足哪些条件？

汽轮发电机的 *P-Q* 曲线如图 2-21 所示，表明了发电机运行受定子长期允许发热（决定了定子额定电流）、转子绕组长期允许发热（决定了额定励磁电流）、原动机功率和静态稳定极限等几方面的限制。发电机的运行点只要落在这块面积内或边界上，均能稳定运行。这对运行人员调整机组的负荷非常有帮助，对保证机组的安全运行非常重要。

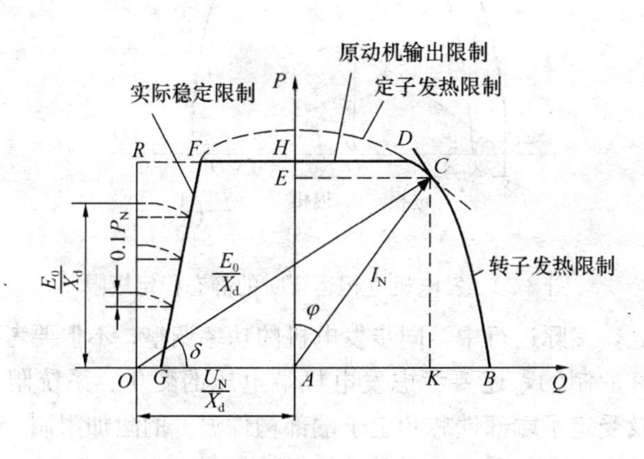

图 2-21　汽轮发电机的安全运行极限

2-67　实际运行中，发电机的安全运行极限会受到哪些因素的影响？

（1）当发电机的允许出力不受原动机出力限制时，P-Q 曲线的上面部分将不再是一水平的直线段，而是由定子允许电流决定的圆弧。

（2）发电机的安全运行极限还与发电机的端电压有关。当发电机端电压比额定值大时，在图 2-21 上曲线中的 GF 部分将向左移。若发电机端电压降低，GF 部分将向右移。

（3）在考虑外电抗 X_s 时，发电机进相运行静稳定极限的轨迹是一个圆，圆心在 Q 轴上 O' 点，距 P-Q 坐标原点距离为 $\frac{U^2}{2}\left(\frac{1}{X_s}-\frac{1}{X_d}\right)$，半径为$\frac{U^2}{2}\left(\frac{1}{X_s}+\frac{1}{X_d}\right)$，$X_s<X_d$，如图 2-22 所示。进相运行时，静稳定极限和外电抗 X_s 有关，外电抗 X_s 越大，轨迹圆的半径越小，即静态稳定极限功率越小。外电抗越小，静态稳定极限功率越大，若是外电抗 $X_s=0$，则相当于发电机直接接至无穷大

系统运行，轨迹是一垂直于 Q 的直线，即上述的理论静稳边界。

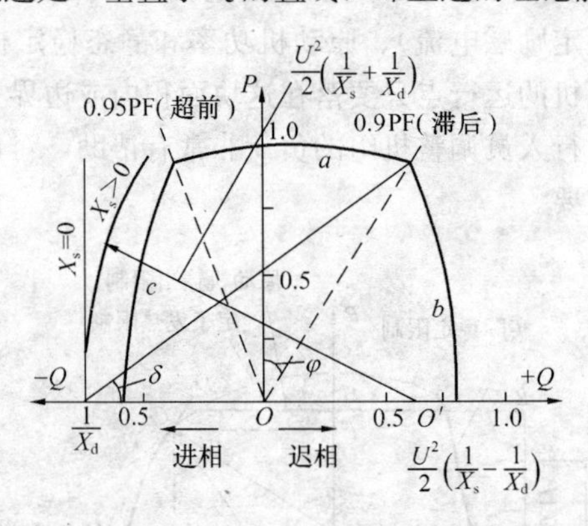

图 2-22　发电机进相运行时的静态稳定极限

总之，实际运行中，同步发电机的功率调整，不但要考虑以上四个条件的制约，还要考虑发电机端电压的变化、系统阻抗的高低，以及受定子端部铁芯和定子端部构件温升的附加限制。

2-68　为什么调节无功时有功不会变，而调节有功时无功会自动变化？

调节无功时，励磁电流的变化会引起功角 δ 的变化，当励磁电流增加时，通过气隙的转子磁通增加，相当于定、转子间磁拉力增加，使功角 δ 减小，或根据公式 $P_G=mUI\cos\varphi=m\frac{E_0U}{X_d}\sin\delta$，在 E_0 增加时，$\sin\delta$ 减小，电磁功率可基本保持不变。

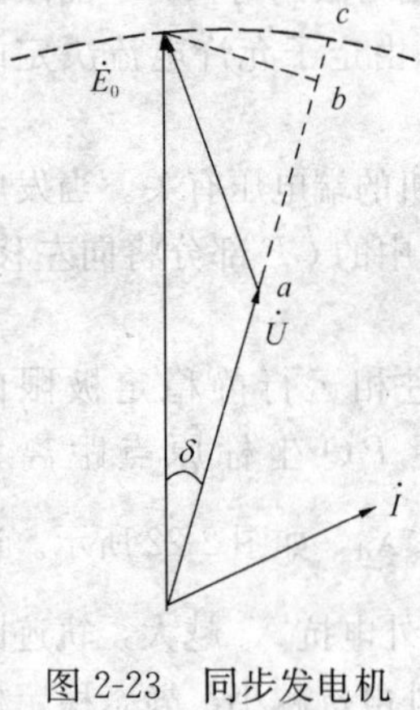

图 2-23　同步发电机简化相量图

调节有功时，对无功输出的影响较大。如图 2-23 所示，有功分量电流增加，保持 E_0 不变时，无功分量就减小，当功角 δ 越大时，无功分量电流也就越小。当励磁调节器投入自动时，若有功增加，调节器会自动增加励磁，保持有功电压不变。

2-69 什么是同步发电机的V形曲线？V形曲线有什么指导意义？

发电机运行中，对应于每一个给定的有功功率，调节励磁电流使 $\cos\varphi=1$ 时，定子电流有最小值。这时，调节励磁电流（无论增大还是减少励磁电流）都将使定子电流增大。把定子电流 I 随励磁电流 I_f 变化的关系绘成曲线，这就是图 2-24 所示的V形曲线。对应于不同的有功功率，有不同的V形曲线。

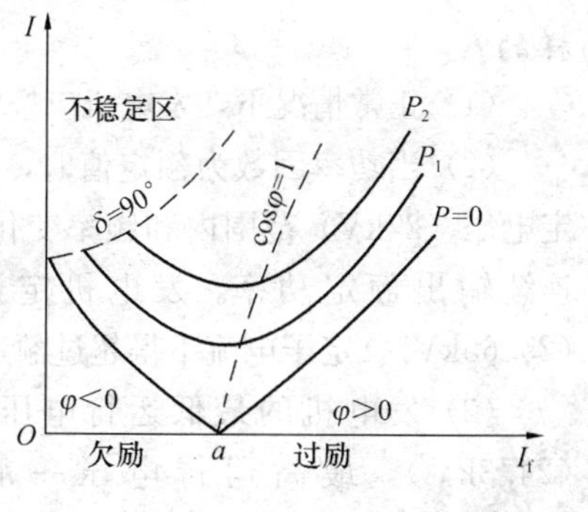

图 2-24 同步发电机的V形曲线

V形曲线与发电机的安全运行极限图一样，对运行中发电机的功率调整有着重要的指导意义。发电机在运行中若其功率因数不同于额定值时，发电机的负荷应调整到使其定子和转子电流不超过在该冷却气体温度下所允许的数值。发电机的功率因数，一般不应超过迟相 0.95，如有自动励磁调整器，必要时可以在功率因数为 1 的条件下运行，并允许短时间功率因数在进相 0.95～1 的范围内运行。内冷发电机功率因数从额定值到 1 之间的长时间允许负荷，应由专门的试验确定。

为了保证运行的稳定，规定发电机功率因数不超过迟相 0.95 运行。发电机的功率因数越高，表示输出的无功功率越少，而当功率因数等于 1 时就不输出无功功率。因为发电机输出的无功功率是从调节转子绕组的励磁电流得到的，当功率因数越高时，表示发电机的励磁电流越小，发电机定子和转子磁极间的引力减小而功角增大，所以会使运行的稳定性降低。当功率因数低于额定值运行时，发电机的出力也应降低。当功率因数降低时，为维持定子电压不变，需要将转子电流增加，因此当在低于额定功率因数下运行时，还要保持发电机的出力不变，则转子电流必超过额定值，使转子绕组的温度超过允许值。为使转子绕组温度不超过允许值，就必须降低定子电流即降低出力。当功率因数在额定值到 1 的范围内变动时，发电机的出力可维持不变。功率因数高于额定值时，在同样的定子电流下，所需要的转子电流不需增加。因此，不存在转子过热问题，不需降低出力。

2-70 1000MW 发电机正常情况下的运行方式是怎样的？

（1）正常情况下，发电机应按制造厂铭牌规定参数运行。

（2）当功率因数为额定值时，发电机定子电压变化在±5%额定电压（27kV）范围内和频率变化在−3%～1%时，发电机允许连续输出额定功率。发电机定子电压低于额定值的 95%时（25.65kV），定子电流不得超过额定值的 105%（25146.45A）。

（3）发电机的最低运行电压一般不应低于额定值的 90%（24.3kV），最高运行电压一般不应高于额定值的 110%（29.7kV）。

（4）发电机在正常运行中，定子三相不平衡电流不得超过额定值的 6%（1436.94A），且其中任何一相电流不得超过额定值（23949A），否则应降低发电机出力至允许范围内。

（5）发电机可以在滞相或进相功率因数范围内运行。发电机允许功率因数变化范围还应符合“发电机容量曲线”。

（6）正常运行中，发电机 4 个氢冷器都要投入运行。一个氢气冷却器退出运行，发电机允许带 80%额定负荷连续运行。

（7）发电机厂房内，环境温度不得低于 5℃。

（8）发电机冷氢温度正常应控制在 35～46℃之间，发电机定子绕组进水温度应控制在 45～50℃，正常情况下，应保持发电机定子绕组进水温度大于进氢温度 5℃。

（9）发电机额定氢压正常应控制在 0.52MPa，发电机定子绕组进水压力 0.31MPa，密封油进油压力 0.575MPa，应控制机内氢压大于定子绕组进水压力 0.04MPa，控制密封油进油压力大于氢压 0.036～0.076MPa。

（10）发电机内氢气纯度应不小于 96%，在额定氢压下露点温度应控制在−25～−5℃。否则应进行排污和补充新鲜氢气以降低湿度，恢复正常值。

2-71 发电机运行中应检测、监视的参数主要有哪些？

（1）机内温度监测。定子槽内层间温度，定子绕组出水温度，定子铁芯温度，机内各风区内的冷、热气体温度，氢气冷却器出风（冷氢）温度，定子绕组进水温度；轴瓦温度，集电环温度，集电环出风温度和转子绕组温度等。

（2）振动监测。在线监测轴振动和轴承座振动情况，振动值不应超过其规定值。

（3）冷却介质及润滑剂监测。定子冷却水水质（包括电导率、硬度、PH值等），定子冷却水的压力、流量及进水温度，氢气湿度和纯度等，机内氢压及氢温，密封油压力、进、出油温度等，轴承润滑油油压力，进、出油温度等，氢气冷却器的进、出水温度、水压及水流量等。

（4）漏水、漏油监测。机座中心底部、汽励两端冷却器下部、出线盒底部和中性点罩壳底部等部位配置液位信号计。

（5）电刷监测。定期检查电刷的运行情况，当出现火花时，检查电刷压力是否分布均匀，刷辫与刷块之间是否有松动现象等。定期检查接地电刷与转轴的接触状况。

（6）励磁回路的绝缘电阻。定期对励磁回路的绝缘电阻和励端轴瓦及密封座的绝缘电阻进行测量，其值应符合规定要求（用500V和1000V绝缘电阻表测量分别不低于1MΩ）。

（7）发电机绝缘局部过热监测。根据需要配置发电机绝缘局部过热监测装置，可在线监测发电机内部绝缘局部过热隐患，以便早期判断发电机内部绝缘过热，并能够区分发电机定子线棒、铁芯和转子绕组等不同部位的绝缘故障。

2-72 1000MW发电机的测温点是如何布置的？

以QFSN-1000-2-27型1000MW汽轮发电机为例在以下部位装设测温元件（热电阻、热电偶）。

（1）定子绕组的每条水支路的出水端（热电偶，36只）；

（2）定子每槽上、下层线圈之间（热电阻，36只）；

(3) 定子边段铁芯齿部和轭部（热电偶，汽端和集电环端各4只）；

(4) 压指、压圈、铜屏蔽（热电偶，汽端和集电环端各8只）；

(5) 氢气冷却器冷风及热风（热电阻，热风2只，冷风4只）；

(6) 轴瓦（热电偶，2只）。

测温热电阻采用铂热电阻Pt100（双支元件），轴瓦测温热电偶为双支元件，所有测温元件在机座内的引线均为屏蔽线。测温元件的绝缘电阻在室温下（20℃）测量不小于1MΩ（用250V绝缘电阻表测量）。

2-73 1000MW发电机各部位温度限额是如何规定的？

发电机绕组和铁芯长期运行允许的发热温度，取决于发电机的绝缘等级。QFSN-2-27-1000型发电机采用F/F级绝缘，温度按B级考核，发电机各部位温度限额见表2-4。

表2-4　1000MW发电机各部位温度限额

测 温 部 位	温度限额（℃）	测温方法
定子绕组及出线水温	85	埋设检温计
定子绕组层间温度 层间温度差（最高温度与平均温度之差）	120 7	埋设检温计
转子绕组温度	110	电阻法
定子铁芯温度	120	埋设检温计
定子端部构件温度	120	埋设检温计
集电环温度	120	红外线温度计
轴瓦温度	90	检温计
轴承和油封回油温度	70	检温计

2-74 水冷发电机的定子铁芯发热集中在哪些部位？

水冷发电机定子绕组采用水内冷方式，冷却效果较好，因此，定子的最集中发热点不在定子绕组部位，而是集中在定子铁芯端部、齿牙板或压圈的某些部位，这是因为水冷发电机的电磁负荷大，端部漏磁大，漏磁在端部构件中产生的涡流损耗大的缘故。另外，铁芯硅钢片的片间绝缘可能由于老化、松动等原因造成铁芯局部高热；由于铁芯饱和，尤其是发电机定子电压大于额定值时，交变漏磁通的存在使定子背部的支持筋以及相连接的金属构件中出现感应电流而使局部发热。这都是在运行中需重点监视的部位。

2-75 汽轮发电机的转子为什么会发热？

发电机的转子包括转子铁芯和转子绕组，以下原因会引起这些部位运行中的发热。

(1) 转子铁芯的发热。转子铁芯的表面存在与气体的摩擦而发热，除此之外，以下三种因素可能造成转子铁芯的发热。

1) 齿谐波造成的转子表面脉动损耗。转子表面每一点的磁通实际上不是不变的，因为转子表面的对面是定子铁芯的槽和齿。在转子转动的过程中，对于转子表面上某一小面积来说，一会对着定子的齿，一会对着定子的槽。对着齿时，显然磁路的磁阻要小于对着槽时的磁路磁阻，通过这个小面积的磁通密度就会一会大，一会小，于是转子表面的磁通就会发生局部来回扫动的现象，这种磁通密度的大小按定子铁芯齿距周期变化而产生的谐波称为齿谐波。齿谐波的存在使转子表面感应引起涡流损耗，这是一种集中在转子铁芯表面的损耗。这种损耗的大小与气隙磁通密度的大小有关，也就是说，发电机的电压越高时，这种损耗就越大，转子表面发热也就越严重。

2) 定子磁动势的高次谐波在转子表面产生的附加损耗。定子绕组流过电流后，就产生定子磁场，这个磁场除了与转子一起以同步速度旋转的主磁场外，还存在一系列的高次谐波分量，它们各自以不同的速度旋转并切割转子，在转子表面会引起高频涡流，从而引起转子表面的发热。因转子铁芯内部涡流的反作用，谐波磁通不能深入到转子铁芯内部，所以也只能引起表面损耗。损耗的大小与定子电流的大小和定、转子的结构有关。

3) 定子三相电流不对称引起转子表面及转子端部构件的局部发热。

以上三种因素，都可能使转子的铁芯表面、槽楔或套箍中引起涡流，容易在接触不良的部位引起局部高温。

（2）转子绕组的发热。励磁电流流过转子绕组时会引起转子绕组的发热，调节发电机无功功率时必须考虑不能超出励磁电流的规定值。另外，转子铁芯的发热也会因为传导和辐射的作用而引起转子绕组发热。

2-76 如何防止发电机非同步并网？

发电机非同步并网过程类似电网系统中的短路故障，发电机产生强大的冲击电流，不仅危及电网的安全稳定运行，而且对并网发电机、主变压器以及发电机整个轴系将产生巨大的破坏作用。在设计、调试和运行中都要采取相关措施以避免非同步并网的发生。

（1）在设计中，需正确选取同步电压的电压值和相位。二次接线要认真分析同步点两侧的电压值（100V 或 $100/\sqrt{3}$V）和接地点（TV 二次侧中性点或 V 相接地），核实发电机电压相序和系统相序是否一致（如变压器两侧的接线组别，决定是否要转角）等，同时对同步点是否是“同频”和“差频”并网要分析，以采取合适的方式和同步装置。

（2）对新投机组或大修后的机组，在并网前必须进行严格细致地校验（如自动同步装置、同步表、同步继电器等），通过电压互感器施加试验电压，模拟断路器的合闸试验，进行倒送电及假同步试验，验证同步装置的接线正确及整定值，同时对断路器的控制电缆的绝缘也要检查与试验，满足检验要求。

（3）选用可靠、技术先进的准同步装置，不宜采用以往的模拟量同步装置等。装置选定后，应严格检验其技术性能是否满足大机组同步并网的要求。

2-77 发电机启动前应测量哪些绝缘电阻？

（1）发电机通水后应用 2500V 绝缘电阻表测量测量定子绝缘电阻，其值不小于 3MΩ，同时应与前次测量值相比较，如有明显降低（低于前次的 1/3～1/5）应查明原因。

（2）发电机转子绕组绝缘电阻用 500V 绝缘电阻表测量，室温下（20℃）其值不小于 1MΩ。

（3）发电机励端轴瓦绝缘电阻用1000V绝缘电阻表测量，室温下（20℃）其值不小于1MΩ。

2-78 引起发电机定子绕组绝缘老化或损坏的主要原因是什么？

发电机定子绕组绝缘过快老化和损坏的主要原因有：

（1）发电机冷却系统出现风道堵塞等故障，导致冷却效果下降，发电机温升过高过快，使绕组绝缘迅速恶化。

（2）冷却器水侧发生堵塞，造成冷却水供应不足，出口风温升高，影响冷却效果。

（3）发电机长期过负荷运行造成绕组绝缘加速老化。

（4）在烘干驱潮时温度过高。

（5）运行电压长期超过额定值。

（6）绝缘材料及工艺原因。

2-79 发电机启动前必须进行哪些试验？

（1）试验发电机系统的所有信号正确。

（2）发电机灭磁开关拉、合试验。

（3）发电机主断路器传动试验（需经值长同意，在拉开两侧隔离开关的情况下进行）。

（4）发电机主断路器与发电机灭磁开关的联锁试验。

（5）发电机定、转子绕组能承受以下耐电压试验（历时1min）。

1）定子绕组交流工频试验电压有效值为$2U_N+1kV$；

2）转子绕组交流工频试验电压有效值为$10U_{fN}$。

2-80 发电机冷态启动过程中有哪些注意事项？

（1）发电机检修后第一次启动，应缓慢升速并监听发电机的声音。

（2）汽轮机冲转后，观察发电机轴承和集电环处是否有异常噪声，并检查轴承润滑和密封油系统的运行情况。当发电机转速达到1500r/min时，应检查发电机电刷是否有跳动、卡涩或接触不良现象，如有异常，应设法消除。

(3) 当机组转速增加或正在进行暖机时，应观测轴承振动情况，特别注意当发电机通过临界转速和转速上升到额定转速时的振动情况，并注意轴承的温度，应严密监视密封油系统各油箱油位，防止发电机进油。

(4) 发电机并网后，投入氢气冷却器时，打开排气阀，打开氢气冷却器的入口阀并调节出口阀，让少量的水流动。把空气全部排出冷却器。然后关闭排气阀并用出口阀调节冷却水流量，以防止冷却器中的压力降到大气压以下。

(5) 当发电机氢气温度增加到 43℃以后，可缓慢调整氢气冷却器的冷却水量，使各冷却器出口氢气温度基本相等或者调整为(43±2)℃，但必须低于定子冷却水入口温度 5℃。

(6) 发电机升压前，应注意发电机冷却系统及密封油系统是否良好运行。发电机升压过程中，检查转子电流、电压、定子电压应均匀上升，定子电流为零或接近零值且三相平衡。发电机升压后，应检查发电机空载参数正常，发电机定子电压应为额定值。

(7) 发电机并网后，应注意监视主变压器、高压厂用变压器温度并及时检查主变压器、高压厂用变压器冷却器是否自动投入。若未自动投入，应手动投入运行并查明原因。

(8) 发电机增带负荷时，应及时调整发电机无功功率。注意监视发电机、励磁系统各种运行参数和各部位温度变化。

(9) 发电机带满负荷以后，应对发电机—变压器组一、二次系统进行一次详细检查。

(10) 正常情况下发电机并网后，有功负荷增加的速度取决于汽轮机，由 50%升至 100%额定负荷时间不应少于 1h；事故情况下，发电机定子电流增加速度不作限制，但应加强对发电机温度的监视。

2-81 发电机正常运行期间应做哪些检查？

发电机的正常检查项目应包括：

(1) 发电机运行声响正常，无金属摩擦和无异常现象，并用手触摸发电机外壳，应无过热、异常振动等现象。从窥视孔观察有无异状，端部绕组应无火花，头套温度应正常。

(2) 定期检查电刷的运行情况。当出现火花时，检查电刷压力是否分布均匀，刷辫与刷块之间是否有松动现象等。定期检查接地电刷与转轴的接触状况。

(3) 随时检查机内湿度，保持机内氢气湿度值低于规定值，以便消除机内结露和转子部件产生应力腐蚀的可能性。

(4) 定期检查机内氢气纯度，如果纯度降到了95%，应排出一些机内氢气，然后再补充一些氢气来提高机内氢气纯度。但每次置换的氢气量不应超过10%的氢气总量，以免机内氢气温度变化太大。

(5) 励磁设备正常、清洁，接点严密无过热。

(6) 定期检查位于机座下面的液位信号器中的液位状态。若发现有油、水，应及时放尽，并迅速找出原因，加以消除。

(7) 检查发电机各部温度不应超过规定值。

(8) 定期进行发电机冷却系统各设备的检查，应无泄漏、运行参数正常、冷却介质的品质正常。

(9) 在运行中，应定期对励磁回路的绝缘电阻进行测量。

(10) 在运行中，定期检测励端轴瓦及密封座的绝缘电阻。

2-82 发电机运行中，电刷的检查和更换有何规定？

(1) 每班应检查电刷的磨耗情况，对超出磨损界限的电刷应予以更换。

(2) 当发电机电刷出现颤振时，引起电刷颤振的任何电刷部件应从刷架中抽出，检查损坏情况及电刷的表面情况、电刷是否能在刷架上自由移动。若运行中发现固定电刷刷辫的螺丝有松动现象，在将发电机刷架取出前，必须带绝缘手套将松动电刷刷辫握住后方可将刷架取出。

(3) 长期运行后，要检查电刷是否能在刷架上自由移动。检查时，要戴绝缘手套，穿绝缘鞋或站在绝缘垫上，抓住并拉动一下刷辫的尾部看电刷活动是否正常。

(4) 运行中更换电刷的注意事项：

1）当电刷磨损到极限线时应予更换。

2）更换时，应由有经验的值班人员担任；装取发电机刷架及更换发电机电刷时必须严格执行操作监护制度，操作人为三级巡视员及以上岗位运行人员，监护人为值班员及以上岗位运行人员。

3）工作人员应特别小心，避免衣服及擦拭材料被机器挂住，应扣紧袖口，女工发辫要放在帽内。

4）工作时站在绝缘垫上，不得同时接触两极或一极与接地部分，也不能两人同时进行工作。

5）更换电刷时，要使其型号与旧电刷相一致，不同型号的电刷不能用到同一集电环上。

6）更换的新电刷应能在刷窝内自由移动，弹簧应压在电刷中心位置。

7）进行发电机电刷更换时，必须将需更换电刷的固定电刷刷辫的螺丝拧紧，并检查其余电刷的固定电刷刷辫的螺丝松紧情况，如有松动，立即紧固。

8）取下发电机刷架及更换发电机电刷时，把刷窝逆时针旋转90°后，必须检查电刷无松动、滑脱现象，才可将电刷缓慢均匀拉出。

9）装上发电机刷架前，必须将四只电刷全部固定在刷窝内，身体正对需更换刷架，均匀用力。

10）发电机每极电刷72块。每个刷架上一次只允许更换1～2块电刷，每极一次更换不能超过6块电刷，电刷接触面积应大于70%。

11）一般情况下，不允许同时取下2个及以上刷架更换电刷。

2-83 什么是轴电压与轴电流？有何危害？

定子磁路、转子气隙等不均匀引起发电机定子磁场不平衡，以及转轴本身带磁，都会在转子轴上产生感应电动势，在转子轴两端产生电压差，即轴电压，其值一般不大于5V。

轴电压由轴承、机座、基础及油膜等形成回路，会形成很大的电流，称为轴电流。

轴电压、轴电流的存在，会使润滑油油质劣化，严重时会使转子轴和轴瓦产生烧伤而损坏，损坏汽轮机及油泵的传动蜗轮和蜗杆，还会使汽轮机的有关部件、发电机的外壳、轴承和其他与转轴相连的零件发生磁化现象。因此，实际运行中，励磁侧以后的所有轴承、机座都与地绝缘，在轴承座、机座下垫绝缘板，包括螺钉和油管路的法兰处加装绝缘垫圈的套筒，以防止轴电流形成通路。

2-84　大轴接地电刷有何作用？

机组运行过程中，由于磁路不均匀而产生轴电压。同时，机组运行中由于汽轮机最后几级的蒸汽湿度较大，含有的水滴以高速打在叶片上，游离产生正、负带电粒子，轴上带有正电荷，使大轴产生对地的静电电压。在这种电荷长期作用下，有时会损伤汽轮机的蜗母轮。为了将这些电荷泄入大地，消除静电电压，发电机一般都装有大轴接地电刷。另外，有的发电机还装有接轴电刷，是供转子接地保护和测量转子绕组正、负对地电压的装置。有的发电机将接轴电刷和接地电刷公用为一个电刷，既可消除静电电压，又可供继电保护装置用，但缺点是可能会由于接地电流而使继电保护产生误动。

2-85　发电机同期并列的操作步骤是怎样的？有哪些注意事项？

发电机同期并列时的操作步骤为：

（1）DCS选择并列点并保持；

（2）若欲使同期装置做“同步表”、“单侧无压”合闸、“双侧无压”合闸操作，则DCS将相应的开入量接通并保持，若此次操作是同期操作，则跳过此步；

（3）DCS控制“同期装置上电”；

（4）DCS启动同期工作；

（5）同期装置工作并合闸；

（6）DCS控制“同期装置退电”；

（7）DCS退出“并列点选择”、“单侧无压”确认、“双侧无压”确认信号。

同期装置运行时，应注意以下事项：

（1）机组正常运行中装置送电备用，运行人员应定期进行检查。

（2）在按下装置面板上的复位键后，装置的程序将复位。正在同期过程中，按下该按钮将会导致本次命令丢失，因此，在正常情况下不应使用该键。

（3）正常运行时应取下同期退出压板，该压板仅作为同期装置故障时检修人员进行试验的后备手段。

（4）当发电机转速维持在2985～3015r/min并稳定后，方可投入同期装置。

（5）并列时，机组长（单元长）、专工监护，主值操作。

（6）禁止其他同期回路操作。

（7）同期表出现转动太快、跳动、停滞等现象时，禁止合闸。

（8）同期装置运行不能超过15min。

（9）若调速系统很不稳定，不能采用自动准同步装置进行并列。

2-86　怎样用绝缘电阻表来测量发电机定子绕组的绝缘？

试验绝缘电阻表测量发电机定子绕组的绝缘需在定子回路未通水的情况下进行。测量时，应将汇水管到外接水管法兰处的跨接线拆开，然后用一根导线将绕组和机座分别接到绝缘电阻表的对应端上。绝缘电阻值一般应以均匀摇动1min后的读数为准。测量绝缘后，应恢复原状。

2-87　发电机启动前应对电刷和集电环进行哪些检查？

启动前，应对电刷和集电环进行下列检查：

（1）集电环、刷架、刷握和电刷必须清洁，不应有油、水、灰等，否则应给予清除。

（2）电刷在刷握中应能上下活动，无卡涩现象。

（3）电刷弹簧应完好，压力应基本一致，且无退火痕迹。

（4）电刷的规格应一致，并符合现场规定。

(5) 电刷不应过短，一般不短于2.5cm，否则应予更换。

2-88 大修后的发电机为什么要做空载和短路试验？

发电机空载试验和短路试验都属于发电机的特性和参数试验，它与预防性试验的目的不同。这类试验是为了了解发电机的运行性能、基本量之间的关系的特性曲线以及被电机结构确定了的参数。做这些试验可以反映电机的某些问题。空载特性是指电机以额定转速空载运行时，其定子电压与励磁电流之间的关系。利用特性曲线，可以断定转子绕组有无匝间短路，也可判定定子铁芯有无局部短路，如有短路，该处的涡流去磁作用也将使励磁电流因定子电压升至额定电压而增大。此外，计算发电机的电压变化率、未饱和的同步电抗，分析空载特性。短路特性是指额定转速下，定子绕组三相短路时，这个短路电流与励磁电流之间的关系。利用短路特性，可以判断转子绕组有无匝间短路，当转子绕组存在匝间短路时，由于安匝数减少，同样大的励磁电流，短路电流也会减少。此外，计算发电机的主要参数同步电抗、短路比以及进行电压调整器的整定计算时，也需要短路特性。

2-89 发电机并、解列前为什么必须投主变压器中性点接地隔离开关？

发电机变压器组主变压器高压侧断路器并、解列操作前，必须投主变压器中性点接地隔离开关，因为主变压器高压侧断路器一般是分相操作的，而分相操作的断路器在合、分操作时，易产生三相不同期或某相合不上拉不开的情况，可能产生工频失步过电压，威胁主变压器绝缘，如果在操作前合上接地隔离开关，可有效地限制过电压，保护绝缘。

2-90 发电机大修后应做哪些典型试验？

(1) 在不同转速下测量发电机转子绕组交流阻抗及功率损耗。

(2) 发电机—变压器组短路特性试验（根据需要进行）。

(3) 发电机空载特性试验。

(4) 测轴电压和残压。

(5) 发电机假并试验。

（6）主厂房 10kV 厂用电切换试验。

2-91　发电机不正常的运行状态有哪些？

发电机运行过程中正常工况遭到破坏，出现异常，但未发展成故障，这种情况称为不正常工作状态。不正常工作状态有以下几种：

（1）发电机运行中三相电流不平衡，三相电流之差不大于额定电流 10%允许连续运行，但任一相电流不超过额定值。

（2）事故情况下，发电机允许短时间的过负荷运行，过负荷持续的时间要由每台机的特性而定。

（3）发电机各部温度或温升超过允许值，减出力运行。

（4）发电机送励磁运行，输送到转子中的电流磁场反向，励磁电流表反指，无功表指示正常，但不影响发电，待停机处理。

（5）发电机短时无励磁运行。

（6）发电机励磁回路绝缘降低或等于 0，在测量励磁回路绝缘电阻低于 0.5MΩ 或等于 0，这就有可能发转子一点接地信号。

（7）转子一点接地，通过测量已确认，就加装转子二点接地保护运行。

（8）发电机附属设备故障造成发电机不正常运行状态，例如电压互感器断相、电流互感器断线、整流柜故障和冷却系统故障等。

出现上述情况均属于发电机处于不正常运行状态。

2-92　发电机进相运行时有哪些注意事项？

发电机进相运行会引起系统稳定性的降低和发电机端部构件发热现象，因此进相运行时需注意如下几点：

（1）如果发电机运行工况正常，冷却系统等辅助系统参数无异常，自动励磁调节装置正常，保护投入及运行正常，根据需要发电机可以进相运行，进相运行时，应满足发电机容量曲线和 V 形曲线的要求。

（2）进相运行时，应对发电机各部位加强监视、检查，重点检查发电机端电压、厂用电电压不低于正常要求的范围，冷却系统各温度、压力、流量正常，励磁调节装置应在“自动”位置运行，发电机定子绕组温度、端部铁芯温度指示正常。如发生异常，应立即停止进相运行。

（3）如果进相运行是由于励磁系统故障等设备原因引起的，只要未出现振荡或失步，可适当降低发电机的有功负荷，尽快提高励磁电流使发电机脱离进相状态，然后立即查明原因并消除。如果不能恢复时，应尽早解列停机。

2-93 适应发电机进相运行的措施有哪些？

（1）定子铁芯端部结构，如压指、压圈、通风槽钢等，均采用非磁性材料。

（2）端部采用整体冲压成形的铜屏蔽结构。

（3）边端铁芯设计成阶梯状，拉大转子漏磁通在气隙中的路径。

（4）在边端铁芯齿中间开窄槽，阻断轴向漏磁通产生的涡流的路径。

（5）加强边端铁芯的通风冷却。

（6）定子铁芯冲片绝缘采用含有无机填料的F级绝缘漆，提高可靠性。

（7）设置端部构件温度的测温元件。

2-94 1000MW发电机的进相运行能力如何？

发电机进相运行，容易引起系统稳定性的降低和端部发热，但目前大型发电机已采取多种措施来减少端部发热，例如采用非磁性钢的转子护环，采用非磁性材料的定子压圈、压指、铜板屏蔽、开槽分割以限制涡流通路等。采用上述措施后，可降低进相运行时的端部温升，从而提高进相运行时的允许功率。从邹县电厂QFSN-1000-2-27型汽轮发电机容量曲线可以看出，可以在进相功率因数0.95情况下长期带额定功率运行。

2-95 发电机运行电压过高或过低有何危害？

发电机连续运行的最高允许电压应遵循制造厂的规定，但最高电压不得大于额定值的110%，因为当电压过高运行时可能产生以下危险：

（1）可能使转子绕组温度超过允许值。在输出有功不变的前提下，转子励磁电流就要增加，使转子绕组升高甚至超过允许温度，加速其绝缘老化。若维持转子电流不变升高电压，则需降低出力。

（2）可能使定子铁芯温度超过允许值。铁芯的发热是由两方面原因引起的：一方面是铁芯本身损耗的发热，另一方面是定子绕组的发热传递到铁芯。当电压升高时，定子铁芯的磁通密度增大，铁损增加，使温度大大升高。

（3）定子的结构部件可能出现局部高温。由于定子铁芯磁通密度增大，铁芯饱和后发电机端部漏磁也会增加，会引起发电机的实体部分（如漏磁逸出轭部，绕穿机座某些结构部件如支持筋、机座，齿压板等）和支持端部的金属零件产生涡流而发生过热现象，造成事故。

（4）过电压运行对定子绕组绝缘（如存在绝缘薄弱点）有击穿危险。正常情况下，定子绕组的绝缘耐受电压为1.3倍额定电压，但对运行多年、绝缘存在潜伏性缺陷的发电机，高电压运行时会有被击穿的危险。

发电机的最低运行电压应根据稳定的要求来确定，一般不应低于额定值的90%。电压过低造成的危害是：

（1）引起系统并列运行稳定性问题和发电机本身励磁调节稳定性问题。当发电机电压低于95%以下运行时（一般到90%），会使系统并列运行稳定度大大降低，因为此时由于励磁电流的减少使定子磁场和转子磁场拉力减少，很容易产生失步和振荡。此外，发电机正常运行时，铁芯磁密工作在饱和区，当降低电压使发电机工作在不饱和区后，励磁电流的变化不大却会引起电压的较大波动，调节是不稳定的，甚至会破坏并列运行的稳定性，引起振荡或失步。

（2）定子绕组温度可能升高。电压降低时，若要保持出力不变，必须增加定子电流。当电压降低到额定值的95%时，定子电流长期允许值不得超过额定值的105%。因为当电压低于额定值时，铁芯磁密降低，铁损降低，所以稍微增加定子电流，绕组温度不会超过允许值；但当电压低于95%以下时，定子电流就不允许再增加，否则定子绕组温度会超过允许值。

（3）引起厂用电动机和用户电动机运行情况恶化。电动机力矩与电压平方成正比，电压下降使电动机力矩大为下降，引起电动机电流增大而发热，同时转速下降，出力降低。这样又引起发电机出力降低，导致发电机运行状况变坏，如此恶性循环，引起更大事故。

在额定负荷状态下，QFSN-1000-2-27型发电机允许的电压变化范围为：正常定子电压值为27kV，最高限为29.7kV，最低限为24.3kV。

2-96 频率异常对发电机运行有何影响？

频率也是衡量供电质量的重要指标之一。频率的异常变化，对大电网、大机组和大用户的安全运行极为重要。主要危害有三：一是频率异常会损坏发电设备；二是影响工业品的产量和质量，给工业生产带来损失；三是频率的异常会引起联锁反应而导致电网瓦解和大面积停电事故。

发电机在运行时，最好保持额定频率。我国规定的额定频率为50Hz。但因电力系统中负荷的增减等原因，有时在高峰负荷情况下，不能保持额定频率。频率的正常变动范围为（50±0.2）Hz以内，最大不超过额定值±0.5Hz，超过额定值±2.5Hz时，应立即停机。在允许变化范围内，发电机可按额定容量运行。

具体来说，系统频率过高，会使发电机转速增加，进而导致发电机转子离心力增大，严重时会造成破坏。但在汽轮发电机组中，与其同轴的汽轮机装有保护装置，使汽轮发电机组的转速限制在一定的范围内，转速再继续升高，保护装置动作，关闭主汽门，使汽轮发电机组停止运行。正常运行时，系统频率过高的情况不多。

运行中容易碰到的是系统频率降低，并且在降低后会维持一段时间的运行。频率降得太低时，发电机的出力就会受到限制。发电机运行频率过低，对运行中的发电机会产生以下影响：

（1）发电机的转速降低，就会使发电机端部通风量减少，冷却条件变坏，使绕组和铁芯的温度增高，造成机组的出力降低。

（2）发电机的感应电动势与频率和磁通成正比，如果频率降低，要在同样负荷情况下保持母线电压不变，必须相应地增加磁通，即增大转子的电流，这样就使转子过热，因此要避免过热就要降低负荷。定子铁芯内磁通虽然增加，但因频率的降低使其铁损减小，抵消了因磁通增加而增加的铁损，所以定子铁芯的温度变化不大。

（3）汽轮机在较低转速下运行时，会造成叶片的过负荷，承受的应力比正常大许多倍，可能产生机组振动，影响叶片寿命，同时容易引起其他事故。

（4）当频率降低时，发电厂的厂用电动机转速也相应下降，这样会影响发电厂的正常生产。如循环水量不足，凝结水抽出较慢，造成汽轮机真空下降，锅炉给水压力不足，影响锅炉上水，从而又影响锅炉的汽压降低，使水位不够稳定等。所有这些都会影响到发电机的出力，又转而促使系统频率再度降低，如此循环下去，会造成电力系统频率崩溃。

图 2-25 为额定出力时，发电机电压、频率允许偏差范围，短时 U/f 能力当功率因数为额定值时，电压变化范围不超过±5%和频率变化范围不超过－3%～＋1%时（图 2-26 中阴影部分），发电机允许连续输出额定功率。当电压变化范围不超过±5%和频率变化范围不超过－5%～＋3%时，发电机也允许输出额定功率，但每年不超过 10 次，每次不超过 8h。

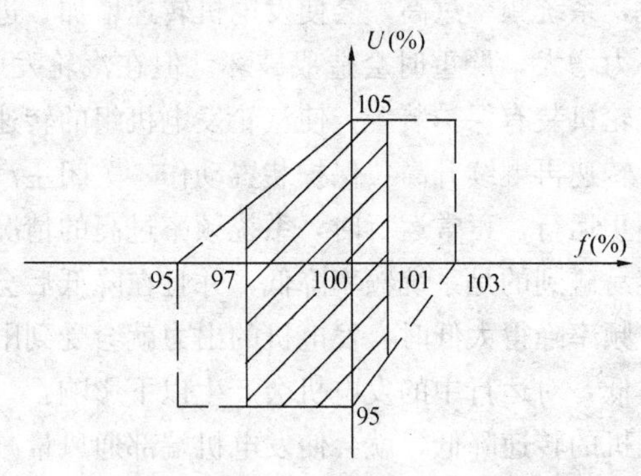

图 2-25　发电机电压、频率的允许偏差范围

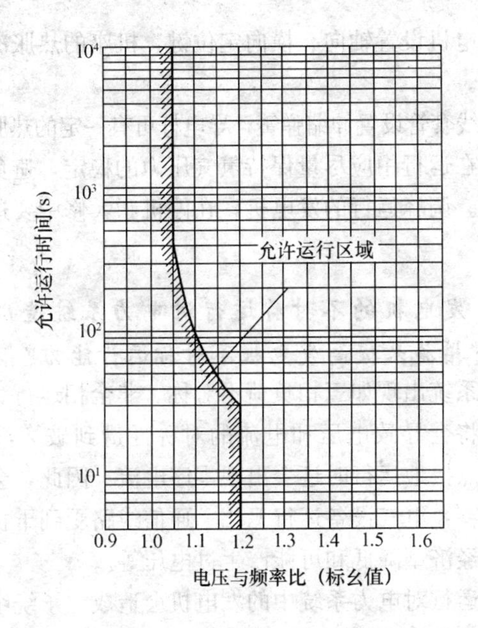

图 2-26　发电机伏频特性曲线

2-97　如何加强发电机的调峰能力？

近年来，我国电网峰谷差日益增大，有的机组承受繁重的调峰任务，发电机频繁起停调峰，使定、转子绕组在热循环应力下产生绕组变形，可能引起定子绕组松动，转子引起匝间短路故障。频繁起停的发电机更容易发生机内进油。因此，应在发电机制造和运行中采取以下相应的适应措施：

（1）定子绕组端部在轴向的可伸缩结构，可避免由于负荷变化而产生的热应力对绕组的危害。

（2）定子绕组用 F 级环氧粉云母，具有良好的绝缘性能和机械性能。

（3）定子绕组冷却水进水设置温度自动调节装置，保持冷却水温度恒定。

（4）转子绕组的槽部和端部设置滑移层，保证铜线可自由热胀冷缩。

（5）转子铜线为含银铜线，抗蠕变能力强。

(6) 发电机设置轴向、横向定位键，机座的热胀冷缩不会导致中心线位移。

(7) 出线套管设置伸缩弹簧，导电杆可有一定的热胀冷缩空间。

此外，在运行中应尽量保持氢气压力的稳定，避免发电机在低氢压下运行。调峰运行的发电机，在停机和大修中要进行动态、静态匝间试验。

2-98 发电机的不对称运行对电力系统造成哪些危害？应采取何种措施来提高发电机不对称运行能力？

当电力系统出现如三相负荷不对称、非全相运行、不对称故障等情况时，将会导致电压和电流的对称性遭到破坏，出现负序电流，当中性点接地运行时还会出现零序电流。因此，会对电力系统带来以下危害：电气设备运行恶化、通信线路受到干扰、继电保护误动、系统经济型降低和可能产生过电压等。

不对称运行对电力系统中的发电机会造成定子绕组电流超过额定值，使定子绕组出现过热现象。此外，由负序电流产生的磁场，会在转子铁芯的表面、槽楔、转子绕组、阻尼绕组和转子的其他金属构件中感应出两倍频率的电流，引起转子表面发热，局部可能引起烧损。另外，不平衡电流所形成的磁场也不平衡，所以旋转磁场对转子的作用力也就不同，因而引起机组的额外振动。

为了保证发电机的安全运行，规程规定了长时间允许的负序电流一般为5%～10%额定值，制造厂提供了发电机负序电流的允许运行能力为 $\frac{I_2}{I_N} \geqslant 6\%$，短时承受负序电流的能力以式 $\left(\frac{I_2}{I_N}\right)^2 t \geqslant 6\text{s}$ 为依据（如图2-27所示）。

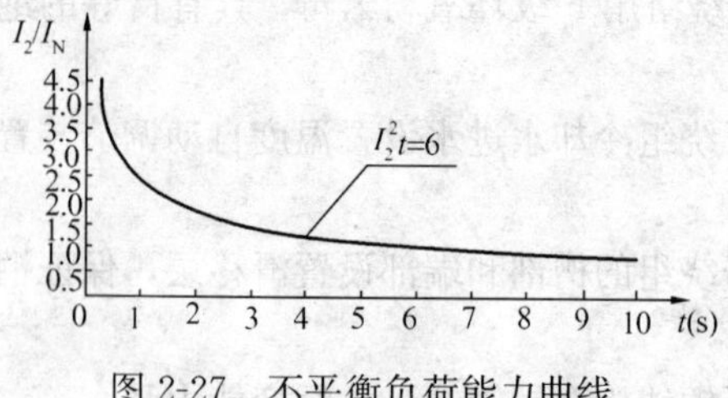

图2-27 不平衡负荷能力曲线

大型汽轮发电机都采取专门的措施来提高发电机长期承受负序电流的能力，如装设阻尼条、槽楔镀银、采用铝青铜槽楔等。如邹县电厂 100MW 汽轮发电机的 $I_{2\infty}$ 规定为≥6%。

如果运行中发现发电机三相不平衡电流超过额定值，应首先检查是否由于表计或仪用互感器回路故障引起。如果不是由于表计或回路问题引起的，应降低发电机定子电流，使其不超过额定值，同时严密监视发电机各部温度。如果发现温度异常升高，不平衡电流增大应紧急停机。

2-99 什么是发电机的进相运行？进相运行对发电机有何影响？

所谓进相运行，就是指发电机发出有功而吸收无功的稳定运行状态，它的本质是一种低励磁的稳定同步运行。在这种运行状态中，定子电流相位超前于电压相位，即 $\varphi<0$。但进相运行时允许发出多少有功功率，吸收多少无功功率，却由于发电机的类型、结构、冷却方式及容量的不同而不同。因此，我国 1982 年水利电力部颁发的《发电机运行规程》规定："发电机是否能进相运行应遵守制造厂的规定，制造厂无规定的应根据试验确定。"

如前所述，如果调整发电机的励磁电流，使 $I_f=E_0<\frac{U}{\cos\delta}$，发电机即从迟相运行转为进相运行，也就是从发出无功功率转为吸收无功功率。励磁电流越小，从系统吸收的无功功率越大，功角 δ 也越大，所以在进相运行时，允许吸收多少无功功率，发出多少有功功率，取决于静态稳定的极限角。进相运行时，还会使发电机端部发热，端部发热是由端部漏磁所引起的。发电机进相运行时，定子端部铁芯、端部压板以及转子护环等部分，通过相当大的端部漏磁。由于转子端部漏磁对定子有相对运动，所以在定子端部铁芯齿部、压板、压指等部件中感应涡流，引起涡流损耗和磁滞损耗。另外，进相运行还会造成定子电流的增加和厂用电电压的降低，在进相运行时以上情况运行人员需要考虑。

2-100　同步发电机的进相、失磁、振荡、失步等运行状态原因、表征、危害和处理方法分别是什么？它们之间有什么相互联系？

表 2-5 描述了同步发电机在进相、失磁、振荡及失步运行时的引发原因、现象、影响及处理方法的对比情况。

表 2-5　同步发电机进相、失磁、振荡及失步运行对比表

运行状态	原　因	表　征	影响或后果	处　理
进相	1. 系统需要，人为降低励磁电流； 2. 系统无功过剩，电压突然升高； 3. AVR 故障； 4. 励磁系统其他元件故障等	发电机发出有功功率，吸收无功功率	1. 系统稳定性降低； 2. 定子端部构件发热； 3. 厂用电压降低； 4. 定子电流增大； 5. 可能引起振荡或失步	1. 降低有功负荷，提高励磁电流； 2. 无法恢复正常时，及早解列； 3. 进相深度及时间遵守制造厂规定
失磁	1. 励磁回路开路； 2. 转子回路断线； 3. 励磁系统元件故障； 4. 误操作等	1. 转子电压、电流接近于零； 2. 定子电压降低且摆动，电流显著增加； 3. 有功负荷摆动并降低，无功负荷指示零值以下； 4. “失磁保护动作”信号发出； 5. 故障录波器动作	1. 系统电压降低，功率振荡，稳定性降低； 2. 发电机轴系振动或损伤； 3. 在转子绕组上感应高电压，转子超温； 4. 定子电流升高，绕组温度升高	1. 发电机失磁保护动作跳闸； 2. 如果失磁保护拒动或开关未跳时，则应立即停机； 3. 发电机解列后应对励磁回路进行详细检查，无问题应迅速将发电机并入系统

续表

运行状态	原　因	表　征	影响或后果	处　理
振荡、失步	1. 系统突然短路； 2. 大机组或大容量线路突然断开； 3. 大机组失磁； 4. 原动机调速系统失灵； 5. 静态稳定性破坏； 6. 非同期并列等	1. 定子电流、电压、频率、有功表计剧烈摆动，转子电流在正常值附近摆动； 2. 失步机组有功的摆动与其他机组的摆动反向	1. 引起附近其他机组的振荡； 2. 经采取措施后，可能会再次恢复同步运行； 3. 无法恢复，解列	1. 准确判断振荡机组、振荡范围及原因； 2. 增加振荡发电机励磁，增加定、转子磁极间的磁拉力，削弱转子的惯性作用； 3. 根据具体情况调整发电机有功出力、频率和电压，提高并列运行的稳定性

2-101　发电机失磁后，异步运行有何特征？

发电机失磁后，异步运行的特征如下：

(1) 转子电流表指示为零或接近于零。发电机失去励磁后，转子电流将按指数规律迅速衰减。若励磁回路开路，则转子电流表指示为零；若励磁回路短路或经小电阻闭合，转子回路有交流电流流过，转子电流表有指示，但指示数值很小。

(2) 定子电流表指示增大且呈有规律摆动。发电机失磁后，要从系统中吸收大量无功建立磁场，导致定子电流显著增大，滑差越大，定子电流越大。定子电流的摆动则主要是由于转子回路的转差频率电流所产生的正向旋转磁场在定子绕组中感生出一个频率为 $1+2|s|$ 的交流电流，这个电流叠加于定子基波电流之上，造成了定子电流的增大并伴有周期性振荡。当励磁回路开路时，转子回路转差频率电流基本消失，因而定子电流摆动很小；而当励磁回路短路时，转子回路转差频率电流很大，造成定子电流摆动较大。同时由于电机磁路的不对称，也会使定子绕组中感生的 $1+2|s|$ 频率电流的幅值呈现周期性的波动。

（3）有功功率表指示减少且呈有规律摆动。发电机失磁后，由于转矩不平衡使转子加速，调速器则会自动关小进汽门，使原动机输入功率减小，从而也减小了发电机输出功率。因而发电机失磁后输出的有功功率总是小于其初始有功功率。有功功率的波动是由于转子正向旋转磁场与定子旋转磁场以两倍转差相对运动，产生频率为 $2|s|$ 的交变异步转矩，引起有功功率波动。

（4）无功功率表指示负值，功率因数表指示进相。发电机失磁进行异步运行时，需要从系统中吸收大量无功来建立磁场，发电机已由迟相转为进相运行，故无功功率表指示负值，功率因数表指示进相。

（5）端电压下降。由于失磁异步运行时定子电流很大，加大了线路压降，从而使发电机端电压下降，严重时，甚至会引起系统电压大幅降低。

（6）定子端部发热。发电机失磁异步运行也属于进相运行状态，此时定子端部漏磁通增大，该漏磁场相对于定子以同步速旋转，在定子的端部铁芯及金属结构件中感应磁滞及涡流损耗，使端部发热。发电机失磁异步运行是进相运行的一种极端情况，因此定子端部发热要更为严重一些。

（7）转子温度升高。失磁异步运行时，在转子绕组、阻尼绕组、铁芯等其他转子本体部件上要感应滑差交流电流，使其产生附加损耗引起发热。

2-102　发电机失磁后，如何进入再同步？

若发电机失磁之后进入稳态异步运行，工作人员应利用这段时间设法尽快恢复直流励磁，使其重新转入同步运行状态。这一过程称为再同步。在再同步过程中，作用于发电机转子上的力矩有机械转矩、异步转矩和同步转矩。

（1）机械转矩。原动机转矩及转子转动引起的摩擦转矩统称为机械转矩。其中原动机转矩为驱使转子转动的主动转矩，而摩擦转矩是阻碍转子转动的制动力矩，它们对发电机的拉入同步有影响。

（2）异步转矩。转子反向旋转磁场 B2 与定子旋转磁场相互作用产生异步转矩，该转矩的作用是维持转子趋于同步速。转子速度高于同步速时，它起制动作用；转子速度低于同步速时，它又起到加速作用。但在转子接近同步速时，由于转差 s 接近为零，该转矩也接近为零，对发电机的最终拉入同步起不到作用。

转子正向旋转磁场 B1 与定子旋转磁场相互作用产生频率为 2s 的交变异步转矩，它时而作用于使转子加速，时而又作用于使转子减速。因其在 s 接近零时亦趋于消失，故在同步过程中可不考虑其影响。

(3) 同步转矩。发电机恢复励磁后，直流励磁电流按指数规律由零增大到正常数值，重新建立起转子恒定磁场，以同步速与定子旋转磁场同向旋转。随着励磁电流的增大，发电机内电动势逐渐提高，使发电机电磁功率也随之增大。新建立的转子磁场与定子磁场相互作用，产生同步电磁转矩，并随着电磁功率的增大而增大。该转矩对发电机再同步起了主要作用。发电机同步电磁转矩以滑差频率做正弦脉动，在正半周时，同步转矩为正值，作用于转子加速；在负半周时，同步转矩为负值，作用于转子减速。在滑差 s 接近或达到零值时，发电机出现了同步运行点，这时候发电机容易被拉入同步。

为了实现再同步，应做到以下两点：

(1) 同步电磁转矩要足够大，以保证出现滑差为零的同步点。同步转矩是由恢复励磁以后的励磁电流产生的，因此，保证足够大的励磁电流对快速恢复同步起着重要作用。

(2) 失磁运行的发电机其平均滑差应较小，为此合入励磁开关前应适当减小发电机的有功输出。如果滑差足够小，发电机可能经过小于 360°的角度变化即进入同步。

2-103 1000MW 发电机的失磁运行有何规定？

在考虑发电机失磁后异步运行的容许负荷时，应考虑的限制因素有：

(1) 定子电流的平均值不应超过额定值；

(2) 定子端部温度不超过允许值；

（3）转子损耗发热不超过允许值；

（4）电网电压及厂用电压不低于允许值；

（5）机组的振动不超过允许值；

（6）保证系统稳定运行。

我国一些电厂曾以试验的方法确定汽轮发电机在失磁异步运行时的允许负荷值，取得了宝贵的经验。试验结果表明，对整锻式转子的汽轮发电机，失磁后可以担负额定值的40%～60%的机组负荷，运行15～20min是完全可以的。

对于单机容量1000MW的汽轮发电机，某汽轮机厂给出的提示显示，机组在失磁后允许带200MW负荷运行15min，但建议尽快解列。因为发电机在失磁后异步运行时会产生三个方面的影响：①使电网出现大幅度功率振荡；②使汽轮发电机轴系承受一个滑差频率的扭振；③对发电机本身的影响。其中对发电机本身的影响主要有两方面：①由于定子旋转磁场与转子的滑差而在转子上感生损耗，滑差过大时还会在转子绕组上感应高电压。②由于这种工况相当于深度进相运行，发电机定子端部磁场会在定子压圈等结构件中产生损耗和过热；但各部分温升不会超过进相运行的水平。尽管失磁异步运行对发电机本身不会产生破坏，出于对轴系损伤的担心，建议尽量不要在失磁状态下异步运行，当然也不推荐失磁运行能力。对大机组来说，它可能引起电网和轴系的振荡，对轴系（特别是对汽轮机）带来的不利影响是难以定量估计的。

2-104　如何形象描述发电机发生振荡的物理过程？振荡的类型有哪几种？

同步发电机稳定运行时，机内存在着两个磁场，一个是三相定子电流合成的旋转磁场，另一个是转子励磁的主极磁场。转子受到的原动机的推动力矩作为驱动力矩，定子磁场通过电磁力给以转子电磁力矩作为制动力矩，二者相互平衡。两个磁场的等效磁极以相隔某一固定的角度δ同速同向旋转，同步电机以发电机状态向系统稳定输出电功率。

两个磁极之间可形象地看成因磁力线而产生的“弹性”联系。

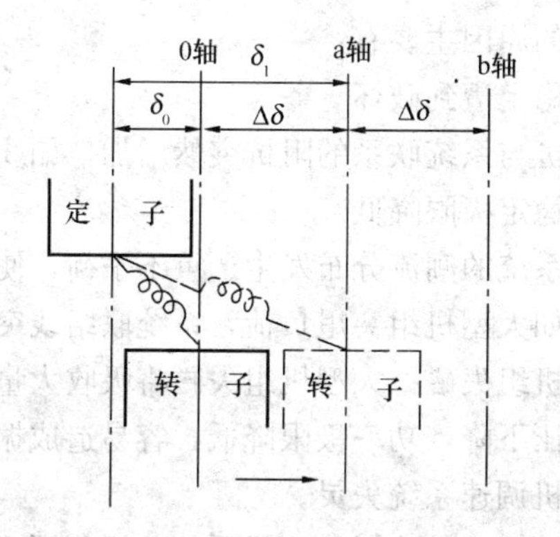

图 2-28　同步发电机振荡示意图

如图 2-28 所示，假定原来发电机的功角为 δ_0，因某种原因使发电机稳定运行受到扰动，使驱动力矩大于制动力矩，转子开始加速，δ 角具有增大的趋势。理应在新的平衡点 a 轴处（δ_1）运行。由于转子的惯性作用，转子将越过 a 轴。但越过 a 轴后，它受到的制动力矩将大于驱动力矩，于是使转子开始减速。到了 b 轴处（$\delta_1+\Delta\delta$），转子的相对速度为零，但这时的制动力矩远远大于驱动力矩，于是转子又相对地往回移动。仍由于惯性作用，将使转子越过 a 轴到达 0 轴处（$\delta_1-\Delta\delta$）。在 0 轴处，相应的各力矩仍不能平衡，将促使转子再次重复以上的过程，来回晃动，最后经过若干次摆动稳定在新的平衡点，这就是发电机的振荡。

振荡分为两种类型：一种是由于振荡中的能量消耗，振幅越来越小，逐渐衰减下来，发电机转子最终稳定在一个新的平衡点，进入持续的稳定运行状态，这种振荡叫做同步振荡；另一种是功角 δ 不断增大，振幅越来越大，发电机无法进入新的稳定平衡点，转子被拖出同步转速而失去同步，这种振荡叫做非同步振荡。

2-105　引起发电机振荡的原因有哪些？防止振荡应采取哪些措施？

能够自行进入新的平衡点的同步振荡，不会对发电机及系统运行造成严重影响，只要加强监视即可。而非同步振荡会对系统运行造成严重影响，应了解其引起原因，以便采取相应措施。引起发电机非同步振荡的原因主要有：

（1）静态稳定遭到破坏。

（2）发电机与系统联系的阻抗突然增加，如线路突然跳闸，造成阻抗增加，稳定极限降低。

（3）电力系统的潮流分布发生严重不平衡，使发电机受到突然的大的扰动，如大型机组突甩负荷，系统联络线突然跳闸等。

（4）大型机组失磁。大型机组失磁将吸收大量无功，造成系统无功不足，电压下降，功率极限降低，容易造成振荡现象。

（5）原动机调速系统失灵。

若振荡已经造成失步时，应尽快创造恢复同步的条件，通常采取下列措施：

（1）若不是因某台发电机失磁引起的振荡，应立即增加发电机励磁电流，不得干预调节器的强行励磁，这样可以增加定、转子磁极间的磁拉力，削弱转子的惯性作用，促使发电机在新的平衡点附近被拉入同步。

（2）若是由于单机高功率因数引起，则应减轻它的有功出力，同时增加励磁电流。这样可以降低转子惯性，提高功率极限而增加机组的稳定运行能力。

（3）如果短时间处理无效，可以依据规程将发电机与系统解列。

2-106　发电机允许变为电动机运行吗？

任何一种电动机都是可逆的，就是说既可以当做发电机运行，也可以当做电动机运行，所以就发电机本身来讲，变为电动机运行是完全允许的。不过这时要考虑原动机的情况，因为发电机变电动机时，要关闭汽门。发电机变为电动机运行后，定转子极间的夹角δ变成负的，即定子磁极在前，转子磁极在后，由定子磁场拖着转子跑，它们仍不失步，故称为同步电动机，此时电极从系统吸收有功功率，补偿机械损耗，而无功功率可以送出也可以吸收。

2-107　发电机甩负荷有什么后果？

由于误操作使断路器断路或直流系统接地造成继电器误动作等

原因，可能造成发电机突然失去负荷即甩负荷的情况，对发电机本身来讲，后果有两个：①引起端电压升高；②若调速器失灵或汽门卡塞，有“飞车”即转子转速升高产生巨大离心力使机件损坏的危险。端电压升高由两方面原因造成：①因为转速升高使电压升高，这是因为电动势与转速成正比的缘故；②因为甩负荷时定子的电枢反应磁通和漏磁通消失，此时端电压等于全部励磁电流产生的磁场所感应的电动势，因为一般电厂都具有自动励磁调节装置，因此，这方面引起的电压升不会很多，如没有这种装置，则电压升的幅度比较大，因此甩负荷时应紧急减少励磁。

2-108　事故情况下，发电机为什么可以短时间过负荷？过负荷时，运行人员应注意什么问题？

正常运行中发电机不允许过负荷运行。发电机过负荷要引起定子、转子绕组和铁芯温度升高，严重时可能达到或超过允许温度，加速绝缘老化。因此，在一般情况下，应避免出现过负荷。但是发电机绝缘材料老化需要一个时间过程，绝缘材料变脆、介质损耗增大，耐受击穿电压水平降低等都有一个高温作用的时间，高温时间愈短，绝缘材料的损害程度愈轻。而且发电机满载运行温度距允许温度还有一定的余量，即使过负荷，在短时间内也不至于超出允许温度过多。因此，事故情况下，发电机允许有短时间的过负荷。发电机过负荷的允许值与允许时间，各发电机技术参数内有备注。

当定子电流超过允许值时，运行人员应该注意过负荷的时间，首先减少无功负荷，使定子电流到额定值，但是不能使功率过高和电压过低，必要时降低有功负荷，使发电机在额定值下运行。运行人员还应加强对发电机各部分温度的监视，使其控制在规程规定的范围内。否则，降低有功负荷。另外，加强对发电机端部、集电环和整流子电刷的检查。总之，在发电机过负荷情况下，运行人员要密切监视、调节和检查，以防事态严重。

1000MW 发电机采用反时限过负荷保护，当发电机过负荷 1.16 倍时，最大可运行 100s，保护跳开发电机。如果保护未动，应手动解列停机。

2-109 电气系统事故处理的一般顺序是什么？

电气系统事故处理的一般顺序是：

（1）根据表计、信号指示和事故时的各种表征，正确判断事故。

（2）立即解除对人身和重要设备的威胁，必要时停止设备运行切除故障点。

（3）确保厂用电，备用电源自投未正确动作者，应立即手动投入。

（4）根据事故的具体情况和性质，及时向上级调度部门及专业人员汇报。

（5）及时调整运行方式，确保非故障设备的正常运行。

（6）检查继电保护和自动装置的动作情况和故障录波器的记录情况，迅速判断事故范围和故障点。

（7）对无故障表征、属于保护误动作或者限时后备保护越级动作，对设备全面检查后，应对跳闸的设备进行试送或零起升压试验，以尽快恢复对厂用重要设备的供电。

（8）迅速进行检查，判明故障点故障程度。

（9）隔离故障点，并进行必要的测试，恢复系统正常运行方式和设备的额定工况运行。

（10）通知检修人员进行检查处理。

（11）对有关系统及设备进行全面检查并详细记录。

2-110 定子绕组单相接地时对发电机有危险吗？

发电机的中性点是绝缘的，如果一相接地，乍看构不成回路，但是由于带电体与处于地电位的铁芯间有电容存在，发生一相接地，接地点就会有电容电流流过。单相接地电流的大小，与接地线匝的份额 α 成正比。当机端发生金属性接地，接地电流最大，而接地点越靠近中性点，接地电流愈小，故障点有电流流过，就可能产生电弧，当接地电流大于5A时，就会有烧坏铁芯的危险。

2-111 转子发生一点接地可以继续运行吗？

转子绕组发生一点接地，即转子绕组的某点从电的方面来看与转子铁芯相通，由于电流构不成回路，所以按理能继续运行。但这种运行不能认为是正常的，因为它有可能发展为两点接地故障，那样转子电流就会增大，其后果是部分转子绕组发热，有可能被烧毁，而且电机转子由于作用力偏移而导致强烈地振动。

2-112 短路对发电机和系统有什么危害？

短路时的主要特点是电流大，电压低。电流大的结果是产生强大的电动力和发热，它有以下几点危害：

(1) 定子绕组的端部受到很大的电磁力的作用。

(2) 转子轴受到很大的电磁力矩的作用。

(3) 定子绕组和转子绕组发热。

2-113 汽轮发电机的振动有什么危害？ 引起振动的原因有哪些？

汽轮发电机的振动对机组本身和厂房建筑物都有危害，其主要危害有以下几个方面：

(1) 使机组轴承损耗增大。

(2) 加速集电环和电刷的磨损。

(3) 励磁机电刷易冒火，整流子磨损增大，且因整流片的温度升高造成开焊和电枢绑线的断裂，可能会造成事故。

(4) 使发电机零部件松动并损伤。

(5) 破坏建筑物，尤其在共振情况下。

引起发电机振动的原因是多方面的，总的来讲可分为两类，即电磁原因和机械原因。电磁原因如转子两点接地、匝间短路、负荷不对称和气隙不均匀等。机械原因如找正不正确、靠背轮连接不好与转子旋转不平衡等。

2-114 发电机出口调压用电压互感器熔断器熔断后有哪些现象？ 如何处理？

熔断器熔断后有下列现象：

(1) 电压回路断线信号可能发生。

(2) 自动励磁调节器供励磁时，定子电压、电流、励磁电压、电流不正常地增大，无功表指示增大。

(3) 感应调节器供发电机励磁时，各表计指示正常。

(4) 备励供发电机励磁时，表计正常。

处理方法如下：

(1) 由自动励磁调节器供发电机励磁时，应切换到感应调压器断开调节器机端测量开关，断开副励输出至调节器隔离开关。

(2) 备用励磁供发电机励磁时，应停用强励装置。

(3) 更换互感器的熔断器。

(4) 若故障仍不消除，通知检修检查处理。

2-115 发电机常见故障有哪些?

发电机在运行过程中，由于外界、内部及误操作原因，可能引起发电机各种故障或不正常状态，常见故障有以下几种：

(1) 定子故障如绕组相间短路、匝间短路和单相接地等。

(2) 转子绕组故障如转子二点接地和转子失去励磁功能等。

(3) 其他方面的故障如发电机着火、发电机变成电动机运行、发电机漏水漏氢、发电机发生振荡或失去同期和发电机非同期并列等。

这些故障的发生，导致发电机退出系统，更甚者烧毁某些设备，所以在日常运行维护时要特别小心，以免事故发生。

2-116 运行中，定子铁芯各部分温度普遍升高应如何检查和处理?

运行中，定子铁芯各部分温度和温升均超过正常值时，应检查定子三相电流是否平衡，检查进风温度和进出风温差及空气冷却器的冷却水系统是否正常。若系冷却水中断或水量减少，应立即供水或增大水量；若系定子三相电流不平衡引起，应查明原因，并予消除。此外，联系热工对仪表进行检查。

在以上处理过程中，应控制定子铁芯温度不超过允许值，否则应减负荷。

2-117 运行中，定子铁芯个别点温度突然升高应如何处理?

运行中，若定子铁芯个别点温度突然升高，应分析该点温度上升的趋势及与有功、无功负荷变化的关系，并检查该测点的正常与否。若随着铁芯温度、进出风温度和进出风温差显著上升，又出现“定子接地”信号时，应立即减负荷解列停机，以免铁芯烧坏。

2-118　运行中，定子铁芯个别点温度异常下降应如何处理？

运行中，若定子铁芯个别点温度异常下降时，应加强对发电机本体、空冷小室的检查和温度的监视，综合各种外部迹象和表计、信号进行分析，以判断是否系发电机转子或定子绕组漏水所致。

2-119　运行中，个别定子绕组温度异常升高应如何处理？

运行中，个别定子绕组温度异常升高时，应分析该点温度上升的趋势以及与有功、无功负荷变化的关系，同时，观察对应绕组的出水温度，如也升高，则可能系导水管阻塞，此时，适当增加定子绕组进水压力，进行冲洗以消除导水管中的积垢，必要时可反复冲洗直至正常值。经上述处理无效时，应控制温度不超过允许值，否则应降低出力运行。

2-120　发电机断水应如何处理？

（1）断水 1.5min 内负荷降到 26%额定负荷，2min 时确认已降到 26%额定负荷，否则发电机应立即解列。

（2）若 2min 内已降至 26%额定负荷后，则再检查刚断流（停止循环）时线圈入口处或去离子交换器出口处水的电导率，如其中一处水的电导率不小于 0.5μs/cm，则发电机在 3min 内解列；如两处水的电导率均不大于 0.5μs/cm，则发电机可运行 60min；如两处水的电导率均不小于 0.5μs/cm，则应立即停机。

（3）发电机断水后，如果发电机断水保护不动作，应立即手动解列停机。

2-121　发电机漏水应如何处理？

运行中，发电机漏水信号发出后，应根据漏仪确定漏水发信部位，并进行就地检查，若确有渗漏水现象，可根据表 2-6 进行处理。

若未发现渗漏水的迹象，应请热工人员核实检查楼板，检查检漏仪工作是否正常。

表 2-6　发电机漏水处理

故障性质		立即停机	10min 内停机	尽快安排停机（降低水压带故障运行）
定子绕组	汽机侧漏水		√	
	引出线侧漏水	√		
	轻微渗水			√
	大量漏水	√		
转子绕组	漏水	√		
其他	漏水并伴随定子绕组接地或转子一点接地	√		

2-122　如何进行紧急排氢？

当氢系统爆炸或冒烟着火无法扑灭时，应紧急停机并排氢。紧急排氢时操作事项如下：

（1）全关补氢一次、二次阀。

（2）全开排氢一次、二次阀，二氧化碳置换排放阀，气体置换排放总阀。

（3）当机内氢气压力降到 0.02～0.03MPa 时，打开充 CO_2 一次、二次阀，然后升高压力到 0.1～0.2MPa 时，在尽可能短时间内注入 CO_2。

（4）排氢过程中，停止氢冷器运行。

2-123　运行中发现密封油油压降低应如何处理？

密封油油压低的原因可能是密封油泵故障、密封油差压调节阀故障或密封油滤网脏堵等。处理的方法如下：

（1）立即核对就地压力表计确认油压是否下降，并查明原因，必要时将泵切换至备用交流密封油泵运行，尽快恢复系统正常运行。

(2) 在两台交流密封油泵故障的情况下，可启动直流密封油泵，但必须做好以下工作：

1) 直流密封油泵运行，当氢气纯度明显下降时，每8h对发电机进行排补氢工作。排氢通过管路排放阀缓慢进行，以保证发电机内氢气高纯度，并注意油氢差压调节正常。

2) 直流密封油泵运行，且估计12h内交流密封油泵不能恢复运行，则应停运密封油再循环泵及密封油真空泵，关闭真空油箱进油阀及密封油真空泵进口阀，将真空油箱破坏真空后退出运行。

(3) 当各密封油泵均发生故障时，发电机应紧急停机并排氢直至润滑油压能对机内氢气进行密封。

(4) 当汽机润滑油至密封油供油停止时，应注意监视各油箱油位及油氢差压应正常，密封油真空箱真空应正常，监视发电机内氢压并及时补氢。

(5) 油氢差压调节阀故障时，应联系检修进行重新调整，期间可利用油氢差压调节旁路阀进行调整差压至正常范围内。

(6) 密封油压力低是由于密封油滤网差压高引起的，应及时切换滤网，并做好隔离工作，通知检修清洗。

2-124 什么情况下发电机应紧急停运？

当发生下列情况时，应紧急停运发电机：

(1) 发电机着火或发电机内氢气爆炸时；

(2) 发生危及人身安全的故障时；

(3) 发电机集电环电刷严重冒火，无法处理时；

(4) 发电机集电环冒烟着火时；

(5) 发电机定子冷却水中断但保护未动时；

(6) 发电机漏水且伴随有定、转子接地时；

(7) 发电机大量漏水时；

(8) 发电机发生剧烈振动时；

(9) 发电机定、转子温度急剧升高时；

(10) 发电机定子冷却水导电度升高至9.9μs/cm时；

（11）发电机密封油系统故障，油氢差压维持不住，发电机大量漏氢时。

2-125　发电机1TV二次电压消失有什么现象？如何处理？

（1）发电机1TV二次电压消失时的现象为，发电机变压器组保护A屏TV断线、“AVR PT故障”信号发出；若自动电压调节器运行在Ⅰ通道自动，自动电压调节器由Ⅰ通道自动切至Ⅱ通道自动运行；发电机有无功、定子电压指示降低或到零，发电机频率指示异常；故障录波器动作。

（2）处理的方法。

1）检查自动电压调节器由Ⅰ通道自动切至Ⅱ通道自动运行正常。

2）停用发电机变压器组A屏失磁保护、发电机逆功率、程序逆功率保护、95%定子接地保护、发电机复合电压过电流保护、发电机异常频率保护、发电机过激磁保护、发电机过电压保护、失步保护、发电机启停机保护和匝间保护。通过其他表计加强监视，机炉加强对参数的监视，稳定负荷运行。

3）检查1TV一、二次回路。如熔丝熔断，更换熔丝。如二次自动开关跳闸，检查无明显故障，立即试送一次。

4）试送成功后，复归自动电压调节器报警信号，检查自动电压调节器Ⅰ通道备用跟踪良好。

5）TV恢复运行后，将上述保护投入运行。

2-126　发电机2TV二次电压消失有什么现象？如何处理？

（1）发电机2TV二次电压消失时的现象为发电机变压器组B屏TV断线信号、“AVR　PT故障”信号发出；若自动电压调节器运行在Ⅱ通道自动，自动电压调节器由Ⅱ通道自动切至Ⅰ通道自动运行；故障录波器动作。

（2）处理方法。

1）检查自动电压调节器由Ⅱ通道自动切至Ⅰ通道自动运行

稳定。

2）停用发电机变压器组B屏失磁保护、发电机逆功率、程序逆功率保护、95％定子接地保护、发电机复合电压过电流保护、发电机异常频率保护、发电机过激磁保护、发电机过电压保护、失步保护、发电机启停机保护和匝间保护。

3）检查2TV一、二次回路，如二次自动开关跳闸，检查无明显故障，立即试送一次。如熔丝熔断，立即更换。

4）试送成功后，复归自动电压调节器报警信号，检查自动电压调节器Ⅱ通道备用跟踪良好。

5）TV恢复运行后，将上述保护投入运行。

2-127　当发电机出口1、2TV断线信号都发出时，可能是什么原因？如何处理？

可能的原因有：发电机出口1、2TV一次保险熔断或发电机出口1、2TV二次小开关跳闸；以及1、2TV动态故障监视器的设定值太灵敏等。

应立即检查调节器已紧急切换到手动模式运行正常；更换发电机出口1、2 TV一次保险或合上发电机出口1、2 TV二次小开关；重新调整动态1、2TV故障监视器的设定值；恢复正常后，将调节器切至自动模式运行。

2-128　发电机3TV二次电压消失有什么象征？如何处理？

（1）象征。发电机变压器组A、B屏3TV断线信号发出；频率表指示自由位置；故障录波器动作。

（2）处理的方法。

1）停用发电机变压器组A、B屏匝间保护。

2）检查3TV一、二次回路，如系TV保险熔断，立即更换；如系TV二次自动开关跳闸，检查无明显故障，立即试送一次。

3）TV恢复运行后，将上述保护投入运行。

2-129　发电机定子接地故障的现象如何？如何处理？

发电机定子接地故障的现象是“发电机定子接地”信号发出，

故障录波器动作。

经检查如是保护动作发电机跳闸，按主断路器跳闸处理；如发电机未跳闸，应检查发电机有无漏水，发电机 TV 有无故障，全面核对表计，如判明系发电机定子接地，应尽快停机处理。

2-130 发电机转子接地如何处理？

发电机转子接地时，“发电机转子接地”信号发出；故障录波器动作。处理的方法为：

（1）立即对励磁系统进行全面检查，有无明显接地。如接地的同时发电机发生失磁或失步，应立即解列停机。

（2）尽快检查确定故障点。

（3）如为转子外部接地，设法消除。

（4）如为转子内部接地，汇报值长，尽快停机。

（5）如转子接地保护Ⅱ段动作跳闸，按主断路器跳闸处理。

2-131 发电机变成同步电动机运行有何现象？ 如何处理？

象征：有功表指示零值以下；无功表指示升高；定子电流降低，电压升高；转子电压、电流不变；“发电机逆功率跳闸”信号发出；故障录波器动作。

处理方法。当发电机保护动作跳闸时，发电机跳闸；保护未动作时，值长汇报，根据汽轮机情况停机。

2-132 发电机主断路器跳闸如何处理？

（1）检查厂用电切换是否正常，如果厂用工作电源确已跳开，备用电源未自投，且无“10kV 母线工作电源进线分支过电流”、“10kV 母线备用电源进线分支过电流”、“10kV 母线工作电源进线分支零序过电流”、“10kV 母线备用电源进线分支零序过电流”信号发出，应强送备用电源一次，以确保厂用电。

（2）检查何种保护动作，判断故障性质，通知检修人员。

（3）如果确定为人员误动，不检查发电机，可重新将发电机升压并列。

（4）如是发生故障跳闸，则故障消除各方面无问题后，方可将发电机重新并入电网。

(5) 若为一台断路器故障，经检查无问题后方可并环运行。

(6) 线路跳闸，FWK 动作切机，按主断路器跳闸处理。

2-133 发电机升不起电压应进行哪些检查？

(1) 检查发电机定子电压表计是否正常，励磁电压以及励磁电流表指示是否正常。

(2) 检查发电机灭磁开关、工作励磁刀闸是否合闸良好，发电机是否启励，启励电源是否正常。

(3) 检查发电机 TV 二次自动开关接触是否良好，一次保险是否正常。

(4) 调节器是否正常，调节器直流电源是否良好。

(5) 检查励磁变压器运行是否良好。

(6) 检查发电机电刷接触是否良好。

(7) 检查整流柜工作是否正常。

2-134 励磁变压器温度高跳闸如何处理？

故障发生的原因可能是由于励磁电流太高、励磁变压器冷却太差或励磁变压器内部故障。检查励磁变压器油温表计指示是否正确；检查励磁变压器是否过电流；过励限制器是否动作；检查励磁变压器冷却情况和环境温度；检查励磁变压器是否内部故障，瓦斯第一级报警是否动作。如果跳闸原因为励磁电流太高或励磁变压器冷却效果太差，按“报警复位”按钮，并采取相应解决措施，重新启动机组。如励磁变压器故障，应隔离后由检修人员处理。

2-135 发电机启励时间超时的原因有哪些？如何处理？

可能的原因有：①在励磁投入后无电流或电流太低；②整流柜没有正确地转换励磁电流；③没有产生足够的发电机电压以及启励开关启励后没有断开或发电机定子接地等。

如果没有其他发电机变压器组保护动作信号，则再一次启动励磁，并检查启励的动作情况以及励磁电流和发电机的电压。若启励仍不成功，联系检修处理。

2-136　发电机集电环电刷发生火花如何处理？

①检查电刷牌号，必须使用厂家指定或经试验适用的同一牌号的电刷；②检查电刷压力，并进行调整，各电刷压力应均匀，其差别不应超过10%；③电刷磨损至极限线以下时必须及时更换；④若电刷接触面不清洁，用干净帆布擦去电刷接触面的污垢；⑤检查电刷和刷辫、刷辫和刷架间的连接情况，并进行紧固；⑥检查电刷在刷窝内能否上下自如地活动，更换摇摆和卡涩的电刷；⑦若集电环表面凸凹不平，联系检修处理；⑧用钳型电流表测量各电刷的电流分配情况，对负荷过重、过轻的电刷及时调整处理；⑨减发电机有、无功负荷可缓解冒火。冒火形成环火时，应立即解列发电机，紧急停机。

第三章 同步发电机的励磁系统

3-1 励磁系统的任务是什么？

（1）在正常运行条件下，供给发电机励磁电流，并根据发电机所带负荷的情况，相应地调整励磁电流，以维持发电机端电压在给定水平上。

（2）使并列运行的各台同步发电机所带的无功功率得到稳定而合理的分配。

（3）增加并入电网运行的发电机的阻尼转矩，以提高电力系统动态稳定性及输电线路的有功功率传输能力。

（4）在电力系统发生短路故障造成发电机端电压严重下降时，强行励磁，将励磁电压迅速增升到足够的顶值，以提高电力系统的暂态稳定性。

（5）在发电机突然解列、甩负荷时，强行减磁，将励磁电流迅速减到零值，以减小故障损坏程度。

（6）在不同运行工况下，根据要求对发电机实行过励限制和欠励限制等，以确保发电机组的安全稳定运行。

3-2 发电机励磁系统由哪几部分组成？

励磁系统一般由如下两个基本部分组成：

（1）励磁功率单元，包括整流装置及其交流电源。它的作用是向发电机的励磁绕组提供直流励磁电源。

（2）励磁调节器。它的作用是感受发电机电压及运行工况的变化，自动地调节励磁功率单元输出的励磁电流的大小，以满足系统运行的要求。

3-3 常用的励磁方式有哪几种？

发电机的励磁方式按励磁电源的不同分为如下三种方式：

(1) 直流励磁机励磁方式。多用于中、小机组。

(2) 交流励磁机励磁方式。其中按功率整流器是静止的还是旋转的又分为交流励磁机静止整流器励磁方式(有刷)和交流励磁机旋转整流器励磁方式(无刷)两种。多用于容量在100MW及以上的汽轮发电机组。

(3) 静止励磁方式。其中最具有代表性的是自并励励磁方式。也多用于容量在100MW及以上的汽轮发电机组。

3-4 什么是自并励励磁系统?

自并励励磁系统是指取消了励磁机,而只用一台接在机端的励磁变压器作为励磁电源,通过受励磁调节器控制的大功率晶闸管整流装置直接控制发电机的励磁。其显著特点是整个励磁装置没有转动部分,因此又称为静止励磁系统或全静止态励磁系统。

静止励磁系统如图3-1所示。它由机端励磁变压器供电给整流器电源,经三相全控整流桥直接控制发电机的励磁。它具有明显的优点,被推荐用于大型发电机组,特别是水轮发电机组。国外某些公司把这种方式列为大型机组的定型励磁方式。我国已在一些机组以及引进的一些大型机组上,采用静止励磁方式。

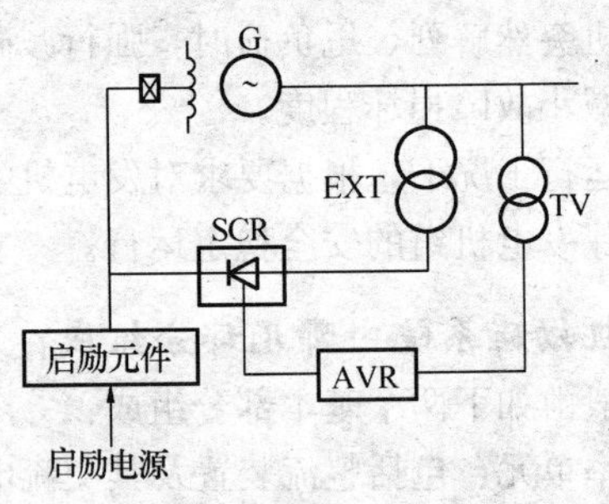

图3-1 机端自并励静止励磁系统

3-5 发电机自并励励磁系统(静止励磁系统)有何优点?

(1) 励磁系统接线和设备比较简单,无转动部分,维护费用省,可靠性高。

(2) 不需要同轴励磁机,可缩短主轴长度,这样可减少基建投资。

（3）直接用晶闸管控制转子电压，可获得很快的励磁电压响应速度，可近似认为具有阶跃函数那样的响应速度。

（4）由发电机机端取得励磁能量。机端电压与机组转速的一次方成正比，故静止励磁系统输出的励磁电压与机组转速的一次方成比例。而同轴励磁机系统输出的励磁电压与转速的平方成正比。这样，当机组甩负荷时静态励磁系统机组的过电压就低。

3-6 采用自并励静止励磁系统如何提高电力系统运行的稳定性？

（1）采用稳定可靠的外接启励电源；

（2）采用高起始响应的半导体，反映速度极快；

（3）采用较高的强励倍数；

（4）采用快速动作的主断路器，开断时间缩短，故障切除速度加快；

（5）发电机出口采用分相封闭母线，短路故障几率大大减少。

上述措施的实施，使得自并励励磁系统大大增强了对电力系统暂态稳定的效果，提高了系统运行的稳定性、精确性和可靠性。

3-7 为什么同步发电机励磁回路的灭磁开关不能改成快速动作的断路器？

由于发电机励磁回路存在电感，而直流电流又没有过零的时刻，当电流一定时突然断路，电弧熄灭瞬间会产生过电压。电弧熄灭得越快，电流变化速度越大，过电压值就越高，这可能造成励磁回路绝缘被击穿而损坏。因此同步发电机的励磁回路不能装设快速动作的断路器。

3-8 什么是理想的灭磁过程？

理想的灭磁过程可以描述为，在整个灭磁过程中，转子电流的衰减率保持不变，且由衰减率引起的转子感应过电压等于其容许值U_m。

3-9 同步发电机为什么要求快速灭磁？

这是因为同步发电机发生内部短路故障时，虽然继电保护装置能迅速地把发电机与系统断开，但如果不能同时将励磁电流快速降低到接近零值，则由磁场电流产生的感应电动势将继续维持故障电流，时间一长，将会使故障扩大，造成发电机绕组甚至铁芯严重受损。因此，当发电机发生内部故障时，在继电保护动作快速切断主断路器的同时，还要求发电机快速灭磁。

3-10　自动励磁调节器的基本任务是什么？

自动励磁调节器是发电机励磁控制系统中的控制设备，其基本任务是检测和综合励磁控制系统运行状态的信息，包括发电机端电压 U_G、有功功率 P、无功功率 Q、励磁电流 I_f 和频率 f 等，并产生相应的信号，控制励磁功率单元的输出，达到自动调节励磁、满足发电机及系统运行需要的目的。

3-11　自动励磁调节器有哪些励磁限制和保护单元？

为了确保发电机组安全可靠稳定运行，自动励磁调节器一般都装有较完善的励磁限制和保护单元，主要包括欠励限制器、V/Hz（伏/赫）限制器、最大励磁限制器、瞬时电流限制器、反时限限制器、定时限限制器、机端信号丢失检测器和低频保护器等。

3-12　欠励限制器有何作用？

欠励限制或称低励限制，主要用来防止发电机因励磁电流过度减小而引起失步，以及因过度进相运行而引起发电机端部过热。

3-13　V/Hz（伏/赫）限制器有何作用？

V/Hz（伏/赫）限制器可用来防止发电机的端电压与频率的比值过高，避免发电机及与其相连的主变压器铁芯饱和而引起过热。

3-14　反时限限制器和定时限限制器有何作用？

反时限限制器主要用于限制最大励磁电流，它按照已知的反时限限制特性，即按发电机转子容许发热极限曲线对发电机转子电流的最大值进行限制，以防转子过热。

定时限限制器实质上是一个延时继电器，它与反时限限制器配合使用，当反时限限制器限制动作后，转子在规定时间内（如 3～5s）内未能恢复到反时限限制器的启动值（如 1.1 倍额定励磁电流）以下，则定时限限制器动作，跳发电机开关。定时限限制器作为反时限限制器的后备保护。

3-15　瞬时电流限制器有何作用？

瞬时电流限制器用于具有高顶值励磁电压的励磁系统，限制发电机励磁电流的顶值，防止其超过设计允许的强励倍数，防止晶闸管整流装置和励磁绕组短时过负荷。

3-16　什么是励磁系统稳定器？

励磁系统稳定器又称为阻尼器，它是指将发电机励磁电压（转子电压）微分，再反馈到综合放大单元的输入端参与调节所采用的并联校正的转子电压微分负反馈网络。励磁系统稳定器具有增加阻尼、抑制超调和消除振荡的作用。

3-17　什么是电力系统稳定器？

所谓电力系统稳定器（Power System Stabilizer，简称 PSS）是指为了解决大电网因缺乏足够的正阻尼转矩而容易发生低频振荡的问题所引入的一种相位补偿附加励磁控制环节，即向励磁控制系统引入一种按某一振荡频率设计的新的附加控制信号，以增加正阻尼转矩，克服快速励磁调节器对系统稳定产生的有害作用，改善系统的暂态特性。

3-18　ABB 公司生产的 UNITROL 5000 自并励励磁系统的基本组成单元是什么？

（1）电源部分。由德国 ABB 公司生产三台单相干式变压器，用于为功率整流桥提供电源电压。

（2）控制部分。ABB 公司生产的 UNITROL 5000 型自动电压调节器（AVR）柜一套，用于按系统要求自动调节励磁电压和电流。包括发电机定子电压和定子电流测量，调节器（PID 控制器）和晶闸管的门极控制单元。

（3）整流装置。晶闸管整流柜一套，用于将交流输入电压转变为发电机磁场绕组所需的直流电压。

（4）灭磁单元。ABB 公司生产的灭磁装置，用于给机组快速灭磁。

3-19 UNITROL 系列励磁系统的型号有何含义？

励磁系统的型号代码能表达励磁系统的配置和核心部件。

例如 UNITROL A5S-0/U231-A2500，各部分的含义见表 3-1。

表 3-1 UNITROL 系列励磁系统的型号含义

型号	A	5	S	0/	U2	3	1	A	2500
序号	1	2	3	5	6	7	8	10	11
项目	控制部分的配置	控制部分的硬件	整流桥配置	附加功能	整流桥型号	运行的整流桥数目	整流桥附加信息	磁场开关配置	磁场开关额定电流
含义	双自动通道，每一通道含手动控制	采用微处理器系统5000	S标准型（n－1冗余）	无附加功能	UNL13300	3个	每臂1只晶闸管，3相6脉冲	励磁变压器低压侧交流开关	2500A

3-20 UNITROL 5000 励磁系统包括哪些功能模块？各有何作用？

UNITROL 5000 静态励磁系统利用晶闸管整流器通过控制励磁电流来调节同步发电机的端电压和无功功率，整个系统可以分成四个主要的功能块：①励磁变压器；②两套相互独立的励磁调节器；③晶闸管整流单元 G31-G34；④启励单元和灭磁单元。如图 3-2 所示为励磁系统构成示意图。

在静态励磁系统（常称自并励或机端励磁）中，励磁电源取自发电机机端。同步发电机的磁场电流经由励磁变压器 T02、磁场断路器 Q02 和晶闸管整流器 G31、G34 供给。励磁变压器将发电机端电压降低到晶闸管整流器所要求的输入电压、在发电机端电压和场绕组之间提供电绝缘、与此同时起着晶闸管整流器的整流阻抗的作用。晶闸管整流器 G31、G34 将交流电流转换成受控的直流电流 I_f。

在启励过程开始时，充磁能量来源于发电机端残压。晶闸管整

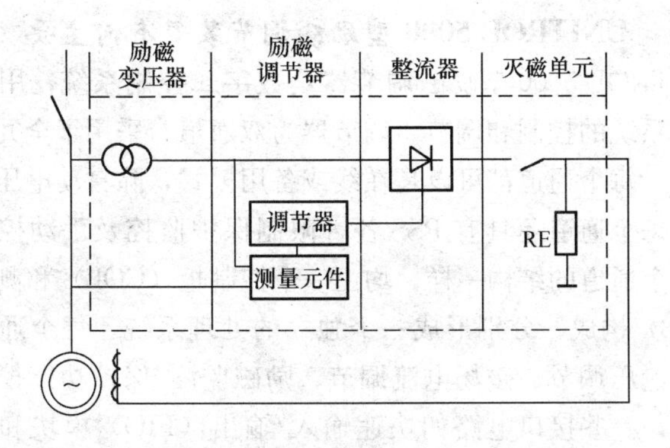

图 3-2　UNITROL 5000 静态励磁系统构成示意图

流器的输入电压达 10～20V 后，晶闸管整流器和励磁调节器就可以正常工作了。随之而来的是 AVR 控制的软启励过程。并网后，励磁系统可以在 AVR 模式下工作，调节发电机的端电压和无功功率，或者可以在一种叠加的模式下工作，如恒功率因数调节、恒无功调节等。此外，它也可以接受成组调节指令。

灭磁设备的作用是将磁场回路断开并尽可能快地将磁场能量释放掉。灭磁回路主要由磁场断路器 Q02、灭磁电阻 R02 和晶闸管跨接器 F02（以及相关的触发元件）组成。

根据系统的要求，励磁调节器采取双通道（A10 和 A20）的结构。一个通道主要由一个控制板（COB）和测量单元板（MUB）构成，形成一个独立的处理系统。每个通道含有发电机端电压调节、磁场电流调节、励磁监测/保护功能和可编程逻辑控制的软件。在单通道结构中，利用一个被称为扩展的门极控制器（EGC）的分离单元作为备用通道，也就是一个手动通道。

除励磁调节器外，一些接口电路如快速输入/输出（FIO）模块和功率信号接口模块（PSI）也被用来提供测量和控制信号的电隔离。此外，每个晶闸管整流桥都配备一套整流器接口电路包括整流器接口单元（CIN）、门极驱动接口单元（GDI）和整流器显示单元（CDP）。

3-21 UNITROL 5000型励磁调节装置有何主要功能？

UNITROL 5000型励磁调节器是数字式控制系统，用于大型静态励磁系统的控制和调节。调节器为双通道，采用了全冗余双通道控制器，每个通道都可以是在线或备用模式，除自动电压调节功能之外，每个通道还具有PSS各种限制保护监控及手动控制软件功能。两个通道的结构一样，均由一个控制板（COB）和测量单元板（MUB）构成，分别形成一个独立的处理系统。每个通道含有发电机端电压调节、磁场电流调节、励磁监测/保护功能控制的软件。此外，一些接口电路如快速输入/输出（FIO）模块和功率信号接口模块（PSI），被用来提供测量和控制信号的电隔离。

3-22 UNITROL 5000型励磁调节装置主要的控制单元有哪些？其作用是什么？

（1）控制板（COB）。主控板UNS 2880 COB是UNITROL 5000静止励磁系统的中央处理单元。在COB中集成了自动电压调节各种限制、保护和控制功能。COB支持与本地控制单元（LCP）、手持编程器（SPA）和CMT工具的通信。此外，它提供串行端口，具有自诊断功能。

（2）测量单元板（MUB）。测量单元板UNS 2881（MUB）是一个带数字信号处理DSP的多功能测量板，由数字信号处理器（DSP）和IntelDSP 56303构成。它能提供对实际测量值的快速处理、电气隔离以及信号转换。测量单元板（MUB）能实现下述功能：① 滤波和数字化交流采样；② 计算磁场电流和电压、晶闸管整流器的输入电流和电压、有功和无功功率、功率因数和发电机的频率；③ 以加速功率和频率为输入信号的电力系统稳定器（PSS）。DSP处理器对模数转换器采集的测量信号进行处理和计算，得到发电机电压、发电机电流、有功功率、无功功率及频率等数据，另外还可实现对发电机电压、励磁机的旋转二极管的监视。所有测量值均送到双端口随机存储器Dual-Port-RAM。

（3）功率信号接口（PSI）。一块模拟测量板，用于从励磁系统中采集同步电压、励磁电压、励磁电流等信号并进行预处理。功率信号接口（PSI）用于电气隔离，实现磁场测量信号与测量单元板（MUB）信号匹配。

（4）扩展门极控制板EGC。可在单通道配置中作后备通道使用，或在非50/60Hz额定频率系统中用做脉冲形成。在后一种情况下，典型应用是作为脉冲形成板用于供电电源频率高达500Hz的带副励磁机的励磁调节器。整流桥晶闸管触发脉冲产生于该模块。

（5）励磁调节器的电源。所有的电路板的供电电源取自于24V直流母线。24V直流母线电源取自于两个完全冗余的电源组。由厂用直流系统供电的DC/DC组；由励磁变压器的二次绕组供电的AC/DC组。

3-23 励磁系统内的通信是如何实现的？

励磁系统内的通信是通过ATCnet网络实现的，另外，测得的数据和就地控制面板（LCP）的报警以及本地控制的命令也通过这条通讯线路传送。

3-24 UNITROL 5000型励磁系统的就地控制面板（LCP）有哪些功能？

就地控制面板（LCP）具有优良的人机界面，可用于对励磁系统进行现地操作和监视。面板提供下述功能：

（1）测量和处理信号有8条显示线，每条显示线有40个字符。

（2）报警通知。在出现报警的情况下，励磁系统的报警显示先于测量信号的显示。所显示的报警内容包括报警序号和40个字符的报警描述，LCP可按时间先后顺序同时显示8个报警信息，如果出现8个以上的报警，可通过操作滚动键来显示，最多可以显示80个报警信息。在报警功能键上有一个报警指示灯，每次发生报警它就闪烁。按确认键后，若报警还存在，指示灯始终发亮；报警消失后，报警指示灯自动熄灭。

（3）信号和报警信息的打印。

（4）所选模式的指示，每个被选模式键都配有一个LED用于指示该键的状态。

(5) 现地操作，LCP 上有 16 个功能键用于操作，每个键都配有一个 LED 用于指示该键的状态。

3-25 UNITROL 5000 型励磁调节装置如何实现与 DCS 系统的接口？

(1) 常规 I/O 接口方式（利用光隔离输入和继电器输出）。数字量和模拟量命令以及一些状态信号是通过快速输入/输出板（FIO）传递的。每块快速输入/输出板 FIO 包括：①16 点光隔离的数字量输入，用于 24V 回路；②18 点继电器转换接点输出，用于状态指示和报警；③4 点多功能模拟量输入，输入量程为±10V 或±20mA；④4 点多功能模拟量输出，输出信号为 4～20mA；⑤3 点温度测量回路，用于励磁变压器温度测量，测温电阻为 PTC 或 PT100。每个系统最多可配置两块快速输入/输出板 FIO，这对于大多数系统要求是足够用的。在要求有更多的数字量输入和输出的情况下，可以增加数字量输入接口 DⅡ 和继电器输出接口 ROI。这两个接口由 ARCnet 网控制。

励磁系统还提供两个独立的内部跳闸信号用于发电机保护。来自发电机保护的两个跳闸信号直接作用于磁场断路器的跳闸回路。

(2) 串行通信方式。除了常规的 I/O 接口方式，UNITROL 5000 型励磁系统还可配有串行通讯方式用于更高层次的、不同规约的控制系统通讯，用于收发运行所需的信号，包括数字形式的模拟量信号。

3-26 UNITROL 5000 励磁系统提供哪些限制器功能？

(1) 定子电流限制。定子电流限制是延时限，通过限制定子电流，防止发电机过载，提供定时限和反时限两种限制功能。在规定的恢复时间内，禁止定子电流再次越限。

(2) 磁场电流限制。磁场电流限制有瞬时限和延时限两种。瞬时限对磁场电流的顶值加以限制，防止发电机转子过载；延时限通过限制磁场电流，提供定时限和反时限两种限制功能，防止发电机转子过载。在规定的恢复时间内，禁止磁场电流再次越限。

(3) 欠励限制。为防止发电机进相运行破坏静态稳定，对励磁电流的下限值、发电机最大进相无功功率或无功电流进行限制。

（4）V/Hz 限制。为防止发电机频率下降或机端电压过高时，造成铁芯饱和，导致设备发热损坏。当 V/Hz 至整定值时，限制器动作减小励磁电流。

3-27　UNITROL 5000 励磁系统可实现哪些软件功能？

如图 3-3 所示为 UNITROL 5000 励磁系统的软件框图，整个系统由若干功能模块组成。

（1）模块（1）实现发电机电压给定调节。利用数字输入命令或模拟输入信号或者通过串行通信线路，可控制 AVR 给定值的增、减或预置。

（2）模块（2）、（3）用于实现有功和无功功率补偿。可补偿由单元变压器或传输线路上的有功或无功功率引起的电压降，并且实现多台并联运行的发电机组之间的无功功率合理分配。

（3）模块（4）为 V/Hz 限制器。以避免发电机组和励磁变压器的铁芯磁通过于饱和。

（4）模块（5）为软启励功能模块，软启励功能是为了在启励时防止机端电压超调。励磁接收到开机命令后即开始启励升压，当机端电压大于 10%额定值后，调节器以一个可调整的速度逐步增加给定值使发电机电压逐渐上升到额定值。

（5）模块（6）、（7）用于实现自动跟踪和切换。自动跟踪功能保证了从自动电压控制模式（AUTO）到磁场电流调节模式（MANUAL）的平稳切换。切换可能是由于故障引起的自动切换（如 PT 断线）或人工切换。AVR 的控制信号与 FCR 的控制信号之间的差值被用作调节器的跟踪控制。

（6）模块（8）、（9）为限制功能模块。以保证过励限制或欠励限制的优先权。为了避免两个限制器同时处于激活状态（只有在故障情况下才会出现），可设定一个优先标志，选择那种限制器（过励限制或欠励限制）先起作用。

（7）模块（11）为 PID 控制器，PID 控制器的输入是实际值和给定值之差。PID 控制器的输出电压，既是所谓的控制电压 U_C 作为门极控制单元（12）的输入信号。PID 控制器的调节参数可以在

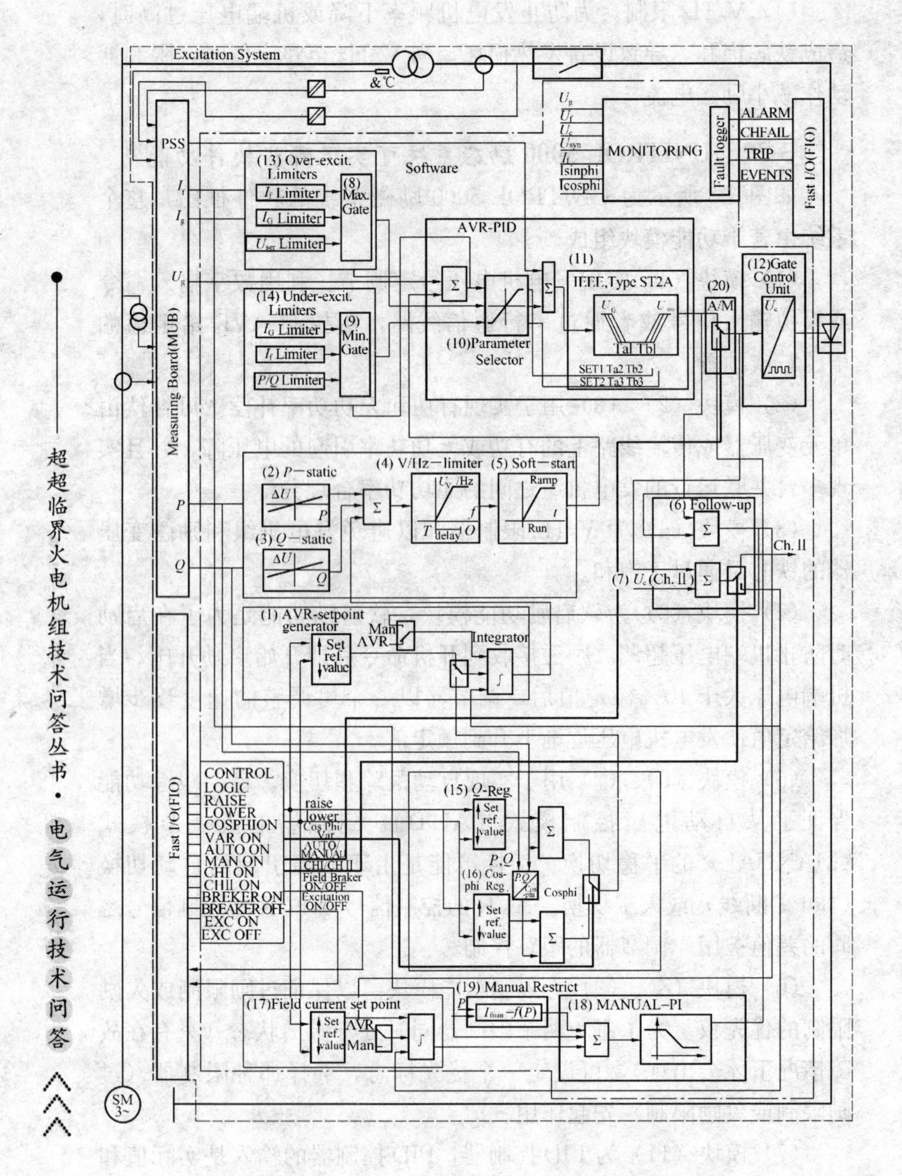

图 3-3　UNITROL 5000 励磁系统软件框图

两组定值中自动选择，这取决于哪个选择功能是有效的，有助于发电机的瞬时稳定性。

（8）限制器（13）、（14）。其目的是防止发电机进入不稳定运行区域，以避免事故停机。

（9）模块（15）、（16）为无功功率控制或功率因数控制，可视作对 AVR 的叠加控制。控制信号来源于实际值与被选控制模式的控制点值之差。

（10）电力系统稳定器（PSS）。电力系统稳定器（PSS）功能包含在测量单元板（MUB）的软件中，是 UNITROL 5000 的一个标准功能。

（11）模块（17）为自适应电力系统稳定器（APSS）模块。APSS 用于抑制电力系统中长期存在的有功功率低频振荡。

（12）模块（18）为手动控制模块。主要用于调试（如在设备的投运或维护过程中），或者是作为在 AVR 故障时（如 PT 故障）的备用控制模式。

（13）监测和保护功能。如实际值监测（PT 故障探查）、过电流保护、失磁保护（P/Q 保护）、过励磁保护（V/Hz 继电器）和励磁变压器温度测量等。此外，还包括其他检测和保护功能，如通过软件看门狗实现励磁调节器自检功能、晶闸管整流器的工作监视、交流侧过电压保护以及直流侧过电压保护功能。

3-28 静态励磁系统的晶闸管整流器应满足哪些要求？

（1）晶闸管整流器能连续提供 1.1 倍的额定励磁电流。

（2）晶闸管整流桥能提供强励顶值电流，如提供短时（通常为 10s）1.6 倍额定励磁电流。在电网出现故障时，强励能力可以使发电机机端电压、无功功率、有功功率、负荷角和电网参数等更快地达到平衡。

（3）晶闸管整流器能承受由于发电机端或主变高压侧上的三相短路而产生的感应电流。

（4）晶闸管的重复峰值反向电压以及重复峰值断开电压不低于励磁变压器次级峰值电压的 2.7 倍。

(5) 根据系统对冗余度的要求，晶闸管整流桥的配置可以是一个晶闸管整流桥（经济型，无冗余）、两个晶闸管整流桥（具有100%冗余度的互备双桥）或若干个整流桥并联运行。最后一种配置在一个晶闸管整流桥退出运行后仍允许在所有工况下运行，为$n-1$配置。每个晶闸管整流桥都是由模块化部件构成的独立单元，出现在一台整流桥内的故障不会影响与其并联的其他晶闸管整流桥的正常运行。

3-29 如何实现自并励励磁系统的软启励？

在静态励磁系统（通常称为自并励或机端励磁系统）中，励磁电源取自发电机机端。同步发电机的励磁电流经由励磁变压器、磁场开关和晶闸管整流桥供给。一般情况下，启励开始时，发电机的启励能量来自发电机残压。当晶闸管的输入电压升到10～20V时，晶闸管整流桥和励磁调节器就能够投入正常工作，由AVR控制完成软启励过程。如果因长期停机等原因造成发电机的残压不能满足启励要求时，则可以采用220V DC电源启励方式，当发电机电压上升到规定值时，启励回路自动脱开。然后晶闸管整流桥和励磁调节器投入正常工作，由AVR控制完成软启励过程。励磁系统软启励的过程曲线如图3-4所示。并网后，励磁系统工作于AVR方式，调节发电机的端电压和无功功率，或工作于叠加调节方式（包括恒功率因数调节、恒无功调节以及可以接受调度指令的成组调节等）。

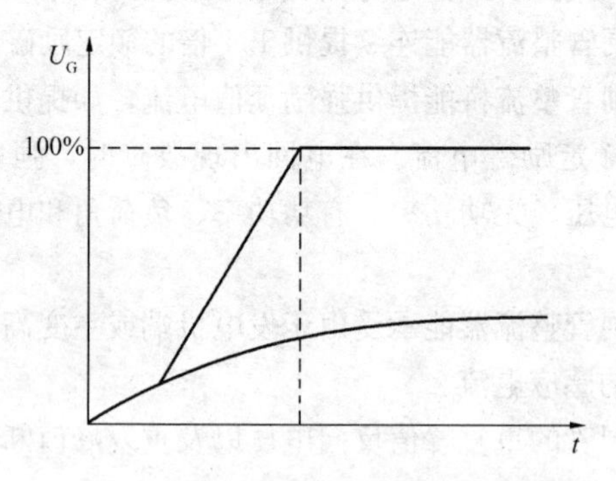

图3-4 励磁系统软启励过程曲线

3-30 启励成功的必要条件是什么？

启励成功的必要条件是：

（1）励磁开关必须已经在接通位置；

（2）没有断开命令和无跳闸命令；

（3）发电机转速应大于额定转速的90%；

（4）必须有建立励磁的辅助电源。

3-31 UNITROL 5000励磁系统应保证哪些控制性能？

UNITROL 5000励磁系统应保证以下控制性能：

（1）过载能力。当发电机的励磁电压和电流不超过其额定励磁电流和电压的1.1倍时，励磁系统能保证连续运行。

（2）强励能力。励磁系统满足强励要求，电压强励倍数不小于2倍T-MCR工况下励磁绕组电压，电流强励倍数不小于2倍T-MCR工况下励磁电流，允许强励时间$t \geqslant 10s$。

（3）电压控制精度。发电机电压控制精度，不大于0.5%的额定电压。励磁控制系统暂态增益和动态增益在机端电压突降15%～20%时，保证晶闸管控制角达到最小值。

（4）电压响应速度。励磁系统电压响应时间不大于0.1s。在空载额定电压下，当电压给定阶跃响应为±5%时，发电机电压超调量不大于阶跃量的30%；振荡次数不超过3次；发电机定子电压的调整时间不超过5s。发电机零起升压时，自动电压调节器保证定子电压的超调量不超过额定值的10%，调节时间不大于10s，电压振荡次数不大于3次。

（5）自动电压调节器的调压范围。发电机空载时能在20%～110%额定电压范围内稳定平滑调节，整定电压的分辨率不大于额定电压的0.2%。手动调节范围从空载10%～130%额定电压值。

（6）电压频率特性。当发电机空载频率变化±1%，采用电压调节器时，其端电压变化不大于±0.25%额定值。在发电机空载运行状态下，自动电压调节器的调压速度，不大于1%额定电压/s；不小于0.3%额定电压/s。

（7）过电压和过电流。晶闸管支路过电流保护能在交、直流侧短路故障情况下，可靠切除故障。励磁变压器低压侧设有过电压保护装置。发电机转子设有过电压保护装置，且简单可靠，动作电压值高于强励后灭磁和异步运行的过电压值，能吸收因失步引起的过电压，同时低于转子绕组出厂耐压试验值的 70%。在强励状态下灭磁时发电机转子过电压值不超过 4～6 倍额定电压值。

3-32 双自动通道励磁系统如何实现通道之间的切换？

双自动通道励磁系统由两个完全独立的调节和控制通道（通道 1 和 通道 2）组成。两个通道完全相同，可任选通道 1 或通道 2 为运行通道。备用通道（非运行通道）总是自动地跟踪运行通道。除下列情况以外，通常可在任何时间进行通道切换：

（1）在运行通道中检测到故障，自动切换到第二个通道运行。在故障排除前不能切回到原通道运行。

（2）如果备用通道故障，将闭锁从运行通道到备用通道的人为切换。

通道故障时，发电机电压也可能发生波动。此时即将自动投入运行的备用通道不应跟踪该扰动。为此，备用通道应延时跟踪，跟踪速度应相对缓慢。在人为从运行通道向备用通道的切换时，考虑到跟踪延时的作用，如果切换前瞬间发电机电压有变化，需等待跟踪平衡，即在切换完成前有短暂的延时。这样，在各种场合下都能实现无扰动切换。

3-33 励磁系统通道控制方式如何实现自动/手动切换？

励磁系统的每个通道都包括自动和手动两种调节方式。在自动方式下，励磁系统自动调节发电机电压，最大限度地维持发电机机端电压恒定。在手动方式下，励磁系统自动维持发电机恒定励磁（磁场电流）。在手动方式运行时，必须根据发电机的负荷变化人为调整发电机的励磁（磁场电流的给定值），以维持发电机电压恒定。备用调节方式总是跟随运行调节方式，因此，除非出现下列情况，在任何时候都可以在不同的运行方式之间进行切换。

（1）如果在自动方式中检测到故障（紧急切换到手动方式运行），在故障排除前不能切回自动方式运行。

（2）如果手动方式发生故障，将闭锁从自动方式到手动方式的切换。

（3）发电机以自动方式运行于允许的极限范围内，但该工况已经超出手动方式允许的运行范围，手动调节器将无法跟随自动调节器。在此情况下，反馈指示“自动/手动跟踪平衡”有效，闭锁手动通道的跟踪。

在故障情况下自动切换到手动方式时，应切换到故障前的运行工况。因此，手动调节器对励磁电流变化的跟踪具有延迟，且跟踪速度相对缓慢。在人为从自动方式向手动方式切换时，考虑到跟踪延时的作用，如果切换前瞬间发电机励磁电流有变化，需等待跟踪平衡信号“自动/手动跟踪平衡”，即在切换完成前有短暂的延时。这样，在各种场合下都能实现无扰动切换。

3-34 励磁系统投入前应检查哪些准备工作?

在励磁系统投入之前，必须保证所需要的全部电源已经送电，保证能安全启动，且必须进行下述的检查：

（1）系统的维护工作已完成。

（2）控制和电源柜已准备好待运行并且适当地被锁定。

（3）发电机输出空载，临时接地线拆除。

（4）灭磁开关的控制电源及调节器电源已送电。

（5）励磁调节器所有信号指示正常，没有报警信号和故障信息。

（6）励磁系统切换到远方控制方式。

（7）励磁系统切换到自动运行方式。

（8）发电机达到额定转速（检查显示仪表上的转速）。

（9）对通道进行检查无异常；励磁系统可控整流柜、交流开关柜、灭磁柜等屏柜信号指示正常，符合投运条件。

（10）励磁系统的绝缘合格。

3-35 简述励磁系统投运过程是怎样的。

（1）合上励磁开关，指示灯“ON”亮。

（2）励磁系统投入，在5～20s内建立电压。

(3) 发电机处于空载运行状态，励磁系统低负载运行。使用上升/下降键将发电机电压调整到设定值。

(4) 当电网电压与发电机电压同步时，闭合发电机的主断路器，发电机的无功功率接近于零。

(5) 使用上升/下降键设定发电机的无功功率到期望的运行极限以内。

3-36 UNITROL 5000 励磁系统运行期间应进行哪些定期检查？

(1) 在控制室中检查，应无限制器动作；运行调节器的给定值没有达到极限位置；通道间跟踪平衡，通道切换准备就绪；励磁电流、发电机电压和无功功率平稳。

(2) 在励磁柜旁检查，应无报警动作；无异常噪声。

(3) 定期进行手动/自动方式切换和通道的切换，以验证其性能。

3-37 电力系统稳定器（PSS）正常运行有何规定？

发电机的有功功率达到某一设定值时，就可以手动投入电力系统稳定器 PSS，发电机电压则被限制在设置的给定范围内（例如在 90%～110%U_{GN}）。PSS 可以在任意时间手动退出，并且，如果发电机有功功率及电压超出设定值或者与电网解列，PSS 将自动退出。但正常运行情况下，PSS 的投入、退出必须遵守如下规定：

(1) 正常运行情况下，运行机组的 PSS 必须投入运行。若机组 PSS 需退出运行，该机组应配合停运。如因特殊原因机组无法停运，应提前报省级调度中心值班调度员批准。

(2) 运行机组的 PSS 投入、退出由值长调度。励磁调节器需投手动运行时，应提前经省级调度中心值班调度员同意。

(3) 运行机组的 PSS 定值整定试验完毕，任何现场工作人员不得改动。PSS 定值的修改应根据电网运行的要求，并征得省级调度中心批准。

(4) 励磁调节器运行在自动模式时，PSS 正常情况下在发电机视在功率大于25%额定视在功率时自动投入运行。在满足以上条件下，也可根据调度命令手动将PSS投入或退出运行。

3-38 励磁系统故障处理的一般原则是什么？

（1）调节器故障报警发出后，应首先检查就地调节柜报警显示和通道报警显示，并根据报警显示查找故障原因。

（2）正常运行时，调节器应工作在任一通道“自动”模式，“手动”模式和备用通道应跟踪正常；若调节器单通道运行或运行在“手动”模式，必须有专人连续监视调整发电机励磁，并尽快消除故障，恢复正常运行。

（3）调节器工作通道“自动方式”出现故障时，若备用通道“自动方式”无故障，则自动切换至备用通道“自动方式”，否则切换至工作通道“手动方式”。发生TV回路断线、过电流一段报警、V/Hz故障、励磁丢失等故障时，也将引起通道自动或手动方式切换。

（4）励磁系统自动切至另一通道运行后，运行人员应根据就地控制盘显示的故障信息，判断故障原因，进行相应处理，并及时联系检修人员。

（5）调节器强励动作时，运行人员在20s内不得进行手动调整。强励动作结束后，调节器由“自动”模式自动切为“手动”模式运行，此时应手动调整励磁电流不超过额定值。若强励20s后未自动切换至“手动”模式，应立即进行手动切换，并加强监视。

（6）励磁调节器投入时，在机端电压低于90%额定电压的情况下，严禁将调节器由手动方式向自动方式切换。以防调节器强励动作。

第四章 电力变压器及其运行

4-1 为什么采用硅钢片作为变压器铁芯的材料？

铁芯作为电力变压器的磁路，是主磁通流通的路径。能够以较小的励磁电流感应出所要求的磁通量，即在运行中可以产生较大的磁感应强度，可以大大缩小变压器的体积和降低损耗，提高其运行的经济性。因此，铁芯必须由具有较高磁导率的铁磁材料构成。

硅钢是一种含硅（硅也称矽）的钢，又称矽钢，其含硅量在0.8%～4.8%，钢是含碳的铁碳合金，含碳量在0.05%～0.2%，钢不仅有良好塑性，而且钢制品具有强度高、韧性好、耐高温、耐腐蚀、易加工、抗冲击、易提炼等优良物化应用性能，因此被广泛利用。变压器的铁芯一般采用的硅钢薄片是一种优质的导磁材料，是经热、冷轧而成的电工硅钢。采用硅钢片做铁芯具有以下优点：

（1）减小磁滞损耗。实际的变压器在交流状态下工作时，缠绕在铁芯上的绕组有电流流过，铁芯被磁化。除了在绕组本身的电阻上产生功率损耗以外，铁芯在被反复磁化的过程中也存在着磁滞和涡流损耗，即变压器的“铁耗”。磁滞损耗是铁芯在磁化过程中，由于存在磁滞现象而产生的损耗，这个损耗正比于铁芯材料的磁滞回线所围成的面积大小。硅钢的磁滞回线狭小，是一种良好的软磁材料。用它做成的变压器铁芯磁滞损耗较小，可使其发热程度大大减小。

（2）减小涡流损耗。采用片状铁芯可以减小涡流损耗。交变电流产生的磁通也是交变的，这个变化的磁通会在铁芯中垂直于磁通的平面上产生感应电流（即涡流）。涡流同样使铁芯发热。为了减小涡流损耗，变压器的铁芯用彼此绝缘的片状硅钢薄板制成，使涡流通过的截面积减小以增大涡流路径上的电阻。同时，硅钢中的硅使材料的电阻率增大，也起到减小涡流的作用。

4-2 变压器的铁芯为什么要接地？为什么铁芯不能两点接地或多点接地？

运行中变压器的铁芯及其他附件都处于绕组周围的电场内，如果不接地，铁芯及其他附件必然产生一定的悬浮电位，在外加电压的作用下，当该电位超过对地放电电压时，就会出现放电现象。为了避免变压器的内部放电，所以铁芯要接地。

铁芯只允许一点接地，需要接地的各部件之间只允许单线连接，铁芯中如有两点或两点以上的接地，则接地点之间可能形成闭合回路，当有较大的磁通穿过此闭合回路时，就会在回路中感应出电动势并引起电流，电流的大小决定于感应电动势的大小和闭合回路的阻抗值。当电流较大时，会引起局部过热故障甚至烧坏铁芯。

为了对运行中的大容量变压器发生多点接地故障进行监视，检查铁芯是否存在多点接地，接地回路是否有电流通过，须将铁芯的接地先经过绝缘小套管后再进行接地。这样可以断开接地小套管，测量铁芯是否还有接地点存在或将表计串入接地回路中。

4-3 变压器运行中，运行电压高于额定电压时，各运行参数将如何变化？

变压器运行中电压升高至额定值以上，假设其他条件不变，则根据“电压决定磁通”，即 $U=4.44fN\Phi_{\mathrm{m}}$ 可知，铁芯磁路的磁通量将随工作电压升高而增加，铁芯饱和程度增加，造成励磁阻抗下降，空载电流增加，损耗增加，温升增加，容量利用率下降，效率降低。因此，正常运行中变压器应工作在额定电压。

4-4 变压器允许过电压能力是如何规定的？

当变压器一次绕组所加电压升高时，由于其铁芯磁化过饱和，铁芯损耗迅速增加而造成铁芯过热，可能使绝缘遭到破坏。因此，国家有关标准规定，变压器一次侧所加电压一般不超过所接分接头额定电压的105%，并要求二次绕组的额定电流不超过额定电流。本机组主变压器要求，在额定频率下可在高于105%的系统额定电压下运行，但不得超过110%的额定电压。变压器和发电机直接连接必须满足发电机甩负荷的工作条件，在变压器与发电机相连的端子上应能承受 1.4 倍的额定电压历时 5s。

4-5 1000MW 发电机组的主变压器和高压厂用变压器的主要技术参数是怎样的？

下面以邹县发电厂 1000MW 机组主变压器和高压厂用变压器为例，列出其技术参数如下：

（1）主变压器参数详见表 4-1。

表 4-1 主变压器技术参数

名称	主变压器参数
型号	3 * DFP-380000/500
型式	户外、单相、油浸式、强迫油循环风冷，无载调压
相数	3
额定容量	3×380MVA
变比	（$525/\sqrt{3}$±2×2.5%）/27kV
冷却方式	ONAN/ONAF/OFAF
额定电压	高压侧：$525/\sqrt{3}$kV 低压侧：27kV
额定电流	高压侧：1254A 低压侧：14074A
空载电流	0.15%（100%额定电压时）
额定频率	50Hz
短路阻抗百分数	18%
接线组别	YN，d11（三相）
绕组绝缘耐热等级	A
温升极限 （周围环境温度 40℃）	绕组平均温升：65K（用电阻法测量） 顶层油温升：55K（用温度传感器测量） 铁芯、绕组外部的电气连接线或油箱中的结构件不超过 75K
效率	在额定电压、额定频率时效率不低于 99.75%
损耗	空载损耗≤125kW（100%额定电压） 负载损耗≤396kW 辅机损耗≤9kW

（2）高压厂用变压器技术参数详见表 4-2。

表 4-2　　　　　　高压厂用变压器技术参数

型号	SFF-63000/27
型式	三相、油浸式、分裂绕组、无载调压
相数	3
额定容量	68/34—34MVA
变比	(27±2×2.5%)/10.5—10.5kV
冷却方式	自然循环风冷
额定电压	高压侧：27kV 低压侧：10.5kV
额定电流	高压侧：1347A 低压侧：1732A
空载电流	0.3%（100%额定电压时）
额定频率	50Hz
短路阻抗百分数	15%
接线组别	D yn1 yn1
绕组绝缘耐热等级	A
温升限值 （周围环境温度 40℃）	绕组平均温升：65K（用电阻法测量） 顶层油温升：55K（用温度传感器测量） 铁芯、绕组外部的电气连接线或油箱中的结构件不超过 80K
效率	在额定电压、额定频率时效率不低于 99.51%
损耗	空载损耗≤38kW（100%额定电压） 负载损耗≤270kW 辅机损耗≤7.2kW

4-6　大型变压器油箱有哪些结构形式？

油浸式变压器的油箱既是变压器的保护外壳，又是盛装变压器油的容器，同时还是固定外部附件的骨架，如变压器的安全保护、测量装置、冷却装置以及油箱本身的阀门等附件都以油箱为装配的基础。

大型变压器的油箱按冷却方式可分为平壁油箱、瓦楞型（波纹式）箱壁油箱、管式（散热器）变压器油箱、片式（散热器）变压器油箱以及冷却器式油箱等；按油箱外形可分为筒式油箱、钟罩式油箱、钳式列车运输油箱和抬轿式列车运输油箱等。

4-7 钟罩式变压器油箱有何特点？

大型变压器的器身很重，体积很大，吊器身有困难，往往把油箱壁与箱盖组合成钟罩式，器身用螺栓固定在底板上，检修时只需吊起箱壳（钟罩），器身便可暴露在外，可进行检修。显然吊箱壳比吊器身要容易得多，不需要重型起重设备。

1000MW 主变压器油箱的结构形式为钟罩式全密封焊死结构，变压器及金属外表面进行防腐处理。整个油箱分为上节油箱和下节油箱。其中上节油箱为钟罩梯形结构，下节油箱为槽形固定结构。油箱、冷却器的机械强度可以承受真空压力 67Pa 和正压 98kPa 的机械强度试验，不会出现不允许的永久变形。整台变压器能承受储油柜的油面上施加 30kPa 的静压力，持续 24h，无渗漏及损伤。油箱下部设置供千斤顶顶起变压器的装置和水平牵引装置。油箱上装有梯子，梯子的位置应便于在变压器运行中从气体继电器中采集气样。油箱在梯子附近位置设上、中、下三个针型取样阀，油箱上部设滤油阀，下部装有足够大的事故放油阀。事故放油阀引出油箱底部。

4-8 什么是变压器油箱内的磁屏蔽？

在主变压器中，为了降低各种结构件（油箱、铁轭夹件、线圈压板等）中的杂散损耗，常常采用磁屏蔽（磁分路）结构，即在结构表面上沿漏磁场方向放置由硅钢片叠积起来的条形叠片组。这种条形叠片组为漏磁场（特别是绕组漏磁场）提供了一个高磁导率的路径，从而大大降低了漏磁通进入结构件的可能性，有效降低了构件中的磁滞损耗和涡流损耗。

4-9 什么是油箱内的电磁屏蔽？

油箱电磁屏蔽主要用于大电流引线漏磁场的屏蔽（电工钢带一般用作绕组漏磁场的屏蔽）其屏蔽原理与磁屏蔽完全相反。磁屏蔽原理是利用电工钢带的高导磁性能构成具有较低磁阻的磁分路，使变压器漏磁通绝大部分不再经过变压器油箱而闭合，可以说是基于“疏”的原理。电磁屏蔽是利用屏蔽材料（一般为铜板或铝板）高磁导率所产生的涡流反磁场来阻止变压器漏磁通进入油箱壁，它的立足点是基于“堵”。为防止漏磁对油箱和夹件的影响，在主变压器油箱内侧和底部装有硅钢片、铜板屏蔽，夹件上装有硅钢片屏蔽。

4-10　如何分析判断变压器油质的变化？

变压器油质的变化应从以下几方面判断：

（1）黏度。黏度说明油的流动性的好坏，是油的重要特性之一。黏度愈低，流动性愈大，变压器的冷却愈好。当油质劣化时，黏度就增高。运行中常用安氏度计量变压器油的黏度，并称它为条件黏度。条件黏度为油在给定温度（50℃）下流出的时间，与同体积的水在温度20℃时流出时间之比。规程规定：在50℃时，变压器油的黏度不应超过1.8（新油）。黏度和温度的关系很大，所以表示黏度值时要说明相应温度值。

（2）闪点。在一定条件下将油加热到某一温度，其蒸汽与空气形成混合物，若将小火苗移近，该混合物着火，这一温度就叫闪点。闪点也是油的主要特性之一。当油蒸发时，体积就缩小，黏度增大，并伴有爆炸性气体出现。闪点不能低于135℃。进行油样化验时，如果发现油的闪点比其初始值降低5℃以上，就说明油质已经开始劣化。油质劣化（由于绕组短路，铁芯起火等局部高温引起）会使闪点剧烈降低。

（3）溶解于水的酸和碱。由于油在加工过程中清洗不充分，可能残留一部分矿物酸和碱。另外，油发生氧化时也会形成一部分酸，酸和碱溶于水中，会加速油的劣化，且会腐蚀变压器金属部分和绝缘材料，使电气绝缘强度降低。所以，不论是新油和运行油，都不应有溶于水的酸和碱。

（4）酸价。为了中和1g油中所含自由酸性化合物所必需的氢氧化钾的毫克数称为酸价。酸价增大，说明油已处于氧化初始阶段，这时油的其他特性尚未改变。根据酸价大小，可以判断油的劣化程度。运行油的酸价不应大于0.4。

(5) 机械混合物。加油过程中落入的脏物，运行中被电弧烧焦留下来的炭末，以及绝缘物掉落的纤维等，都叫机械混合物。它可能在油中形成导电的路径，从而影响油的绝缘强度，又可能沉积于绝缘表面或堵塞油道影响散热，所以必须在大修或运行中用滤纸机或真空分离机将油加以净化。

(6) 电气绝缘强度（抗电强度）。油的抗电强度是以击穿2.5mm（标准电极）的油层所加电压（千伏数）来计量，或换算成击穿强度kV/cm。国标GB/T 7595—2000《运行中变压器油质量标准》规定的各种变压器油的击穿电压见表4-3。

表4-3　　各种变压器油的击穿电压（kV）

U_N	新油	运行油
500	≥60	≥50
300	≥50	≥45
66～220	≥40	≥35
20～35	≥35	≥30
≤15	≥25	≥20

击穿电压的高低与油含有水分和机械混合物的多少有很大关系，因此它也能反映是否含有水分等杂物。

(7) 水分。油在运行中与空气接触并吸收了其中的水分。水分的存在有两方面不利影响：一方面是会使含有机械混合物的油耐压水平更加降低；另一方面是水分易和油中别的元素化合成低分子酸，腐蚀绝缘。试验中还发现，随着水分含量的增大，水分对击穿电压的影响反而减少。

(8) 油的颜色。新油通常是亮黄色或天蓝色透明的。运行油由于劣化形成的沥青和污物的影响，油色会变暗，严重劣化时可能呈棕色。炭末对油的颜色有很大的影响。两种牌号的油最好不要混合使用，因为油的添加成分不同，混合后可能影响油质。如要混合使用，必须对混合油进行抗氧化安定性试验，并检查混合油的其他指标是否合格。

4-11　大型变压器绕组绕制时为何要进行换位？

大电流变压器的绕组应采用多股导线并联绕制，并绕时要进行换位。因为大电流变压器如果采用大截面积导线单股绕制，一方面绕制困难，另一方面较厚的大截面导线在轴向漏磁作用下会引起较大的涡流损耗，而且损耗随导线的厚度成倍增加。多股并联的绕组，由于并联的各股导线在漏磁场中所处的位置不同，感应的电动势也不同；另外，各并联导线的长度不同，电阻也不同，这些都会使并联导线间产生环流，增大损耗。因此，并联的导线在绕制时必须进行换位，尽量使每根导线长度一样，电阻相等，交链的漏磁通相等。绕组的换位分为完全换位、标准换位和特殊换位。

（1）完全换位。是指达到使并联的每根导线换位后，在漏磁场中所处的位置相同，且长度也相等要求的换位。

（2）标准换位。是指并联导线的位置完全对称地互换。

（3）特殊换位。是指两组导线位置互换，组内导线相对位置不变的互换。

4-12　什么是单螺旋式绕组的“2·1·2”换位法？

“2·1·2”换位法是将并联导线分成两组，以总数的1/2匝数处为中心进行一次标准换位，以1/4和3/4匝数处为中心进行一次特殊换位，如图4-1所示。

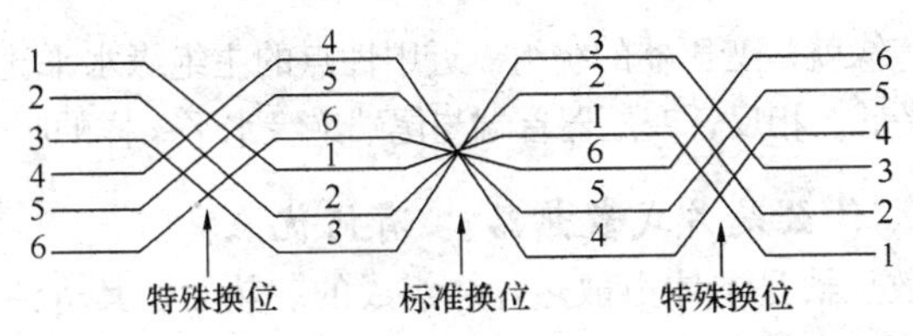

图4-1　单螺旋式绕组的“2·1·2”换位示意图

4-13　1000MW主变压器绕组的排列方式如何？

变压器绕组的排列方式主要考虑电抗电压、出线布置和绝缘结构等因素，特大型变压器的绕组排列还关系到变压器的高度、重量和冷却问题。

绕组的排列方式一般分为同心式和交叠式两种。同心式排列又

图 4-2　双同心式绕组排列

分为单同心式、双同心式和多同心式等方式。1000MW 机组主变压器绕组采用双同心式排列方式。即以铁芯柱为中心，从内到外依次为内高压绕组、低压绕组和外高压绕组，如图 4-2 所示（变压器检修 P54）。这样排列的优点是可以减轻质量、降低高度、便于运输和利于散热。但该排列方式短路损耗与空载损耗的比值将增大，硅钢片与导线的质量比将减小。

4-14　变压器的绝缘是怎样划分的？

变压器的绝缘可分为内绝缘和外绝缘，内绝缘是油箱内的各部分绝缘，外绝缘是套管上部对地和彼此之间的绝缘。内绝缘又可分为主绝缘和纵绝缘两部分。主绝缘是绕组与接地部分之间，以及绕组之间的绝缘。在油浸式变压器中，主绝缘以油纸屏障绝缘结构最为常用。纵绝缘是同一绕组各部分之间的绝缘，如不同线段间、层间和匝间的绝缘等。通常以冲击电压在绕组上的分布作为绕组纵绝缘设计的依据，但匝间绝缘还应考虑长时间工频工作电压的影响。

4-15　什么叫变压器的分级绝缘？什么叫变压器的全绝缘？

分级绝缘就是变压器的绕组靠近中性点的主绝缘水平比绕组端部的绝缘水平低。相反，变压器首端与尾端绝缘水平一样的叫全绝缘。

4-16　什么是片式散热器？有何优点？

片式散热器是本体由散热片体组成的散热器，其进油口设于散热片体一侧的上端，出油口设于另一侧的下端。其散热效果好，提高散热效率 10%～20%，能确保变压器时刻处于最佳状态下运行，进而延长变压器的使用寿命。近年来片式散热器逐渐代替一般冷却器作为变压器的冷却系统。

PC3000-28/460 型片式散热器的型号含义为，P 表示片式；C 表示可拆装式（G 表示固定式）；3000 表示中心距（mm）；28 表示片数；460 表示片宽（mm）。邹县发电厂 1000MW 机组主变压器每台配有 24

组 PC3000-28/460 型片式散热器。由于片式散热器与冷却器的油流阻力特性不同，因而在使用上要注意选用合适的油泵。各组片式散热器并联悬挂在连接于变压器本体的上下汇流管上。每两组片散下部装有一只吹风装置，分两组运行。变压器满载运行时，当切除全部风机和油泵后，允许继续运行时间 30min；当油面温度未达到 75℃时，允许上升到 75℃，并且变压器在 ONAF 状况下可在 80%额定容量连续运行，变压器在 ONAN 状况下可在 60%额定容量连续运行。

4-17 油浸式变压器冷却方式的含义是什么？

对于油浸式变压器，用四个字母顺序代号标志其冷却方式。

（1）第一个字母表示与绕组接触的内部冷却介质。O 表示矿物油或燃点不大于 300℃的合成绝缘液体；K 表示燃点大于 300℃的绝缘液体；L 表示燃点不可测出的绝缘液体。

（2）第二个字母表示内部冷却介质的循环方式。N 表示流经冷却设备和绕组内部的油流是自然的热对流循环；F 表示冷却设备中的油流是强迫循环，流经绕组内部的油流是热对流循环；D 表示冷却设备中的油流是强迫循环，（至少）在主要绕组内的油流是强迫导向循环。

（3）第三个字母表示外部冷却介质。A 表示空气；W 表示水。

（4）第四个字母表示外部冷却介质的循环方式。N 表示自然对流；F 表示强迫循环（风扇、泵等）。

如 ONAF 表示的含义为强迫油循环风冷冷却方式。

4-18 胶囊式储油柜的结构和作用是怎样的？

储油柜一般又称之为油枕，装于变压器箱体顶部，与箱体之间有管道连接相通。是为了满足变压器油位伸缩变化，减少或防止水分和空气进入变压器，延缓变压器油和绝缘老化的保护装置。

大型变压器采用胶囊储油柜式油保护系统。在最高环境温度允许过载状态下油不溢出，在最低环境温度未投入运行时观察油位计有油位指示。在柜体内设置了一个尼龙橡胶膜做成的胶囊，它漂浮在柜体内的油面上，内腔的空气经过吸湿器与外界空气相通，随着柜体内油量的变化而膨胀或收缩，如图 4-3 所示。储油柜还装有油位计、放气塞、排气管、排污管和进油管及吊攀等附件。储油柜的主要作用是保证油箱内充满油，减少油与空气的接触面积，减缓变压器油受潮、氧化变质。油箱内部在套管处积集的气体可通过带坡度的集气总管引向气体继电器。主变压器采用胶囊式储油柜，主要由图 4-4 中所示各部分组成。

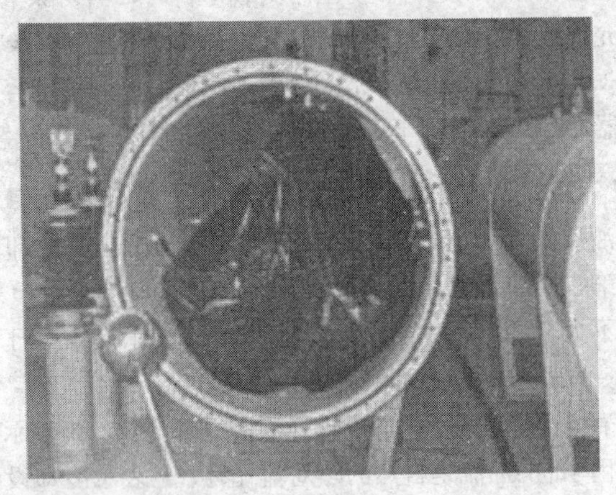

图 4-3 胶囊式储油柜

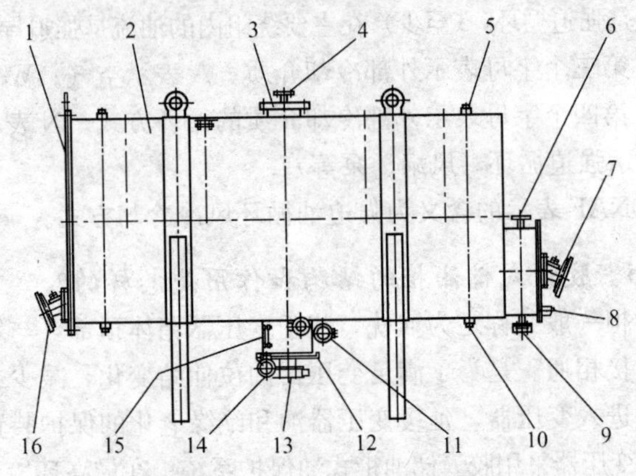

图 4-4 储油柜结构示意图

1—端盖；2—柜体；3—顶罩；4—主储油柜吸湿器接口；5—放气塞；6—开关储油柜吸湿器接口；7—开关储油柜油位计；8—油样活门；9—接开关的蝶阀；10—放油塞；11—注放油蝶阀；12—排气蝶阀；13—接油箱的蝶阀；14—排污油蝶阀；15—小管式油表；16—主储油柜油位计

4-19　胶囊式储油柜的维护及使用中的注意事项是什么？

（1）变压器运行期间应经常观察 15 小管式油表的油面，如果油面已经降到小管式油表中下部，应打开排气管路下部的阀门排气，使小管式油表充满变压器油。

（2）变压器运行期间，要定期地从储油柜内抽取油样进行化验（主储油柜从注放油管路下部的阀门处抽取，开关储油柜从 8 油样活门处抽取），如果发现油样已经老化变质，则应更换主储油柜或开关储油柜的变压器油。

（3）变压器运行期间，要经常地观察主储油柜吸湿器和开关储油柜吸湿器内的硅胶的颜色，如硅胶已经由蓝色变为红色，则说明硅胶已经失去了吸湿的作用，应更换合格的硅胶或将已吸湿的硅胶进行干燥处理，合格后再使用。

（4）变压器运行期间，如发现 16 或 7 两油位计指示的油位超出最高油位或降到最低油位，应检查变压器和有载开关是否有故障，如有故障，则应立即修理；如无故障且无漏油的现象，则说明储油柜（主储油柜或开关储油柜）的注油量偏大或偏小，应适量地排油或者补油（主储油柜从注放油管路进行，开关储油柜从有载开关的回油管路进行），使油位恢复正常。保持储油柜的表面无锈痕，如发现有漆膜脱落现象，则应在变压器修理时除锈涂漆。在储油柜的安装和修理过程中，如果发现密封垫圈损坏或老化，则应更换同规格的新的密封垫圈以保证密封性能。

4-20　浮子式油位计的结构原理是什么？

油位计用于油浸式变压器储油柜和有载分接开关储油柜油面的显示以及最低和最高极限油位的报警。主变压器采用 YZF-250 型浮子式油位计，其中 YZ 表示指针式油位计，F 表示浮子型（S 表示伸缩杆型），250 表示盘面直径（mm）。

浮子式油位计检测杆端部有浮球，检测杆长度不变，浮球位置随油面变化而变化。油位计主要由指针和表盘构成的显示部分，磁铁（或凸轮）和开关构成的报警部分，换向及变速的齿轮组及摆杆和浮球构成的传动部分组成。当变压器储油柜的油面升高或下降时，油位计的浮球或储油柜的隔膜随之上下浮动，使摆杆作上下摆动运动，从而带动传动部分转动，通过耦合磁钢使报警部分的磁铁（或凸轮）和显示部分的指针旋转，指针指到相应位置，当油位上升到最高油位或下降到最低油位时，磁铁吸合（或凸轮拨动）相应的舌簧开关（或微动开关）发出报警信号。

4-21 变压器采用速动油压继电器的作用是什么？

在油浸变压器中的电弧产生剧烈的气体压力而损坏设备时，继电器触发一个电信号使断路器动作而切断变压器电源并且发出报警信号。变压器内部压力的变化使传感波纹管偏转并在充满硅油的密封系统中反应至控制波纹管。在一个控制波纹管的界面处有一小针孔，其有效截面受双金属片的随温度变化的影响而变化，产生这两个控制波纹管的微小偏移。操作机构连杆的合成竖起使电气开关在非安全压力升高的情况下跳闸。当两个控制波纹管再次达到平衡时，电气开关自动重置。

4-22 特大型主变压器的选型应考虑哪些因素？

特大型变压器的容量很大，电压等级很高，在电力系统中处于重要的地位，保证其安全、经济运行极为重要。设备选型应综合考虑制造工艺、绝缘水平、电抗电压、运输安装及冷却等诸多问题。

(1) 考虑到减少备用容量，方便运输和制造，一般采用单相变压器组形式，组式铁芯具有三相磁路完全对称，互不影响的特点。

(2) 在110kV及以上中性点直接接地的三相系统中，采用YNd11接线可以降低高压绕组绝缘的造价，减少高压绕组匝数，减少低压侧相电流和绕组截面，而且可以为磁电流中的三次谐波分量提供通路，保证输出电动势波形为正弦波。

(3) 为了降低高度和重量，同时利于散热，绕组排列采用双同心式或三同心式方式。

(4) 为了加强冷却，采用强迫油循环导向风冷（ODAF）或强迫油循环风冷（ONAF）方式。

4-23 变压器的阻抗电压在运行中有什么作用？

阻抗电压是涉及变压器成本、效率及运行的重要经济技术指标。同容量变压器，阻抗电压小的成本低，效率高，价格便宜，运行时的压降及电压变动率也小，电压的质量和容量得到了控制和保证。从变压器运行条件出发，希望阻抗电压小一些较好；从限制变压器短路电流条件出发，希望阻抗电压大一些较好，以免电气设备如断路器、隔离开关、电缆等在运行中经受不住短路电流的作用而损坏。因此，在制造变压器时，必须根据满足设备运行条件来设计阻抗电压，且应尽量小一些。

4-24 组式三相变压器为什么不能采用Yy接线?

Yy接线的变压器电路中，励磁电流不含三次谐波分量而是正弦波形。由于铁芯材料具有固有的饱和特性，而组式铁芯可以为三次谐波磁通提供通路，所以感应的主磁通为含有高次谐波分量的平顶波，使得输出的电动势波形也为含有高次谐波分量的尖顶波，每相电动势发生严重畸变，最大值增高。这对变压器的绕组绝缘非常不利，严重时可能烧坏变压器绝缘，因此不能采用Yy接线。

4-25 Yd接线的变压器是如何保证输出电动势波形的?

Yd接线的变压器，一次侧励磁电流不含三次谐波分量，为正弦波形。产生的磁通中含有三次谐波分量，铁芯中的主磁通的三次谐波分量在二次绕组中会感应出三次谐波电动势，并在二次侧三角形接法的绕组中产生三次谐波电流。由于一次侧是星形接法，因此不会有对应的三次谐波电流与之相平衡，也就是说，二次侧三次谐波电流同样起着励磁作用。由它产生的三次谐波磁通几乎与主磁通中的三次谐波分量相抵消，使得主磁通及其在绕组中感应的相电动势波形基本上是正弦波，与一次侧接成三角形的Dy接线的三相变压器一样，不论铁芯采用何种形式，均可采用。

4-26 变压器中性点在什么情况下应装设保护装置?

直接接地系统中的中性点不接地变压器，如中性点绝缘未按线电压设计，为了防止因断路器非同期操作，线路非全相断线，或因继电保护的原因造成中性点不接地的孤立系统带单相接地运行，引起中性点的避雷器爆炸和变压器绝缘损坏，应在变压器中性点装设棒型保护间隙或将保护间隙与避雷器并接。保护间隙的距离应按电网的具体情况确定，如中性点的绝缘按线电压设计。但变电所是单进线，具有单台变压器运行时，也应在变压器的中性点装设保护装置。非直接接地系统中的变压器中性点，一般不装设保护装置，但多雷区进线变电所应装设保护装置，中性点接有消弧绕组的变压器，如有单进线运行的可能，也应在中性点装设保护装置。

4-27 油流继电器的作用是什么？

油流继电器是显示变压器强迫油循环冷却系统内油流量变化的装置，用来监视强迫油循环冷却系统的油泵运行情况，如油泵转向是否正确、阀门是否开启和管路是否堵塞等情况。当油流量达到动作油流量或减少到返回油流量时均能发出报警信号。

4-28 主变压器的冷却器由哪些部分组成？配置冷却器控制箱以实现哪些功能？

冷却器由片式散热器、冷却风扇、电动机、气道、潜油泵及油流继电器组成。

当运行中的变压器顶层油温或变压器负荷达到规定值时，变压器风扇及油泵自动投入。当变压器退出电网运行时，变压器风扇及油泵全部自动停止运行。控制箱既可以在内部发出故障信号，又可以发出远传故障信号到中央控制室的控制屏和计算机。控制箱内有门控的照明设施及交流 220V 的加热器，该加热器由可调温度湿度控制器控制，以防止箱内发生水汽凝结。控制柜内有单相交流电源插座。当箱内温度稍低于规定值或箱内湿度稍高于规定值时，加热器开始加热；当箱内温度稍高于规定值或箱内湿度稍低于规定值时，加热器停止加热。

4-29 主变压器采用 OFAF/ONAF/ONAN 的冷却方式，运行中风扇及油泵的控制方式是怎样的？

(1) 手动控制方式。变压器运行前将转换开关 SA3 手柄置于“M (手动)”位置，并将控制变压器风扇及油泵的自动控制开关合上。当母线送电后，第一组变压器风扇同时投入运行，经过预先设定的延时Ⅰ时间，第二组变压器风扇投入运行，同时投入第一组变压器油泵运行；再经过预先设定的延时Ⅱ时间，投入第二组变压器油泵运行。

（2）自动控制方式。

1）按变压器顶层油温启动。首先将转换开关SA3手柄置于“A（自动）”位置。变压器在运行中其顶层油温随着负荷及环境温度的变化而变化。当顶层油温上升到第一上限（50℃）的规定值时，变压器第一组风扇投入运行，经过延时，投入第二组风扇，这时变压器处于ONAF状态，变压器油泵未投入运行；当油温继续上升到第二上限（55℃）的规定值时，投入第一组油泵运行，经过延时，第二组油泵投入运行，这时变压器处于OFAF状态。当顶层油温下降到稍低于第二上限的规定值时，经过延时，全部油泵将退出运行；到顶层油温继续下降到稍低于第一上限的规定值时，经过延时，全部风扇退出运行。

2）按变压器负荷启动。根据电流继电器的整定，当变压器负荷达到第一整定值时启动第一组风扇，经延时第二组变压器风扇投入运行，变压器处于ONAF状态，这时变压器油泵未投入运行。当变压器负荷继续上升到第二上限的整定值时，投入第一组变压器油泵，经过延时第二组油泵投入运行，这时变压器处于OFAF状态。当变压器负荷电流下降到稍低于第二上限的整定值时，经过延时全部油泵将退出运行；到变压器负荷电流继续下降到稍低于第一上限的规定值时，经过延时全部风扇才退出运行。

3）保护回路。

a. 短路保护。当变压器风扇或变压器油泵出现短路故障时，由相应的自动开关快速切断故障冷却器的工作电源。

b. 断相运转及过载保护回路。每台变压器油泵和变压器风扇均配备了热继电器，当任何一台变压器油泵或变压器风扇出现断相运转及过载时，相对应的热继电器动作切断相对应的交流接触器线圈的电源，即切断了故障回路的工作电源。

c. 控制回路的保护。当控制回路中出现短路故障时，熔断器的熔断体熔断，从而切断控制回路电源。

d. 变压器风扇及油泵全停回路。当变压器退出电网运行时，变压器断路器的辅助（动合）触点断开，切断冷却系统的交流主电源，使变压器风扇及油泵全部自动停止运行。

4-30　有载调压变压器与无载调压变压器有什么不同？各有何优缺点？

有载调压变压器与无载调压变压器不同点在于：前者装有带负荷调压装置，可以带负荷调整电压，后者只能在停电的情况下改变分头位置，调整电压。

有载调压变压器用于电压质量要求较严的地方，还可加装自动调压检测控制部分，在电压超出规定范围时自动调整电压。其主要优点是：能在额定容量范围内带负荷随时调整电压，且调压范围大，可以减少或避免电压大幅度波动，母线电压质量高。但其体积大，结构复杂，造价高，检修维护要求高。

无载调压变压器改变分接头位置时必须停电，且调整的幅度较小（每变一个分头，改变电压2.5%或5%），输出电压质量差，但比较便宜，体积较小。

4-31　为什么要从变压器的高压侧引出分接头？

通常无载调压变压器都是从高压侧引出分接头，这是因为考虑到高压绕组在低压绕组外面，焊接分接头比较方便；又因高压侧流过的电流小，可以使引出线和分接开关载流部分的截面小一些，发热的问题也较容易解决。

4-32　按调压绕组位置不同，变压器调压的接线方式可分为哪几种？画出具有6个分接头5个分接位置的绕组中部调压的三相接线图。

变压器调压接线按调压位置可分为三种：

（1）中性点调压（Ⅲ）。调压绕组的位置在各相绕组的末端。

（2）中部调压（Ⅱ）。调压绕组的位置在各相绕组的中部。

（3）端部调压（Ⅰ）。调压绕组的位置在各相绕组的端部。

如图4-5所示为具有6个分接头5个分接位置的绕组中部调压的三相接线图。5个分接位置分别是：

1）Ⅰ分接，U2-U3接通；

2）Ⅱ分接，U3-U4接通；

3）Ⅲ分接，U4-U5接通；

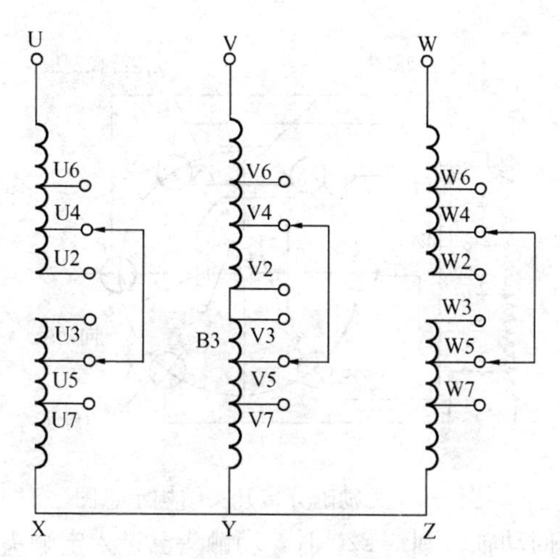

图 4-5　无载调压开关中部调压接线图

4）Ⅳ分接，U5-U6 接通；

5）Ⅴ分接，U6-U7 接通。

4-33　WDG Ⅱ－2240/220－6×5 型无励磁分接开关的型号含义是什么？

W 表示无励磁调压；D 表示单相调压；G 表示鼓形结构；Ⅱ表示绕组中部调压；2240 表示额定通过电流（A）；220 表示额定电压（kV）；6 表示分接头数；5 表示分接位置数。

4-34　无励磁分接开关完成一个分接变换的程序如何？

如图 4-6 所示为无励磁分接开关的结构示意图，目前处于第二分接位置(A3-A4)，转换至第三分接位置(A4-A5)的步骤如下：

（1）顺时针转动回动轴，触头支架连同绝缘控制板以定触头 A3、A4 为支点摆动，同时绝缘控制板的开口逐渐向定触头 A7 移动；

（2）当回动轴转到约 90°时，动触头从 A4、A3 之间拔出，同时绝缘控制板的开口已卡在定触头 A7 上，并以定触头 A7 为支点带动动触头向定触头 A4、A5 之间运动；

（3）当回动轴转到约 180° 时，动触头将要进入定触头 A4、A5 之间，绝缘控制板也将要离开定触头 A7；

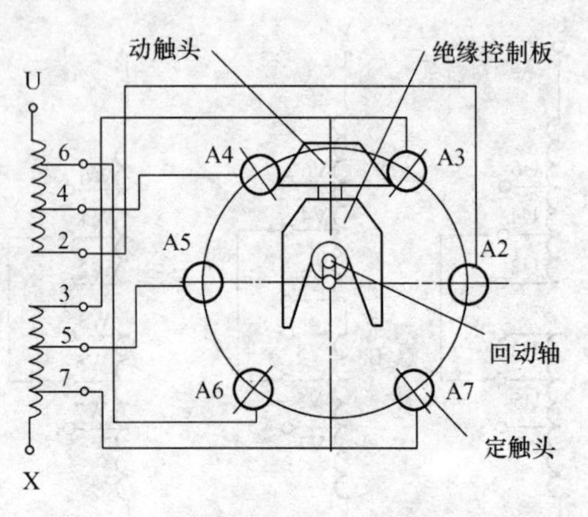

图 4-6　无励磁分接开关结构示意图

（4）当回动轴转到约 220°时，动触头已进入定触头 A4、A5 之间，绝缘控制板已离开定触头 A7；

（5）当回动轴转到约 300°时，动触头与定触头 A4、A5 完全吻合并紧密接触，这样回动轴转动 300°，动触头从接通定触头 A3、A4（第二分接）到接通 A4、A5（第三分接），完成了一个分接变换。

4-35　无励磁分接开关的使用和维护应注意哪些事项？

使用和维护无励磁分接开关应注意以下事项：

（1）切换分接头工作应在断开变压器的各侧隔离开关并做好安全措施后进行。

（2）切换分接头时，应注意分接头位置的正确性。

（3）分接头切换后，应将操作时间、分接位置变化情况记入专门的记录簿，以便随时查核。

（4）改变分接头后应测量直流电阻。因为运行中接触部分可能会产生氧化膜，改变分接头后为防止氧化膜的存在、接触不良或触头位置偏差等原因引起接触部位发热甚至烧坏，所以改变分接位置后必须测量直流电阻。

（5）分接开关检修宜在晴天进行，分接开关停放在空气中的时间，不得超过相同绝缘等级的变压器之规定值，否则应按变压器使用说明书之规定进行干燥。干燥后浸在干净的变压器油中（油的击穿电压不得低于 40kV）对下列间隙施加工频 1min 试验电压，不得有击穿和闪络现象。

(6) 为清除分接开关触头接触部分之氧化膜及油污等物，保证接触良好，每次检修时最少应转动5周，每次调压完毕，必须将盖子盖紧防止传动机构生锈，必要时在传动机构零件上涂一层薄薄的黄油。

(7) 加强对以下项目检查，即传动机构的密封情况、分接开关本体在绝缘筒中是否松动、紧固件是否松动、动触头的弹簧和触头的烧损情况等。

(8) 检修后必须按照说明书的规定对传动机构重新进行安装和调整。

4-36 怎样测量无励磁调压分接开关的直流接触电阻？测量时应注意什么？

无励磁调压的变压器倒分接头时，必须测量直流接触电阻。测量的方法一般用惠斯通电桥测量，容量大的变压器直流电阻较小，应使用双臂凯尔文测量，以保证测量准确。测量时，由于绕组电感较大，需待电流稳定后，再合上检流计。合上检流计前估计被试物的电阻值，并选好倍率，将电阻调到近似值的位置。按指针偏转方向调整电阻值，得出实测电阻值，即实测数值＝实际读取数值×倍率。

测量时应注意：①将变压器回路中有碍测量工作的地线拆除，并将分接开关来回转动几次（去掉氧化层），然后放在规定的分头位置上；②测试导线截面应选得大一些，接触必须良好，用单臂电桥测试应减去测试线的电阻；③测完后先关上检流计，再断开断路器，以防烧损电桥。

4-37 有载调压变压器的作用是什么？

所谓有载调压是指变压器在带负荷运行中，可以进行手动或电动调整一次分接头，以实现改变输出电压的目的。有载调压的调整范围可达到额定电压的±15%。有载调压变压器的主要作用是：

(1) 稳定电压，提高电压质量，满足用户需求。

(2) 作为带负荷调节电流和功率的电源以提高生产效率。

(3) 作为两个电网的联络变压器，利用有载调压变压器来分配和调整网络之间的负载。

4-38　变压器有载分接开关有何特点？

有载分接开关是一种能在变压器励磁或负载状态下进行操作，用来调换绕组的分接位置的电压调节装置。通常它由一个带过渡阻抗的切换开关和一个能带或不带转换选择的分接选择器组成，整个开关是通过驱动机构来操作的。

邹县发电厂启动/备用变压器采用德国MR公司生产的MR Ⅲ型有载分接开关，共有17个分接位置，切换装置装于与变压器主油箱分隔且不渗漏的油箱里，其油室为密封的，并配备压力保护装置和过电压保护装置。其中切换开关可单独吊出检修。有载分接开关可根据设定自动调压，其控制可远方/就地操作，就地设置远方/就地切换开关。有载分接开关控制箱内预留远方控制接口。如图4-7所示为有载分接

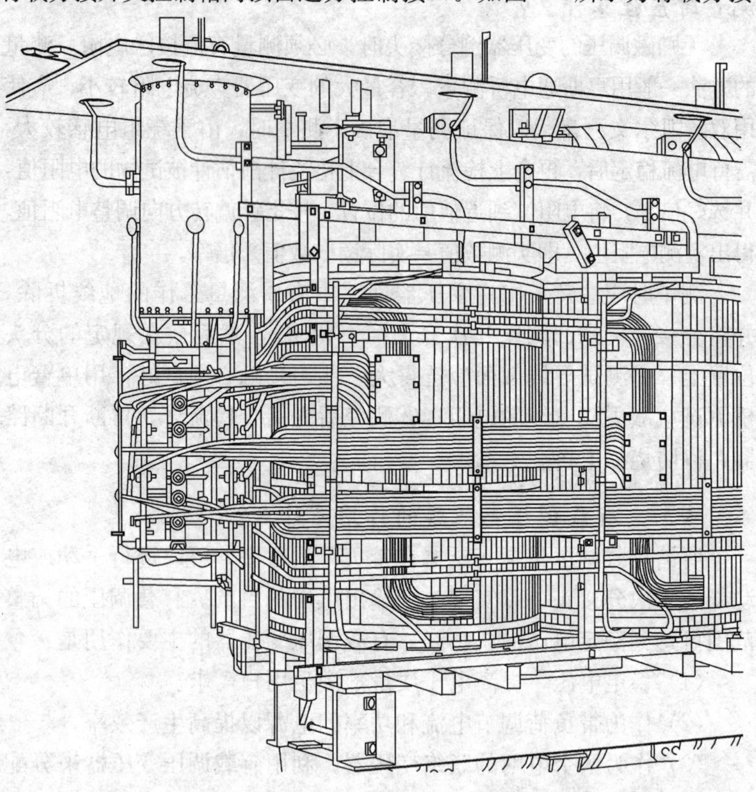

图4-7　有载分接开关在（平顶）油箱中的装配示意图

开关在变压器油箱中的装配示意图。

4-39 MR Ⅲ型有载分接开关由哪几部分结构组成？ 各有何作用？

整套MRⅢ型有载分接开关装置分为分接开关、ED型电动机构、RS 2001型保护继电器、传动轴（连同联轴节和伞齿轮盒）和OF 100型在线滤油机。

（1）有载分接开关。有载分接开关由装在自身的油室里的切换开关（见图4-8）和装在下方的分接选择器组成（见图4-9）。切换开关的触头用来完成电流的开断和接通，开关的下部是分接选择器和转换选择器，在不接通和断开电流的条件下完成分接的变换。

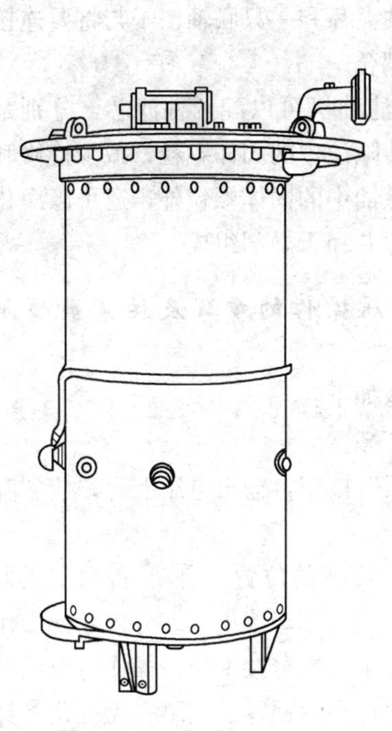

图4-8 切换开关

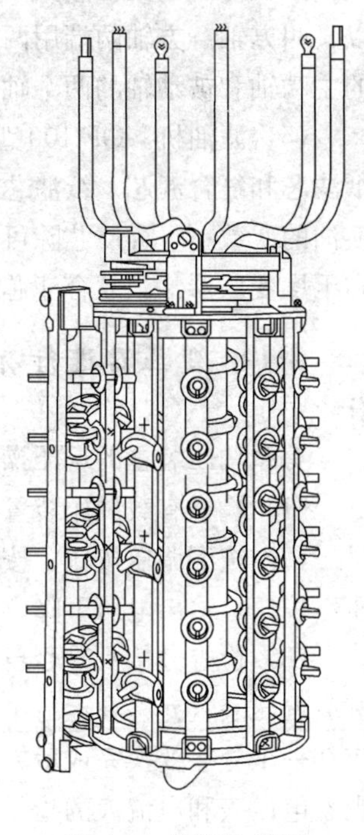

图4-9 分接选择器

（2）电动机构。ED（Electric Drive）型电动机构是模块化设计，其功能是在调压变压器中将有载分接开关或无励磁分接开关的工作位置调整到运行要求的位置。

(3) 保护继电器。RS 2001保护继电器用于当切换开关油室或选择开关油室内发生故障时，保护有载分接开关和变压器。保护继电器安装在分接开关和储油柜之间的管路中，连管应有大于2%的倾度。一旦发生故障，导致有载分接开关和储油柜之间的油流速度超过规定值时，继电器即动作。保护继电器的接入要能够在保护继电器动作时立即切除变压器。

(4) 传动轴是电动机构和有载分接开关或无励磁分接开关之间的机械连接，从垂直方向到水平方向的转换由伞齿轮盒完成。在电动机构和伞齿轮盒之间要安装垂直轴，在伞齿轮盒和有载分接开关或无励磁分接开关之间要安装水平轴。传动轴是一根方形管子，所以又叫方轴。方轴两端用两个联轴夹片和一只联轴销子与将要连接的主动轴和被动轴的两个轴端相耦合。

(5) 滤油机。OF 100型在线滤油机可以配两种滤芯，分别是纸滤芯和复合滤芯。纸滤芯可以清除油中的固体颗粒，减少检修和换油的次数；复合滤芯除可以清除油中的固体颗粒外，还可以净化和干燥变压器油。复合滤芯由纸滤芯和干燥剂组成。

4-40　变压器进行有载调压操作的步骤及注意事项是什么？

有载调压装置的调压操作步骤如下：

(1) 检查有载调压装置指示灯亮。

(2) 按下调压按钮。按“升压”按钮，输出电压上升；按“降压”按钮，输出电压下降。

(3) 检查分接头是否已调至所需要的位置。启动/备用变压器有载调压装置允许在运行中调整改变厂用母线电压。分接变换操作应在一个分接变换完成后方可进行第二次分接变换。操作时应同时观察电压表和电流表的指示，不允许出现回零、突跳和无变化等异常情况，分接位置指示器及动作计数器的指示等应有相应的变动。当有载调压装置失控时，应立即按下“跳闸”按钮，通知检修，若此时分接头没能调至所需位置，可至就地手动进行调节。当集控室有载调压装置损坏时，至就地可用“电动”或“手动”进行相应的调节。每次分接变换操作都应将操作时间、分接位置、电压变化情况记录在有载分接开关分接变换记录本上。

4-41 分接开关的绝缘结构是怎样的？

变压器绕组的分接抽头一般设置在高压绕组或高、中压绕组上，因此，接在抽头上的调压操动杆，一端要接到绕组的带电部分，另一端则安装在接地的箱体上，这样，分接开关的操动杆也就成为绕组对地之间的主绝缘。

无励磁分接开关的操动杆一般由酚醛绝缘纸筒做成，电压较低时也可以用干燥木材经表面涂漆后制成。操动杆的长度应根据电压等级来决定。

有载调压分接开关的对地绝缘主要靠绝缘筒、绝缘管以及绝缘控制杆组成。其绝缘距离主要根据电压等级以及开关所处的位置决定。

4-42 变压器套管有何作用和要求？ 套管有哪些主要类型？

套管是一种特殊类型的绝缘子。变压器需要通过套管将各个不同电压等级的绕组连接到线路中，需要使用不同电压等级的套管对油箱进行绝缘。绝缘套管由中心导电杆与瓷套两部分所组成。导电杆穿过变压器油箱，在箱内的一端与线圈的端点连接，在外面的一端与外线路连接。因此，变压器套管起着连接内外电路、支持固定引线的作用。

变压器套管要求具有足够的绝缘强度和机械强度；必须具有良好的热稳定性，能承受短路时的瞬间过热；同时套管还应具有体积小、重量轻、密封性好、通用性强和便于检修等特点。

在变压器中使用的套管其主绝缘有电容式和非电容式两种。绝缘介质有变压器油、空气和 SF_6 气体。根据套管使用的外部绝缘介质，可分为油—空气套管、油— SF_6 套管、油—油套管和 SF_6— SF_6 套管。

4-43 电容式变压器套管有什么结构特点？

电容式变压器套管是由电容芯子、上下瓷套、连接套筒及其他固定附件组成。电容芯子的结构是在空心导电铜管的外面用0.08～0.12mm厚的电缆纸紧密地绕包一定厚度的绝缘层，然后在绝缘层外面绕包一层0.01mm或0.007mm厚的铝箔（电容屏）后，又绕包一定厚度的电缆纸绝缘层，又再绕包一层铝箔，如此交错地绕包下去，直至所需要的层数为止。这样便形成了以导电管为中心的多个柱形电容器。由于导电管处于最高电位，而最外面的一层铝箔是接地的，在运行中就相当于多个电容器相串联的电路。根据串联电容分压原理，导电管对地的电压应等于各电容屏间的电压之和，而电容屏之间的电压与其电容量成反比，因此可以在制造时控制各串联电容的电容量，使得全部电压较均匀地分配在电容芯子的全部绝缘上，从而可以使套管的径向和轴向尺寸减小，重量减轻。这也就是在高电压等级的电气设备上一般都选用电容式套管的原因。

电容式套管可分为胶纸电容式和油纸电容式两种。

4-44 BRLW-126/630-3型变压器套管的结构特点是什么?

BRLW-126/630-3型变压器套管表示油纸电容式变压器套管(BR)、长尾（D为短尾，长尾不表示）可装设电流互感器（L），用于污秽地区（W）、额定电压为126kV、额定电流为630A，重污秽地区最小标称爬电比距为25mm/kV。

套管主要由电容芯子、油枕、法兰和上下瓷套组成，以电容芯子作为内部主绝缘。采用上述的同心电容器串联而成，封闭在上下瓷套、油枕、法兰及底座组成的密封的容器中，容器内充有经处理过的变压器油，使内部主绝缘成为油纸结构。套管主要组件间接触面衬以耐锈橡胶垫圈，各组件通过设置在油枕中的一组强力弹簧所施加的中心压紧力作用，使套管内部处于全密封状态。法兰上设有放气塞、取油装置，测量套管$\tan\delta$和局放的装置。运行时测量装置的外罩一定要罩上，保证末屏接地，严禁开路。

4-45 油纸电容式套管内部的强力弹簧有何作用?

强力弹簧的作用是将上下瓷套通过导电管压紧，保证套管的密封。另外，当温度发生变化时，可以由弹簧进行调节，以保证密封胶垫的压力。

4-46　为什么电容式套管的芯子两端缠绕成锥状？

为了使各极板之间承受的电压近似相等、使电场趋于均匀、提高抗电强度，必须使各极板间的电容近似相等。但电容大小与极板面积成正比，因此，随着电极径向尺寸的加大，轴向尺寸应相应减小，以使各极板面积相等，所以，必须使套管的芯子两端形成锥形。

4-47　变压器套管在运行维护中应注意哪些事项？

（1）油位控制与调整。运行时可定期观察套管油位的变化，过高或过低均需要调节。油位过高时，可从法兰取油塞处适量放出点油；油位过低时，应从油枕的注油口加入与铭牌一致的、经处理合格的变压器油。对历年预防性试验中油性能正常的产品，可适当延长预防性试验的周期，以减少取油量。

正确的取油步骤：将法兰油塞处的污秽清除干净，打开油塞，用专用的油嘴，沿着油塞的中心螺孔慢慢地旋入，顶住里面的堵头并旋紧，压紧油嘴的密封圈，这时套管内的变压器油就沿着取油嘴的内孔流出。油取好后，按上述过程反序操作恢复。需要注意的是，旋下油嘴时，不可将油塞松动，若发现松动，应及时用对边19mm套筒扳手将油塞旋紧。

（2）测量端子必须可靠接地。套管安装法兰处设有测量端子，测量套管介损和局放时，旋下端子盖，接线柱与法兰绝缘。测量完毕，端子盖必须罩上以保证接地可靠。运行时严禁开路。

（3）套管外绝缘应根据运行条件定期打扫。

4-48　什么是自耦变压器？ 它有什么优点？

自耦变压器是只有一个绕组的变压器。当作为降压变压器使用时，从绕组中抽出一部分线匝作为二次绕组。当作为升压变压器使用时，外施电压只加在绕组的一部分线匝上。通常，把同时属于一次和二次的那部分绕组称为公共绕组，其余部分称为串联绕组。近几年来，由于电力生产的增长和输电电压的增高，自耦变压器应用得越来越多，因为在传输相同容量的情况下，自耦变压器与普通变压器相比，不但尺寸小，而且效率高。容量越大，电压越高，这个优点就尤为突出，因为只有采用自耦变压器才能满足整体传输的要求。

4-49 自耦变压器有何特点？

和普通双绕组变压器相比，自耦变压器有以下主要特点：

（1）由于自耦变压器的计算容量小于额定容量，所以在同样的额定容量下，自耦变压器的主要尺寸较小，有效材料（硅钢片和导线）和结构材料（钢材）都相应减少，从而降低了成本。有效材料的减少使得铜耗和铁耗也相应减少，故自耦变压器的效率较高。同时，由于主要尺寸的缩小和重量的减轻，可以在容许的运输条件下制造单台容量更大的变压器。但通常在自耦变压器中只有 $k_a \leqslant 2$ 时，上述优点才明显。

（2）由于自耦变压器的短路阻抗标幺值比双绕组变压器小，故电压变化率较小，但短路电流较大。

（3）由于自耦变压器一、二次之间有电的直接联系，当高压侧过电压时会引起低压侧严重过电压。为了避免这种危险，一、二次都必须装设避雷器。不要认为一、二次绕组是串联的，一次已装，二次就可省略。

（4）在一般变压器中有载调压装置往往连接在接地的中性点上，这样调压装置的电压等级可以比在线端调压时低。而自耦变压器中性点调压侧会带来所谓的相关调压问题。因此，要求自耦变压器有载调压时，只能采用线端调压方式。

4-50 自耦变压器中性点为什么必须直接接地？

自耦变压器的中性点必须直接接地，这样中性点电位永远等于地电位，当高压电网内发生单相接地故障时，在其中压绕组上就不会出现过电压。

4-51 高压自耦变压器为什么都制成三绕组？

采用中性点接地的星形连接自耦变压器时，因产生三次谐波磁通而使电动势峰值严重升高，对变压器绝缘不利。为此，现代的高压自耦变压器都制成三绕组，其中高、中压绕组接成星形，而低压绕组接成三角形。第三绕组与高、中压绕组是分开的、独立的，只有磁的联系，没有电的联系。和普通变压器一样，增加了这个低压绕组后，形成了高、中、低三个电压等级的三绕组自耦变压器。目前电力系统中广泛应用的三绕组自耦变压器一般为 YNa0d11 接线。

4-52 三绕组自耦变压器有哪些运行方式和注意事项？

采用三种电压的自耦变压器运行时，对不同侧的负荷送电、受电情况应予以注意。否则，在某些情况下，自耦变压器会过负荷，在另一些情况下，容量又得不到充分利用。常见的运行方式下负荷分配应注意以下几点：

（1）高压侧向中压侧（或反向）送电。这种方式对于降压变压器来说，经它传递的最大传输功率可以等于变压器的额定容量；对升压变压器来说，有时可能低一些，这种情况出现在低压绕组布置在高、中压绕组之间时，由于这时连接的发电机停止运行，自耦变压器高、中压绕组之间的漏磁容量增加，引起大量的附加损耗，所以需将传输功率限制为额定容量的 70%～80%。

（2）高压侧向低压侧（或反向）送电。这种情况下，变压器的最大传输功率只要不超过低压绕组的额定容量即可，它小于自耦变压器的额定容量。

（3）中压侧向低压侧（或反向）送电。这种方式与第（2）种方式相似，变压器的最大传输功率只要不超过低压绕组的额定容量即可。

（4）高压侧同时向中压侧及低压侧（或反向）送电。这种运行方式下，最大传输功率不能超过自耦变压器高压绕组的额定容量，即铭牌容量。

（5）中压侧同时向高压侧及低压侧（或反向）送电。这种运行方式下，自耦变压器的中压绕组是一次绕组，而其他两侧绕组是二次绕组，中压绕组内最大允许通过的电流不能超过该绕组本身的额定电流，向两侧送电的传输功率的大小也与负荷的功率因数有关。

4-53 分裂绕组变压器在什么情况下使用？

随着变压器容量的不断增大，当变压器二次侧发生短路时，短路电流很大，因此必须设置具有很大开断能力的断路器以保证有效地切除故障，从而增加了配电装置的投资。如果采用分裂绕组变压器，就能有效地限制短路电流，降低短路容量，从而可以采用轻型断路器以节省投资。

大型机组的厂用变压器要向两段独立的母线供电，因此要求两段母线之间有较大的阻抗，以减少一段母线短路时，由另一段母线所接的电动机而来的反馈电流。为了达到上述限制短路电流的要求，可用分裂绕组变压器代替普通变压器。现代大型发电厂的启动变压器和高压厂用变压器一般均采用分裂绕组变压器。

分裂绕组变压器是将普通双绕组变压器的低压绕组分裂成为两个相同容量的绕组的变压器，分裂后的两个绕组完全对称，独立供电，两绕组之间没有电的联系，只有磁的联系。分裂出来的绕组可以并列运行，也可以单独运行。

4-54 分裂绕组变压器有哪些特点？

(1) 能有效地限制低压侧的短路电流，因而可选用轻型开关设备，节省投资。

(2) 当一段母线发生短路时，除能有效地限制短路电流外，另一段母线电压仍能保持一定的水平，即残压较高，提高了供电可靠性。

(3) 当分裂绕组变压器对低压母线供电时，若两段负荷不相等，则母线上的电压不等，损耗增大，所以分裂变压器适用于两段负荷均衡又需限制短路电流的场所。

(4) 对电动机的自启动条件有所改善。分裂绕组变压器的穿越阻抗比同容量的双绕组变压器的短路阻抗小，当电动机自启动时，变压器的电压降落要小一些，容许的电动机启动容量大一些。

(5) 分裂绕组变压器在制造上比较复杂，价格较贵。例如当低压绕组发生接地故障时，很大的电流流向一侧绕组，在分裂变压器铁芯中失去磁的平衡，在轴向上由于强大的电流产生巨大的机械应力，必须采用结实的支撑结构，因此在相同容量下，分裂绕组变压器约比普通变压器贵20%。

4-55 为什么新安装或大修后的变压器在投入运行前要做冲击合闸试验？

切除电网中运行的空载变压器，会产生操作过电压。在小电流接地系统中，操作过电压的幅值可达3～4倍的额定相电压；在大电流接地系统中，操作过电压的幅值也可达3倍的额定相电压。所以，为了校验变压器的绝缘能否承受额定电压和运行中的操作过电压，要在变压器投运前进行数次冲击合闸试验。另外投入空载变压器时会产生励磁涌流，其值可达额定电流的6～8倍。由于励磁涌流会产生很大的电动力，所以做冲击合闸试验还是考虑变压器机械强度和继电保护是否会误动作的有效措施。

4-56 怎样测量变压器的绝缘？好坏如何判断？

变压器在安装或检修后、投入运行前以及长时期停用后，均应测量绕组的绝缘电阻。变压器绕组额定电压在6kV以上，使用2500V绝缘电阻表；变压器绕组额定电压在500V以下，用1000V或2500V绝缘电阻表；变压器的高中低压绕组之间，使用2500V绝缘电阻表。

变压器绕组绝缘电阻的允许值不予规定。在变压器使用期间所测得的绝缘电阻值与变压器安装或大修干燥后投入运行前测得的数值比值是判断变压器运行中绝缘状态的主要依据。如在相同条件下变压器的绝缘电阻剧烈降低至初次值的1/5～1/3或更低，吸收比$R_{60}/R_{15}<1.3$时，应进行分析，查明原因。

4-57 测量变压器的绝缘电阻有哪些注意事项？

（1）变压器投入运行前或停运后，均应测量各绝缘电阻值。三绕组变压器测量的项目有一次对二、三次及地，二次对一、三次及地，三次对一、二次及地的绝缘电阻等。

（2）用绝缘电阻表测量变压器绝缘电阻前，应将绝缘子、套管清扫干净，拆除全部接地线，将中性点接地隔离开关拉开。

（3）使用合格的、合适的绝缘电阻表，测量时将绝缘电阻表放平，当转速120r/min时，读R_{15}、R_{60}两个数值，以测出吸收比。

（4）测量时不允许用手触摸带电导体或拆接线，测量后应将变压器的绕组放电，防止触电。

（5）测量时应记录当时变压器的油温及温度。

（6）在潮湿或污染地区应加屏蔽线。

4-58 变压器合闸时为什么会有励磁涌流？

变压器绕组中，励磁电流和磁通的关系由磁化特性决定，铁芯愈饱和，产生一定的磁通所需要的励磁电流愈大。由于在正常情况下，铁芯中的磁通就已饱和，如在不利条件下合闸，铁芯中磁通密度最大值可达到2倍的正常值，铁芯饱和将非常严重，使其磁导率减小。磁导与电抗成正比，因此，励磁电抗也大大减小，励磁电流数值大增，由磁化特性决定的电流波形很尖，这个冲击电流可超过变压器额定电流的6～8倍，为空载电流的50～100倍，但衰减很快。

因此，由于变压器电、磁能的转换，合闸瞬间电压的相角和铁芯的饱和程度等因素影响，决定了变压器合闸时，有励磁涌流；励磁涌流的大小，还受到铁芯剩磁、铁芯材料、电压的幅值和相位的影响。

4-59 超高压长线路末端空载变压器的操作应注意什么？

由于电容效应，超高压空载长线路末端电压升高。在这种情况下投入空载变压器，由于铁芯的严重饱和，将感应出幅值很高的高次谐波电压，严重威胁变压器的绝缘，所以在操作前应降低线路首端电压，并将末端变电站内的电抗器投入，使得在操作时电压短时间不超过变压器相应分接头电压的10%。500kV电压等级线路不得超过30min。

4-60 主变压器有哪些报警和跳闸保护接点？

（1）主油箱气体继电器。轻瓦斯报警、重瓦斯跳闸。

（2）主油箱油位计。报警。

（3）主油箱压力释放装置。报警。

（4）油温测量装置。报警。

（5）风扇故障（由通风控制柜）。报警。

（6）油泵故障（由通风控制柜）。报警。

（7）冷却器交流电源故障。报警。

（8）绕组测温装置。报警。

4-61 变压器投入运行前应进行哪些检查？

①变压器无妨碍送电物，外壳接地牢固，测量绝缘合格；储油柜和充油套管内油色透明，油位正常；②气体继电器充满油，连接门已开，内无气体，引出线完好；③各相分接头位置正确，三相一致；④有载调压装置各部正常，位置指示器正确，就地与远方指示一致；⑤呼吸器已装有合格的硅胶，呼吸通道畅通，冬季应检查呼吸器是否因结冰而堵塞；⑥套管清洁无损坏、裂纹及放电痕迹；⑦安全气道的防爆膜或压力释放阀情况良好；⑧各组冷却器控制选择开关位置正确；⑨变压器油泵及风扇试验良好，转向正确，油流指示正确；⑩就地温度表指示正确，就地温控仪情况良好；⑪冷却器（散热器）的油门全部打开；⑫各保护装置投入正确。

4-62 对油浸式变压器运行中应进行哪些检查？

油浸式变压器运行中的检查内容为：①变压器油温和油位计应正常，储油柜的油位应与温度相对应；②充油部分无漏油、渗油现象；③套管油位应正常，套管清洁，无损坏及放电现象；④各部接头无过热现象；⑤声音正常，无明显变化和异声；⑥防爆管隔膜及压力释放阀完整，外壳接地线牢固无损；⑦气体（瓦斯）继电器应充满油，无气体，引出线完好，阀门开启；⑧呼吸器中的吸潮剂不应到饱和状态；⑨冷却装置控制箱内各部元件无过热现象，所有把手位置符合运行要求；⑩油泵和风扇运行正常；⑪油流指示器指示正常；⑫有载调压装置正常；⑬变压器周围照明充足，防火设备齐全、完好；⑭消防喷淋装置各部正常，无异常报警信号；⑮变压器室内门窗、门锁、照明及防火设备齐全、完备，室内无漏水。

4-63 什么情况下应立即停止变压器的运行？

出现以下情况应立即停止变压器的运行：

（1）变压器内部有不均匀的噪声和爆炸声。

（2）套管炸裂、闪络放电。

（3）变压器冒烟着火，压力释放阀动作。

（4）引线端子熔化。

（5）变压器大量漏油且无法消除。

（6）变压器绝缘油变色严重，且油内出现炭质。

（7）变压器在正常负荷及冷却条件下，上层油温或绕组温度超过极限值，并急剧上升。

（8）变压器过励磁达极限值，且保护未动作跳闸。

（9）发生危及变压器安全的故障，而变压器有关保护拒动。

（10）变压器附近设备着火、爆炸或发生其他情况，对变压器构成严重威胁。

（11）发生人身触电而又无法脱离电源。

（12）干式变压器有放电声并有异臭味。

4-64 变压器瓦斯保护的运行方式有何规定？

（1）变压器本体、有载调压重瓦斯保护正常投跳闸，若需退出重瓦斯保护时，应经批准，并限期恢复。

（2）当在重瓦斯保护回路上工作时，应将重瓦斯保护改为信号，工作结束后投跳闸。

（3）运行中的变压器在加油、滤油、放油、放气和更换潜油泵时，应将重瓦斯保护改为信号，工作结束后将重瓦斯保护投跳闸。

（4）在重瓦斯保护退出运行期间，严禁退出变压器的其他主保护。

4-65 变压器温度升高并超出允许值应如何处理？

（1）核对温度表指示是否正常。

（2）检查变压器冷却装置的运行情况和变压器室通风情况。

（3）若为冷却装置故障，应降低变压器的负荷，使变压器油温降至允许值。

（4）变压器油温虽在允许的最高值内，但比同样负荷及冷却条件下温度升高10℃以上，而冷却系统、温度计、通风系统等均良好，可判定是变压器内部器身有故障（铁芯和绕组出现故障）造成温度异常升高。检查保护装置又失灵，变压器应停止运行，进行检查检修。造成温度异常升高的原因有下列几种：①分接头开关接触不良；②内部各接头发热；③线圈匝间短路；④铁芯硅钢片间存在短路或涡流等不正常的现象；⑤冷却器工作异常等。

（5）当变压器油位比当时油温应有的油位显著下降时应查明原因，并通知检修加油。加油时重瓦斯保护应由跳闸改为信号，禁止从变压器下部补油。变压器油位因温度上升有可能高出油位指示极限，经查明不是假油位所致时，则应放油，使油位降至与当时油温相对应的高度，以免溢油。

4-66　变压器差动保护动作应如何处理？

（1）检查保护范围内所有电气设备有无短路、闪络及损坏痕迹。

（2）检查变压器是否喷油，油温油色是否正常。

（3）断开变压器各侧刀闸，测量其绝缘电阻，并通知检修测量其直流电阻，确定变压器内部是否故障。

（4）经上述三项检查及试验未发现异常，应对差动保护直流回路进行检查，如系差动保护误动，应迅速查明原因，消除后将变压器投入运行。如属保护缺陷暂时无法消除，经值长同意后可以解除差动保护，将变压器投入运行，但瓦斯保护必须投跳闸。

4-67　变压器瓦斯保护动作应如何处理？

变压器瓦斯保护动作有以下两种：

1. 轻瓦斯保护动作

（1）动作起因。① 在滤油、加油过程中，空气进入变压器内部；② 温度下降，使油位过低；③ 变压器内部故障，分解出少量气体；④ 瓦斯保护二次回路故障。

（2）处理方法。①检查变压器油位是否正常，是否漏油。②检查变压器是否有放电声和异常声音。③ 检查气体继电器内部是否有气体，若有气体应取样分析，观察气体颜色。并做放气试验，取样时应按“安全规定”要求执行。④ 若动作原因是油内有空气，应将空气放出，并准确记录信号动作时间，如相邻间隔动作时间缩短，应经请示，将重瓦斯保护改为信号或倒至备用变压器运行。

2. 重瓦斯保护动作

(1) 重瓦斯保护投至信号位置而出现“重瓦斯动作”信号时，应立即倒至备用变压器运行，在“重瓦斯动作”信号出现的同时，发现变压器电流不正常，应立即停止变压器的运行。

(2) 重瓦斯保护跳闸的处理方法。① 检查上层油温、油位是否正常，防爆管和其他部分是否喷油。② 如重瓦斯跳闸及轻瓦斯发信号时，应检查瓦斯继电器的动作情况，需进行气体油质分析，不经试验检查不准将变压器投入运行。③ 经检查分析，确认变压器无异常时，应对瓦斯保护回路进行检查，确系瓦斯保护误动作，应将瓦斯保护投信号，变压器方可投入运行。瓦斯保护经保护班检查无异常后方可投入运行。

(3) 气体继电器内部气体分析确认：①无色、无味、不可燃气体，为变压器内部有空气；②白色或青灰色带有臭味气体，为变压器纸质绝缘材料故障；③黄色不易燃气体，为木质材料故障；④黑色易燃气体，为绝缘油内部故障分解出碳化物。

(4) 运行中变压器油色谱分析发现内部潜伏缺陷及对异常情况跟踪监督过程中，如发现下列情况应申请变压器停运检查处理。①过热性故障总烃发展到数千 μL/L，在总烃发展过程中出现乙炔；②过热性故障总烃发展到 5000～6000μL/L 及以上，相对产气率大于 20%；③放电性故障乙炔含量在色谱导则规定的注意值（5μL/L）的基础上，每天增长(1～2)μL/L，经确认，分析结果正确并经局部放电超声定位判断属线圈部位放电。

第五章 电气接线和配电装置

5-1　由发电机并列形成强大的电力系统有何优越性？

（1）提高并网运行供电的可靠性。

（2）可以保证供电的电能质量。

（3）可以减小总负荷的峰值，减小系统总的备用容量。

（4）可以采用大容量、高效率的发电机组。

（5）可充分利用各类型发电厂的资源，提高系统整体的经济性。

5-2　电气主接线的基本形式有哪几种？如何选择？

主接线的基本形式，就是主要电气设备常用的几种连接方式，根据有、无母线的具体情况，可分为有汇流母线的主接线和无汇流母线的主接线两种。

各发电厂、变电站的容量、地理位置不一样，决定了其基本构成环节（电源、母线和馈线）的设置情况不一样。电源（发电机或变压器）数目和馈线数目不同，决定了各线路传输的功率大小不同。对于进出线数目较多（4 回以上）时，为便于电能的汇集和分配，一般采用汇流母线作为中间环节，可以简化接线，使运行、检修、安装和扩建方便。但有母线后，配电装置的占地面积增大，使用断路器等设备增多，投资加大。而对于进出线数目较少，且无扩建规划的发电厂、变电站来说，采用无汇流母线的主接线比较方便，同时，采用的断路器等开关电器的数量较少，占地面积大大减小。

5-3　电气主接线应满足哪些基本要求？

（1）满足供电的可靠性要求。

（2）满足供电的电能质量的要求。

（3）接线简单、清晰，维护操作方便。

（4）技术先进，经济合理。

（5）运行方式灵活。

（6）便于发展和扩建。

以上要求可归纳为技术和经济两方面的要求，应用时应结合实际具体分析，不能片面追求某一方面的要求，而应该在保证安全可靠的基础上，力争最佳的经济性。

5-4　如何理解电气主接线的可靠性？

电气主接线的可靠性是指电力主接线能在正常和事故情况下为用户提供安全、稳定、连续的、高质量的电能，是电力生产的首要要求。因为电能的生产、输送、分配和使用必须在同一时刻进行，所以电力系统中任何一个环节出现故障，都将对全局造成不利的影响。所以，电气主接线的可靠性是保证电力系统安全可靠运行的前提。它包括断路器检修时是否影响供电；设备和线路故障或检修时，停电范围的大小和停电时间的长短，以及能否保证对重要用户的供电；有没有使发电厂、变电站全部停止工作的可能性等。

主接线的可靠性并不是绝对的。同样的主接线对某些系统和用户来说可靠，而对另外一些系统和用户来说可能就不够可靠，因此，在分析和评价主接线的可靠性时，不能脱离系统和用户的具体条件。

主接线的可靠性也是发展的。随着电力系统规模的不断发展和生产技术的不断进步与更新，如设备制造水平的不断提高，自动重合闸和带电检修技术（带电作业）的采用以及系统备用容量的增加，过去被认为不可靠的主接线，今天不一定就不可靠。以往采用较为复杂的接线形式来保证供电的可靠性，而今天的发展趋势是接线趋于简单，通过可靠的设备质量及自动装置等手段来保证主接线的安全可靠。

5-5　什么是单元接线？单元接线中是否设置发电机出口断路器，如何考虑？

发电机与主变压器直接串联，其间没有横向联系的接线称为单元接线，单元接线是无主母线的接线形式。

单元接线中，发电机出口采用断路器的优越性主要表现在：

(1) 机组正常启、停时不需切换厂用电，厂用电源可以经主变压器由电力系统倒送，甚至可以取消备用变压器。

(2) 发电机、汽轮机或锅炉故障时，只需断开发电机出口断路器，既保证了厂用电，又无需进行厂用电切换。

(3) 主变压器或高压厂用变压器故障时，迅速断开高压侧及发电机出口断路器，对保护主变压器及厂用变压器有利。

(4) 简化同期操作，便于检修、调试。

虽然装设发电机出口断路器可以简化运行操作程序，减小发电机和变压器的事故范围，简化厂用电切换及同期操作，提高其可靠性，方便调试和维护。但同时也增加了一个明显的设备和运行的故障点。另外，必须考虑主变压器或高压厂用变压器的有载调压问题和建设投资问题，以及出口断路器的运行维护等问题。

发电机出口是否装设断路器，应具体问题具体分析。如厂用备用变压器的引接方式及配电装置的布置、备用变压器的位置以及变压器的容量等因素均需考虑。同时，使用断路器后，对发电机、主变压器和高压厂用变压器及高压断路器的损坏和寿命问题、断路器的制造问题、价格问题也必须谨慎比较。

我国目前的条件下，发电机出口装设断路器的情况在中小容量发电机组中可以见到，大型机组的单元接线一般采用发电机一双绕组变压器接线形式，经技术经济比较，一般发电机至主变压器和高压厂用变压器之间采用封闭母线，而不需装设发电机出口断路器及高压厂用分支断路器。

5-6 1000MW发电机组的主接线、厂用电接线及其配电装置是如何设置的？

以邹县发电厂2×1000MW发电机组为例，对主接线和厂用电接线分别作以说明。

1. 电气主接线及配电装置

(1) 主接线形式。2×1000MW发电机组的电气主接线见附图

1。两台机组采用发电机—变压器组单元接线形式，高压侧接入厂内500kV配电装置，发电机出口不设出口断路器。500kV系统采用3/2断路器接线，在原有500kV配电装置基础上增加进线2回和500kV出线1回。构成1个完整串，一个半串，出线设置500kV并联电抗器安装间隔。

（2）中性点运行方式。发电机中性点采用经二次侧接电阻的单相变压器接地，500kV主变压器的高压侧中性点直接接地。

（3）配电装置。每回500kV进出线装设一组三相电容式电压互感器，采用TEMP-500IU型单相、油浸、户外型结构电压互感器，其变比为$\frac{500}{\sqrt{3}}/\frac{0.1}{\sqrt{3}}/\frac{0.1}{\sqrt{3}}/\frac{0.1}{\sqrt{3}}/0.1\text{kV}$。每台发电机出口回路装设三组三相电压互感器。采用JDZJ-27型单相、环氧树脂浇注、H级绝缘电压互感器。其变比为$\frac{27}{\sqrt{3}}/\frac{0.1}{\sqrt{3}}/\frac{0.1}{\sqrt{3}}/\frac{0.1}{3}\text{kV}$。

发电机出线侧每相配置套管电流互感器各4只，中性点侧每相配置套管电流互感器各4只；主变压器高压侧每相各配置套管电流互感器3只，中性点配置电流互感器2只；500kV配电装置电流互感器按8次级配置电流互感器15只。

发电机出线上各装设避雷器一组，在每条500kV母线上装设避雷器一组，主变压器进线侧各装设避雷器一组，500kV出线装设避雷器一组，启动/备用变压器进线侧各装设避雷器一组。母线、主变压器进线和出线、启动/备用变高压侧均装有氧化锌避雷器以保护配电装置内全部设备。发电机出口处装设氧化锌避雷器和电容器以防止雷电侵入波对发电机的损坏。

发电机引出线及厂用分支线采用全连式离相封闭母线，为自然冷却全连式离相封闭母线，用于发电机出口与主变压器、厂用高压变压器、励磁变压器之间的连接。采用QLFM-27系列封闭母线，并设置配套的封闭母线微正压充气装置。高压厂用变压器、启动/备用变压器低压侧引出线采用10.5kV共箱母线。主变压器至500kV升压站连接采用杆塔架空线路方式。

发电机封闭母线从汽机房17.00m层下引出，穿过汽机房接至主变压器低压侧套管。在主变压器低压侧处经三角形封闭母线分别与主变压器低压侧 a、x、b、y、c、z 各个套管形成三角形连接。三台单相主变压器每台中心距离约为 16m，封闭母线正对 A 相主变压器。主变压器相序为面对主变压器高压侧，由左至右依次为 A、B、C 相。发电机出口电压互感器及避雷器柜以及励磁变压器布置在汽机房 8.60m 主母线侧，通过分支封闭母线连接，发电机中性点接地柜布置在发电机中性点引出套管附近，用封闭母线与发电机中性点连接。

主变压器进线经架空转角铁塔引入 500kV 升压站。500kV 升压站为常规屋外三列式布置，由原 500kV 升压站扩建三个间隔，每个间隔宽 30m。原有 220kV 升压站为屋外中型布置。

2. 厂用电接线及其配电装置（见附图 2：邹县发电厂厂用电系统图 1000MW 机组部分）

（1）高、低压厂用电源的引接。发电机组自身的厂用负荷通过引接自本机组的高压厂用变压器供电，备用电源来自电厂原有的 220kV 配电装置的备用间隔。启动/用备电源由原有 220kV 升压站两回备用断路器间隔引接，2 回启动/备用电源经 220kV 交联聚乙烯干式电缆分别引接至两台启动/备用变压器。两台启动/备用变压器的容量分别为 68/34—34MVA。

高压厂用电电压采用 10kV，高压厂用电系统采用单母线接线，每台机组设置 10kV 工作 A、B、C、D 四段高压厂用母线。分别由两台分裂低压绕组的高压厂用工作变压器供电。变压器的高压侧电源由本机组发电机引出线上支接，其中 A、B 段 10kV 母线由第一台厂用高压工作变压器的两个低压分裂绕组经共箱母线引接；C、D 段 10kV 母线由第二台厂用高压工作变压器的两个低压分裂绕组经共箱母线引接。互为备用及成对出现的高压厂用电动机及低压厂用变压器分别由不同的 10kV 段上引接。启动/备用变压器 10kV 侧通过共箱母线连接到每台机组的四段 10kV 工作母线上作为备用电源，A、B 段 10kV 母线由第一台启动/备用变压器两个低压分裂绕组经共箱母线引接；C、D 段 10kV 母线由第二台启动/备用变压器两个低压分裂绕组经共箱母线引接。两台启动/备用变压器分别由

220kV升压站各引接一回电源，确保在一台启动/备用电源检修或其他情况下，可保证有一台启动/备用变压器可投入工作。高压厂用工作变压器与启动/备用变压器装有备用电源快速切换装置。

主厂房低压工作厂用电系统采用PC-MCC方式接线，包括汽机段、锅炉段、公用段、保安段、照明段、检修段和电除尘段PC，其母线电压为380/220V。主厂房内每台机组成对设置锅炉变压器和汽机变压器，每对变压器互为备用。每台机组设一台公用变压器和一台照明变压器，两台机组公用一台检修变压器并作为照明变压器的备用。主厂房检修电源设置检修动力中心，检修网络电压为380/220V。两台机组的公用变压器互为备用，每台机组的照明变压器互为备用。主厂房采用照明与动力分开供电的方式。辅助厂房采用照明、检修与动力合并供电方式。照明及检修负荷由其附近的380/220V电动机控制中心（MCC）供电。每台机组设置3台电除尘变压器，其中一台为专用备用变压器。电除尘变压器同时供电给除灰空压机以及厂用空压机低压负荷。

辅助车间根据负荷分布情况设置400/220V动力中心，输煤综合楼设输煤动力中心，污水泵房设供水动力中心，厂区灰库设动力中心，翻车机设动力中心，反渗透处理室设动力中心。

电动机控制中心（MCC）根据负荷分散成对设置，成对的电动机分别由相应的两段MCC供电。容量为75kW以下的电动机及200kW以下的静止负荷由MCC供电，75kW及以上的低压电动机和200W及以上的静止负荷由动力中心供电。

（2）中性点运行方式。220kV启动/备用变压器高压侧中性点直接接地。厂用高压变压器、启动/备用变压器低压中性点采用低电阻接地方式，接地电阻为60Ω。主厂房各个低压变压器中性点直接接地。

（3）配电装置。高压厂用变压器高压侧每相配置套管电流互感器5只，低压侧中性点配置套管电流互感器2只；启动/备用变压器高压侧每相配置套管电流互感器4只，高压侧中性点配置套管电流互感器2只，低压侧中性点配置套管电流互感器2只。

两台厂用高压变压器分支封闭母线在汽机房墙外从发电机封闭

母线下“T”接。厂用高压变压器和启动/备用变压器10kV共箱母线穿过墙进入主厂房接至10kV厂用配电装置。励磁柜布置在汽机房8.60m层发电机基础侧励磁柜室内；交流励磁母线在8.60m层与励磁变压器及整流柜连接；直流励磁母线由8.60m层励磁柜引出引接至发电机励磁刷架引线处。

启动/备用电源分别由固定端和扩建端引接，经220kV电缆接至启动/备用变压器。

主厂房10kV高压开关柜采用金属铠装式开关柜，母线额定电流2500A，短路热稳定电流40kA（有效值），4s，动稳定电流100kA（峰值），采用真空断路器及F-C回路，其中容量小于1250kVA的变压器及容量不大于1000kW的电动机采用真空接触器（F-C），其余馈线回路采用真空断路器。主厂房低压动力配电中心和电动机控制中心均采用抽屉柜，输煤系统采用密封性能好的固定分隔式组合柜，其他辅助厂房低压动力配电中心和电动机控制中心采用抽屉柜。

5-7 电力系统中性点的接地方式有几种？接地方式的选择有何原则？

目前，我国电力系统常见的中性点运行方式（即接地方式）可分为两个类型，即中性点非有效接地方式（或称小接地电流系统）和中性点有效接地方式（或称大接地电流系统）。其中，非有效接地又包括中性点不接地、经消弧线圈接地和经高阻抗接地；而有效接地又包括中性点直接接地和经低阻抗接地。

电力系统中性点接地方式选择的原则为：

（1）保证供电的可靠性。

（2）电力系统过电压与绝缘配合。

（3）满足继电保护要求。

（4）减少对通信和信号系统的干扰。

5-8 大型发电机的中性点有哪些接地方式？

随着发电机单机容量的不断增大，对发电机安全运行的要求也越来越高。发电机中性点接地方式的选择是涉及安全运行的重要方面。发电机中性点的接地方式，按照其发展的历程大体可划分为：

(1) 直接接地。

(2) 经低阻抗接地。

(3) 不接地或经电压互感器接地。

(4) 经高阻抗接地。

(5) 经消弧线圈接地（又称谐振接地）。

对于上述 (1)、(2) 两种接地方式，若发电机定子绕组发生单相接地故障，相当于定子绕组匝间故障，故障电流往往很大，即使继电保护能够快速动作，也不能避免发电机的内部损伤。对于第 (3) 种接地方式，当发电机定子绕组发生单相接地故障时，间歇性的接地电弧可能引起定子绕组对地之间积累性的电压升高，威胁非故障相的定子绕组绝缘。

基于上述原因，现今世界各国的大型机组中性点接地方式多采用上述 (4)、(5) 两种接地方式。其中经高阻抗接地方式包括：①直接经高电阻接地；②经单相或三相配电变压器（其低压侧接电阻）接地。而消弧线圈接地方式包括：①可调电感接地；②固定电感（经配电变压器加电抗器）接地。

5-9 大型发电机中性点接地方式的选择应遵循什么原则？

(1) 接地故障电流原则。定子绕组单相接地故障电流不能超过安全电流，确保定子铁芯安全。

(2) 过电压原则。定子绕组接地故障重燃弧暂态过电压数值要小，避免扩大事故威胁发电机安全。

(3) 定子单相接地保护原则。保护动作区覆盖整个定子绕组，实现无死区的100%保护，且应具有足够高的灵敏性。

5-10 发电机中性点接地装置有什么作用？

(1) 通过补偿电容电流（如采用消弧线圈接地），可以限制发电机单相接地故障电流，避免伤及定子铁芯。

(2) 可以抑制间歇性接地电弧，限制可能引起的暂态过电压。间歇性的接地故障，其故障电流反复变化，必然会引起电容电流与流过中性点接地装置的电流发生波动与冲击，可能引起电容上出现很大的暂态过电压。中性点接地装置实际上给电容上的电荷提供了一个泄放回路，如果接地装置是一个阻值较小的电阻，就可以有效地抑制暂态过电压。

（3）可以增强保护装置对单相接地故障的检测能力，完成有效的定子单相接地保护。

5-11 1000MW发电机中性点接地方式如何？

单机容量增加到1000MW后，定子绕组对地电容也随之增大（每台1000MW发电机定子每相对地电容为0.197μF），相应的单相接地电容电流也增大，故障电流将危及定子铁芯，严重时会烧损铁芯，甚至进一步扩大为相间或匝间短路等严重故障，潜在危险严重。因此，发电机中性点采用不接地或谐振接地均难以保证其安全运行。

综合考虑上述原则，QFSN-1000-2-27发电机中性点采用经二次侧接电阻的单相变压器接地。接地变压器为干式、H级绝缘单相变压器，其额定容量为100kVA、变比为27/0.23kV，二次侧电阻阻值为0.30Ω。发电机中性点的接地方式采用经二次侧接有电阻的接地变压器接地，实质上就是经大电阻接地，变压器的作用是使低压小电阻起到高压大电阻的作用，这样可以简化电阻器的结构，降低其价格，并使安装更方便。

中性点经配电变压器高电阻接地方式是国际上与变压器接成单元的大中型发电机中性点最广泛采用的一种接地方式，设计发电机中性点经配电变压器接地，主要是为了降低发电机定子绕组的过电压（不超2.6倍的额定相电压），极大地减少了发生谐振的可能性，保护发电机的绝缘不受损。随着发电机单相容量的增大，为保证大型发电机的安全，中性点经配电变压器高阻接地的1000MW机组必须使定子接地保护动作先于发电机故障停机。

5-12 主母线和旁路母线各起什么作用？

主母线是连接主接线的进出线回路的中间环节，起着汇集和分配电能的作用，采用主母线可以简化接线和操作，减少占地面积。

旁路母线的作用是在出线断路器检修时保证供电的不间断以及出线断路器故障时缩短停电的影响时间。

5-13 大型发电厂及500kV升压站的电气主接线主要有哪些接线形式？

500kV变电站与220kV变电站相比，对电气主接线的可靠性提出了更高的要求。因为500kV变电站在目前我国电力系统中，都处于系统枢纽的重要地位，在系统中一般都承担着连接电源、联网、传送功率和降压供电等多重任务，因此，把供电的可靠性放在第一的位置。

对单机容量为300MW及以上的大型发电厂及500kV变电站的电气主接线，应满足如下要求：

(1) 任何断路器检修，均不影响系统的供电连续性。

(2) 任何一进出线断路器故障或拒动以及母线故障，不应切除一台以上机组和相应的线路。

(3) 任何一台断路器检修时，如果同时发生另一台断路器故障或拒动，以及当母线分段或母线联络断路器故障或拒动时，不应切除两台以上的机组及相应的线路。

(4) 对500kV变电站，除母联断路器及分段断路器外，任何一台断路器检修期间，如果同时又发生另一台断路器故障或拒动，以及母线故障时，不应切除三回以上的线路。

我国目前单机容量300MW及以上的大型发电厂，升高电压等级主要有330kV和500kV两种。采用的主接线形式主要有双母线带旁路接线、双母线三分段（或四分段）带旁路母线接线及3/2断路器接线，供电可靠性是第一位的要求。

5-14 双母线带旁路母线接线有什么特点？

为了解决出线断路器故障或检修时该回路需要停电的问题，可在双母线接线的基础上增加一条旁路母线构成双母线带旁路母线接线，如图5-1所示。每一回路经旁路隔离开关与旁路母线连接，旁路母线经专用旁路断路器 QF_p 与主母线Ⅰ、Ⅱ连接。

正常运行时，工作母线Ⅰ、Ⅱ并列运行，旁路断路器 QF_p 和旁路隔离开关均在断开位置，旁路母线冷备用。

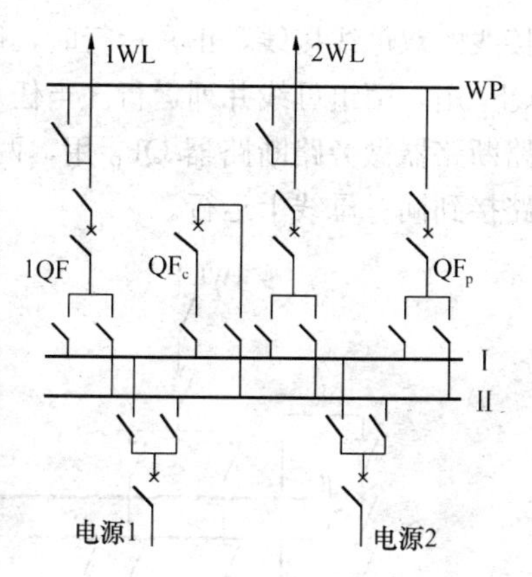

图 5-1　双母线带旁路母线接线

当某一回路断路器因故需要退出运行时，可以经过倒闸操作利用旁路断路器 QF_p 代替其工作而对该回路继续供电，提高了供电可靠性。主要步骤为：①合上旁路断路器 QF_p 两侧隔离开关，合上旁路断路器 QF_p 给旁路母线充电（将旁路断路器接于待停回路原来所在的工作母线，以维持原有的固定连接方式）；②如充电完好，断开旁路断路器；③合上待停回路的旁路隔离开关；④合上旁路断路器 QF_p，使旁路与待停回路暂时并列运行，检查表计指示正确；⑤拉开待停回路断路器；⑥拉开待停回路断路器的两侧隔离开关。

当回路数较少时，为减小投资，可以像单母线分段带旁路母线接线一样，采用母联断路器 QF_c 兼作旁路断路器的简易旁路接线，如图 5-2 所示。由图 5-2（a）可见旁路不带电，仅Ⅰ母线能接旁路；由图 5-2（b）可见旁路不带电，Ⅰ、Ⅱ母线均能接旁路；由图 5-2（c）可见，旁路带电，Ⅰ、Ⅱ母线均能接旁路。采用简易旁路

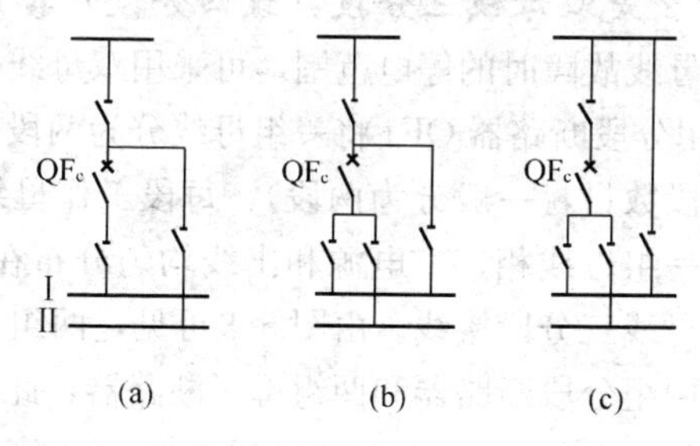

图 5-2　母联断路器兼作旁路断路器的接线

（a）旁路不带电，仅Ⅰ母线能接旁路；（b）旁路不带电，Ⅰ、Ⅱ母线均能接旁路；（c）旁路带电，Ⅰ、Ⅱ母线均能接旁路

接线的双母线接线，正常运行时，母联兼旁路断路器作母联断路器 QF_c 用，两组母线并列运行。当任意回路断路器检修时，母联兼旁路断路器做旁路断路器 QF_p 用，两组母线只能分列运行或所有回路接到同一母线上运行。

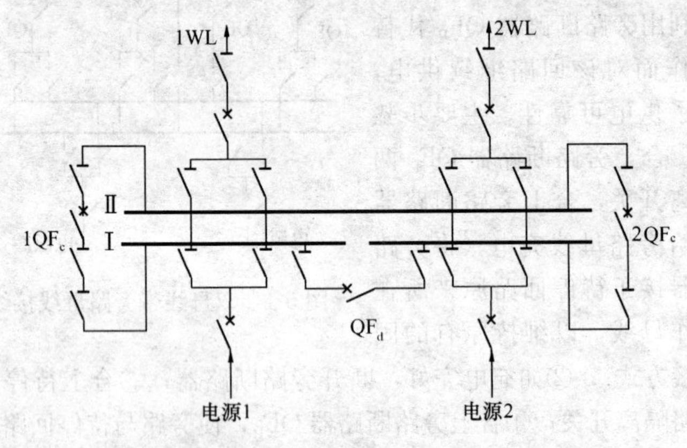

图 5-3 双母线三分段接线

需要指出的是，随着高压配电装置广泛应用可靠性很高的六氟化硫断路器，而且国产断路器、隔离开关的质量性能也逐步提高，系统备用容量逐渐增加、电网结构趋于合理，以及设备检修逐步有计划检修向状态检修过渡，在主接线方案中取消旁路设施也是完全满足运行要求的。

5-15 什么是双母线三分段（或四分段）接线？

为了缩小母线故障时的停电范围，可采用双母线分段接线。如图 5-3 所示，用分段断路器 QF_d 将一组母线分为两段（根据回路多少决定具体分段数目，一般分为两段），每段工作母线用各自的母联断路器与另一组母线相连，电源和出线均匀分布在两段母线上，此方式称为双母线三分段接线。由图 5-4 可见，两组母线分别分为两段，共使用两组分段断路器和两组母联断路器，此方式称为双母线四分段接线。

（1）双母线三分段接线运行方式。

1）分段的母线做工作母线，不分段的母线做备用母线。正常工作时，电源和出线分别接于两段母线上，分段断路器 QF_d 闭合，两组母联断路器 $1QF_c$、$2QF_c$ 均断开，相当于单母线分段运行。这种方式又称为工作母线分段的双母线接线，其除有一般双母线的特点外，有更高的可靠性和灵活性，例如，当工作母线任一半段母线检修或故障时，可将该段母线上接的回路倒换至备用母线上，仍可通过母联断路器维持两母线的并列运行，不会变为单母线运行，可靠性提高。

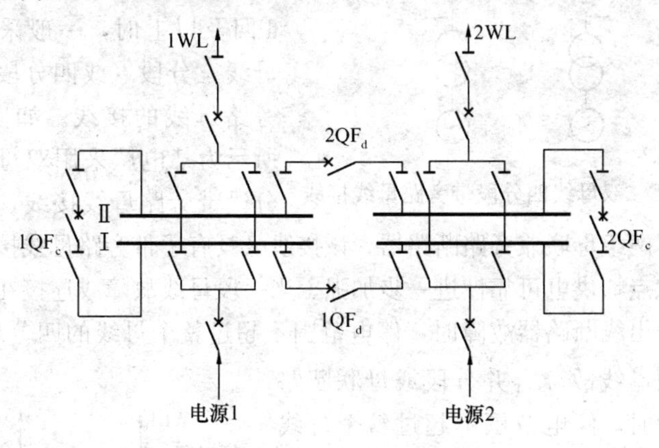

图 5-4　双母线四分段接线

2）两组母线均为工作母线。分段断路器 QF_d 和两台母联断路器均合上，电源和负荷均匀分布在总共三段母线上运行。这种运行方式可靠性更高，一段母线故障时的影响范围仅为 1/3。

（2）双母线四分段接线运行方式。双母线四分段接线正常运行时，电源和负荷出线大致均匀分配在四段母线上，母联断路器 $1QF_c$、$2QF_c$ 和分段断路器 $1QF_d$、$2QF_d$ 均在合位，四段母线同时并列运行。当任意一段母线故障时，只有 1/4 电源和负荷停电，故障影响范围更为缩小。当母联断路器或分段断路器故障时，只有 1/2 电源和负荷停电。

由上述分析可见，虽然双母线分段接线比双母线接线增加了断路器设置的台数，投资有所增加，但双母线分段接线在具有双母线接线的各种优点的同时，能大大降低母线故障时的停电范围，并且

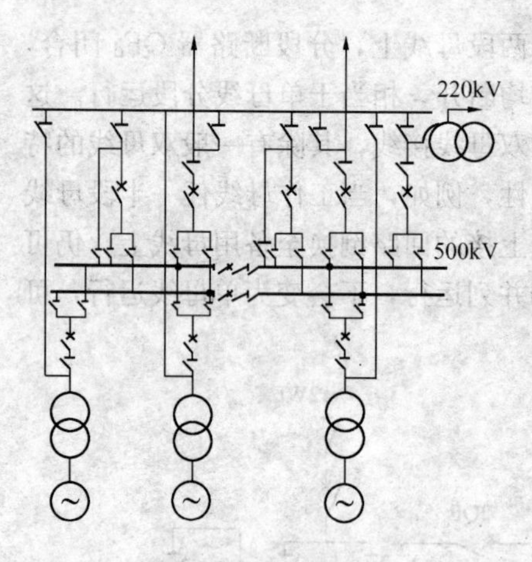

图 5-5 双母线四分段带旁路母线接线

任何时候都有备用母线，有更高的可靠性和灵活性。

双母线三分段或四分段均有带旁路的接线方式。500kV 超高压配电装置接线的可靠性要求极高，为限制故障影响范围，当进出线为 6 回及以上时，一般采用双母线三分段（或四分段）带旁路母线的接线。如图 5-5 所示为某电厂采用双母线四分段带旁路母线接线，其中增设了两组母联兼旁路断路器，该接线又具有了带旁路母线接线方式的优点，供电可靠性进一步加强。当一段母线故障或连接在母线上的进出线断路器故障时，停电范围不超过整个母线的四分之一；当一段母线故障合并分段或母联断路器拒动时，停电范围不超过整个母线的二分之一。

5-16 什么是 3/2 断路器接线？

3/2 断路器接线目前是我国使用的可靠性、灵活性最高的一种主接线形式，如图 5-6 所示。该接线有两组母线，每一支路经一台断路器接至一组母线，两个支路间有一台断路器联络，两个支路和三台断路器共同组成一个“串”电路，故称为 3/2 断路器的双母线接线或称 3/2 接线。正常运行时两组母线和所有断路器及所有隔离开关全部投入工作，形成多环形供电。

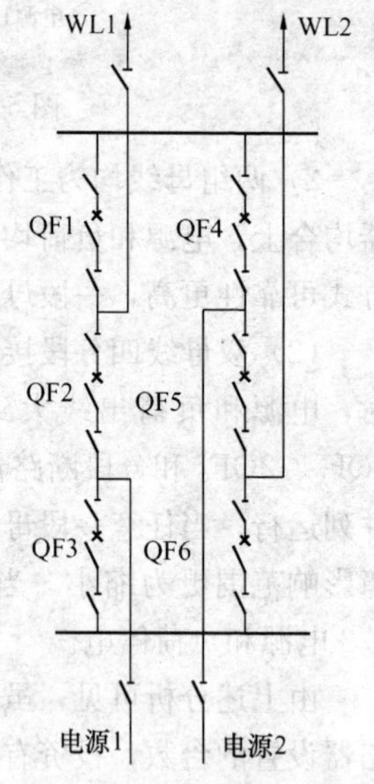

图 5-6 3/2 断路器接线

5-17　3/2断路器接线有何特点？

3/2断路器接线有以下特点：

（1）可靠。任何断路器检修时，不影响用户的供电；任一组母线故障或检修时，任何回路不会停电；母线故障或某母线侧断路器拒动时，只影响一个回路工作，只有联络断路器拒动时才会造成两个回路停电；任一台断路器检修而另一台断路器故障时，不切除两回以上的线路。

（2）灵活。多环状供电，调度灵活；倒闸操作方便；隔离开关只作为检修电器；双回线路无交叉；扩建方便。

（3）占地面积小。

（4）联络断路器的开断次数是其两侧断路器的两倍，且一个回路故障时要跳两台断路器，断路器动作频繁，检修次数增多。

（5）二次接线及继电保护复杂。

（6）投资大。

5-18　3/2断路器接线的二次回路及继电保护有何特点？

（1）保护和测量回路要用和电流接线，接线复杂，电流互感器特性不一致时，可能引起较大误差或保护误动。

（2）保护装置不能停运，但超高压线路及大容量变压器多采用保护双重化配置及插件式结构，可分别停运校验。

（3）一串按断路器进出线分五个安装单位，二次接线复杂，母线保护的电流回路是固定连接，较简单。

（4）送出线回路均单独设电压互感器，二次电压回路不需切换。

（5）隔离开关只作检修隔离用，防误闭锁回路较简单。

（6）联络断路器的控制回路受两个元件控制，接线及整定比较复杂。

5-19　3/2断路器接线与双母线接线如何比较采用？

DL 5000—2000《火力发电厂设计技术规程》中规定：

（1）对220kV系统，若采用双母线分段接线不能满足可靠性要求，且技术经济合理时，容量为300MW及以上机组发电厂的220kV配电装置也可采用3/2断路器的接线形式。

(2) 对330～500kV系统，配电装置的接线必须满足系统稳定性和可靠性的要求，同时也应考虑运行的灵活性和建设的经济性。当进出线回路为6回及以上，配电装置在系统中占重要地位时，宜采用3/2断路器接线；当进出线回路数少于6回，如能满足系统稳定性和可靠性的要求时，也可采用双母线接线。

目前，发电厂、变电站220kV配电装置采用3/2断路器接线的和双母线接线的比例相差不多，而330kV及以上系统采用3/2断路器接线较多，约占80%以上。

5-20 什么是4/3断路器接线？

由于500kV断路器造价较高，为了更进一步减少设备投资，把3回路的进出线通过四台断路器接到两组母线上，就构成了4/3断路器接线，如图5-7所示。

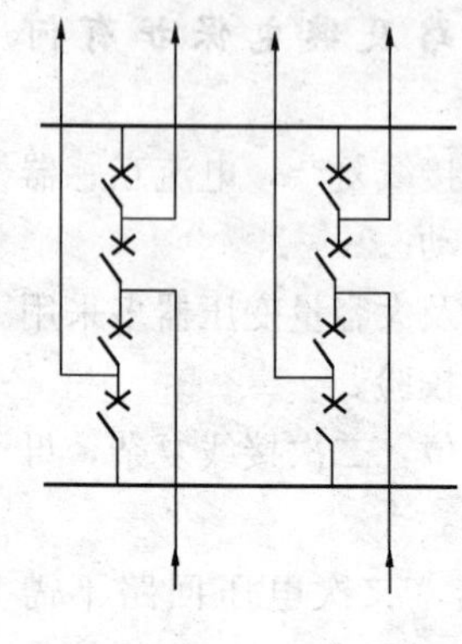

图5-7 4/3断路器接线

4/3断路器接线与3/2断路器接线相似，有两组主母线，每三个回路经四台断路器接于两组母线上，平均每个回路占用4/3台断路器。是一种设有多回路聚集点，每回进出线回路均由两台断路器供电的双重连接的多环形供电接线。该接线具有与3/2接线断路器接线相似的优点，某种程度上其可靠性高于3/2断路器接线，当进出线回路数不相等时，尤其是电源进线多于出线回路近一倍时，该接线避免了仅将两个电源进线同接在一串内，使每串内电源与负荷基本平衡，可提高配电装置的可靠性，同时，投资也低于3/2断路器接线。

5-21 3/2断路器接线中有哪些注意事项？

(1) 3/2断路器的接线中，电源进线直接与负荷出线配对成串，同名回路配置在不同串上，如主变压器两个引线不在同一串上，双回路线路不在同一串上，避免串内联络断路器故障时影响同名回路的运行。

(2) 同名回路宜分别接在不同侧的母线上，尤其是初期仅两串时，避免母线故障的影响范围。当3/2断路器接线达三串及以上时，如果布置有困难，同名回路可接于同一侧回路。

(3) 进出线的隔离开关，当3/2断路器接线仅两串时，避免线路检修时需将两台断路器断开而造成系统脱环。如3/2断路器接线达三串及以上时，进出线不宜装设隔离开关。

(4) 3/2断路器接线时，对独立式电流互感器每串宜配置三相，每组的二次绕组数量及准确等级按工程需要决定。

(5) 3/2断路器出线侧装三相电压互感器，母线及进线变压器高压侧是否装设电压互感器及其接线方式按工程需要决定。

(6) 当进出线为单条、不能完全成串时，可以其中一串为双断路器接线，如果有一台联络变压器，当布置上允许时，该串可接联络变压器。

5-22 双母线四分段带旁路母线接线与3/2断路器接线相比各自有何特点？

(1) 可靠性比较。

1) 双母线四分段带旁路母线接线。一段母线故障时，停运2～3个回路；双重故障时停运范围不超过整个母线的二分之一。

2) 3/2断路器接线。元件检修合并另一元件故障时，停运回路不超过两回。

(2) 灵活性比较。

1) 双母线四分段带旁路母线接线。分段的母线可以分段运行，可以并列运行，运行方式比较灵活；倒闸操作较繁琐，有时需要进行倒旁路操作，隔离开关作为倒闸操作用。

2) 3/2断路器接线。多环路供电，运行方式非常灵活；倒闸操作简单，隔离开关只作为隔离电器。

(3) 经济性比较。回路数少于8回时，双母线四分段带旁路母线接线投资较大，多于8回时，3/2断路器接线的投资较大。3/2

断路器接线可以采取断路器三列式布置，节省占地面积。

（4）继电保护及二次回路比较。两种接线的运行方式变化均较大，继电保护及二次回路均较复杂。

5-23 什么是配电装置的最小安全净距？

配电装置的整个结构尺寸，是综合考虑电气设备的外形尺寸、检修和运输的安全距离以及电气绝缘距离而确定的。在各种安全距离中，最基本的是配电装置的最小安全净距，即配电装置中的带电部分对接地部分之间和设备的不同带电部分之间的空间最小安全净距离。我国 DL/T 5352—2006《高压配电装置设计技术规程》中规定了屋内外配电装置各种电压等级的 A、B、C、D、E 值，在此距离下，无论出现正常最高工作电压还是出现内外过电压的情况下，都不会致使空气间隙被击穿。

5-24 什么是配电装置的间隔？

间隔是配电装置的最小组成部分，其大体上对应主接线图中的接线单元。它是为了将电气设备故障的影响限制在最小的范围内，以免波及相邻的电气回路，以及在检修电气设备时，为避免检修人员与邻近回路的电气设备接触，而将属于同一电气回路的设备布置在一起构成的设备单元。各间隔依次排列起来形成所谓的列，按形成的列数可分为单列布置和双列布置。

5-25 什么是屋外配电装置的分相中型布置方式？

分相中型配电装置是将母线隔离开关直接布置在各相母线的下方，有的仅一组母线隔离开关采用分相布置，有的所有母线隔离开关均采用分相布置。隔离开关选用单柱式隔离开关，母线引线直接自分相隔离开关支柱和棒式绝缘子引至断路器，这样避免了普通中型复杂的双层构架。分相中型可采用软母线或硬管型母线。

分相中型配电装置较普通中型配电装置的占地面积约减少 20%～30%，尤其采用硬管母线配合单柱式隔离开关的布置方案，布置清晰、美观，可省去大量构架。目前，在 220～500kV 配电装置中，分相中型布置被广泛应用。

5-26　高压开关柜有哪些主要形式？主要结构是怎样的？

我国目前生产的3～35kV高压开关按结构形式可分为固定式和手车式两种。

固定式高压开关柜断路器安装位置固定，采用母线和线路的隔离开关作为断路器检修的隔离措施，结构简单；断路器室体积小，断路器维修不便；固定式高压开关柜中的各功能区是敞开相通的，容易造成故障范围的扩大。

手车式高压断路器安装于可移动手车上，断路器两侧使用一次插头与固定的母线侧、线路侧静插头构成导电回路，检修的隔离措施采用插头式的触头，断路器手车可移出柜外检修。并且同类型断路器手车具有通用性，备用断路器手车可代替检修的断路器手车，以减少停电时间。手车式高压开关柜的各个功能区是采用金属封闭或者采用绝缘板的方式封闭，有一定的限制故障扩大的能力。

手车柜目前大体上可分为铠装型和间隔型两种。金属封闭铠装型开关柜采用金属板材组成全封闭结构，各小室间均采用金属板材作隔离；而金属封闭间隔式开关柜柜体结构与金属封闭铠装型开关柜基本相同，但部分间隔使用绝缘板。间隔型比铠装型造价低，深度尺寸小，可简化触头盒和活门结构。但从整个开关柜的造价比例看，间隔型节省造价不多，而安全等级要比铠装型低得多。因此近几年来铠装型柜采用较多而间隔柜较少采用。

铠装型手车的位置可分为落地式和中置式两种。落地式的主要特点是落地手车，易于兼容，少油、SF_6、真空断路器，配置电磁或弹簧操动机构，制造工艺较中置式要求低，手车进出和停放方便，便于维修。中置式开关柜是在真空、SF_6断路器小型化后设计出的产品，小车断路器导轨置于中间间隔层。手车小型化后，有利于手车的互换性和经济性，提高了电缆终端的高度，符合用户的要求；同时也使柜体尺寸（宽度）大为缩小；可实现单面维护。总的来讲，中置柜的使用性能有所提高，近几年来国内外推出的新柜型以中置式居多。

高压开关柜的型号有两种：一种叫产品型号，用字母来代表产品名称、结构特征、使用场所、设计顺序号（由行业归口部门认定颁发）、额定电压和改进代号等表征。另一种叫全型号，由产品型号再后加具体规格、参数、环境特征代号等组成。

产品型号构成如下：

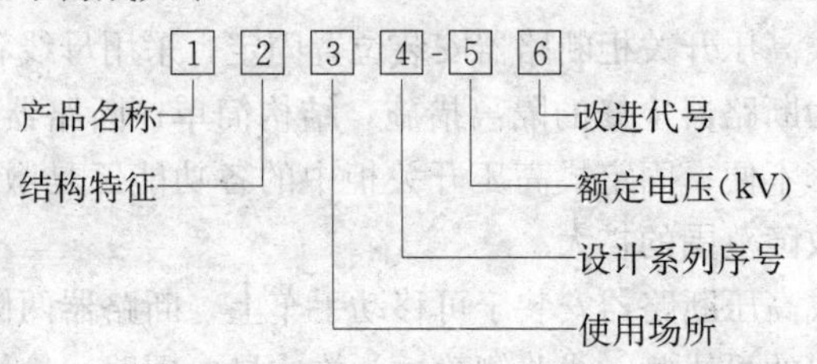

如 XGN2-12（Z）中各项代表的意义为，X 表示箱式高压开关柜、G 表示固定、N 表示户内、2 表示设计序号、12 表示 12kV、（Z）表示断路器型号（真空）。而其中的 1、2、3 位符号意义见表 5-1。

表 5-1　　高压开关柜型号含义

1 产品名称		2 结构特征		3 使用场所	
		固定式	移开式	户内用	户外用
		G	Y	N	W
箱式开关柜	X	XG	XY	XGN、XYN	
间隔式开关柜	J		JY	JYN	
铠装式开关柜	K	KG	KY	KGN、KYN	

5-27　10kV 小车开关送电前应进行哪些检查？

（1）检查并确保开关柜内干净无杂物，一次插头挡板已落下，机械联动机构完整无损坏。

（2）检查并确保小车开关各部分完整无损坏。小车开关三相一次触头接触面无灼伤痕迹，弹簧松紧合适，套管密封良好，绝缘子完整无损坏。小车开关上无杂物。

（3）检查三相接地刀闸确已拉开。

（4）用万用表分别测量小车开关三相上、下触头，确保小车开关三相确已拉开。

（5）检查并确保FC回路熔断器完整无破损，紧固正常，用万用表测量熔断器良好。

（6）检查并确认小车开关在未储能状态。

（7）检查并确认小车开关状态指示为“0”位。

5-28 推拉小车开关有哪些注意事项？

（1）小车开关推至试验/隔离位置后，应将柜门关闭。

（2）推小车开关时，如小车有卡涩现象，应将小车退出检查。

（3）在小车开关推、拉前，必须检查并确认相应保护全部投入。

（4）在小车开关推、拉过程中严禁进行合闸操作。

（5）小车开关送电后必须检查并确认其储能良好。

（6）检查小车开关有关指示是否正常。

5-29 10kV小车开关停电前的检查项目有哪些？

（1）就地检查需停电设备确已停运（设备停转、电流表指示到零）。

（2）检查并确认需停电10kV小车开关控制面板绿灯亮、模拟位置指示器的指示正常。

（3）检查并确认需停电10kV小车开关本体指示在“0”（分闸）位置。

（4）检查并确认需停电10kV小车开关控制面板三相带电指示灯均已熄灭。

（5）检查并确认需停电10kV小车开关测控装置功率表、电流表指示正常。

（6）小车开关停电前需检查以上条件全部满足后，方可进行停电操作。

5-30 低压成套配电装置有哪些种类和特点？

低压成套配电装置是低压电网中用来接受和分配电能的成套配电设备，它用在1000V以下的供配电电路中。一般说来，低压成套配电装置可分为配电屏（盘、柜）和配电箱两类；按其控制层次它可分为配电总盘、分盘和动力、照明配电箱。总盘上装有总控制开关和总保护器；分盘上装有分路开关和分路保护电器；动力、照明配电箱内装有所控制动力或照明设备的控制保护电器。总盘和分盘一般装在低压配电室内；动力、照明配电箱通常装设在动力或照明用户内（如车间、泵站、住宅楼）。不同种类的低压成套开关设备及其特点见表5-2。

表5-2　低压成套开关设备的主要参数

种　类	特　　点	适　用　范　围
固定面板式成套开关设备（低压配电屏）	电器元件在屏内为一个或多个回路垂直平面布置。 各回路的电气元件未被隔离。要求安装场所没有可能引起事故的小动物	作为集中供电的配电装置
封闭式动力配电柜	电器元件为平面多回路布置。回路间可不加隔离措施，也可采用接地的金属板或绝缘板隔离	适用于车间等工业现场的配电
抽屉式成套开关设备（动力配电中心、电动机控制中心）	电器元件安装在一个可抽出的部件中，构成一个供电功能单元。功能单元在隔离室中移动时具有三种位置：连接、试验、断开。该设备具有较高可靠性、安全性和互换性	适用于供电可靠性要求高的工矿企业、高层建筑，作为集中控制的配电中心
照明、动力配电箱	配电箱的供电系统可为三相四线制、三相五线制和单相三线制	适用作企业车间、办公楼、宾馆和商店的动力照明配电装置

5-31　厂用电接线应满足哪些要求？

（1）供电可靠、运行灵活。

（2）保证厂用电源的独立性。

（3）供电电源应尽量与电力系统保持紧密的联系性。

（4）接线简单清晰、投资适当，运行费用低。

（5）方便扩建和发展。

（6）高压厂用电系统应设有启动/备用电源。

5-32　如何确定厂用电的电压等级？

确定厂用电的电压等级，需从发电机的容量、电动机的容量范围和厂用电源的引接方式等方面考虑。我国规定：容量为60MW及以下机组，发电机电压为10.5kV时，可采用3kV；发电机电压为6kV时，可采用6kV；容量为100～300MW的发电机组，宜采用6kV；容量为600MW及以上的发电机组可根据具体条件采用6kV一种或3、10kV两种厂用电电压等级。在我国的火力发电厂中，实际应用的厂用电电压等级中，6kV系统最为常见，其次为10kV，而3kV系统由新中国成立前延续而来，目前应用较少。

低压厂用系统应包括交流厂用电和直流厂用电。发电厂的交流低压厂用电等级一般为380V或380/220V系统。主厂房内的低压厂用电系统采用动力与照明分开供电方式，如动力网络电压为380V时，低压厂用电压宜采用380V，照明系统电压为380/220V；如动力与照明混合网络电压为380/220V，则低压厂用电压为380/220V。辅助厂房的低压厂用电电压均为380/220V。

直流厂用电的电压等级一般为220V及110V，在中小型发电厂直流系统中通常只有220V一个电压等级，作为直流动力和控制共同使用。在大型机组中往往采用220V和110V两个电压等级，前者为动力电源，后者为控制电源。

发电厂的电动机型式繁多，容量相差悬殊，其供电电压的选择应考虑投资和电动机制造工艺的要求。大容量的电动机若采用较低的电压，会使额定电流增加，电动机有色金属耗量加大，损耗增加，投资和运行费用增加；小容量的电动机若采用较高的电压，势必造成绝缘等级提高，尺寸大，价格高。因此，只采用一种电压等级显然不合理。当采用6kV一种电压时，一般以200kW作为高低压厂用负荷的界限，200kW以下的电动机采用380V电压等级，220kW及以上的电动机采用6kV电压等级。1000kW以上的电动机采用10kV电压供电比较经济合理。

5-33 大型机组厂用电接线如何考虑?

(1) 高压厂用电源的引接。考虑到厂用电源与本机组的紧密联系性，应从本机组发电机出口引接；考虑到厂用负荷的容量、运行的可靠性和限制短路电流的需要，每台（1000MW）机组设两台分裂低压绕组高压厂用变压器，低压侧（10.5kV）母线段共分四段．互为备用及成对出现的高压厂用电动机及低压厂用变压器分别由不同的10kV段上引接；考虑到减小厂用电系统的故障几率和降低导线对地电容，低压绕组与厂用母线段之间通过共箱母线引接。

（2）高压备用电源引接。考虑到厂用电供电可靠性，设置机组启动/备用电源；考虑到备用电源的独立性和与系统保持紧密的联系性，启动/备用电源从本厂内最低一级的升高电压母线引接；考虑到机组容量的大小、备用变压器的检修和电压质量的要求，两台机组共设两台与工作厂用高压变压器同容量的高压备用变压器，从厂内220kV母线引接，共两台机组的四段10kV母线备用，备用变压器采用有载调压分裂绕组变压器，低压侧采用共箱母线与厂用母线相连。高压厂用电源的引接方式示意图如图5-8所示。

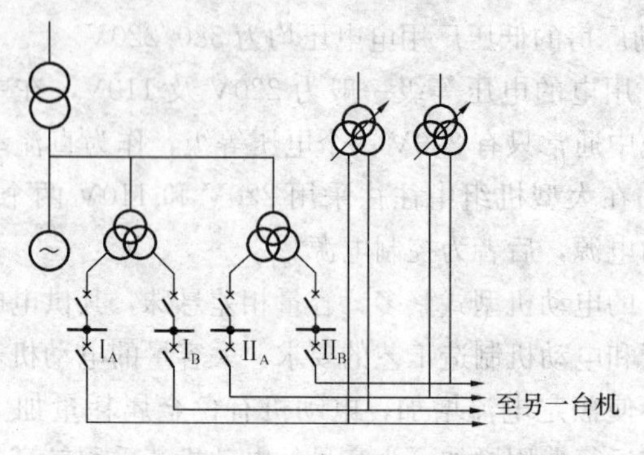

图5-8　1000MW发电机的高压厂用电接线

5-34　厂用公用负荷如何供电？

对于200MW及以上的发电机组，公用负荷的容量加大，电压等级高，所占比例也增大，所以必须设立专门的供电电源，即设立公用段。公用段一般也分为两段，以便将互为备用的负荷接于不同的公用段上。公用段应设有工作与备用两个电源，可分别由高压厂用系统引入四个不同的电源，如图5-9（a）、图5-9（b）所示。也可仅引接两路电源，而两段公用段互为备用，如图5-9（c）所示。不过，这种接线方式在设计和运行中必须注意，一旦某一公用段失

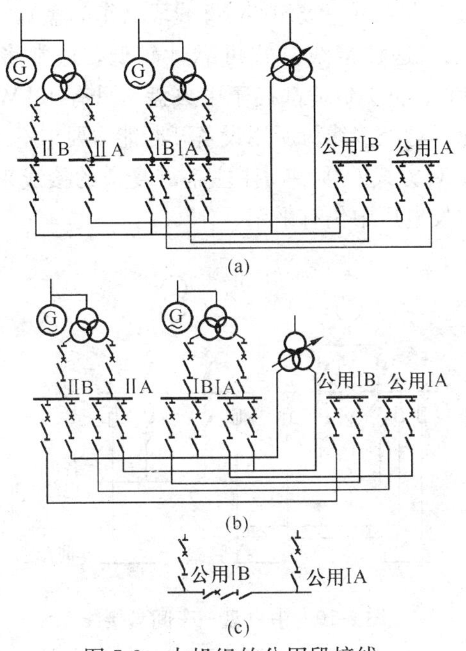

图 5-9　大机组的公用段接线

(a)、(b) 引接回路电源；(c) 引接两路电源

去电源，两段公用负荷将全部作用在作为另一电源的高压厂用母线上，极易引起该电源的过负荷。

5-35　启动/备用变压器的数量设置如何考虑？

关于启动/备用变压器的设置数量，中小型发电机组可以多台发电机共用一台启动/备用变压器；单机容量 200～300MW 时，每两台同型机组可设一个启动/备用电源；当单机容量达 600MW 及以上时，一般每两台机组设一个高压启动/备用电源，但为安全起见，每一启动/备用电源也可以由两台较小容量的启动/备用变压器组成，以满足其中一台故障或检修时，另一台仍能保证机组的起停。

5-36　什么是发电厂低压车间盘供电方式？

所谓中央盘—车间盘接线方式，是在低压厂用变压器的低压侧设立 400V 母线段（中央盘），由工作电源和备用电源两路供电；

由中央盘引接来设立下一级 400V 母线段（车间盘），单母线接线，如图 5-10 所示。这种接线方式可靠性较低，通常将Ⅰ类负荷和 40kW 以上的Ⅱ、Ⅲ类负荷都接于中央盘，只有 40kW 及以下的负荷接于车间盘。这类接线对所用设备开断能力要求不高，整体造价也低于 PC-MCC 方式的接线，往往是靠复杂的接线来保证其可靠性，目前国内发电厂中仍有采用。

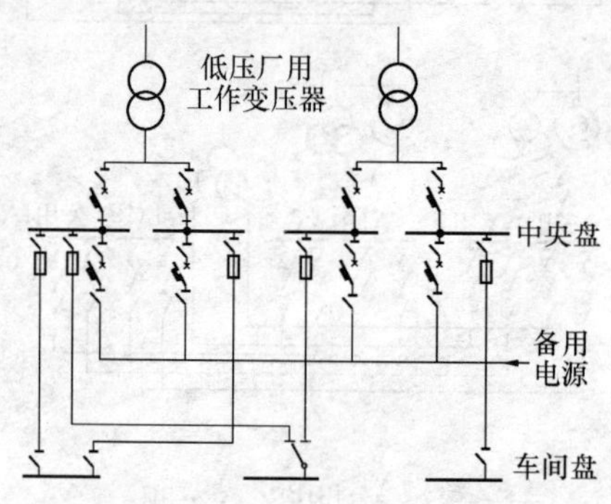

图 5-10　中央盘—车间盘接线

5-37　什么是 PC-MCC 供电方式？与中央盘—车间盘方式相比有何不同？

PC-MCC 接线表面上看和中央盘—车间盘方式没什么不同，如图 5-11 所示。一样都是两级低压母线供电，但 PC-MCC 接线方式的可靠性要高于中央盘—车间盘的接线方式。每一套 PC-MCC 的电源由互为备用的两台变压器供电，母线之间采用分段断路器，以便在某电源故障后合闸以保证供电。PC 下一级的 MCC 也为单母线分段，但不设分段断路器，其电源分别来自不同的 PC。

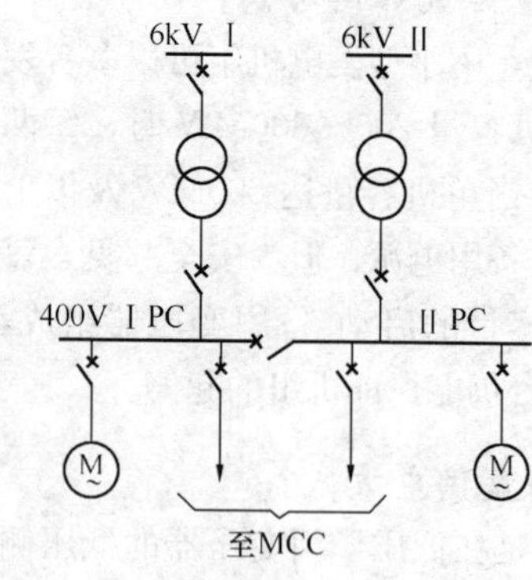

图 5-11　PC-MCC 接线

PC-MCC 接线方式的可靠性高于传统的中央盘—车间盘方式，

因为，虽然MCC也是单电源供电，但厂用工作设备和备用设备可接在不同的MCC上，而各MCC的电源又来自不同的电源，因此能保证供电的可靠性。另外，PC-MCC上普遍采用可以迅速更换故障元件的抽屉式开关柜，故障后能迅速更换故障元件。还有，PC-MCC的变压器都是互为备用的，也增加了供电的可靠性。因此，这种接线方式接线简单、可靠性高、对所用设备的质量要求高，在许多发电厂中得到了广泛的采用。正是由于其上述优点，所以该接线方式中，不再将厂用负荷按类别划分接在不同的段上，而是可以简单地以容量区分。我国规定，75kW及以上的负荷及MCC的馈电回路接于PC，75kW以下的负荷接于MCC。

5-38 1000MW发电机组低压厂用电配电装置如何设置？

邹县发电厂1000MW发电机组低压厂用系统设400V动力中心（PC）柜及400V电动机控制中心（MCC）柜。开关柜主要采用上海通用电气广电有限公司生产的MLS-600型低压抽出式开关柜，低压厂用系统采用中性点直接接地的接地方式。PC柜用于主厂房400V负荷（大于等于75kW电动机及大于等于150A馈线回路）的供电设备，MCC柜用于主厂房400V负荷（小于75kW电动机及小于150A馈电回路）的供电设备。

PC柜安装在主厂房400V配电装置内，MCC柜安装在汽机房、锅炉房、集控楼各层。PC柜与低压干式变压器并列户内安装，MCC柜成段安装在主厂房各车间内。

电源进线柜、母线联络柜及至MCC的馈线柜采用施耐德智能型框架断路器，保护采用框架断路器Micrologic 5.0A型自带智能保护单元；保护单元具有完善的三段式保护。主厂房的电源进线柜、母线联络柜及所有PC的馈线回路（除检修、照明PC的馈线）的通信接口通过各回路单独配置ST400-Ⅲ系列及ST523显示模块，将开关本体的位置、保护动作、测量等信号传送至厂内其他计算机网络上。

电动机馈线柜中电动机回路根据容量不同而采用框架断路器或

塑壳断路器+接触器+智能马达控制器（ST503）方案。90kW 及以上电动机回路均采用智能型框架断路器，90kW 以下的回路按塑壳断路器+接触器+智能马达控制器（ST503）及 ST522 显示模块配置，主厂房电动机通过各回路智能马达控制器的通信接口，将开关本体的位置、保护动作、测量等信号传送至厂内其他计算机网络上。

5-39 MLS-600 低压抽出式开关柜的结构特点是什么？

MLS（Modular Low Voltage Switchgear）-600 型低压抽出式开关柜，是适用于交流 50～60Hz、额定工作电压 $U_N \leqslant 660$V、额定工作电流 $I_N \leqslant 5000$A 的户内配电系统中，作为电能分配、转换、控制和无功功率补偿之用的低压配电装置柜。

抽屉式功能单元有 6 种类型：①8E/4、8E/2；②8E；③12E；④16E；⑤20E；⑥24E。可按需要组合成一台 MCC 柜。图 5-12 为其中部分型式的抽屉单元外观示意图。

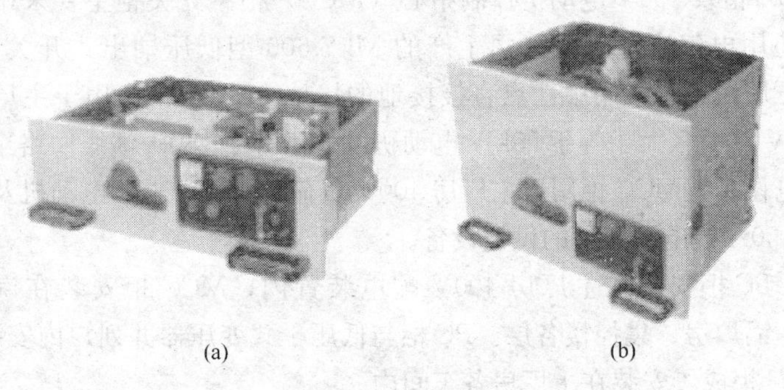

(a) (b)

图 5-12 MLS 低压开关柜抽屉单元外观示意图
（a）8E 抽屉；（b）16E、24E 抽屉

抽屉单元一、二次插件插入后，导电体完全密封在绝缘材料之中，以防止电弧对触头的损伤和相间拉弧现象。

抽屉单元具有可靠的机械联锁装置：①8E/2、8E/4 抽屉的联锁与开关合分闸为同一操作手柄，通过操作手柄控制，指示出合闸、分闸、试验、抽插、隔离位置；②8E、12E、16E、20E 和 24E 抽屉的联锁机构与开关合分闸机构互为联锁，通过联锁机构操作手柄的控制，指示出接通、试验、抽插、隔离位置。只有联锁手柄处于接通位置时主开关才能合分闸。除接通位置外，其他位置定位后手柄上最多可以挂三把挂锁，以确保维护的安全。

下面以 8E、12E、16E、20E 及 24E 型抽屉单元为例，说明抽屉的操作注意事项，图 5-13 为 8E、12E、16E、20E 及 24E 型抽屉单元的操作手柄位置图。机械联锁机构的操作手柄共有四个位置，分别是：①连接位置（抽屉锁定，主开关闭锁被解除，可以进行分合闸操作，主开关合闸后，操作把手被机械联锁装置锁住）；②试验位置（抽屉锁定在该位置，主开关分闸，控制回路接通）；③抽插位置（主开关和控制回路均断开，抽屉可以插入或拔出）；④隔离位置（抽出一定距离后，抽屉锁定在该位置，一、二次触头均断开）。其操作注意事项如下：

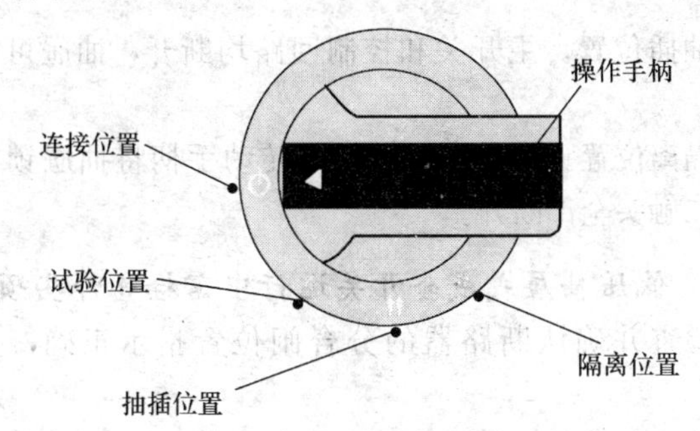

图 5-13　8E-24E 抽屉操作手柄位置

（1）抽屉底部正确插入导向件后，稍作前后移动，无卡轨现象后才能用力推入，以免发生机构损坏和脱轨、卡壳等现象（机械联锁操作手柄应指在移动位置“↑↓”，方可插拔）。

（2）只有当联锁机构手柄转到“接通”位置“O”后（抽屉被锁定，同时解除主开关的机械闭锁），这时主开关才可以进行合闸和分闸操作。当主开关合闸后，联锁机构的手柄被锁定，不能转动：只有当主开关分闸后，联锁机构的手柄才能转动，有效地防止了误操作。

（3）抽屉面板右下角的塑料小圆盖是抽屉门的解锁孔，当抽屉在工作位置时，如要开门，则先将小盖拔出，然后用螺丝刀插入孔内向下拨动锁扣即可开门，进行带电检修或机构维护。

（4）抽屉右侧有一组门锁定机构，当抽屉拉出到分离位置后用手按下机构，便可打开抽屉门，进行电气设备的安装、检修和维护；用力将门推进，机构自动将门锁住，进行正常操作。

5-40 8E/4、8E/2 抽屉开关手柄有几个不同的操作位置？

8E/4、8E/2 抽屉开关有 5 个操作位置，各位置及含义如下：

（1）合闸位置。抽屉被锁定，主开关合闸，控制回路接通。

（2）分闸位置。抽屉被锁定，主开关和控制回路均断开。

（3）试验位置。抽屉锁定在该位置上，主开关分闸，控制回路接通。

（4）抽插位置。主开关和控制回路均断开，抽屉可以插入或拔出。

（5）隔离位置。抽出 30mm 后，转动手柄将抽屉锁定在该位置，一、二触头全部断开。

5-41 低压抽屉式成套开关运行中需检查哪些项目？

（1）检查并确认断路器的分合闸位置指示正确，并与实际相符。

（2）检查并确认储能机构已储满能量。

（3）检查并确认控制单元上各指示灯指示正确。

（4）检查并确认断路器无异常声。

（5）检查并确认断路器引线接触良好、无过热。

（6）检查并确认开关柜运行环境正常。

5-42 封闭母线有哪些基本类型？

（1）共箱（不隔相）封闭母线。三相母线设在没有相间隔板的金属公共外壳内。

（2）隔相式封闭母线。三相母线布置在相间有金属（或绝缘）隔板的金属外壳内。

（3）分相封闭母线。其每相导体分别用单独的铝制圆形外壳封闭。根据金属外壳各段的连接方法，可分为分段绝缘式和全连式（段间焊接）。

5-43 发电机出口采用全连式分相封闭母线有何优点？

（1）减少接地故障，避免相间断路。大容量发电机出口短路电流很大，发动机承受不住出口短路电流的冲击。封闭母线因为具有金属外壳保护，所以基本上可消除外界潮气、灰尘和外界异物引起的接地故障。采用封闭母线基本避免了相间短路故障，提高了发电机运行的可靠性。

（2）减少母线周围钢结构发热。裸露大电流母线会使周围钢结构在电磁感应下产生涡流和环流，产生损耗并引起发热。金属封闭母线的外壳起到屏蔽作用，使外壳以外部分的磁场大约可降到裸露时的10%以下，大大减少了母线周围钢结构的发热。

（3）减少相间电动力。由于金属外壳的屏蔽作用，使短路电流产生的磁通大大减弱，降低了相间电动力。

（4）母线封闭后，通常采用微正压方式运行，可防止绝缘子结露，提高了运行的可靠性，并且为母线强迫通风冷却创造了条件。

（5）封闭母线由工厂成套生产，施工安装简便，简化了对土建结构的要求，运行维护工作量小。

5-44 发电机出口采用封闭母线有哪些注意事项？

（1）严格控制母线温度，防止接头过热。

（2）金属外壳应可靠接地，保障人身安全要求。

（3）应配置完善的防止受潮和防结露的装置。

（4）应装设隔氢、排氢装置，装设漏氢在线监测装置。

（5）表面涂漆层完好，以利散热。

5-45 如何降低导体周围钢结构的发热？

导体周围存在磁场，附近的钢结构或钢筋混凝土内的钢筋会因电磁感应而产生环流，引起发热。钢构发热会使材料因热应力而变形，钢筋混凝土发生裂缝、松动。因此，必须设法降低大电流周围钢结构的发热问题，主要措施有：

（1）增大导体与钢结构的距离；

(2) 断开钢结构内部的闭合回路；

(3) 钢结构设置电磁屏蔽环；

(4) 采用封闭母线。

5-46 共箱封闭母线的用途及特点是什么？

BGFM 10/××××型共箱封闭母线主要用于发电厂及变电站的三相 10kV 以下回路，其中 BGFM 为“不隔相共箱式封闭母线”的“不”、“共”、“封”、“母”四字汉语拼音字头；10 为母线的额定电压，单位为 kV；××××一组数字为母线的额定电流，单位为 A。共箱封闭母线在发电厂中主要用于厂用高压变压器低压侧及启动/备用变压器低压侧到厂用高压配电装置之间的电气连接，以及部分中小机组发电机至主变压器间的连接，是一种电力传输装置，它能安全可靠地输送较大的电功率。由于采用专业化工厂生产的方式，极大地方便了现场的安装调整，减少了运行维护工作。

5-47 共箱封闭母线的检修及维护有哪些注意事项？

共箱母线本身不需要进行定期的维修检查，运行一段时间后，可利用发电机的检修间隔做下列维护检查：

(1) 检查共箱封闭母线所有螺栓紧固部分（如绝缘子支持、外壳支吊，导体及外壳接头，与设备连接等处）的紧固螺栓有无松动，如有松动，应按要求进行紧固。

(2) 母线导体间的螺栓连接及母线与设备间的连接，所有导电接触面都已镀银，螺栓连接作业前螺接面均需用清洁棉丝，蘸上清洗剂清洗干净，然后紧固。最好使用力矩扳手按要求的紧固力矩值进行充分紧固。螺栓连接作业时应戴上干净手套，严禁蹬踏，撞击镀银面，也不要用手直接触摸镀银面，以防泥水、油污、汗水等脏污腐蚀镀银面。

(3) 封闭母线与设备的螺栓连接，一般在做完绝缘电阻测量和工频耐压试验后再进行。运行日久，导致绝缘子及导体等表面积灰脏污，检查时应将母线与其他设备断开，测量母线导体间及对外壳的绝缘电阻，如果所测的电阻值有显著的下降时（与以前测的阻值比较），可能是绝缘子有脏污或损伤，需进行清扫或更换以后再测量，其阻值与前次测量值接近。检查密封垫是否老化，漆层有否脱落，接地线是否可靠。

（4）共箱母线停运后再次投运前，应提前测量其绝缘电阻，如阻值较低，应临时拆除部分检修孔盖，使壳内潮湿空气流出，待绝缘电阻达到要求后方可投运。

（5）待全部检修工作完成后，共箱母线投入运行以前，须进行绝缘电阻测量和工频耐压试验，该项试验工作应在母线与设备断开的情况下进行。

5-48 微正压装置有何作用？是如何工作的？

封闭母线微正压装置的主要作用是将空气压缩、降温、过滤、干燥后充入到封闭母线中，使封闭母线中的空气压力始终保持在微正压状态，防止外界含有水分、污物的空气进入封闭母线，有效避免绝缘下降、闪络等不正常现象，保证发电机正常开机和运行。

如图 5-14 所示为 WZK 系列微正压装置的工作原理框图，三相母线分别封闭在三个相互隔离的空间，在空间中压力控制在 0.5～1.5kPa 之间，空气中水分含量控制在 1.688g/m^3 以下。其工作过程为：空气压缩机将空气压缩到 0.7MPa，经后冷却器后进入贮气罐缓冲和降温并初步析出部分水分。压缩空气经贮气罐、前置过滤器进入冷冻式干燥器，空气中的水分绝大部分在这里析出，最后经过后置过滤器充入到封闭母线中。

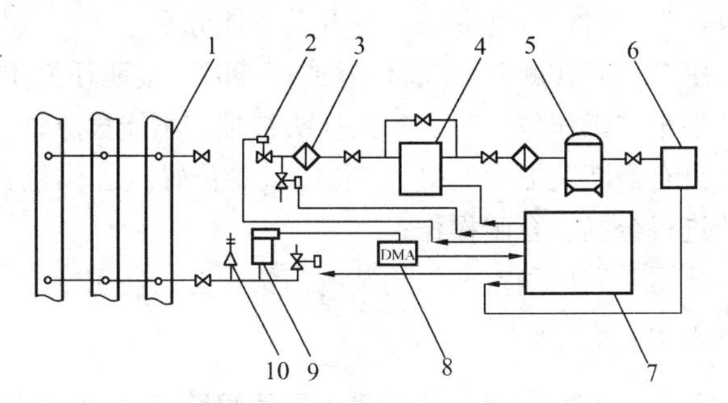

图 5-14　WZK 系列封闭母线微正压装置原理框图

1—封闭母线；2—电磁阀；3—过滤器；4—干燥器；5—贮气罐；6—空压机；7—电控箱；8—压力显示；9—压力传感器；10—安全阀

空压机启动与停止，干燥器何时投入运行，自动排水器工作，双机交替等都由电气控制箱控制，当封闭母线中压力低于0.5kPa时，充气电磁阀开启，压力达到1.5kPa时，充气电磁阀关闭。当封闭母线中的空气压力超过5kPa时报警并泄压。

5-49　封闭母线微正压装置有哪些过电压保护功能？

(1) 当封闭母线中的压力 $P \geqslant 3.5$kPa时，液压安全阀泄压，误差为±5%。

(2) 当封闭母线中的压力 $P \geqslant 5$kPa时，电磁安全阀泄压，误差为±1%。

(3) 当封闭母线中的压力 $P \geqslant 10$kPa时，气体安全阀泄压，误差为±10%。

(4) 当一次充气时间超过20min时，集控室光字牌闪烁，发出封闭母线压力异常信号。

5-50　开关柜闭锁装置有何作用？

开关柜具有可靠的闭锁装置，为操作人员与设备提供可靠的安全和保护，其作用如下：

(1) 只有当接地开关在分闸位置时，手车才能从断开/试验位置移至工作位置，后封板不能打开；

(2) 只有当断路器处于分闸位置时，手车才能在柜内移动；

(3) 接地开关在合闸位置时，手车不能从断开/试验位置移到工作位置，当后封板打开后，接地开关不能分闸；

(4) 手车只有在断开/试验位置或柜外时，接地开关才能合闸；

(5) 手车在工作位置时，二次插头被锁定不能拔除；

(6) 只有当断路器手车处于断开/试验位置或工作位置时，断路器才能进行分闸、合闸操作；

(7) 凡属于高压隔室的门均装有门锁，必须使用专用工具，才能打开或关闭。

5-51　F(熔断器)-C(接触器)串联回路在高压厂用供电系统中有什么作用？

在高压厂用电系统中，一般采用高压成套开关柜向厂用负荷供电，柜内采用断路器作为开关电器。具有双重作用的断路器，正常运行时起控制启停的作用，故障时起到迅速切断故障的保护作用。选择和配置断路器时，必须按最严重的短路情况来考虑，但随着机组容量和厂用电动机容量的加大，厂用系统的短路电流也逐渐增大，三相短路电流可达40～50kA，这种情况下如采用断路器作为开关和保护电器，在技术上和经济上都是不合理的。因此，高压限流熔断器与接触器的组合回路（即F-C回路）逐步代替了断路器作为开关和保护电器。

高压限流熔断器与接触器组合回路，从本质上说就是将断路器的两种功能分开，使大量使用的控制功能由接触器来完成，而少数情况下的保护功能由限流熔断器来完成。由于熔断器和接触器的结构简单，工艺也不复杂，材料用量及制造成本要低得多，所以，采用F-C回路具有明显的经济和技术效益。其主要优点如下：

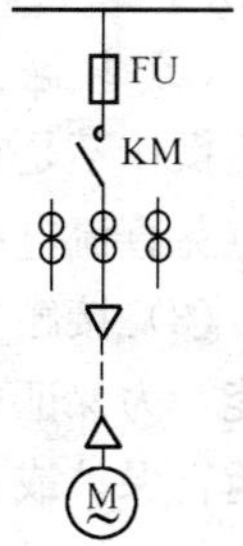

(1) 分断能力强，动作速度快，可用于短路电流在40kA以下的厂用电系统。

(2) 合闸速度快，可实现快速切换。

(3) 由于F-C的限流特性和动作焦耳积分特性，使电缆截面减小。

(4) 无火灾和爆炸危险。

(5) 检修周期长，可频繁操作。

高压厂用母线

FU

KM

M

图5-15　F-C回路

FU—限流熔断器；KM—高压接触器

F-C组合回路接线如图5-15所示。整个回路由限流熔断器和接触器串联而成，与断路器一样，也可装配于普通的开关柜内，而且体积比断路器柜要小很多。

5-52　F-C组合回路的限流熔断器的限流原理是怎样的？

厂用电回路发生短路故障，短路电流最大值一般发生在短路后半个周期（0.01s）处，由于F-C组合回路中的熔断器动作速度极快（当短路电流为 40kA 时，全熔断时间仅为 0.005～0.008s），所以，当回路发生短路时，短路电流未上升到峰值之前很远就被切断，于是在 F-C 后面的回路中仅流过一个峰值较原应流过的短路电流（又称为“预期短路电流”）要小得多的实际短路电流，这就是限流熔断器的限流原理。

5-53 F-C 组合回路中对接触器有什么要求？

（1）接触器应选用最大开断电流较大的真空接触器或 SF_6 接触器，为使其与熔断器较好地配合，熔断器的最大开断电流应大于 4kA。

（2）接触器应具有良好的操作性能，以满足频繁操作的需要。对于操作不是很频繁的场合，接触器可以采用机械锁扣式接触器，以避免直流电磁保持的接触器因直流消失而跳闸。

（3）接触器应加装必要的保护，如过电流、过负荷和逆相保护功能，为保证单相熔断器熔断后造成电动机缺相运行，还应配置缺相运行保护或在熔断器上装设熔件熔断微动开关。

（4）接触器应结构小巧，操动机构简单，以利于在开关柜内装配和降低占地及造价。

5-54 什么样的回路可以采用 F-C 组合供电？

（1）F-C 组合适用于断开故障时为感性的回路。因为此时故障电流由较小值上升，限流熔断器在该电流未到达最大值时将回路断开，从而发挥其高限流作用。一般电动机回路均符合该要求。我国目前国产的 F-C 组合回路适用于容量为 1200kW 及以下的电动机回路和 1600kVA 及以下的变压器回路。

（2）不适用于开断容性回路。因为当 F-C 回路用于电容性回路时，合闸瞬间的冲击电流可能使熔件熔断，而当关合一个容性故障回路时，F-C 将断开一个由最大值向下发展的故障电流，熔断器的限流作用将受到很大限制，使接触器可能受到超过其允许值的电流冲击，造成接触器损坏。

（3）不适用于需要重合闸的回路。因为开断短路电流后要更换新的熔断器才能重新投入运行，无法进行重合闸。

5-55 F-C小车回路在运行中需进行哪些巡视检查项目?

（1）检查并确认接触器分合闸位置指示正确，并与实际相符合。

（2）检查并确认储能机构已储满能量。

（3）检查并确认小车触头接触良好，无电弧烧伤及过热现象。

（4）检查并确认真空接触器无异常声。

（5）检查并确认高压限流熔断器指示灯正常。

（6）检查并确认二次插头位置正确，接触良好。

5-56 VCR193真空接触器—熔断器组合电器的结构及性能特点是什么?

VCR193真空接触器—熔断器组合电器（以下简称组合电器）是由澳大利亚通用电器设备有限公司生产的新一代三相交流户内控制电器设备。该组合电器适用于额定工作电压为12kV及以下电压等级、额定频率为50Hz的电力系统中电器设备的控制和保护。其主体及结构原理如下：

（1）主体结构。VCR193真空接触器－熔断器组合电器主要由交流高压真空接触器、熔断器、底盘车和其他辅助元件组成。组合电器中的交流高压真空接触器主要由真空灭弧室、操动机构、控制电磁铁以及其他辅助部件组成。接触器采用高压主电路与低压控制电路上下布置结构，这种布置方式直观、安全可靠、便于安装维护。组合电器中的元件全部安装在整体浇铸的绝缘支架中，能够得到很好的绝缘性能和保护。

（2）开断原理。接触器主触头在陶瓷的真空灭弧室中操作，灭弧室的真空度高达0.000133Pa。接触器分闸时，真空灭弧室的动静触头快速地开断。在分闸过程中高温触头产生的金属蒸汽使电弧持续到电流第一次过零点。在电流过零点时，金属蒸汽迅速凝结使动静触头之间重新建立起很高的电介质强度，维持很高的瞬态恢复电压值。如用于电机的控制，因截流值不高于0.5A，所以仅产生很低的过电压。

(3) 动作原理。接触器合闸时，合闸电磁铁通过操作机构使接触器合闸，并由机械合闸锁扣装置使接触器保持合闸状态。同时将分闸弹簧压缩，为分闸做准备。分闸时，分闸电磁铁动作使合闸锁扣装置解扣，由分闸弹簧驱动操作机构完成分闸。每完成一次合分操作，计数器将自动记录，同时面板上的合分指示牌将作出相应的指示。

1）手动操作。组合电器具有手动分闸操作功能。一般情况下，手动操作功能只能在空载调试和检测时使用。手动分闸操作功能适用于在紧急需求的情况下，操作者可用绝缘棒直接对组合电器进行分闸操作。

2）电动合闸操作。电功合闸操作是通过接通组合电器合闸回路中继电器的电气触点的操作，接通储能电磁铁的电气回路，完成合闸操作。在开关柜中，如果在合闸状态下，手车被机械联锁锁住，手车不能移动；在分闸状态时，机械联锁即被解除。手车可从试验位置向工作位置移动或从工作位置向试验位置移动时，如果组合电器已经处于合闸状态，合闸位置（辅助）开关会自动切断合闸信号的输入，合闸电磁铁电气回路处于断开状态，不能进行合闸操作。

3）电动分闸操作。电动分闸操作是通过接通组合电器分闸电磁铁电气回路完成分闸操作，同时解除手车机械联锁合闸电气回路联锁。

4）联锁。①组合电器主回路处于合闸状态时，主回路合闸位置（辅助）开关与合闸电磁铁线圈电气回路之间联锁而不能合闸。该联锁可实现当组合电器处于合闸状态时合闸电磁铁线圈不能通电的要求。②组合电器主回路状态与分闸电磁铁线圈电气回路之间的联锁。该联锁可实现当接触器处于分闸状态时分闸电磁铁线圈不能通电的要求。当组合电器过电流时，熔断器通过机械联锁紧急分闸操作。组合电器处于合闸状态时，任何情况下都可以通过手动按钮，或者通过有独立电源供电的分闸电磁铁对组合电器进行紧急分闸操作。

(4) 真空灭弧室。在陶瓷外壳的真空灭弧室内，封装一对由耐磨损、低截流材料组成的触头，既能满足开断性能，又能减少由于截流引起的过电压，并提高真空灭弧室的寿命。真空灭弧室内的波纹管起着隔绝大气又使动触头能轴向移动的功能，因而不能转动导电杆使波纹管扭曲损坏。

VCR193 真空接触器—熔断器组合电器结构采用模块叠加式总体结构布局，独特新颖、简单、紧凑、能耗和噪声低、操作可靠性高、产品适应性强，用户可以自由组合固定式、移动式等多种形式，不需经过调试可直接投入使用。交流高压真空接触器主回路与操动机构采用一体化设计，三相主回路的真空灭弧室布置在整体浇铸的绝缘机箱中，使每相回路不受外界恶劣环境的影响，并显著提高了相间的绝缘水平。

5-57　发电机—变压器组由检修转冷备用的操作步骤是怎样的？

参照附图 1 邹县发电厂电气主接线图，以 7 号机组为例，写出 7 号发电机—变压器组由检修转冷备用的操作步骤为：

（1）检查 7 号发电机—变压器组所有工作票已收工。

（2）拆除 7 号发电机—变压器组所装设安全措施。

（3）检查 7 号发电机—变压器组出线隔离开关 50636 在断开位置。

（4）投入 7 号主变压器、高压厂用变压器、励磁变压器冷却装置。

（5）检查 7 号发电机 1TV、2TV、3TV 一次保险安装良好，将 1TV、2TV、3TV 小车推至工作位置，合上 1TV、2TV、3TV 二次快速开关。

（6）将 7 号发电机出口避雷器恢复备用。

（7）检查发电机封闭母线微正压装置正常运行。

（8）合上发电机中性点接地变压器隔离开关。

（9）送上启励电源，合上启励电源开关 Q_{03}。

（10）送上励磁调节器直流电源，合上直流电源小开关 Q_{15}、Q_{25}、Q_{51}。

(11) 装上励磁柜所有保险，合上交流电源小开关 Q_{05}、Q_{90}、Q_{91}，合上风扇电源开关。

(12) 将自动励磁调节器控制方式设定为“远方”控制。

(13) 检查发电机—变压器组保护投入正确，无异常信号。

(14) 检查发电机—变压器组各部温度指示正常。

5-58 电动机启动前的检查项目有哪些？

(1) 检查并确认工作票已终结，就地工作人员已撤离，电动机周围清洁，无妨碍运行的杂物；

(2) 检查并确认保护及联锁装置投入正确；

(3) 测量电动机及其电源电缆绝缘应合格；

(4) 检查并确认电动机所带设备应具备启动条件，并且无倒转现象；

(5) 检查并确认轴承油位正常，油色透明无杂质，无渗油处，油盖无缺陷；

(6) 检查并确认电动机空气冷却器投入正常；

(7) 检查并确认直流电动机整流子电刷接触良好，表面光滑，电刷弹簧压力适当；

(8) 检查并确认电动机地脚螺栓、接地线及靠背轮、防护罩、接线盒牢固良好；

(9) 检查并确认手动盘车无卡涩现象，且定、转子无摩擦声；

(10) 配有强制循环润滑油系统或液压控制油系统的辅助设备，油系统应提前启动，根据油温情况投入油箱加热器；

(11) 检查并确认电动机及所带设备的电气仪表和热工仪表完整且已正确投入。

5-59 电动机启动时有哪些注意事项？

(1) 鼠笼式电动机在冷、热状态下允许启动的次数，应按制造厂的规定执行，如制造厂无规定时，可根据所带动机械的特性和启动条件确定。正常情况下，允许在冷态下启动两次，每次间隔不得小于 5min，在热态下可启动一次。只有在事故处理以及启动时间不超过 2～3s 的电动机可多启动一次。当电动机初始状态为环境温度时，允许两次连续启动，相隔4h后，才能再连续启动两次。当电机初始状态为额定运行温度时，允许启动一次，相隔4h后，才能再启动一次。

当进行动平衡试验时启动间隔为：①200kW以下的电动机，不应小于0.5h；②200～500kW的电动机，不应小于1h；③500kW以上的电动机，不应小于2h。

电动机冷、热态规定：①冷态，电动机本身温度为60℃及以下；②热态，电动机本身温度为60℃以上。

（2）启动电动机时应严密监视启动电流的变化，启动后电流长时间不返回，或合闸后电流表不动，电动机不转，应立即停止，查明原因后再进行启动。

（3）启动10kV设备及重要的400V设备，应派专人就地监视。启动时，就地人员站在事故按钮处，发现问题，及时停止。

（4）不可同时启动两台以上同一10kV母线上的设备。

（5）若辅助电动机启动中发生跳闸，在未查明原因、故障未消除前，不得再启动。

5-60 电动机运行中应进行哪些检查？

（1）检查并确认电流表指示稳定，不超过额定值，否则应汇报单元长，并根据其指示采取措施。

（2）检查并确认电动机声音正常，振动、串动不超过规定值，指示灯正常。

（3）检查并确认电动机各部温度不超过规定值，无烟气、焦臭味和过热等现象。

（4）检查并确认电动机外壳、启动装置的外壳接地线良好，地脚螺栓不松动。轴承油位正常，无喷油、漏油现象。油质透明无杂物，油环转动灵活，端盖及顶盖封闭良好。

（5）检查并确认电动机通风无阻塞，冷却水阀门及通风道挡板位置正确，电动机周围清洁无杂物。

（6）检查并确认绕线式电动机和直流电动机集电环表面光滑，电刷压力均匀、接触良好，无冒火等异常现象。

5-61 异步电动机启动时为什么启动电流很大，而启动转矩并不大？

异步电动机启动时的近似等效电路如图 5-16 所示。正常运行时，转差率 s 一般在 0.01～0.06 范围，所以$\frac{r_2}{s}$很大，从而限制了定、转子电流。但电动机启动时，转差率 $s=1$，此时的启动电流

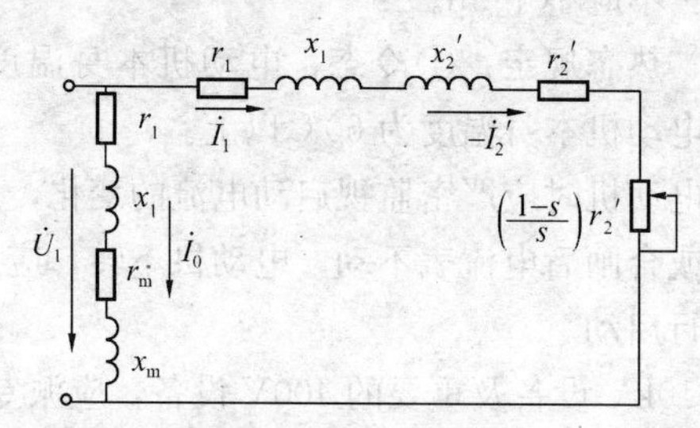

图 5-16 异步电动机启动时的近似等效电路

$$I_{st}=\frac{U_1}{\sqrt{(r_1+r_2')^2+(x_1+x_{20}')^2}}$$

从上式可以看出，启动电流的大小仅受电阻和漏抗的限制，而电动机的漏阻抗是很小的，所以启动电流很大。

虽然异步电动机的启动电流很大，但由于启动时 $s=1$，x_2 远大于 r_2，转子的漏抗值达到最大，使转子回路功率因数很低，转子功率因数角 $\varphi_2=\tan^{-1}\frac{x_2}{r_2}$接近 90°，所以尽管 I_2' 很大，但其有功分量 $I_2'\cos\varphi_2$ 却不大，另外，由于启动电流很大，定子绕组的漏阻抗压降增大，使感应电动势 E_1 减小，主磁通 Φ_m 也相应减少，由电磁转矩的物理表达式 $T=C_M I_2'\Phi_m\cos\varphi_2$ 可知，尽管异步电动机启动电流很大，但其启动转矩并不大。

5-62 厂用电动机的绝缘电阻如何测量？

（1）10kV 高压电动机的绝缘电阻应用 2500V 绝缘电阻表测量；400V 及以下的电动机绝缘电阻应用 500V 绝缘电阻表测量。

（2）电动机停用超过一周，在启动前应测量绝缘电阻。恶劣环境的电动机停运超过 8h，启动前应测量其绝缘电阻。

(3) 电动机绝缘电阻值应符合下列要求：

1) 10kV 电动机定子绕组绝缘电阻值不小于 10MΩ；

2) 400V 及以下的电动机定子绕组绝缘电阻值不小于 0.5MΩ；

3) 10kV 高压电动机绝缘电阻值如低于前次测量数值（相同环境温度条件）的 1/3～1/5 时应查明原因，并测吸收比 R''_{60}/R''_{15}，比值不低于 1.3。

5-63 电动机运行中发生振动的原因可能有哪些？

(1) 机械方面的原因。

1) 转子动平衡差，转轴变形、弯曲，联轴器平衡差。

2) 定、转子气隙不均匀，机座止口、端盖止口与轴承挡加工差。

3) 基础安装不良，强度不够，地脚螺栓松动。

4) 与负载机械连接不良，转轴中心有偏差。

5) 轴承选型不好，轴承质量差，轴承间隙超标。

6) 机械部分固有机械强度不够。

7) 超负荷运行。

(2) 电磁方面的原因。

1) 三相电压不平衡或单相运行。

2) 绕组故障，如断线、接地、短路等。

3) 定、转子变形，定子铁芯偏心，转轴弯曲引起磁力不平衡。

4) 定、转子槽数匹配不当，绕组的谐波分量太大。

5-64 电气设备及系统运行中有哪些定期工作？

电气设备及系统定期工作内容及要求见表 5-3。

表 5-3 电气设备及系统主要定期工作一览表

序号	工作内容	工作周期	要求
1	柴油发电机组启动试验	每月 2 次	柴油发电机运行半小时后停运
2	主变压器冷却器电源自动切换试验	每月 1 次	冷却器电源自动切换试验后，应检查冷却器运行正常

续表

序号	工作内容	工作周期	要求
3	主变压器冷却器切换，高压厂用变压器、高压备用变压器冷却器电源切换	每月1次	冷却器电源切换后，应试启冷却器运行正常
4	备用凝结水泵测绝缘	每月1次	绝缘合格
5	主厂房400V PC备用动力测绝缘	每月2次	绝缘合格
6	备用供油泵、汽机盘车电机测绝缘	每半月1次	绝缘合格
7	事故照明切换	每月2次	切换正常
8	发电机电刷更换、测温、碳粉清理	每周1次	用鼓风器对电刷、刷架及集电环清扫碳粉
9	电泵、高压水泵测绝缘	每月1次	绝缘合格
10	输煤10kV高压备用动力测绝缘、脱硫10kV高压备用动力测绝缘	每月1次	绝缘合格
11	主密封油泵切换，直流密封油泵启动试验	每月1次	直流油泵连续运行要大于30min
12	定子冷却水泵切换	每月1次	正常
13	发电机出口、发电机变压器组出口、高压备用变压器入口避雷器动作次数记录	每月2次	
14	主变压器、高压厂用变压器、高压备用变压器远方测温装置校对	每月1次	正常
15	直流系统绝缘监察装置定期模拟试验	每半年1次	运行联系、配合，检修操作
16	发电机励磁调节器通道切换	机组A级、B级检修后，并列前	
17	测量发电机定子线棒测温元件对地电位	每年1次	联系热工人员测量 测温元件对地电位不大于10V

续表

序号	工 作 内 容	工作周期	要 求
18	二氧化碳罐制冷机定期切换	每月1次	正常
19	定子水箱、主油箱排气口测氢	每周1次	
20	氢气系统漏氢检测	每班两次	
21	主变压器区域、高压备用变压器区域消防喷淋装置控制部分试验	每季度1次	检修执行，运行人员配合

5-65 什么情况下应立即停止电动机的运行？

(1) 危及人身安全时；

(2) 电动机及所属的电气设备冒烟着火时；

(3) 所带机械设备损坏、无法运行时；

(4) 发生强烈振动或内部发生冲击，定、转子摩擦时；

(5) 电动机转速急剧下降，电流升高或到零时；

(6) 电动机温度及轴承温度急剧上升，超过允许值时；

(7) 发生危及电动机安全运行的水淹、火灾等。

5-66 对于重要的厂用电动机，什么情况下可先启动备用设备，然后再停运故障电动机？

(1) 电动机有不正常的声音或绝缘有烧焦气味时；

(2) 电动机内或启动调节装置内出现火花或冒烟时；

(3) 同样负荷下电流超过正常运行数值时；

(4) 电动机的电缆引线严重过热时；

(5) 大型电动机冷却系统发生故障时；

(6) 电动机三相不平衡电流超过10%以上。

第六章

断路器和隔离开关

6-1 断路器的额定开断电流和额定关合电流有何区别?

断路器的额定开断电流是指在额定电压下，能保证断路器正常开断的最大短路电流。它是表征断路器开断能力的一个重要参数。其值大小和电压有关，在低于额定电压下，断路器开断电流可以提高，但由于灭弧装置机械强度的限制，开断电流仍有一极限值，此极限值称为极限开断电流。

断路器的额定关合电流是表征断路器关合短路故障能力的参数。额定关合电流一般为额定开断电流的 2.55 倍。当电力系统存在短路时，断路器一合闸就会有短路电流流过，这种故障称为预伏故障。当断路器关合有预伏故障的设备或线路时，在动静触头尚未接触前几毫秒就发生预击穿，随之出现短路电流，给断路器关合造成阻力，影响动静触头合闸速度及触头的接触压力，甚至出现触头弹跳、熔化、焊接以至断路器爆炸等事故。因此，把短路时保证断路器能够关合而不致发生触头熔焊或其他损伤的最大电流，称为断路器的额定关合电流，其数值以关合操作时瞬态电流第一个最大半波峰值来表示。其值大小与断路器操动机构的功率、断路器灭弧装置性能等有关。

6-2 高压断路器的额定操作顺序是什么?

断路器的操作顺序是指在规定时间间隔的内一连串规定的动作，额定操作顺序分为两种：

(1) 自动重合闸操作顺序，即“分—θ—合分—t—合分”，θ 为无电流时间，取值 0.3s 或 0.5s，t 为 3min（强送时间）。自动重合闸是指断路器故障跳闸以后，经过一定的时间间隔后又自动进行再次合闸。重合后，如果故障已消除，即恢复正常供电，称为自动重合闸成功。如果故障未消除，则断路器必须再次开断故障电流。这种情况称为自动重合闸失败。重合闸失败后，如已知为永久性故障应立即组织检修。但有时运行人员无法判断故障是暂时性还是永久性，而该线路又很重要，允许 3min 后再强行合闸一次，称为强送电。同样强送电也可能成功或失败。失败时断路器必须再次开断一次短路电流。上述过程称为断路器的自动重合闸的操作循环。

（2）非自动重合闸操作顺序，即“分—t—合分—t—合分（或合分—t—合分）”，通常 t 取值 15s。

6-3 高压断路器为什么设置灭弧室？

为了提高灭弧能力和应对开断短路电流时介质的压力升高，高压断路器采用灭弧室结构。一是可以形成有力的吹弧效应，二是灭弧室体积较小，其强度问题容易解决。

6-4 高压断路器采用多断口的意义是什么？

在高压断路器中，每相采用两个或更多的断口串联，在熄弧时，断口把电弧分割成多个小电弧段，在相等的触头行程下，多断口比单断口的电弧拉长了，从而增大了弧隙电阻，而且电弧被拉长的速度，即触头的分离速度增大，增大了弧隙介质电强度的恢复速度。由于加在每个断口上的电压降低，使弧隙恢复电压降低，也有利于电弧的熄灭。

6-5 多断口断路器的断口并联电容起什么作用？

断路器采用多断口的结构后，由于导电部分与断路器底座和大地之间的对地电容的影响，每一个断口在开断时电压分布不均匀。下面以两个断口的断路器为例加以说明。如图 6-1 所示，U 为电源

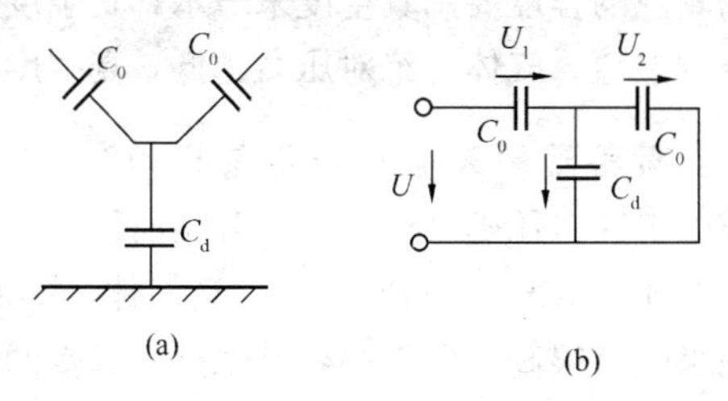

图 6-1 多断口及对地电容分析

（a）为断口示意图；（b）等值电路图

电压，U_1、U_2 分别为两个断口的电压。电弧熄灭后每个断口可用一等值电容 C_0 代替，中间导电部分与断路器底座和大地之间，也可看成是一个对地等值电容 C_d。对于两断口间的电压计算如下

$$U_1 = U\frac{C_d + C_0}{2C_d + C_0}$$

$$U_2 = U\frac{C_d}{2C_d + C_0}$$

由于 C_d 和 C_0 都很小，可认为 $C_d = C_0$，则

$$U_1 = U\frac{C_d + C_0}{2C_d + C_0} = \frac{2}{3}U$$

$$U_2 = U\frac{C_d}{2C_d + C_0} = \frac{1}{3}U$$

由上式可见，两个断口上的电压相差很大。第一个灭弧室工作条件要比第二个灭弧室严重得多。为使两个灭弧室的工作条件接近，一般在灭弧室两侧设置并联大电容 C。由于 C 值比 C_d 或 C_0 大得多，C_0 可忽略不计，则断口电压分布为

$$U_1 = U_2 \approx U\frac{C + C_d}{2(C + C_d)} = \frac{U}{2}$$

由此可知，并联大电容后，只要电容足够大，两断口上的电压分布就接近相等，从而提高了断路器的灭弧能力，因此该并联电容称为均压电容。

6-6 真空断路器的真空指的是什么？

真空是指绝对压力低于一个大气压（101.325kPa）的气体稀薄空间。表示真空的程度要用真空度来表示，真空度指气体的绝对压力与大气压的差值。气体的绝对压力越低，真空度越高。

6-7 真空断路器的灭弧原理是怎样的？

气体间隙的击穿电压随气体压力的升高而降低。真空断路器灭弧室气体压力在 133.3×10^{-4} Pa 以下，当气体压力在高真空状态下，其介质绝缘强度很高，电弧很容易熄灭。真空的绝缘强度比变压器油、1 个大气压下的 SF_6 和空气的绝缘强度都高得多。在真空状态下，气体分子的自由行程为 1m，行程很大，发生碰撞游离的

机会很小，因此，真空中产生电弧的主要因素不是碰撞游离。真空中电弧是在触头电极蒸发出的金属蒸气中形成的，只要金属触头形状有使电场能量集中部分，引起触头电极发热产生金属蒸气即可形成电弧。所以，电弧特性主要取决于触头材料及表面状况。目前，使用最多的材料为良导电材料制成的合金材料，如铜—铋（Cu-Bi）合金，铜—铋—铈（Cu-Bi-Ce）合金。

6-8 真空电弧是如何熄灭的？

真空电弧弧柱内外，压力和质点密度差别很大，弧柱内的金属蒸气带电质点不断向外扩散。溢出弧柱的质点，有的冷凝在极板外的触头表面上，有的则冷凝在屏蔽罩上。弧柱内部处在一面向外扩散，一面不断从电极蒸发出新的质点的动态平衡中。当交流电流趋于零点时，电弧的输入能量减少，电极温度下降，蒸发作用减少，弧柱内的质点密度降低，阴极斑点的数目也逐渐减少。最后的斑点在电弧接近零时消失，电弧随之熄灭，弧柱残余的质点继续向外扩散，这就是弧后的介质恢复过程。

6-9 真空灭弧室的基本结构元件有哪些？

真空灭弧室是真空断路器的核心部件，承担断路器开断、导电、绝缘等方面的性能。灭弧室的基本元件有外壳、波纹管、导电杆、动静触头和屏蔽罩等。

它的外壳是用玻璃、陶瓷或微晶玻璃等绝缘材料制造的真空密闭容器；波纹管是可伸缩的元件，动导电杆借助波纹管的伸缩性可沿真空灭弧室的轴运动，而外部的气体却不会进入真空灭弧室内部，这样就可在完全密封的条件下从外部操纵触头的合分，达到合分电路的目的；屏蔽罩的主要作用是吸收电弧生成的金属蒸气等，防止它们污染绝缘外壳，另外还具有改善灭弧室内电场分布的均匀性，促进灭弧室小型化，有助于弧后介质强度的恢复等作用。

6-10 真空灭弧室的触头材料有何要求？

真空断路器对触头材料有很多很高的要求，除了一般断路器触头材料所要求的导电、耐弧性能外，还要求抗熔焊性好、截流值小、含气量低、导热系数高、机械强度高、热电子发射能力低、电磨损速率低、加工方便和价格低廉等性能。

6-11 什么是真空电弧的截流现象？

在某一电流值时，由于弧柱扩散速度过快，阴极斑点附近的蒸气压力和温度骤降，使金属质点的蒸发不能维持弧柱的扩散，则电弧骤然熄灭，这就是真空电弧的截流现象。

截流现象是小电流真空电弧出现的现象。随着开断电流的增大，截流值减小，当电流超过几千安时，一般就不会出现截流现象，另外，触头开断的速度越高，截流值也越大。

6-12 真空灭弧室触头为什么具有一定的自闭合力？

真空灭弧室在未与断路器的传动机构连接之前，动静触头总是处在可靠闭合状态。要使触头分开，必须对动导电杆施加足够的拉力。如果动导电杆没有这种自闭合力，则当灭弧室垂直放置且动导电杆在下方时，在其自身重量作用下将向分闸方向下落，直至波纹管被压死为止，使得波纹管行程超过允许值，从而密封性能被破坏。当灭弧室水平放置且运输过程中受到外接震动时，如果动静触头处在分开位置，可动部分将会由于只有单侧支点定位而晃动，使得内部部件位移或变形，特别是波纹管根部焊接处易损坏而破坏其密封性能。

6-13 VB2型真空断路器的型号有何含义？

VB2型真空断路器是美国通用电气公司生产的VB2-12/T1250（2500）-40-GE-Z型户内高压真空断路器。其型号的具体含义为：VB表示真空断路器；12表示额定电压（kV）；T表示弹簧操动机构；1250（2500）表示额定电流（A）；40表示额定短路开断电流（kA）；GE表示公司代号；Z表示可移开式。

6-14 VB2型户内高压真空断路器的结构是怎样的？其分合闸操作是如何实现的？

如图6-2所示为VB2-12型户内高压真空断路器的结构示意图。

（1）其合闸操作过程为：如图6-2所示，当断路器需要合闸时，手推合闸按钮或电动合闸，使合闸掣子2作逆时针转动与凸轮

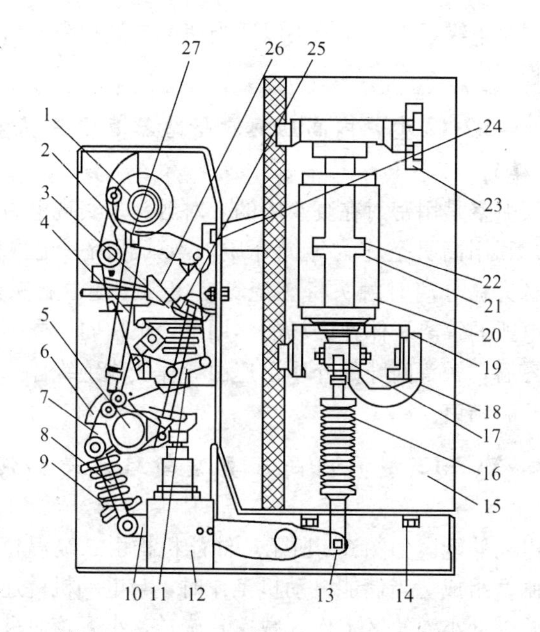

图 6-2　VB2-12 型真空断路器结构示意图

1—凸轮；2—合闸掣子；3—分闸弹簧；4、8—连杆；5—主轴；6、7—拐臂；9—触头弹簧；10—杠杆；11—分闸掣子；12—油缓冲；13—轴销；14—螺栓；15—绝缘罩；16—绝缘子；17—导电夹；18—软连接；19—下支座；20—真空灭弧室；21—动触头；22—静触头；23—上支座；24—螺栓；25—台板；26—分闸脱扣抬板；27—滚子

1 上的滚轮脱离，凸轮在合闸弹簧的作用下逆时针转动，凸轮推动滚子 27 使连杆 4 向下运动，使主轴 5 和杠杆 10 等传动系统同时作逆时针转动，并使绝缘子 16 向上直线运动，动触头 21 以适当的速度和静触头 22 闭合，同时压缩触头弹簧 9 使其产生所需的接触行程，使动静触头产生所需的压力。而拐臂 6 上的滚子与分闸掣子 11 在这个位置顶住，保持合闸。

(2) 其分闸操作过程为：当断路器接到分闸指令时，手推分闸按钮或电磁铁电动分闸，使分闸脱扣抬板 26 顺时针转动，压迫台板 25 顺时针转动，使分闸掣子 11 与拐臂 6 上的滚子脱离，在分闸弹簧与触头压簧作用下，主轴 5 和杠杆 10 等整个传动系统作顺时针运动，同时绝缘子带动动触头以适当速度与静触头分离，完成整个分闸过程。

6-15　VB2-12型户内高压真空断路器真空灭弧室的工作原理是怎样的？

真空灭弧室是用密封在真空中的一对触头来实现电力电路的接通和分断，利用高真空作为绝缘介质，当其开断一定数值的电流时，动静触头在分离时触头将燃烧真空电弧，随着触头开距的增大，真空电弧的等离子体在磁场的作用下，很快向四周扩散，电弧电流在过零后，触头间隙的介质迅速由导体变成绝缘体，于是电流被分断，开断结束。

6-16　VB2-12型户内高压真空断路器是如何进行储能的？

（1）电动储能。如图6-3所示，储能机构由二级涡轮、超越离合器及合闸簧组成。当储能电动机工作时，与电动机键连接的小蜗杆1旋转，带动小涡轮2工作（减速）旋转，小涡轮通过单向轴承固定在大蜗杆3上，于是小涡轮带动大蜗杆一起旋转，大蜗杆又带

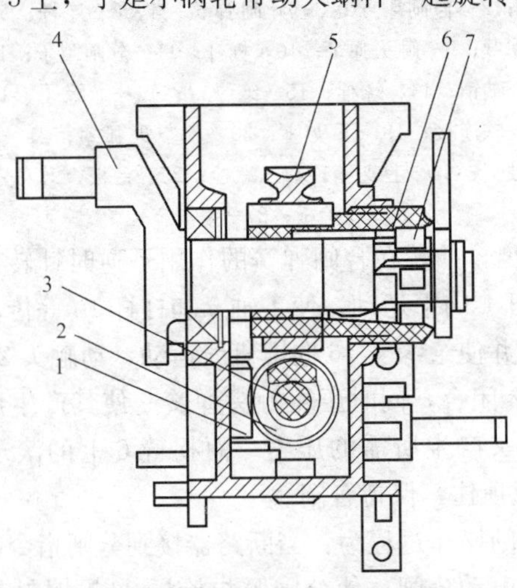

图6-3　VB2-12型真空断路器储能机构

1—小蜗杆；2—小涡轮；3—大蜗杆；4—储能轴；

5—大涡轮；6—钢套；7—钢柱

动大涡轮 5 再一次作减速旋转。大涡轮转动带动钢套 6 运动，钢套转动使钢柱 7 与储能轴 4 挤紧产生较大的摩擦力，带着储能轴一起转动，拉长合闸簧储能，然后由合闸掣子顶住凸轮上的滚子，使机构保持储能状态。

（2）手动储能。如图 6-3 所示，由手把顺时针转动，直接带动大蜗杆转动后，作上述储能。

6-17 真空断路器使用与维护有哪些注意事项？

（1）进出开关柜时，必须使断路器处于分闸状态。

（2）供试验的断路器，必须接地。

（3）在保养、检测时必须切断主电路和控制电路，并退出至检修位置。

（4）检测时，使合闸弹簧释放能量，处于“未储能”状态。

（5）断路器在使用前应检查真空灭弧室有无破裂、漏气现象。确认断路器无异常后再清理其表面灰尘污垢，通过工频耐压检查真空灭弧室的真空度。

（6）在使用时应定期对灭弧室进行工频耐压检验，若不能承受试验电压，则应更换灭弧室。

（7）在使用中应注意触头磨损量。记录投入使用时导杆伸出导向板的长度 H，当长度 H 减少 3mm 时应予更换真空灭弧室。

（8）正常运行的断路器应定期进行维护检查。每操作 2000 次或每年进行一次维护检查，内容是对灭弧室进行工频耐压检查。清除绝缘表面灰尘，注润滑油，拧紧松动的紧固件，检查开距和超行程等。

6-18 真空断路器的异常运行主要包括哪些情况？

（1）真空灭弧室真空度失常。真空断路器运行时，正常情况下，其灭弧室的屏蔽罩颜色应无异常变化，真空度正常。若运行中或合闸前（一端带电压）真空灭弧室出现红色或乳白色辉光，说明真空度下降，影响灭弧性能，应更换灭弧室。

（2）真空断路器运行中断相。真空断路器接通高压电动机时，有时会出现断相，使电动机缺相运行而烧坏电动机。真空断路器出现合闸断相的可能原因有：

1）断路器超行程（触头弹簧被压缩的数值）不满足要求，影响该相触头的正常接触。可通过调节绝缘拉杆的长度，并重复测量多次，才能保证其超行程的正确性和接触的稳定性。

2）断路器行程不满足要求。在保证超行程的前提下，通过调节分闸定位件的垫片，使三相行程均满足要求，并三相同步。

3）由于真空断路器的触头为对接式，触头材料较软，在分、合闸数百次后触头易变形，使断路器超行程变化，影响触头的正常接触。

（3）真空断路器合闸失灵。合闸失灵的原因是：

1）电气方面的故障。电气方面的故障主要有：①合闸电压过低（操作电压低于0.85倍额定电压）或合闸电源整流部分故障；②合闸电源容量不够；③合闸线圈断线或合闸线圈匝间短路；④二次接线接错等。

2）操动机构故障。操动机构的故障主要有：①合闸过程中分闸锁扣未扣住；②分闸锁扣的尺寸不对；③辅助开关的行程调得过大，使触片变形弯曲，接触不良。

（4）真空断路器分闸失灵。分闸失灵的原因主要是：

1）电气方面的故障。主要故障有：①分闸电压过低（操作电压低于0.85倍额定电压）；②分闸线圈断线；③辅助开关接触不良。

2）操动机构故障。主要故障有：①分闸铁芯的行程调整不当；②分闸锁扣扣住过量；③分闸锁扣销子脱落。

6-19 真空断路器和SF_6断路器各有何特点？

真空断路器是一种触头在高真空中关合和开断的断路器。真空断路器具有开距短、体积小、重量轻、电寿命和机械寿命长、维护少、无火灾和爆炸危险等优点，近年来发展很快，特别在中等电压领域内使用很广泛，是配电开关无油化的最好的换代产品。

SF_6断路器是采用SF_6气体作灭弧和绝缘介质的断路器。SF_6断路器具有开断能力强、开断性能好、允许开断次数多、单断口电压高、无严重截流和截流过电压等优点，而且结构简单、维护工作量小，因此在各个电压等级尤其是在高电压等级电力系统中应用广泛。

6-20 SF_6 断路器的单断口电压为什么高于少油断路器的单断口电压？

因为少油断路器和 SF_6 断路器的灭弧介质不同，开断过程中，前者的介质强度恢复速度慢，燃弧时间长，断口间的开距大，整体结构比较笨重。国产少油断路器的单断口电压仅为 66kV，110kV 等级的断路器就需要两个断口串联而成。而 SF_6 断路器采用 SF_6 气体作为灭弧介质和绝缘介质，灭弧性能优良，断口开距小，单断口电压可达 254kV，甚至可以达到 363～420kV。

6-21 SF_6 断路器是如何分类的？

（1）SF_6 断路器按其结构形式可分为瓷柱式、落地罐式和全封闭组合电器（GIS）三类。

1）瓷柱式断路器的灭弧装置装在支持瓷套的顶部，灭弧室可布置成 T 形或 Y 形，由绝缘杆进行操动。这种结构的优点是系列性好，可由不同个数的灭弧单元组成，但该产品机械稳定性差，且不能加装电流互感器。

2）落地罐式类同多油断路器的形式，但气体被密封在一个罐内，灭弧装置装在罐内，导电部分借助绝缘套管引出，套管的底部可装电流互感器。这种结构的整体性强，机械稳固性好，防振能力强，但系列性差。

3）SF_6 全封闭组合电器是按电气主接线的要求，将各电气设备依次连接成一个整体，全部封装在封闭着的接地金属壳体内，壳体内充以 SF_6 气体，作为灭弧和绝缘介质，以优质环氧树脂绝缘子作支撑的一种新型成套高压电器。具有运行可靠性高、体积小、安装周期短和维护工作量小等优点。

（2）SF_6 断路器按其触头动作方式可分为定开距式与变开距式两类。

1）变开距式断路器在开断过程中开距随动触头（连同喷嘴）

运动而不断增大，电弧熄灭后动、静触头保持一定的绝缘距离。

2）定开距式断路器则是将两个喷嘴的距离固定不动，以保持最佳熄弧距离。动触头与压气罩一起运动，使压气罩与固定活塞间空腔内的 SF_6 气体被压缩，将电弧吹灭。

（3）SF_6 断路器的灭弧室可分为双压式、单压式和旋弧式三种。双压式为早期发展的一种灭弧室，SF_6 断路器内部有两种压力区，低压力区主要作为断路器的内部绝缘用；高压力区用以吹弧，因结构复杂，现已淘汰。单压式结构简单，SF_6 断路器内部只有一种压力（一般为 0.3～0.6MPa）。灭弧室开断电弧过程中的吹弧压力由压气活塞产生。旋弧式灭弧室在静触头附近没有磁吹线圈，开断电流时线圈被电弧串接进电路，在触头之间产生纵向或横向磁场，使电弧沿触头中心旋转，最终熄灭。该形式结构简单，触头烧损轻微，在中压系统中普遍使用。

6-22　SF_6 气体为什么是一种优良的绝缘和灭弧介质？

SF_6 气体具有良好的导热性能、优异的绝缘性能和灭弧能力以及稳定的化学性能，主要表现在以下几个方面：

（1）良好的导热性能。SF_6 气体为无色、无味、无毒、不燃烧、也不助燃的惰性气体。在常温常压下，SF_6 气体密度约为空气的 5 倍，由于其分子量（为 146.07）大，热容量大，考虑到自然对流效应，其实际导热能力远比空气好，因此解决 SF_6 断路器的温升问题并不复杂。

（2）优异的绝缘性能。断路器开断后，触头间间隙绝缘能力的恢复是电弧熄灭的重要因素，间隙中带电粒子的多少表示了绝缘能力的大小。当触头分开产生电弧后，带电粒子主要是热游离和碰撞游离产生的，由于 SF_6 呈强烈的负电性（即正离子直接吸附电子形成中性质点的特性），而且体积大，较易捕获电子，并能吸收其能量生成低活动性的稳定负离子，其自由行程短，使间隙中难以再发生碰撞游离，大大减少了间隙中的带电粒子。因此，在 1 个大气压（1.01×10^5 Pa）下，SF_6 绝缘能力超过空气的两倍，在 3 个大气压下时，其绝缘能力和变压器油相当。

(3) 优良的灭弧性能。SF_6 在电弧的高温作用下，生成低氟化合物，但电弧电流过零时，低氟化合物则急速再合成 SF_6。故弧隙介质电强度恢复较快，所以 SF_6 的灭弧能力相当于同条件下空气的 100 倍。

(4) 高度的化学稳定性。在大气压下以及温度高达 500℃的情况下，都具有高度的化学稳定性。在电气设备中的允许运行温度范围内，SF_6 对电气设备中常用的铜、铝、钢等金属材料不起化学作用。在 200℃以上时，对铜和铝的腐蚀也是极微弱的。一般来说，SF_6 对断路器的材料没有腐蚀作用，因此 SF_6 断路器的检修周期长，检修工作量小。

6-23　SF_6 气体中含水量多有何危害？ 检测 SF_6 气体湿度的方法有哪些？

SF_6 气体中含水量多的危害有两条：一是电弧分解物在水分参与下产生有毒的低氟化合物，威胁人身安全和对断路器内部构件产生腐蚀；二是影响其绝缘强度，威胁安全运行。因此，必须保证 SF_6 气体中的含水量不超过允许值，以不使水蒸气凝结成水而最多凝结成冰为判断的标准。

检测 SF_6 气体湿度的方法有：①重量法（称干燥剂的重量）；②电解法（判断电解电流的大小）；③阻容法；④露点法。

6-24　如何保证 SF_6 气体中的含水量低于允许值？

(1) 保证新气体的质量，含水量不超标。

(2) 加强断路器内部绝缘工艺。

(3) 避免充装气体、抽真空、管件连接等环节渗入水分。

(4) 提高密封工艺水平。

(5) 用正确的方法及时进行测量。

6-25　什么情况下不宜检测 SF_6 气体的湿度？

①充气后 24h 内不宜进行；②低温及雨天不宜进行；③不宜在清晨化露前进行。

6-26 3AT2/3EI 型 500kV SF_6 断路器的型号有什么含义?

3A 表示三相交流断路器;T 表示序列号,两周波开断(P 表示带绝缘喷嘴的灭弧室;Q 表示三周波开断);2/3 表示断口数,每相断路器有两个断口,2 型断路器无并联电阻,3 型断路器带有并联电阻;E 表示液压操动机构(F 表示弹簧;D 表示罐式);I 表示安装形式,分相操作机构,分相安装(G 表示三相机械联动,共基座安装;E 表示分相操作机构,共基座安装)。

6-27 自动压气式灭弧室的原理是怎样的?

自动压气灭弧的断路器根据自动压气原理进行工作,压气缸被分为两部分,一个自动压气室和一个压缩室。当正常工作电流被切断时,SF_6 气体被压进压缩室,使其压力升高。当电弧出现时压缩室中的气体喷出,在电流过零时将电弧熄灭。当切断短路电流时,由于电弧的加热,在自动压气室中产生所需的熄弧压力。用这种办法可以实现用电弧的能量来增大 SF_6 的压力,从而操作机构不需要额外的能量。合闸时压气缸向上移动,触头互相接触,压气缸中重新充满气体。

6-28 什么是断路器的弹簧操动机构?什么是液压操动机构?

操动机构是带动传动机构进行断路器的合闸、分闸及合闸状态的保持的机构。根据合闸时所用能量的形式,操动机构分为手动式、电磁式、弹簧式、压缩空气式和液压式等几种类型。

弹簧操动机构是利用弹簧预先储存的能量作为合闸动力。在断路器操作前,由另外的小功率能源设备将合闸弹簧储能,以备合闸时所用。该型操动机构成套型强、不需配备附加设备,不需要大容量的能源装置,因此应用很广。其缺点是结构复杂,加工工艺及材料性能要求高,且机构本身重量随操作功率增加而急剧增加。

液压操动机构是利用高压压缩气体(氮气)作为能源,以液压油作为能量传递的媒介,推动活塞做功,使断路器进行合闸、分闸的机构。如果利用预先储能的弹簧作为能源,以液压油作为能量传递的媒介的操动机构则称为液压弹簧操动机构。

6-29　弹簧操动机构有什么主要特点？

（1）能量的可利用性。机构一旦储能，可以保持能量而不损失。断路器由简单的掣子保持在合闸或分闸位置，由脱扣脉冲释放。断路器合闸后，保证提供跳闸操作需要的能量。SF_6 压气式断路器的灭弧室已进行过优化设计，仅需要较低的能量便使其动作，因此，使用一台弹簧操动机构就可以操作多个断口的断路器。操动机构的能量可以灵活调整，适用于大范围的需要不同能量的断路器。

（2）全面的可靠性。液压操作机构中阀门、密封、压缩机、管路、压力容器等的腐蚀和磨损会导致故障和泄漏。使用弹簧和机械掣子系统减少了这些部件的故障，确保机构的可靠性。

（3）良好的低温特性。选择适当的润滑剂和适当的机构箱的加热器，弹簧操作机构可以用于任何环境温度而不需要任何调整。

（4）维护需要较少的技巧。对于弹簧操动机构，15 年或经过 5000 次操作后，其润滑齿轮、主要运动部分和掣子需要进行润滑，缓冲器的油位需要检查。

6-30　液压操动机构有何优缺点？

液压操动机构的主要优点有：①不需要直流电源；②暂时失电时，仍然可以操作几次；③功率大，动作快；④冲击小，延时小，操作平稳。缺点是结构复杂、加工精度要求高、维护工作量大。适用于 110kV 以上断路器，它是超高压断路器和 SF_6 断路器采用的主要机构形式。

6-31　BLG 弹簧操动机构的基本构造是怎样的？

操作机构经拉杆和断路器柱的机械系统相连。操作机构里的合闸弹簧控制断路器的闭合，分闸弹簧被连接在断路器柱的操作机构上，合闸时断路器分闸弹簧被机构自动储能，由此获得分闸所需的能量。操作结构里的脱扣掣子装置使断路器保持在合闸状态，断路器分闸时只需要释放脱扣掣子装置。如图 6-4 所示为 BLG1002A 型弹簧操动机构在分闸弹簧未储能时的结构示意图。通常操动机构由

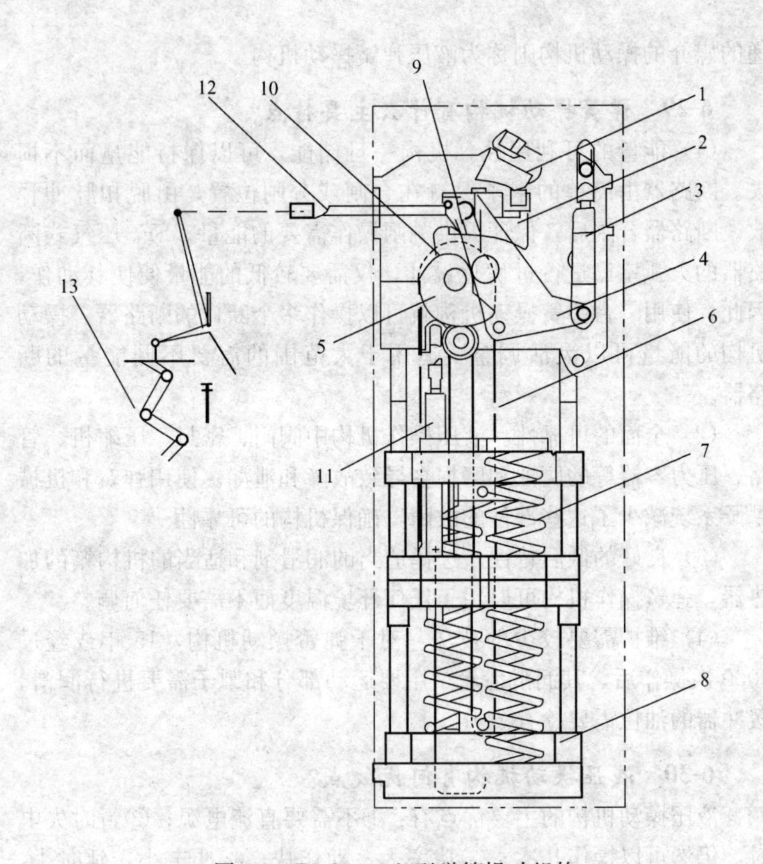

图 6-4　BLG1002A 型弹簧操动机构

1—合闸掣子装置；2—分闸掣子装置；3—合闸缓冲器；4—操作拐臂；5—凸轮盘；6—环行链条；7—合闸弹簧；8—弹簧轭架；9—锁钩；10—链轮；11—合闸缓冲器；12—拉杆；13—分闸弹簧

装有一个涡轮电动机储能的弹簧组和启动分闸、合闸动作的机构组成，弹簧组每次合闸操作后自动储能。操作机构的零部件集中装在一个箱内，箱内也装有带操作设备的控制盘。标准操作循环是 O-0.3s-CO-180s-CO（即分—θ—合分—t—合分）。在包括不少于 3 次合闸操作的断路器和继电器系统的试验期间，合闸操作的时间间隔应不小于 1min。

6-32 断路器液压操动机构的构造特点是怎样的？

断路器液压操动系统整体结构由液压操动机构、液压储能筒及控制单元组成。如图 6-5 所示为某液压操动机构的构造示意图。操动系统主要包括液压缸、油箱和阀块。

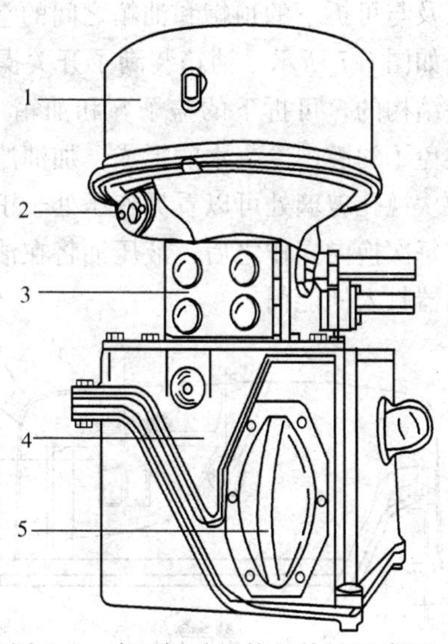

图 6-5 液压操动机构的构造示意图

1—油箱；2—视孔玻璃；3—液压缸；4—阀块；5—开关状态显示器

液压缸的构造示意图如图 6-6 所示。差动活塞 7 在液压缸 5 内的运动由一主阀控制，活塞杆 6 将活塞的运动经连杆 1、换向装置

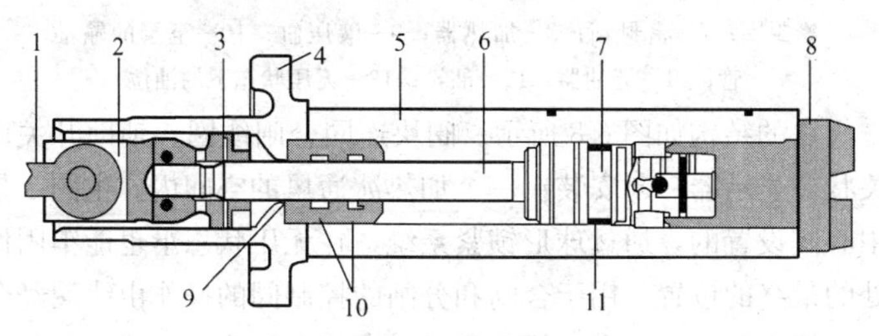

图 6-6 液压缸构造示意图

1—连杆；2—插头；3—导向环；4—连接法兰；5—液压缸；6—活塞杆；7—差动活塞；8—盖子；9—挡油环；10—双层密封圈；11—活塞密封圈

以及极柱的操作杆传输到灭弧室。活塞杆和差动活塞的密封面由无需维修的双层密封圈 10 以及挡油环 9 和活塞密封圈 11 完成。为了保护外伸的活塞杆不受污染和不受外部环境的影响，采用连接法兰 4 作为运行导轨。由插头 2 和导向环 3 所封闭的空隙通过一通气槽和加热的阀块以及与可拆下的顶帽和油箱之间的空隙连接。

油箱的构造如图 6-7 所示。油箱装满了开关操作所需的液压油量，油箱是双壁结构的，可拆下的盖子 5 和油箱 12 之间是加热和通风的，因此避免了油腔内冷凝水的形成。加油滤筛是和挡板 3 以及盖板 4 封闭的。视孔玻璃处可以看见液压处于正常运行状态。在接通控制电压或每次换向操作之后，液压油将在油泵的作用下从油箱经过一只滤油器打入储能筒。

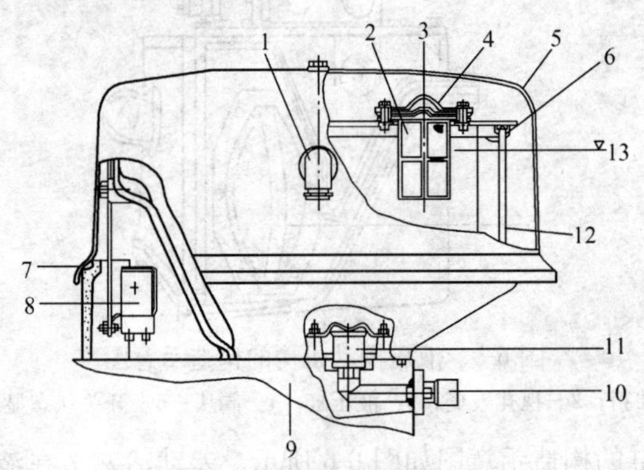

图 6-7 液压操动机构的油箱

1—通气接管；2—加油滤筛；3—挡板；4—盖板；5—盖子；6—密封圈；7—密封箱；8—加热器；9—液压缸；10—至泵的输油管；11—滤油器；12—油箱；13—无压状态下的油位

阀块的结构如图 6-8 所示。阀块连同合闸线圈、辅助开关以及开关状态显示器一起安装在一个加热冰通风的空间内。主阀 3 是作为中心阀设置的，通过球形锁紧系统，在无压状态下也能牢固保持所处的最终的位置。用于合闸和分闸的控制阀的操作由线圈经合闸指令杠杆 9 和分闸指令杠杆 5 完成。安装在阀块内的辅助开关 7 由操动机构经连杆 6 直接操纵。在辅助开关上有许多可自由支配的常闭触头、常开触头和滑动触头。开关状态显示器 4 是和辅助开关 7

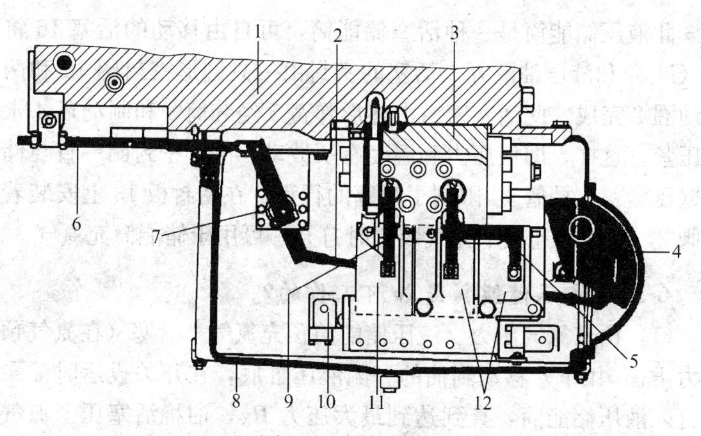

图 6-8 阀块结构

1—液压缸；2—至开关状态显示器的杠杆；3—主阀；4—开关状态显示器；5—用于分闸线圈的杠杆；6—辅助开关连杆；7—辅助开关；8—箱盖；9—用于合闸线圈的杠杆；10—加热器；11—合闸线圈；12—分闸线圈

通过轴机械连接的。

6-33 液压储能筒是怎样的结构？

每相断路器装有一只液压储能筒，操作能量储存在此储能筒内。液压储能筒由一泵管注入油，一根高压油管连接着操作机构和储能筒。如图 6-9 所示为液压储能筒的结构示意图。

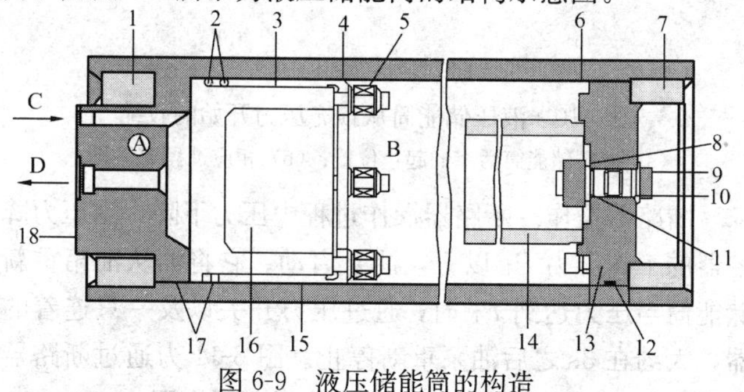

图 6-9 液压储能筒的构造

1、7—螺纹环；2—制动圈；3—套筒；4—制动环；5—杯形弹簧；6—储能筒；8—逆止阀；9—闭锁螺栓；10—密封圈；11—密封圈（铜）；12、17—圆形密封圈；13—密封板；14—止挡管；15—闭锁螺栓；16—活塞；18—分配器；A—油；B—氮；C—泵；D—操动系统此液压储能筒是一种活塞储能筒，可自由移动的活塞16将氮气（N_2）和液压油隔开。活塞的密封由一只圆形密封圈12和两只制动圈2完成。此活塞密封由杯形弹簧5经套筒3和制动环4永久地压紧。这样，即使压力和温度有所波动，圆形密封圈一直与储能筒壁压紧。止挡管14限制了活塞的行程。在密封板13上安装着逆止阀8，此阀在连接上充气装置时打开，可用于储能筒充氮气。

6-34　液压储能筒是如何工作的？

（1）预充氮气压力。液压储能筒预充氮气，活塞（在氮气预充压力 P_0 作用下）移动到油的一侧液压缸底，在开关投运时油泵将油打入液压储能筒，直到达到最大压力 P_X，油将活塞压至氮气一侧，由此相应升高氮气一侧的压力。如图6-10所示为液压储能筒从预充压力开始压缩过程示意图及 P-V 图。

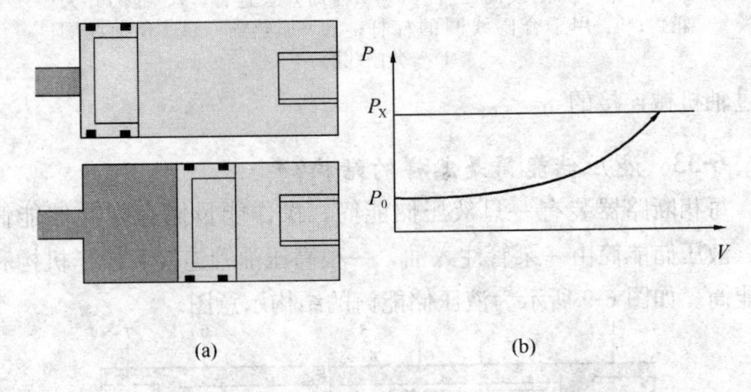

图6-10　液压储能筒从预充压力开始的收缩

（a）液压储能筒活塞的起止位置；（b）相应过程 P-V 图

（2）断路器操作。断路器操作过程中压力下降，当压力降至压力监控器的工作压力 P_1 以下，油泵启动。它将油从油箱重新打入液压储能筒当压力达到 P_1 时，通过压力开关以及一只连着的时间继电器，大约在3s之后油泵重新停止。图6-11为通过断路器操作的压力下降和液压油重新再打压的工作过程示意图。

6-35　瓷柱式 SF_6 断路器有什么特点？

瓷柱式 SF_6 断路器在结构上与户外少油断路器相似，它有系

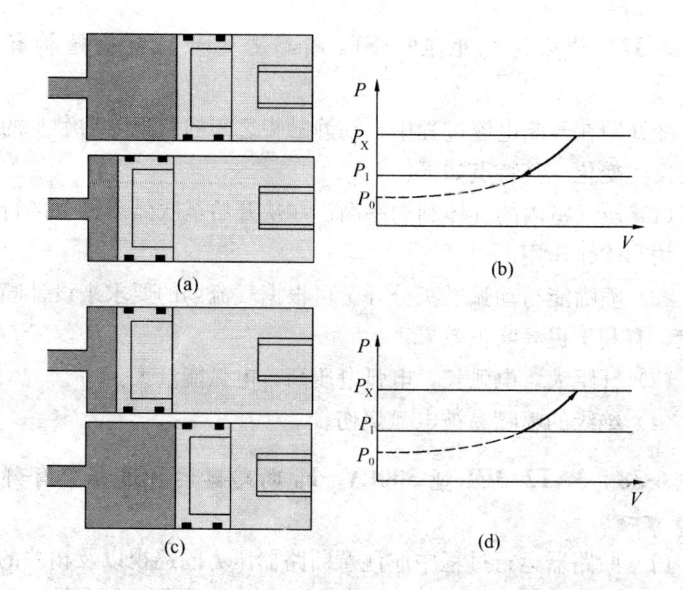

图 6-11　压力下降和液压油的再打压过程

(a)、(b)—通过断路器操作压力下降时的活塞起始位置及 P-V 图；

(c)、(d)—液压油再打压过程的活塞起始位置及 P-V 图

列性好、单断口电压高、开断电流大、运行可靠性高和检修维护工作量小等优点，但不能内附电流互感器，且抗震能力差。

6-36　什么是定开距？ SF_6 断路器定开距触头结构有什么特点？

SF_6 断路器按开断过程中动静触头开距的变化，分为定开距和变开距两种结构。定开距是指在开断电流过程中，断口两侧引弧触头间的距离不随动触头的运动而发生变化。其特点如下：

(1) 与变开距相比，电弧长度较短，电弧电压低，能量小，因而利于提高断路器的开断性能。

(2) 压气室距离电弧较远，绝缘拉杆不易烧坏，弧间隙介质强度恢复较快。

(3) 压气室内 SF_6 气体利用率不如变开距高。为保证足够的气吹时间，压气室总行程要求较大。

6-37 什么是变开距？ SF_6 断路器变开距触头结构有什么特点？

变开距在开断电流过程中，动静触头之间的开距随动触头的运动而发生变化。其特点如下：

（1）压气室内的气体利用率高。在从开始至吹弧后的全部行程内，均起吹弧作用。

（2）喷嘴能与动弧触头分开。可根据气流场的要求来设计喷嘴形状，有利于提高吹弧效果。

（3）开距大，电弧长，电弧电压高，电弧能量大。

（4）绝缘的喷嘴易被电弧烧伤。

6-38 3AT2/3EI 型 500kV SF_6 断路器运行过程中有哪些注意事项？

（1）断路器运行过程中应注意断路器压力的巡视以及相关的记录。压力包括两个组成部分，SF_6 气体压力与液压系统的运行压力。

1）SF_6 气体的压力记录。气体的压力记录应该包含断路器的气体压力以及环境温度两个组成部分，压力数值的读取应在环境的温度没有剧烈变化的条件下进行。巡检的目的有二个：一是提前发现断路器可能存在的微小的 SF_6 气体泄漏，将设备可能出现的缺陷或故障消除在萌芽的状态，避免由于设备的问题影响变电站的安全运行；二是发现断路器在运行过程中的 SF_6 气体异常的压力升高现象，尽快排除由于主触头接触电阻偏高而导致的严重后果的发生。

2）液压系统的压力巡检以及记录。其目的主要是为了了解断路器在运行过程中的压力的高低，避免由于储能系统的故障（一次以及二次）导致断路器在较低的油压下的运行的情况的出现。至于断路器在运行过程中，由于环境温度的升高而导致的液压系统压力的升高（最高有可能达到 375bar，甚至达红线），只要断路器的储能电动机没有启动，不会发出任何的报警信号，断路器可以安全运行。

(2) 断路器运行的过程中，偶尔会发生油泵连续运转或频繁打泵的情况，此时断路器液压系统的油压会维持在一个相对较低的压力水平（320～310bar 甚至更低），关闭油泵的电源后，液压系统的油压值能够保持不变，应及时联系检修人员进行处理。

(3) 在断路器的控制箱及各相操作机构均有加热器，当开关处于投运状态时，所有加热器应该 24h 保持工作状态。

(4) "氮气泄漏"信号发出后液压储气筒内剩余的氮气可确保 3h 内断路器安全分闸。3h 内应及时进行处理，3h 后将闭锁操作。

6-39 SF_6 断路器有哪些常见异常现象？

断路器常见的异常现象有：①SF_6 气压下降报警；②未储能；③储能电机电源消失；④液压机构油压异常闭锁；⑤液压机构有渗漏油，油位过低；⑥引线接头过热、主瓷套管损坏和放电现象等。

6-40 SF_6 断路器出现拒分、拒合时的原因是什么？应进行哪些检查？

断路器拒分、拒合时可能的原因有：①操作不当；②操作、合闸电源或二次回路故障；③开关传动机构和操动机构机械故障；④液压机构压力低，闭锁分、合闸；⑤检同期不合格；⑥远方、就地切换开关位置不对；⑦开关辅助接点接触不良等。

断路器拒分、拒合后的检查步骤：①检查保护装置有无异常信号，根据异常信号进行分析处理；②检查直流控制电源、操作回路电源等是否正常；③检查同期装置的方式是否正确，操作条件是否满足；④检查分、合闸线圈是否良好；⑤检查 SF_6 气体压力、液压压力是否闭锁；⑥弹簧机构是否储能；⑦检查远方就地开关位置是否正确；⑧检查控制回路是否断线，端子的连接是否牢固；⑨检查有关保护装置（主变压器保护、母线保护和失灵保护等）是否动作。

6-41 断路器 SF_6 气压降低时如何处理？

监控系统发出相应断路器"SF_6 气体泄漏"告警信号时，应立即到现场检查压力表指示，检查断路器有无明显漏气迹象，若无明显漏气迹象，应立即汇报调度，通知检修人员带电补气；若有明显漏气迹象，并立即汇报调度和有关部门，力争在断路器闭锁之前将其退出运行。若发出闭锁操作压力信号时，立即断开断路器直流操作电源，按调度命令将其退出运行。

6-42 断路器液压机构压力降到零时如何检查处理？

液压机构压力降到零的原因是：①液压系统回路逆制阀密封不良；②液压系统油外泄；③控制回路故障，不能启动电动机；④电动机故障，不能建压等。

液压机构压力降到零时的处理方法：当发生液压机构压力降到零，报出零压闭锁信号后，先断开油泵操作电源，再断开断路器操作电源，立即去现场检查设备的实际压力数值，检查液压机构运行状态，然后汇报有关人员。

6-43 断路器液压机构发出油泵“打压超时”信号时如何处理？

（1）当液压机构发出油泵打压超时信号时，应检查有无压力异常信号或压力异常总闭锁信号发出。

（2）检查电机控制回路的时间继电器（延时触头）是否动作。

（3）检查油泵是否运转正常，检查开关的实际压力是否正常。

（4）检查交流接触器是否故障、热电耦是否动作、计时继电器是否良好，行程开关是否接触良好。

（5）检查高压放油阀是否关紧，安全阀是否动作，油面是否过低等。

（6）检查判断机构是否有内、外漏现象。

（7）将检查的内容详细汇报调度，要求检修。

图 6-12　400V MT 空气断路器外观

6-44 MT 空气断路器具有哪些性能优点？

400V 厂用低压系统采用的 MT 空气断路器是施耐德公司 MT 3P 系列框架断路器，外观如图 6-12 所示断路器为模块化布置，分别由二次端子盖、电压线圈、灭弧栅、电动储能机构马达、Micrologic 控制单元、前面板、开关本体和抽架组成。断路器的主触头系统是安装在壳体之内的，相与相之间是彼此隔离的。MT 的壳体是用有机绝缘聚合材料制成的，因此壳体有很好的防火功能。动触头系统由梳状触头、软编线、接线端子组成，并且内部连接不用螺钉，是直接压接而成，所以，在使用过程中不需要调整动触头，且有更高的动热稳定性。由于采用吹闭式的触头结构，因此，MT 具有高的电动力和热耐受能力，而限流型断路器则采用吹开式触头系统，具有很好的限流性。每相动触头都同时连接到断路器操作机构的主轴上，保证了触头动作的同步性。

MT 断路器采用了全新的灭弧室设计概念，特殊的灭弧栅结构，增加了弧电阻，能够更有效的灭弧。全新的三维金属过滤罩由六层大小不同的多孔金属网叠加而成，这种金属过滤罩能尽量多的吸收由电弧产生能量，并使外溢气体去电离。过滤和冷却后释放出来的气体，减少对外部的不良影响，使断路器的安全性能大大提高。

6-45 MT 空气断路器的控制单元有哪些功能？

Masterpact MT 装备了 Micrologic 控制单元，界面直观、操作舒适。控制单元的主要功能有：

（1）保护功能。保护既配电（LI）、选择性（LSI）、选择性和接地故障（LSIG）、选择性和漏电保护（LSIV）。Micrologic 具有 4 种基本保护外，还具备其他的监测和保护，如不平衡电流、最大电流、不平衡电压和缺相、最低和最高电压、逆功率、最低和最高频率、逆相、电流和电压的谐波等。

（2）测量功能。控制单元能精确测量系统参数计算、储存数据、事件记录报警信号、通信等。同时提供特别精确保护断路器和精密测量仪器。

（3）通信接口。

（4）远程操作。

6-46　NS 系列塑壳断路器的分断单元有何特点？

低压厂用电系统采用的 Compact NS 系列塑壳断路器是施耐德公司生产的新型低压配电及电动机用保护和开断电器。其模块化的设计、优良的分断性能、通用的外形尺寸等特点，给用户带来了极大的方便。尤其是它采用的双旋转触头分断系统是重要的专利技术之一。

传统断路器多为拍合式触头结构，只有一个动触头与一个静触头，而施耐德断路器每个分断单元是由一对旋转的动触头和一对 U 形的静触头所组成的。每一台 NS 断路器都是由这种密闭结构的分断单元组成的，3P/4P 断路器内部相应的有 3 个/4 个这样的分断单元（灭弧栅、动、静触头、气体产生部分等内部元件）。如图 6-13所示为 NS 断路器双旋转触头分断结构示意图。

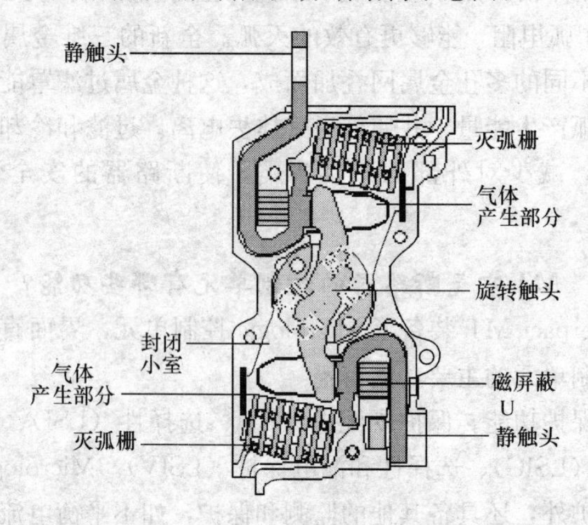

图 6-13　NS 断路器双旋转触头分断结构示意图

这种双旋转触头的分断单元安装方式灵活，既可以水平安装，也可以垂直安装，不影响电气性能，同时因为其独特的触头结构、双灭弧室、分断单元内部每相用塑壳结构隔离成独立小室，因此，所有规格都能上进线和下进线而无需考虑降容。

双旋转触头分断系统的工作原理是：当电流由上静触头流入时，由于具有 U 形结构，电流方向向上，流经动触头的电流方向向下。动静触头相当于一对平行的导体，通以相反方向的电流，根据物理原理，动静触头间产生一对方向相反的斥力，断路器正常接通的情况下，由动触头内部的弹簧弹力克服斥力保证动静触头保持吸合状态。当发生短路故障时，由于大电流产生的动静触头之间的斥力克服了弹簧力，动静触头斥开，产生电弧，此时相当于在短路回路中串联了两个大的空气弧阻抗（上下各一个），短路电流被大大限制。由于双触头结构双断点同时分断拉开电弧，所以两对触头间斥开的距离是普通单拍合式触头结构斥开距离的两倍，同时因为其是旋转结构，触头斥开更灵活，更快，因此动作时间短，具有更好的限流性。因此由两对触头来分断短路故障，比一对单拍合式触头分断能力大大加强。

6-47　电源切换系统主要有哪些类型？

为了确保供电的连续性，某些厂用电负荷的供电需要设置两套电源，即工作电源和备用电源。正常时由工作电源供电，工作电源不工作时由备用电源供电。电源切换系统即在两套电源间进行转换，该系统包括一台自动控制器，用于根据外界条件的变化控制电源切换。电源转换系统可由两到三台断路器或负荷开关组成。

电源切换系统分为手动电源转换系统、远程控制的电源切换系统和自动电源切换系统。电源切换系统具有通信功能，只用于传输测量数据和断路器状态，不能用于控制电源转换系统中断路器的分闸或合闸。

（1）手动电源转换系统。这是最简单的形式，从工作电源切向备用电源需要由专业的技术人员进行。手动电源切换系统可以用于两到三个手动控制的断路器或负荷开关上。联锁能防止两电源同时供电。手动电源转换系统由 2 台设备（联杆联锁）或 2～3 台设备（缆绳联锁）和一套联杆或缆绳联锁组成。

（2）远程控制的电源切换系统。开关从工作电源切向备用电源通过电气控制，不需要人员现场操作开关。该系统由两到三个断路器或负荷开关组成，它们通过电气联锁系统连接，可有多种配置。装置的控制应与机械联锁系统配合，以避免错误的电气控制顺序和人为的错误手动操作。

(3) 自动电源转换系统。在远程控制电源切换系统的基础上加一个自动控制器，按照设定的程度实现自动的电源控制。即远程控制的电源转换系统和自动控制器组合在一起使用，电源可以根据很多可编程的操作模式进行自动控制。开关根据外部的需要而切向备用电源，自动控制器可作为监控和通信的选件。

6-48 高压断路器运行中有哪些检查项目及要求？

(1) 支持瓷瓶、断口瓷瓶及并联电容瓷套应完整，无破损裂纹及电晕放电现象。

(2) 断路器引线、接线极及断口之间应无过热、变色和松脱现象。

(3) 断路器与操作机构位置指示应对应，且和控制室电气位置指示一致。

(4) 机构箱内各电气元部件应运行正常，工作状态应与要求一致。

(5) SF_6 气体箱内压力应在正常范围内（700kPa），无泄漏现象。

(6) 液压弹簧储能机构压力应在正常范围内，油位适当，油色正常，各部无渗油、漏油现象。

(7) 机械部分应无卡涩、变形及松动现象。

(8) 断路器的外观及二次部分应清洁完整。

(9) 低温时应注意加热器的运行。

(10) 断路器各部分及管道无异音（漏气声、振动声）及异味，管道夹头正常。

(11) 断路器周围无杂物。

6-49 断路器故障跳闸后应立即做哪些检查？

(1) 检查支持瓷瓶及各瓷套等有无裂纹破损、放电痕迹。

(2) 检查各引线的连接有无过热变色、松动现象。

(3) 检查 SF_6 气体有无泄漏或压力大幅度下降现象。

(4) 检查并联电容器有无异常现象。

（5）检查液压弹簧储能操作机构启动储能是否正常。

（6）检查机械部分有无异常现象，三相位置指示是否一致。

6-50 隔离开关有什么用途、特点和类型？

（1）用途。隔离开关是在高压电气装置中保证工作安全的开关电器，结构简单，没有灭弧装置，不能用来接通和开断负荷电流的电路。其用途有三：①保证高压电气装置检修工作的安全，即安全隔离作用；②用于改变运行方式的倒闸操作，如双母线接线的倒母线操作；③用于拉合小电流回路的操作，如拉合正常情况下的互感器、避雷器，一定容量和电压下的空载变压器和空载线路等。

（2）特点。①隔离开关的触头全部敞露在空气中，这可使断开点明显可见。隔离开关的动触头和静触头断开后，两者之间的距离应大于被击穿时所需的距离，避免在电路中发生过电压时断开点发生闪络，以保证检修人员的安全。②隔离开关没有灭弧装置，因此仅能用来分合只有电压没有负荷电流的电路，否则会在隔离开关的触头间形成强大的电弧，危及设备和人身安全，造成重大事故。因此在电路中，隔离开关一般只能在断路器已将电路断开的情况下才能接通或断开。③隔离开关应有足够的动稳定和热稳定能力，并能保证在规定的接通和断开次数内，不致发生故障。

（3）类型。隔离开关按照装置地点可分为户内用和户外用；按极数可分为单极和三极；按有无接地开关可分为带接地开关和不带接地开关；按用途可分为一般用、快速分闸用和变压器中性点接地用等。

6-51 利用隔离开关可以进行哪些回路的拉合操作？

隔离开关具有一定的分、合小电感电流和电容电流的能力，故一般可用来进行以下操作：

（1）分、合避雷器、电压互感器和空载母线。

（2）分、合励磁电流不超过2A的空载变压器。

（3）分、合电容电流不超过5A的空载线路（10 kV以下）。

（4）分、合无接地故障时变压器的中性点接地线。

（5）分、合10kV、70A以下的环路均衡电流。

（6）分、合无阻抗等电位的并联支路。

6-52 隔离开关的操作要领是什么？

（1）合隔离开关时的操作要领。不论用手动传动装置或绝缘操作杆操作时，均必须迅速而果断，但在合闸终了时用力不可过猛，使合闸终了时不发生冲击；隔离开关操作完毕后，应检查是否已合上。合好后应使隔离开关完全进入固定触头，并检查接触的严密性。

（2）拉隔离开关时的操作要领。开始时应慢而谨慎，当刀片刚离开固定触头时应迅速。特别是切断变压器的空载电流、架空线路及电缆的充电电流、架空线路的小负荷电流以及切断环路电流时，拉隔离开关更应迅速而果断，以便能迅速消弧；拉隔离开关操作完毕后，应检查隔离开关每相确实已在断开位置，并应使刀片尽量拉到头。

（3）操作中发生带负荷误拉、合隔离开关时的处理。误合隔离开关时，即使合错甚至在合闸时发生电弧．也不准将隔离开关再拉开。因为带负荷拉隔离开关，将造成三相弧光短路事故。错拉隔离开关时，在刀片刚离开固定触头时便发生电弧，这时应立即合上，可以消灭电弧，避免事故。但如隔离开关已全部拉开，则不许将误拉的隔离开关再合上。如果是单极隔离开关，操作一相后发现错拉，对其他两相则不应继续操作。

6-53 隔离开关的型号有何含义？

产品全型号代表产品的系列、品种和规格。它由产品名称、“内”（户内）、“外”（户外）的汉语拼音首位大写字母，设计序号，额定电压、特征标志及规格参数（额定电流和特性参数）组成。如220kV系统采用GW4-252DW型高压隔离开关，其型号含义为：G表示隔离开关（J表示接地开关）；W表示户外式（N表示户内式）；4表示序列号；252表示额定电压（kV）；D表示隔离开关带接地开关（特征标志，G表示改进型）；W表示防污型（特殊条件用的派生产品，G表示高海拔地区，TH表示湿热带地区，TA表示干热带地区，H表示高寒地区）。

6-54 隔离开关送电前应做哪些检查？

（1）支持瓷瓶、拉杆瓷瓶，应清洁完整；

（2）试拉隔离开关时，三相动作一致，触头应接触良好；

（3）接地开关与其主隔离开关机械闭锁应良好；

（4）操作机构动作应灵活；

（5）机构传动应自如，无卡涩现象；

（6）动静触头接触良好，接触深度要适当；

（7）操作回路中位置开关、限位开关、接触器、按钮以及辅助接点应操作转换灵活。

6-55 GWll-500W 型高压隔离开关有什么结构特点？

GWll-500W 型双柱水平伸缩式户外交流高压隔离开关（以下简称隔离开关）是三相交流 50Hz 户外高压电器，用以在无载流情况下断开或接通超高压线路；改变配电装置及母线的运行方式，以及在检修母线、断路器等电气设备时，实现安全的电气隔离，隔离开关配用 CJ6 型电动机操动机构。隔离开关在分闸后形成水平方向的绝缘单断口，两侧均可配装接地开关，接地开关与隔离开关各配有独立的操作机构，但两者间具有机械联锁或电气联锁装置，确保隔离开关和接地开关两者间操作顺序（主合—地分，地合—主分）正确。接地开关为折叠式结构，且为内合方式，纵向距离较小。隔离开关具有通流能力大、占地面积小等特点。隔离开关结构紧凑，运动部分密封于导电管内，检修周期长。

如图 6-14 所示为 GWll-500W 型高压隔离开关结构示意图。隔离开关制成单极形式，由三个单极组成一台三极电器，隔离开关的导电闸刀动作方式为水平伸缩，分闸后形成水平方向的绝缘断口。产品结构包括底座、绝缘支柱、传动装置、导电闸刀、静触头和操动机构，每极隔离开关可配用一极或两极接地开关作接地用，接地开关亦为伸缩式结构。

底座是产品的基础，分为两部分。动触头侧底座采用槽钢组成，静触头侧底座为铸铁法兰。在底座下有安装孔，以便和现场基础固定，上面有固定支持支柱和操作支柱的安装孔。接地开关底座

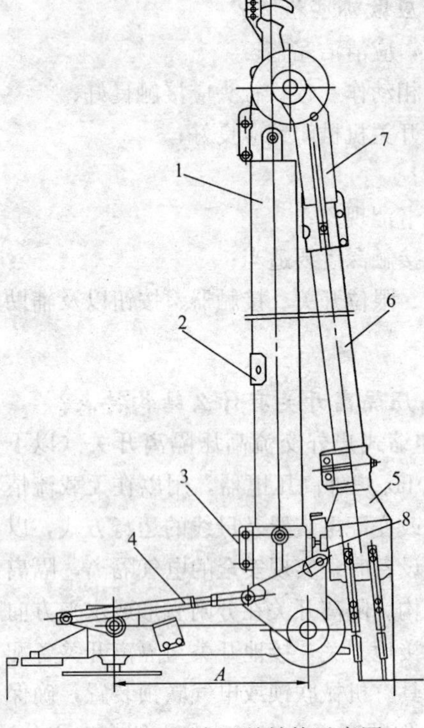

图 6-14　隔离开关结构示意图

1—下部导杆；2—盖板；3—传动装置；4—连杆；5—动触头；6—上部导杆；7—联轴节；8—定位件

采用槽钢焊接而成。

绝缘支柱是建立导电系统对地绝缘和保证隔离开关在动静载荷下的机械稳定性，绝缘支柱分两个支持支柱和一个操作支柱，分别由三节绝缘子或四节绝缘子组成。为了改善电场分布，提高导电体对地及断口间的耐电强度，绝缘支柱及导电闸刀中部，静触头均装有均匀环。传动装置起静止部分与运动部分的连接作用和操作转换作用。基座上的一对伞齿轮下与操作支柱连接，上与拐臂连接，外力操作旋转支柱，通过伞齿轮改变方向，传递力到由拐臂、拉杆及转动杆构成的四连杆系，从而操动下导电杆作旋转运动。导电闸刀采用伸缩式（半折叠式）结构，由动触头、上部导电杆、下部导电杆、操作杆、齿杆、弹簧、辊式触头、联轴节等组成。在分闸位置时，上、下部导电杆通过联轴节折迭在垂直位置。当机构带动下部导电杆向下转动时，上部导杆以联轴节（它自身也以传动装置的底座为轴心作圆周运动）为圆心作四周运动。在合闸位置时上、下部导电杆串接成一水平直线，动触头夹紧静触头，动触头装于上部导电杆的顶部，触片有较长的导电接触表面，另外设有限位装置，以使在异常情况下，动、静触头不致脱离，接触压力由传动件的弹性装置产生并保持稳定的数值。静触头固定在另一支持支柱顶部，由导电杆、导电板和均压环等组成。导电杆为镀有银层的钢管，导电板（接线板）为镀有银层的铝板。操作机构为 CJ6 型电动机操动机构，转动角度为 180°。

6-56 带接地闸刀的隔离开关，主刀和接地刀的操作如何配合？

隔离开关装有接地闸刀时，主闸刀与接地闸刀之间应具有机械的或电气的联锁，以保证“先断开主闸刀，后闭合接地闸刀；先断开接地闸刀，后闭合主闸刀”的操作顺序，即两者不能同时合闸，以免发生带电接地和带接地合闸事故。

6-57 隔离开关容易出现哪些故障？ 如何处理？

隔离开关运行中容易出现触头过热；绝缘子表面闪络、放电和击穿放电；绝缘子外伤和硬伤；隔离开关拉不开；刀片自动断开；刀片变形、弯曲等异常现象。

针对以上情况，应分别进行如下处理：

（1）立即设法降低负荷。

（2）与母线连接的隔离开关应尽可能停止使用。

（3）发热剧烈时，应以适当的断路器转移负荷。

（4）有条件或需要进行带电检修时，应设法进行检修。

（5）不严重的放电痕迹，可等办好停电手续后再进行处理。

（6）绝缘子外伤严重，应立即停电或带电检修。

6-58 电动操动机构适用于哪类隔离开关？

电动操动机构主要适用于需远距离操作重型隔离开关及 110kV 及以上的户外隔离开关。

6-59 引起隔离开关触头发热的主要原因是什么？

（1）合闸不到位，使电流通过的截面大大缩小，因而出现接触电阻增大，亦产生很大的斥力，减少了弹簧的压力，使压缩弹簧或螺丝松弛，更使接触电阻增大而过热。

（2）因触头紧固件松动，刀片或刀嘴的弹簧锈蚀或过热，使弹簧压力降低；或操作时用力不当，使接触位置不正。这些情况均使触头压力降低，触头接触电阻增大而过热。

（3）刀口合得不严，使触头表面氧化、脏污；拉合过程中触头被电弧烧伤，各连动部件磨损或变形等，均会使触头接触不良，接触电阻增大而过热。

（4）隔离开关过负荷，引起触头过热。

6-60　隔离开关拒绝分、合闸的原因有哪些？如何处理？

用手动或电动操作隔离开关时，有时发生拒分、拒合，其可能原因如下：

（1）操动机构故障。手动操作的操动机构发生冰冻、锈蚀、卡死、瓷件破裂或断裂、操作杆断裂或销子脱落，以及检修后机械部分未连接，使隔离开关拒绝分、合闸。若是气动、液压的操动机构，其压力降低，也使隔离开关拒绝分、合闸。隔离开关本身的传动机构故障也会使隔离开关拒绝分、合闸。

（2）电气回路故障。电动操作的隔离开关，如动力回路动力熔断器熔断，电动机运转不正常或烧坏，电源不正常；操作回路如断路器或隔离开关的辅助触点接触不良，隔离开关的行程开关、控制开关切换不良，隔离开关箱的门控开关未接通等均会使隔离开关拒分、合闸。

（3）误操作或防误装置失灵。断路器与隔离开关之间装有防止误操作的闭锁装置。当操作顺序错误时，由于被闭锁隔离开关拒绝分、合闸；当防误装置失灵时，隔离开关也会拒动。

（4）隔离开关触头熔焊或触头变形，使刀片与刀嘴相抵触，而使隔离开关拒绝分、合闸。

隔离开关拒绝分、合闸的处理方法：

（1）操动机构故障时，如属冰冻或其他原因拒动，不得用强力冲击操作，应检查支持销子及操作杆各部位，找出阻力增加的原因，如系生锈、机械卡死、部件损坏、主触头受阻或熔焊应检修处理。

（2）如系电气回路故障，应查明故障原因并做相应处理。

(3) 确认不是误操作而是防误闭锁回路故障，应查明原因，消除防误装置失灵。或按闭锁要求的条件，严格检查相应的断路器、隔离开关位置状态，核对无误后，解除防误装置的闭锁再行操作。

(4) 电动隔离开关在拒分、拒合时，应当观察接触器动作、电动机转矩、传动机构动作等情况，区分故障范围。若接触器不动作，属控制回路不通，应首先检查是否由于误操作造成，再检查三个隔离开关的操作机构的侧门是否关好，热继电器、交流接触器是否闭合、就地/远方开关是否切至相应位置，五防锁是否开启，检查开关是否断开及辅助接点是否确已闭合，以及操作电源及开关是否良好，或检查回路是否接通等；若电动机能够转动，机构因机械卡滞拉不开，应停止电动操作，经倒运行方式，将故障隔离开关停电检修。

第七章

互感器和避雷器

7-1 互感器是根据什么原理工作的？有什么作用？

互感器是电力系统一次设备和二次设备之间的联络元件，根据电磁感应原理，将一次侧的高电压、大电流变成二次侧的低电压、小电流，供测量、控制、保护设备采集电压、电流信号使用。

互感器包括电压互感器（TV）和电流互感器（TA），其作用主要表现在：

（1）技术方面。转换了被测设备的运行参数，使得对一次设备的测量、控制、监视、保护功能易于实现且可以实现自动化和远动化。

（2）经济方面。二次设备可以实现标准化、小型化，节省了投资，安装调试方便。

（3）安全方面。实现了一、二次系统之间的隔离，且二次侧接地，一次系统发生事故时，能避免二次设备免受危害，保证了人员和设备的安全。

7-2 电流互感器和电压互感器与普通变压器相比有何异同？

互感器有多种类型，目前应用最多的是电磁型互感器，与普通电力变压器一样，都是根据电磁感应原理工作的，但互感器作为一种特殊变压器形式，有着与普通变压器不同的特点，具体表现在以下几个方面：

（1）普通变压器是以电能的转换和传递为主要任务的，而互感器是以转变电压、电流参数为主要任务，一、二次绕组间的能量转换很少。

（2）普通变压器的电压、电流受二次负载的变化影响，而电压互感器的一次电压为电网电压，不受二次负载的影响；电流互感器的一次绕组中的电流只取决于一次电路的电流，与二次电流无关。

(3) 正常运行中，电压互感器二次侧负载阻抗很大，二次绕组几乎相当于开路，不允许短路；电流互感器二次侧负载阻抗很小，二次绕组几乎相当于短路，不允许开路。而普通变压器二次侧开路运行时，一次侧只有很小的空载电流用于励磁，可以正常运行，而短路时将产生很大的短路电流，保护将动作于跳闸。

(4) 互感器二次侧必须接地，以保障人身安全。

7-3 采用暂态型电流互感器的必要性是什么？

采用暂态型电流互感器的必要性有：

(1) 500kV 电力系统的时间常数增大。220kV 系统的时间常数一般小于 20ms，而 500kV 系统的时间常数在 80～200ms 之间。系统时间常数增大，导致短路电流非周期分量的衰减时间加长，短路电流的暂态持续时间加长。

(2) 系统容量增大，短路电流的幅值也增大。

(3) 由于系统稳定的要求，500kV 系统主保护的动作时间一般在 20ms 左右，总的切除故障时间小于 100ms，系统主保护是在故障的暂态过程中动作的。

在电力系统短路，暂态电流流过电流互感器时，在互感器内也产生一个暂态过程。如不采取措施，电流互感器铁芯很快趋于饱和。特别在装有重合闸的线路上，在第一次故障造成的暂态过程尚未衰减完毕的情况下，再叠加另一次短路的暂态过程，由于电流互感器剩磁的存在，有可能使铁芯更快地饱和。其结果将使电流互感器传变一次电流的信息准确性遭到破坏，造成继电保护不正确动作。这就要求在 500kV 系统中，选择具有暂态特性的电流互感器。

7-4 暂态型电流互感器是如何分级的？

继电保护用电流互感器按用途分为稳态保护用（P 级）和暂态保护用（TP 级）两类。一般情况下，继电保护动作时间相对来说比较长，短路电流已达稳态，电流互感器只要满足稳态下的误差要求，这种互感器称稳态保护用电流互感器；如果继电保护动作时间短，短路电流尚未达稳态，电流互感器则需保证暂态误差要求，这种互感器称暂态保护用电流互感器。

暂态保护用电流互感器包括以下几类：

（1）TPS级。低漏磁，铁芯不设非磁性间隙，对剩磁无限制，铁芯暂态面积系数也不大，铁芯截面比稳态型电流互感器大得不多，制造较简单。适用于对复归时间要求严格的断路器失灵保护电流检测元件。

（2）TPX级。铁芯不设非磁性间隙，在同样的规定条件下与TPY、TPZ级的电流互感器相比，铁芯暂态面积系数要大得多，只适用于暂态单工作循环，不适合使用于重合闸。

（3）TPY级。铁芯设置一定的非磁性间隙，剩磁通不超过饱和磁通的10%，限制了剩磁，适用于双工作循环和重合闸情况，不适用于断路器失灵保护。这是目前我国电力系统采用最多的一类电流互感器。

（4）TPZ级。铁芯设置的非磁性间隙较大，一般相对非磁性间隙长度要大于0.2%以上，无直流分量误差限值要求，剩磁实际上可以忽略。铁芯磁化曲线线性度好，二次回路时间常数小，对交流分量的传变性能比较准确，但传变直流分量的能力极差。不推荐用于主设备保护和断路器失灵保护。

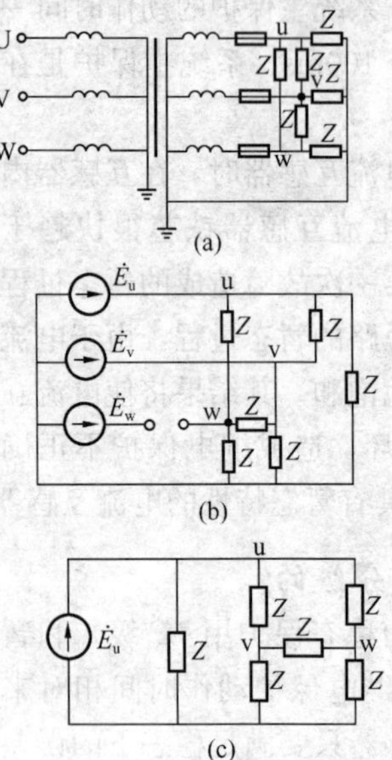

图7-1　电压互感器接线图和等值电路图

（a）接线图；（b）、（c）等值电路图

7-5　电压互感器二次熔断器熔断后的电压变化是如何计算的？

如图7-1所示的电压互感器二次额定电压为100V，当星形接线的二次绕组W相或V、W相熔断器熔断时，分别计算各相电压及线电压（电压互感器二次电缆阻抗忽略不计）。

图7-1（a）为电压互感器负载时的接线图，按题意画出W相或V、W相熔断器熔断时等值电路分别如

图 7-1（b）、（c）所示。图中 $\dot{E}_u=\frac{100}{\sqrt{3}}e^{j0^\circ}$，$\dot{E}_v=\frac{100}{\sqrt{3}}e^{-j120^\circ}$，$\dot{E}_w=\frac{100}{\sqrt{3}}e^{j120^\circ}$。

由图 7-1（b）可以得到

$$U_u=U_v=\frac{100}{\sqrt{3}}(\text{V})$$

$$U_w\approx\frac{100}{\sqrt{3}}\times\frac{1}{2}=\frac{50}{\sqrt{3}}(\text{V})$$

$$U_{uv}=100(\text{V}),U_{vw}=U_{wu}=\frac{100}{2}=50(\text{V})$$

由图 7-1（c）可以得到

$$U_u=\frac{100}{\sqrt{3}}(\text{V})$$

$$U_v=U_w=\frac{100}{2\sqrt{3}}=\frac{50}{\sqrt{3}}(\text{V})$$

$$U_{uv}=U_{wu}=\frac{100}{2\sqrt{3}}=\frac{50}{\sqrt{3}}(\text{V}),U_{vw}=0(\text{V})$$

7-6 电流互感器的配置应符合哪些要求？

（1）电流互感器二次绕组的数量、铁芯的类型和准确级应满足继电保护、自动装置和测量仪表的要求。

（2）保护用电流互感器的配置应避免出现主保护的死区。接入保护的电流互感器二次绕组的分配，应注意避免当一套保护停用时，出现被保护元件保护范围内部故障时的保护死区。

（3）对中性点有效接地系统，电流互感器可按三相配置，对中性点非有效接地系统，依具体要求可按两相或三相配置。

（4）当配电装置采用 3/2 断路器接线时，对独立式电流互感器每串宜配置三组，每组的二次绕组数量按工程需要确定。

（5）继电保护和测量仪表宜用不同二次绕组供电，若受条件限制需公用一个二次绕组时，其性能应同时满足测量和保护的要求。

（6）在使用微机保护的条件下，各类保护宜尽量共用二次绕组，以减少互感器二次绕组数量。但一个元件的两套互为备用的主保护应使用不同的二次绕组。

（7）电流互感器的二次回路不宜进行切换，当需要时，应采取措施防止二次侧开路。

7-7 发电机不设出口断路器的发电机—变压器组的电流互感器如何配置？

如图7-2所示为某发电机不设出口断路器的发电机—变压器组的电流互感器配置情况。保护均按双重化配置考虑，差动保护用P级电流互感器。所谓P级电流互感器，是指准确限值规定为稳态对称一次电流的复合误差 ε_e 的电流互感器，对剩磁无特殊要求。所谓PR级电流互感器是指剩磁系数有规定限值的电流互感器（10%），某些情况下，也可规定二次回路时间常数值或二次绕组电阻的限值。

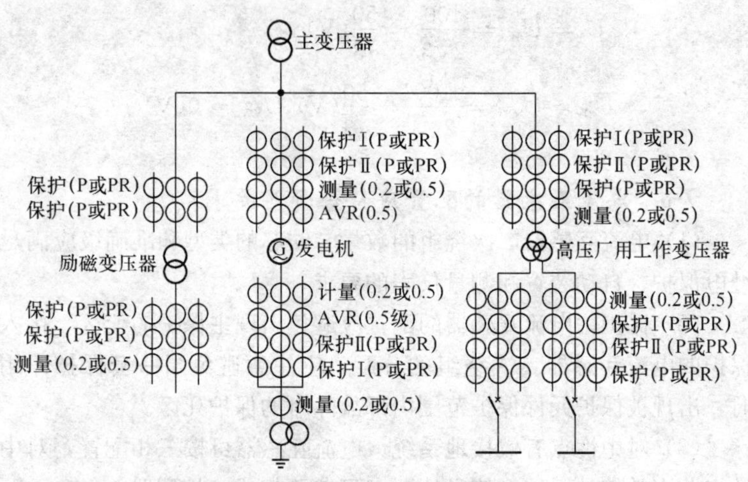

图7-2 无出口断路器的发电机—变压器组接线发电机侧的TA配置（参考）

7-8 3/2断路器接线的电流互感器如何配置？

如图7-3所示为3/2断路器接线的电流互感器配置情况，供读者参考。它们的共同特点是保护双重化，测量用0.2～0.5S级

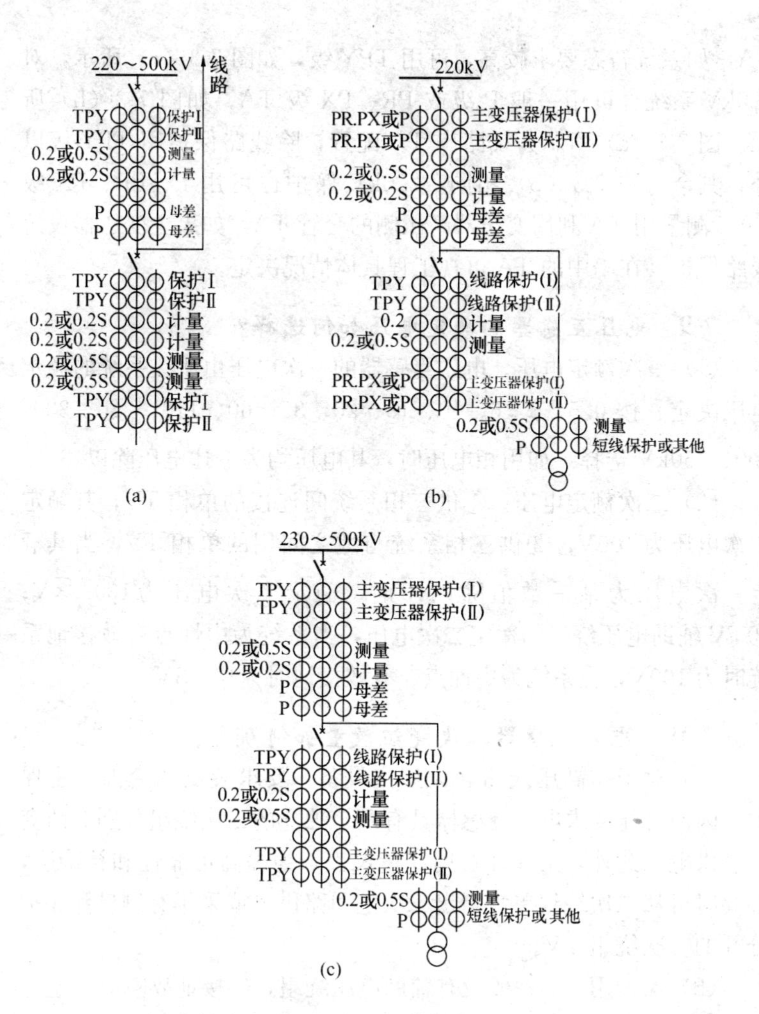

图 7-3　3/2 断路器接线的电流互感器配置（参考）

（a）线路串；（b）、（c）发电机—变压器组串

TA，计量用 0.2S 级 TA，母线保护用 P 级。除母线保护外，其他均为断路器二次侧 TA 接成和电流。断路器失灵、故障录波用二次绕组，具体工程决定用单独 TA 或与其他合用二次绕组，建议用 7～8个二次绕组。图 7-3（b）和（c）所示发电机—变压器组（或主变压器）串 TA 配置，发电机—变压器组的差动和后备保护用的

TA，如系统暂态要求较高，可用 TPY 级，如图 7-3（c）所示，对 220kV 系统也可用一般 P 级或 PR、PX 级 TA，如图 7-3（b）所示。图 7-3（a）所示为线路串 TA 配置，除线路保护用 TPY 级以外，其余与图 7-3（b）相同。220kV 保护也可用 P、PR、PX 级 TA。测量用 TA 利用变压器高压侧的套管 TA，如果主变压器设短线路保护，在串中的 TA 可视工程具体情况决定。

7-9 电压互感器的额定电压如何选择？

（1）一次额定电压。电压互感器的一次电压由所在系统的额定电压决定，按 0.5、3、6、10、15、20、35、60、110、220、330、500、750kV 选择，如用相电压时，其电压均为上述电压除以$\sqrt{3}$。

（2）二次额定电压。①供三相系统间连接的单相 TV，其额定二次电压为 100V；②供三相系统与地之间用的单相 TV，当其额定一次电压为某一数值除以$\sqrt{3}$时，额定二次电压为$100/\sqrt{3}$V；③TV 辅助电压绕组的额定二次电压，当系统为中性点有效接地系统时为 100V，当系统为中性点非有效接地时为100/3V。

7-10 电压互感器二次绕组数量如何确定？

（1）对于超高压线路和大型主设备，要求装设两套独立主保护，因而可能要求电压互感器具有两个独立的二次绕组分别对两套保护供电。此外，某些计费用计量仪表，为提高可靠性和精确度，必要时可从二次绕组单独引出二次电回路供电或采用有测量和保护分开的二次绕组 TV。

（2）保护用 TV 一般设有辅助电压绕组，供接地故障时产生零序电压用，对于微机保护，推荐由三相电压自动形成零序电压，此时可不设辅助电压绕组。

根据一次电压等级及保护和测量要求，330～500kV 的电压互感器可以有 4 个及以下二次绕组，110～220kV 的电压互感器可以有 3 个及以下二次绕组，35kV 及以下系统只有 2 个及以下二次绕组。二次绕组可以全部为主二次绕组（电压为$100/\sqrt{3}$V 或 100V），也可以其中一个辅助二次绕组（电压为 100V 或 100/3V）。

7-11　电压互感器的多个容量分别是什么含义？

电压互感器的误差与二次负荷的大小有关，因此，对应于每个准确度级，都对应着一个额定容量，但一般说电压互感器的额定容量是指最高准确度级下的额定容量。同时，电压互感器按最高工作电压下长期工作允许的发热条件出发，还规定了最大容量。

与电流互感器一样，要求在某准确度级下测量时，二次负荷不应超过该准确度级规定的容量，否则准确度将下降，影响测量结果的准确度。

7-12　电压互感器配置需考虑哪些因素？

电压互感器配置需考虑系统电压等级、主接线及要实现的功能等因素，具体说明如下：

（1）TV 的二次绕组数量和准确度级应满足测量、保护、同期和自动装置的要求，TV 的配置应能保证在运行方式改变时，保护装置不能失去电压，同期点的两侧都能采集到电压。

（2）对 220kV 及以下电压等级的双母线接线，宜在主母线三相上装设电压互感器。旁路母线是否装设应根据具体情况确定。当需要监视和检测线路侧有无电压时，可在出线侧的一相上装设电压互感器。

（3）对 500kV 电压的双母线接线，宜在每回出线和每组母线的三相上装设电压互感器。对 3/2 断路器接线，应在每回出线（包括主变压器进线回路需要时）的三相上装设电压互感器；对母线可在一相上装设电压互感器，如继电保护有要求，也可装设三相电压互感器。

（4）发电机出口可装设两组或三组电压互感器，供测量、保护和自动电压调整装置用。

（5）对 220～500kV 电压双母线，变压器进线是否装设电压互感器，应由保护和同步系统的要求决定，如果只作同步用，变压器低压侧电压互感器的电压能满足同步要求时，可利用该电压互感器，进线侧可考虑不装设电压互感器。

（6）对 110kV 及以下系统，测量表计和保护可共用一个二次绕组。

7-13 电压互感器的铁磁谐振有哪些现象和危害？

电压互感器的铁磁谐振将引起电压互感器铁芯饱和，产生电压互感器饱和过电压。电压互感器经常发生的铁磁谐振有基波（工频）谐振和分频谐振。在中性点不接地的系统中，当电源向只带有电压互感器的空母线突然合闸时易出现基波谐振，当系统发生单相接地时易出现分频谐振。

电压互感器发生基波谐振的现象是两相对地电压升高，一相降低，或者两相对地电压降低，一相升高。电压互感器发生分频谐振的现象是三相电压同时或依次轮流升高，电压表指针在同范围内低频摆动。电压互感器发生谐振时其线电压指示不变，但谐振时电压互感器感抗下降，一次励磁电流急剧增加，可能引起其高压侧熔断器熔断，造成继电保护和自动装置的误动作。

由于电压互感器发生谐振时，一次绕组通过很大的电流，在一次熔断器尚未熔断时，可能使电压互感器因长时间处于过电流状态下运行而烧坏。另外，当电压互感器一次熔断器熔断后，会因为保护和自动装置的误动而扩大事故，甚至会造成停机停炉的巨大损失。

另外，电压互感器谐振时会产生零序电压分量，可能使绝缘监察装置误发接地信号。

7-14 电磁式电压互感器如何防止铁磁谐振？

在中性点不接地系统中，电磁式电压互感器是与母线或线路对地电容形成三相铁磁谐振。谐振是零序性质，输出的三相有功负荷对谐振不起作用。抑制谐振的方法可在零序回路中采取阻尼吸能措施，如在电压互感器开口三角形两端接入低值电阻或白炽灯泡，或在互感器一次绕组中性点与地之间接入非线性电阻。也可以采取破坏谐振条件的措施，如人为地增大对地电容使之超过某一临界值，或将开口三角形临时短接等。

在中性点直接接地系统中，电磁式电压互感器在断路器跳闸或隔离开关合闸时，可能与断路器并联均压电容或杂散电容形成铁磁谐振。由于电源与互感器中性点均接地，各相的谐振回路基本上是独立的，谐振可能在一相发生，也可能在两相或三相内同时发生。抑制这种谐振的方法不宜在零序回路（包括开口三角形回路）采取措施。可采用呈容性的感应式电压互感器或采用人为破坏谐振条件的措施。

7-15　ZH-WTXC 微机型铁磁谐振消除装置的原理如何？

微机型消谐装置可以实时监测电压互感器开口三角处电压和频率，当发生铁磁谐振时，装置瞬时启动无触点消谐元件（大功率晶闸管），将开口三角绕组瞬间短接，产生强大阻尼，从而消除铁磁谐振。

如果启动消谐元件，瞬间短接后谐振仍未消除，则装置再次启动消谐元件，出于电压互感器安全的考虑，装置共可启动三次消谐元件。如果在三次启动过程中谐振被成功消除则装置的谐振指示灯点亮，并且谐振报警动作（持续时间 10s），以提示曾有铁磁谐振发生，当操作装置查看记录后谐振灯熄灭；如果谐振未消除则装置的过电压指示灯亮，同时过电压报警出口动作，过电压消失后恢复正常。

装置通过面板实现显示、报警功能，并通过面板上的操作按钮实现菜单式操作，进行通信设置、时钟校对和参数设定等操作项目。装置可提供三种不同的通信接口，用户可自行设置与上位机的通信接口。

7-16　电压互感器有哪些常见故障？

（1）铁芯故障。运行中可能由于铁芯片间绝缘老化、过负荷、铁芯松动和运行环境恶劣等原因造成铁芯故障，使互感器运行中温度升高、有不正常的振动或噪声等。

（2）绕组故障。由于系统长期过电压、长期过负荷运行、绝缘老化以及制造工艺不良等原因，引起绕组可能发生匝间短路，运行中温度升高，有放电声，高压熔断器熔断，二次侧电压指示不稳定等现象。

（3）绕组断线。由于焊接工艺不良、机械强度降低等原因造成绕组断线，运行中断线部位可能产生电弧，有放电声，断线相的电压指示降低或为零。

（4）绕组相间或对地绝缘击穿。由于绕组绝缘老化、受潮及过电压、缺油等原因造成绕组相间短路或对地绝缘击穿，可能引起高压侧熔断器熔断，有放电响声、油温异常升高等现象。

（5）套管间放电闪络。由于外力损伤、异物进入以及严重污染等原因造成套管闪络放电，高压侧熔断器熔断。

7-17 电压互感器二次侧为什么有的采用零相接地，而有的采用V相接地？

为了安全的需要，电压互感器二次侧必须有一个接地点，防止绝缘降低时高压侧电压窜入二次侧，威胁人身及设备的安全。发电厂的电压互感器，有的采用零相接地，而有的采用V相接地，主要原因是：

（1）通常的习惯。为了节省电压互感器台数，有时选用VNv接线，此时二次侧的接地点往往选在两个二次绕组的公共端即V相上，形成V相接地，如图7-4所示。

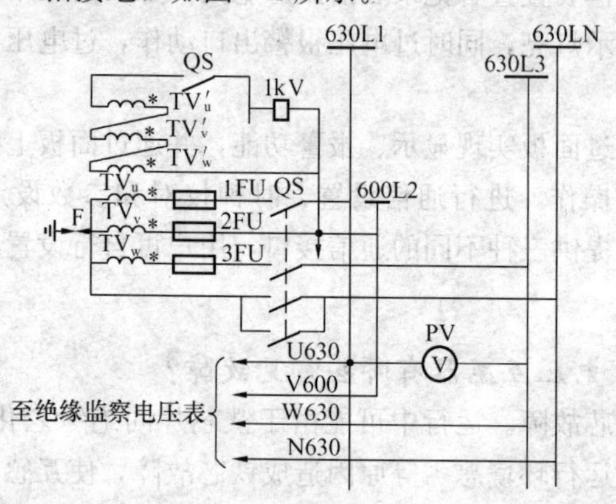

图7-4 V相接地的电压互感器接线图

（2）为了简化同期系统的接线和减少同期开关的挡数。因为如果星形接线的电压互感器和V形接线的电压互感器所在系统需要并列时，也可以使星形接线的电压互感器采用V相接地，这样可以同时应用于同期系统，防止零相接地的星形电压互感器V相线圈因短路而烧坏，也节省了一台隔离变压器。另外，因为与同期有关的仪表只需采取线电压，若采用V相接地后，公共的V相只需从盘上的接地小母线上引接即可，大大简化了同期系统的辅助开关、同期开关等接线。

对于装有距离保护的电压互感器二次回路均要求零相接地，因为要接断线闭锁装置，要求有零线。故一般发电厂、变电站的110kV及以上系统的电压互感器是零相接地。

7-18　电压互感器V相接地的接地点为什么一般放在熔断器之后，为什么V相也设置熔断器？

如图7-4所示，1～3FU是用以保护电压互感器二次侧绕组的熔断器。V相接地的接地点放在熔断器之后，是为了防止当电压互感器一、二次间绝缘击穿时，经V相接地点和一次侧中性点形成回路，造成V相二次绕组短接而被烧坏。

在V相接地的电压互感器二次侧中性点接一个击穿熔断器JB，是考虑到在V相二次熔断器熔断的情况下，即使二次侧出线窜入的高压，仍能使熔断器JB击穿而使互感器二次不会失去保护接地。击穿熔断器的击穿电压设置不高，约为500V。

7-19　套管式电流互感器的作用及结构特点是怎样的？

套管式电流互感器安装在变压器出线套管的升高座内，把变压器套管中导体的电流信息传递给测量仪器、仪表和保护及控制装置。

套管式电流互感器的型号含义：以LRB-500型为例，L代表电流互感器；R代表套管式（或称装入式）；B代表具有稳态特性保护用电流互感器、BT代表具有暂态特性保护用电流互感器、无BT及B者具有稳态特性测量用电流互感器；500代表变压器套管的额定电压（kV）。

套管式互感器是由铁芯和绕组组成。一次绕组为变压器套管中导体，铁芯由冷轧优质电工钢带卷成圆环形（LRBT型铁芯中有气隙）并经退火处理。二次绕组均匀地绕在铁芯上，它与铁芯之间及导线外部均有良好绝缘。整个绕组浸绝缘漆处理。二次绕组引出线端焊有带K，…K（或S，…S）标志的接线片，并连接到升高座出线盒内套管上。套管旁有字牌1K1…1K5，2K1…2K5，…或1S1…1S5,2S1…2S5等，可根据需要选择并变换合适的电流比。每个电流互感器安装在由钢板或低磁钢板制成的升高座内，电流互感器四周插入撑板使其与升高座壁固定，原则上电流互感器有“L”标志的端面均朝上。当电流流入“L”端面时，此时二次电流从K1（或S1）流出经外部回路流回到K2…K5（或S2…S5），即为减极性。

根据变压器标准或技术条件要求，每个升高座内放置1个或数个电流互感器，这些电流互感器均浸没在变压器油中，保证产品绝缘不受潮、不污染，升高座密封良好且不渗漏。

7-20 Yd11接线的变压器对差动保护用的电流互感器有什么要求？

Yd11接线的变压器其两侧电流相位相差30°，若两组电流互感器次级电流大小相等，但由于相位不同，会有一定的差额电流流入差动继电器。为了消除这种不平衡电流，应将变压器星形绕组侧的电流互感器的二次侧接成三角形，而将三角形绕组侧的电流互感器的二次侧接成星形，以补偿变压器两侧二次电流的相位差。

7-21 什么是电子式电流互感器？与电磁型电流互感器相比有何优点？

电子式电流互感器应用于额定电压为110kV（220、330kV及500kV）、频率为50Hz的电力系统中，作为测量电流，为数字化计量、测控及继电保护装置提供电流信息的设备使用。电子式电流互感器采用低功率线圈（LPTA）传感测量电流，采用空芯线圈传感保护电流，这样可使电流互感器具有较高的测量准确度、较大的动态范围及较好的暂态特性，采用硅橡胶复合绝缘子，绝缘结构简单可靠。电子式电流互感器结构原理如图7-5所示。

电磁型电流互感器存在以下两个缺点：

（1）绝缘问题。在其铁芯与绕组间，以及一、二次绕组之间有

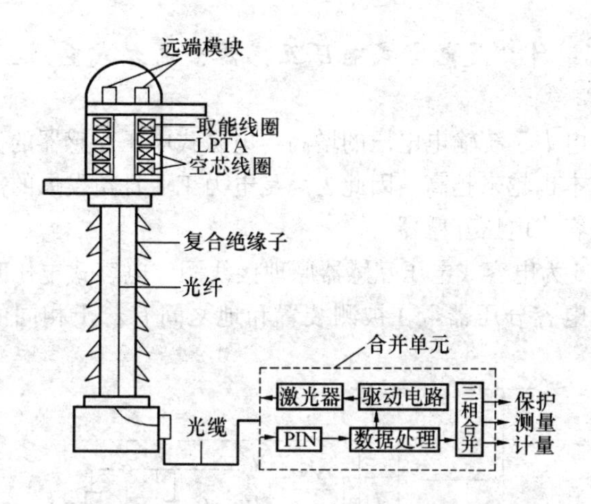

图 7-5　电子式电流互感器结构原理图

足够耐电强度的绝缘结构，以保证所有的低压设备与高电压相隔离。随着电力系统传输的电力容量的增加，电压等级越来越高，电流互感器的绝缘结构越来越复杂，体积和重量加大，产品的造价也越来越高。

(2) 铁芯饱和问题。传统电磁型电流互感器有铁芯，在电力系统发生短路时，高幅值的短路电流使互感器铁芯中的磁通饱和，输出的二次电流严重畸变，造成保护拒动，使电力系统发生严重事故。而且其频带响应特性较差，频带窄，系统高频响应差，而使得新型的基于高频暂态分量的快速保护的实现存在困难。

由于电磁式电流互感器存在以上缺点，已难以满足电力系统进一步发展的需要，因此，目前出现了电子式（光电式）电流互感器。电子式电流互感器主要具有如下优点：

(1) 优良的绝缘性能。

(2) 不含铁芯，消除了磁饱和及铁磁谐振等问题。

(3) 抗电磁干扰性能好，低压侧无开路高压危险。

(4) 动态范围大，测量精度高，频率响应范围宽。

(5) 体积小、重量轻，价格低。

(6) 适应了电力计量和保护数字化、微机化和自动化发展的潮流。

7-22 什么是电容式电压互感器？电容式电压互感器有何优点？

随着电力系统输电电压的增高，电磁式电压互感器的体积越来越大，成本也越来越高。因此为满足电力工业日益发展的需要，研制出了电容式电压互感器。

图 7-6 为电容式电压互感器原理接线图。电容式电压互感器实质是一个电容分压器，在被测装置和地之间有若干相同的电容器串联。

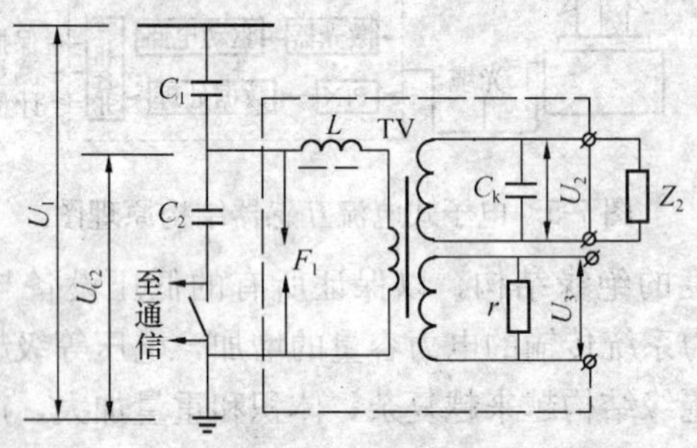

图 7-6 电容式电压互感器原理接线图

为便于分析，将电容器串分成主电容 C_1 和分压电容 C_2 两部分。设一次侧相对地电压为 U_1，则 C_2 上的电压为

$$U_{C2}=\frac{C_1}{C_1+C_2}U_1=KU_1 \tag{7-1}$$

式中 K——分压比。

改变 C_1 和 C_2 的比值，可得到不同的分压比。

由于 U_{C2} 与一次电压 U_1 成正比，故测得 U_{C2} 就可得到 U_1，这就是电容式电压互感器的工作原理。

但是，当 C_2 两端接入普通电压表或其他负荷时，所测得的值将小于电容分压值 U_{C2}，且负载电流越大，测得的值越小，误差也越大。这是由于电容器的内阻抗 $1/j\omega(C_1+C_2)$ 所引起的。为减小误差，在电容分压器与二次负载间加一中间变压器 TV，中间变压器实际就是一台电磁式电压互感器。

中间变压器 TV 中的电感 L 是为了补偿电容器的内阻抗的，因此称为补偿电感。当 $\omega L = 1/\omega (C_1 + C_2)$ 时，内阻抗为零，使输出电压 U_2 与二次负载无关。实际上，由于电容器和电感 L 中有损耗存在，接负载时仍存在测量误差。

在 TV 的二次侧绕组上并联一补偿电容 C_k，用来补偿 TV 的励磁电容和负载电流中的电感分量，提高负载功率因数，减少测量误差。

阻尼电阻 r 的作用，是防止二次侧发生短路或断路冲击时，由铁磁谐振引起的过电压。F_1 为保护间隙，当分压电容 C_2 上出现异常过电压时，F_1 先击穿，以保护分压电容 C_2、补偿电抗器 L 及中间变压器 TV 不致被过电压损坏。

电容式电压互感器与电磁式电压互感器相比，具有冲击绝缘强度高、制造简单、重量轻、体积小、成本低、运行可靠、维护方便并可兼作高频载波通信的耦合电容等优点。但是，其误差特性和暂态特性比电磁式电压互感器差，且输出容量较小，影响误差的因素较多。过去电容式电压互感器的准确度不高，目前我国制造的电容式电压互感器，准确级已达到 0.5 级，在 220kV 及以上得到广泛应用。

7-23　电容式电压互感器的铁磁谐振有何特点？

电容式电压互感器包括电容分压器和电磁单元。电磁单元中的电抗绕组在额定频率下的电抗值约等于分压器两个电容并联的电容值。在电磁单元二次短路又突然消除时，一次侧电压突然变化的暂态过程可能使铁芯饱和，与并联的两部分分压电容发生铁磁谐振。这种谐振一般不会造成高压电容器损坏，但可导致保护装置误动作或二次设备损坏。因此，电容式电压互感器的性能应满足如下要求：

（1）互感器在电压为 0.9、1.0、1.2 倍额定电压而实际负荷为零的情况下，二次端子短路后又突然消除，其二次电压峰值应在 0.5s 之内恢复到与短路前正常值相差不大于 10%。

（2）互感器在电压为 1.5 倍额定电压（用于中性点有效接地系统）或 1.9 倍额定电压（用于中性点非有效接地系统），且负荷实际为零的情况下，二次端子短路后又突然消除，其铁磁谐振持续的时间不应超过 2s。

7-24 电流互感器运行时有哪些常见故障？

（1）运行过热。有异常的焦臭味，甚至冒烟。产生此故障的原因是二次开路或一次负荷电流过大。

（2）内部有放电声，声音异常或引线与外壳间有火花放电现象。产生此故障的原因是绝缘老化、受潮引起漏电或电流互感器表面绝缘半导体涂料脱落。

（3）主绝缘对地击穿。产生此故障的原因是绝缘老化、受潮和系统过电压。

（4）一次或二次绕组匝间层间短路。产生此故障的原因是绝缘受潮、老化、二次开路产生高电压使二次匝间绝缘损坏。

（5）电容式电流互感器运行中发生爆炸。产生此故障的原因是正常情况下其一次绕组主导电杆与外包铝箔电容屏的首屏相连，末屏接地。运行过程中，由于末屏接地线断开，末屏对地会产生很高的悬浮电位，从而使一次绕组主绝缘对地绝缘薄弱点产生局部放电。电弧将使互感器内的油电离汽化，产生高压气体，造成电流互感器爆炸。

（6）充油式电流互感器油位急剧上升或下降。产生此故障的原因是由于内部存在短路或绝缘过热使油膨胀引起油位急剧上升；油位急剧下降可能是严重渗、漏油引起。

7-25 电压互感器断线时有何现象显示？产生断线的原因是什么？断线后如何处理？

当运行中的电压互感器回路断线时，有如下现象显示：①“电压回路断线”光字牌亮、警铃响；②电压表指示为零或三相电压不一致，有功功率表指示失常，电能表停转；③低电压继电器动作，同期鉴定继电器可能有响声；④可能有接地信号发出（高压熔断器熔断时）；⑤绝缘监视电压表较正常值偏低，正常相电压表指示正常。

电压回路断线的可能原因是：①高、低压熔断器熔断或接触不良。②电压互感器二次回路切换开关及重动继电器辅助触点接触不良。因电压互感器高压侧隔离开关的辅助开关触点串接在二次侧，与隔离开关辅助触点联动的重动继电器触点也串接在二次侧，由于这些触点接触不良，而使二次回路断开。③二次侧快速自动空气开关脱扣跳闸或因二次侧短路自动跳闸。④二次回路接线头松动或断线。

电压互感器回路断线的处理方法如下：

(1) 停用所带的继电保护与自动装置，以防止误动。

(2) 如因二次回路故障，使仪表指示不正确时，可根据其他仪表指示，监视设备的运行，且不可改变设备的运行方式，以免发生误操作。

(3) 检查高、低压熔断器是否熔断。若高压熔断器熔断，应查明原因予以更换，若低压熔断器熔断，应立即更换。

(4) 检查二次电压回路的接点有无松动、有无断线现象，切换回路有无接触不良，二次侧自动空气开关是否脱扣。可试送一次，试送不成功再处理。

7-26 避雷器的作用是什么？

避雷器是发电厂、变电站重要的防雷设备。当雷电打击到输电线路上时，会产生雷电波，雷电波将沿线路行进传播，侵入到发电厂、变电站的一次电气设备上。雷电侵入波的幅值如果超过电气设备的雷电冲击耐压水平，就会对设备绝缘造成损害，威胁电力系统的正常运行。因此，在发电厂、变电站中必须安装各种型式的避雷器，以防止感应雷以及雷电进入波过电压对电气设备的危害。

各类避雷器的共同特点是系统在额定电压下运行时，避雷器内部没有电流或只流过很小的电流。当避雷器上的电压超过了间隙的放电电压或超过某一数值时，避雷器会流过很大的电流，此时，由于间隙和阀片的保护作用，将作用在避雷器上的电压限制在一定数值上，即限制过电压。

7-27 各类避雷器的应用范围有何区别？

避雷器一般分为管式（放电间隙）、阀式（间隙、阀片）和金属氧化物（阀片）避雷器等种类，其中目前应用最多的是阀式避雷器和氧化锌避雷器。各类避雷器的应用范围见表 7-1。

表 7-1　　　　各类避雷器的应用范围

避雷器型式	型号	应 用 范 围
配电用普通阀式	FS	10kV 及以下配电系统，电缆终端盒
电站用普通阀式	FZ	3～220kV 发电厂、变电站配电装置
电站用磁吹阀式	FCZ	（1）220kV 及以下限制过电压的配电装置； （2）降低绝缘的配电装置； （3）布置在特别狭窄或高裂度震区的场所； （4）某些变压器的中性点
线路用磁吹阀式	FCX	220kV 及以上线路
旋转电机用磁吹阀式	FCD	发电机
氧化锌避雷器	Y 系列	（1）同 FCZ、FCX、FCD 型避雷器； （2）并联或串联电容器组； （3）高压电缆； （4）变压器和电抗器的中性点； （5）全封闭组合电器； （6）频繁操作的电动机

7-28　避雷器必须满足哪些要求？

为了可靠地保护电气设备，保证电力系统的安全运行，任何避雷器必须满足如下要求：

（1）避雷器的伏秒特性与被保护设备的伏秒特性正确配合，即避雷器的冲击放电电压任何时刻都要低于被保护设备的冲击放电电压。

（2）避雷器的伏安特性与被保护设备的伏安特性正确配合，即避雷器动作后的残压要比被保护设备通过同样电流时所耐受的电压低。

（3）避雷器的灭弧电压与安装地点的最高工频相电压正确配合，使在系统发生一相接地的故障情况下，避雷器也能可靠地熄灭高频续流电弧，从而避免避雷器发生爆炸。

7-29　氧化锌避雷器有什么优点？ 其主要参数是怎样的？

氧化锌避雷器一般是无间隙的，内部由氧化锌阀片组成，其内部结构示意图如图 7-7 所示。氧化锌避雷器取消了传统避雷器不可缺少的串联间隙，避免了间隙电压分布不均匀的缺点，提高了保护的可靠性，易于与被保护设备的绝缘配合，并且在正常运行电压下，氧化锌阀片呈现极高的阻值，通过它的电流只有微安级，对电网的运行影响极小。当系统出现过电压时，它有优良的非线性特性和陡波响应特性，使其有较低的陡波残压和操作波残压，在绝缘配合上增大了陡波和操作波下的保护度。氧化锌避雷器特别适用于超高压、多回馈线、电容器组、电缆等波阻抗低的系统。氧化锌避雷器阀片非线性系数高达 30～50，在标称电流动作负载时无续流，吸收能量少，大大改善了避雷器的耐受多重雷击的能力，此外，它通流能力大，耐受暂时工频过电压能力强，是目前最先进的过电压保护设备。

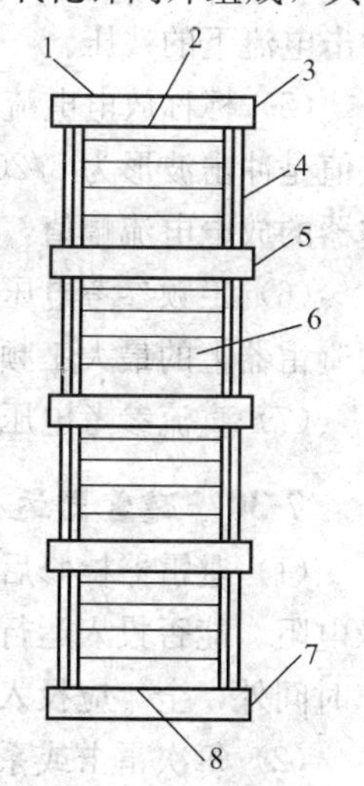

图 7-7　氧化锌避雷器结构示意图

1、8—金属隔板；2—弹簧；3、7—螺钉；4—绝缘拉杆；5—绝缘固定套板；6—阀片

氧化锌避雷器的主要参数有：

（1）标称电压。即系统额定电压。

（2）避雷器额定电压。是指施加到避雷器端子间最大允许工频电压有效值，是表明避雷器运行特性的重要参数，并不是指系统的额定电压。避雷器的额定电压通常按电力系统单相接地并考虑甩负荷条件下健全相的最高暂时过电压选择。例如，330～500kV 系统，由于甩负荷和空载长线路的影响较大，线路避雷器的额定电压应按 1.3～1.4 倍最高工作相电压选取。

（3）持续运行电压。是指在运行中允许持久地施加在避雷器端子上的工频电压有效值，其值应不低于系统最高相电压的有效值。

(4) 残压。氧化锌避雷器的残压一般指雷电流冲击下的残压，由于氧化锌避雷器对操作过电压具有限压作用，所以有时给出操作冲击电流下的残压。

(5) 标称放电电流。按通过避雷器的雷电放电电流幅值选择，该值是冲击波形为8/20μs放电电流的峰值，它根据雷电波流经避雷器的放电电流幅值，对避雷器的类型进行等级划分。

(6) 工频参考电压。是在工频参考电流（1～20mA）下测量出的避雷器上的最大工频电压有效值。

(7) 直流参考电压。通常为1mA下测出的避雷器上的电压。

7-30 避雷器运行中有哪些注意事项？

(1) 避雷器检修后，应由高压试验人员做工频放电试验并测绝缘电阻。能否投入运行由工作负责人做出书面交待。除检查试验工作时间外，全年应投入运行。

(2) 每次雷击或系统发生故障后，应对避雷器进行详细检查，并将放电记录器指示数值记入避雷器动作记录簿。

(3) 避雷器正常运行中的检查项目有：①瓷套是否清洁无裂纹、破损及放电现象；②引线有无抛股、断股或烧伤痕迹；③接头有无松动或过热现象；④均压环有无松动、锈蚀及歪斜现象；⑤接地装置是否良好，检查计数器是否动作；⑥高压备用变压器、主变压器高压侧避雷器在线监测装置指示是否正常。

第八章

保安电源和 UPS

8-1 为什么要设置事故保安电源？ 大型机组事故保安电源的设置有何要求？

为保证全厂事故停电时能安全可靠地停机，应设立事故保安电源，并能在工作电源消失后自动投入，保证事故保安负荷的供电。

容量为 200MW 及以上的机组，应设置交流保安电源。柴油发电机组应按允许加负荷的程序，分批投入保安负荷。每两台 200MW 机组宜设置 1 台柴油发电机组，每台 300MW 及以上机组宜设置一台柴油发电机组。交流保安电源的电压和中性点的接地方式宜与低压厂用电系统一致。交流保安母线段应采用单母线接线，按机组分段分别供给本机组的交流保安负荷。正常运行时保安母线段应由本机组的低压明或暗备用动力中心供电，当确认本机组动力中心真正失电后应能切换到交流保安电源供电。

目前发电厂保安电源的设置大致有三种方式，即外部相对独立的其他电源引接、采用逆变机组和采用快速启动的柴油发电机组。其中大多采用的是柴油发电机组作为事故保安电源，如果考虑到柴油发电机组的快速性不能满足（发电厂要求在保安段失去电源后 15～20s 内向保安负荷依次恢复供电）时，也可设立外部独立电源作为保安电源的备用电源。柴油发电机组供电的保安电源系统都采用单母线接线，使用较多的有三种形式，如图 8-1 所示。

（1）各保安负荷直接接于 PC 段上，如图 8-1（a）所示。各负荷的回路开关应设有延时投入装置，按各负荷的性质整定回路的投入时间，分期投入运行。保安 PC 的正常电源来自低压厂用电系统，当保安段失去电源后，柴油发电机随即自启动。柴油发电机自启动的唯一条件是保安段母线失压，而不受外界其他条件的影响。

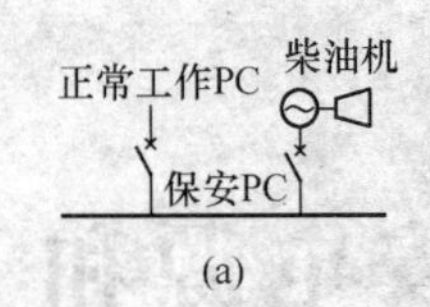

(a)

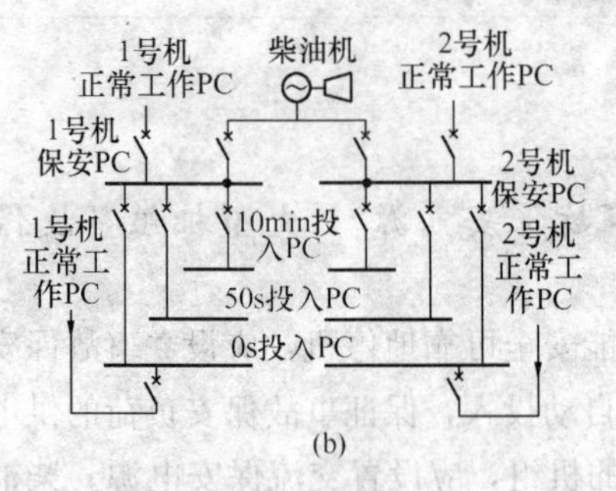

(b)

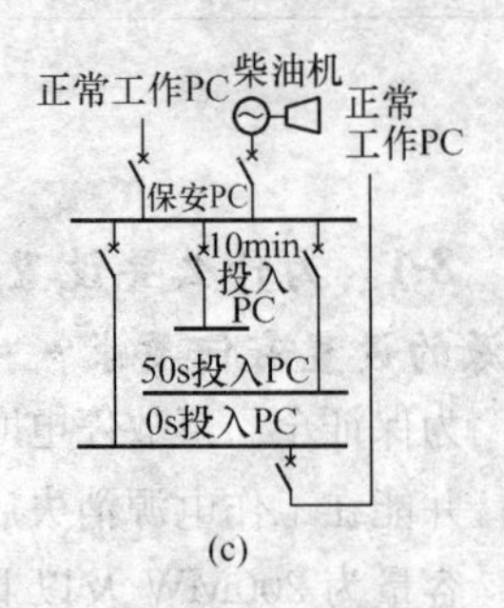

(c)

图 8-1　保安电源接线图

(a) 所有保安负荷均接于保安 PC 上；(b) 两台机组共用一台柴油发电机；
(c) 每机组一台柴油发电机

(2) 对于 200MW 的发电机，可两台机组合用一台柴油发电机接线，如图 8-1 (b) 所示。保安 PC 下设立三个时限不同的 MCC 段，当保安电源失去时，按照保安负荷的不同的性质分 0s、50s 和 10min 三个时限先后投入运行，分别接于三个不同的 MCC 段上。保安 PC 段上除设有来自厂用电系统的正常供电外，由于 0s 投入的 MCC 段上的负荷的重要性，为可靠起见，在此 MCC 上再引接一路来自厂用电系统的电源。

(3) 对于 300MW 及以上的发电机组，每台机组单独设置一台柴油发电机组作为保安电源，如图 8-1 (c) 所示。

8-2　发电厂保安电源必须具备哪些条件？

(1) 与主系统具有相对独立性，不受主系统异常及事故的影响。保安电源投入的唯一条件只限于保安段母线失去电压。

(2) 可靠性强，动作的成功率高。

(3) 电能质量满足要求。电能质量包括正常运行及负荷启动状态时的电压、频率波动均符合厂用电的要求。

(4) 具有足够的容量。应能满足事故保安负荷最大容量持续运行和电动机负荷启动时的容量要求。

(5) 快速带负荷性能好。在保安负荷允许中断供电的最大时间范围内能成功启动带负荷运行。

(6) 运行维护工作量小，一次投资和运行维护费用小。

8-3 为什么采用柴油发电机组作为发电厂的事故保安电源?

(1) 柴油发电机组的运行不受电力系统运行状态的影响，是独立可靠的电源。

(2) 柴油发电机组自启动迅速。当保安段母线失电后，柴油发电机组能够迅速启动，满足发电厂允许短时间中断供电的交流事故保安负荷供电要求。

(3) 柴油发电机组可以长期运行，以满足长时间事故停电的供电要求。

(4) 柴油发电机组结构紧凑，辅助设备简单，热效率高，经济性好。

8-4 发电厂事故保安负荷主要有哪些? 各有何特性?

发电厂的事故保安负荷分为直流事故保安负荷和交流事故保安负荷两类。直流事故保安负荷由蓄电池直流系统提供电源；交流事故保安负荷由交流事故保安电源即柴油发电机组供电。

保安负荷的特性包括投入的条件、投入的时间和运行的连续性等方面。表 8-1 列出了主要事故保安负荷的特性，供参考。表中 T_1 表示投入的时间，T_2 表示停止时间，k 表示负荷系数。

表 8-1　保安负荷特性一览表

序号	名　称	机组正常运行情况下保安负荷的运行方式	机组事故情况下保安负荷的运行方式
直流保安负荷			
1	汽轮发电机直流润滑油泵	一般不运行，短时	$T_1=0$，$T_2=30\sim60$min，$k=0.9$
2	发电机直流氢密封油泵	一般不运行，短时	$T_1=0$，$T_2=60\sim180$min，$k=0.8$

续表

序号	名　称	机组正常运行情况下保安负荷的运行方式	机组事故情况下保安负荷的运行方式
3	汽动给水泵直流润滑油泵	一般不运行，短时	$T_1=0$，$T_2=20\sim30\text{min}$，$k=0.9$
4	UPS直流电源	有专用整流器时，不运行	$T_1=0$，$T_2=30\text{min}$，$k=0.6$
		无专用整流器时，为经常负荷	
5	DC/AC直流电源	为直流经常负荷	$T_1=0$,$T_2=60\text{min}$,$k=0.6$
6	直流事故照明	为直流经常负荷	$T_1=0$，$T_2=60\text{min}$，$k=1$
交流保安负荷			
1	汽轮发电机交流润滑油泵	一般不运行，在$n\leqslant 2850\text{r/min}$润滑油压低联锁投入，不经常，连续	不运行，交流恢复后，手动投入运行
2	汽轮发电机顶轴油泵	一般不运行，在$n\leqslant 1200\text{r/min}$联锁投入，不经常，连续	$T_1=20\sim30\text{min}$，$T_2=$数天，交流恢复后，手动投入运行
3	汽轮发电机盘车电机	一般不运行，机组启、停时连续运行，不经常，连续	$T_1=20\sim30\text{min}$，$T_2=$数天，交流恢复后，手动投入运行
4	发电机交流氢密封油泵	经常连续运行，一般为2台，互为备用	不运行，交流恢复后，手动投入运行
5	汽动给水泵交流润滑油泵	经常连续运行，一般为2台，互为备用	$T_1=5\sim10\text{min}$，$T_2=10\sim30\text{min}$,交流恢复后，按盘车要求，手动投入运行
6	汽动给水泵顶轴油泵	一般不运行，汽泵启、停时，短时运行，不经常，短时	$n<300\text{r/min}$时启动，交流恢复后，手动投入
7	汽动给水泵盘车装置	一般不运行，汽泵启、停时，短时运行，不经常，短时	需要盘车时启动，交流恢复后，手动投入

续表

序号	名　称	机组正常运行情况下保安负荷的运行方式	机组事故情况下保安负荷的运行方式
8	电动给水泵交流润滑油泵	一般不运行，电泵启、停时，短时运行，不经常，连续	$T_1=0$，$T_2=60s$，交流联锁自投
9	回转式空气预热器盘车电机	一般不运行，主电动机事故跳闸后联锁启动，连续运行	$T_1=0$，$T_2=60\sim180min$，交流联锁自投
10	回转式空气预热器润滑油泵	经常，连续，导向轴承油泵，2台互为备用，推力轴承油泵1台	$T_1=0\sim30s$，$T_2=60\sim180min$，按油温启停，连续
11	火焰探头交流冷却风机	经常，连续，2台互为备用，风机全停，延时2min停炉	$T_1=0$，$T_2=15min$，短时运行
12	引风、送风、一次风机交流润滑油泵	经常，连续，2台互为备用，油压低，延时10s，联跳主机	$T_1=0$，$T_2=30min$，短时运行
13	磨煤机交流润滑油泵	经常，连续，1台油泵，主机跳闸，延时60s停油泵	$T_1=0$，$T_2=60s$，短时运行
14	热力系统自动化阀门	经常，短时（短时，应进行研究）	$T_1=0$，$T_2=10min$，短时运行
15	蓄电池充电装置	经常，连续，充电器带经常负荷和蓄电池自放电电流运行	$T_1=0$，$T_2=60\sim180min$，充电器基本满负荷运行
16	UPS交流旁路电源	经常，断续	经常，断续
17	UPS专用整流电源	经常，连续	经常，连续
18	机组交流事故照明	经常，连续	$T_1=0\sim30s$，$T_2=60\sim180min$，连续运行

续表

序号	名　称	机组正常运行情况下保安负荷的运行方式	机组事故情况下保安负荷的运行方式
19	电梯	经常，短时	$T_1=0\sim30s$，$T_2=60\sim180min$，短时运行
20	柴油发电机组自用电	不经常，短时，柴油发电机组启、停，试验时运行	$T_1=0\sim30s$，$T_2=$数天，连续运行

8-5 柴油发电机组作为发电厂事故保安电源需具备哪些功能？

(1) 自启动功能。柴油发电机组可以在全厂停电事故中，快速自启动带负荷运行。

(2) 带负荷稳定运行功能。柴油发电机组自启动成功后，无论是在接带负荷过程中，还是在长期运行中，都可以做到稳定运行。柴油发电机组有一定的承受过负荷能力和承受全电压直接启动异步电动机能力。

(3) 自动调节功能。柴油发电机组无论是在机组启动过程中，还是在运行中，当负荷发生变化时，都可以自动调节电压和频率，以满足负荷对供电质量的要求。

(4) 自动控制功能。柴油发电机组自动控制功能很多，可满足无人值守要求，主要有：

1) 保安段母线电压自动连续监测功能。

2) 自动程序启动、远方启动和就地手动启动。

3) 机组在运行状态下的自动检测、监视、报警和保护功能。

4) 自动远方、就地手动和机房紧急手动停机。

5) 蓄电池自动充电功能。

(5) 模拟试验功能。柴油发电机组在备用状态时，能够模拟保安段母线电压低至25%额定电压或失压状态，使机组实现快速自启动。

(6) 并列运行功能。多台柴油发电机组之间的并列运行，程序启动指令的转移，或单台柴油发电机组与保安段工作电源之间的并列运行及负荷转移，以及柴油发电机组正常和事故解列功能。

8-6 1000MW发电机组的交流事故保安电源是如何接线的？

邹县发电厂四期1000MW机组每台机设有两段400V交流事故保安动力配电中心，每台机设有一套快速启动的柴油发电机组作为保安电源，如图8-2所示。

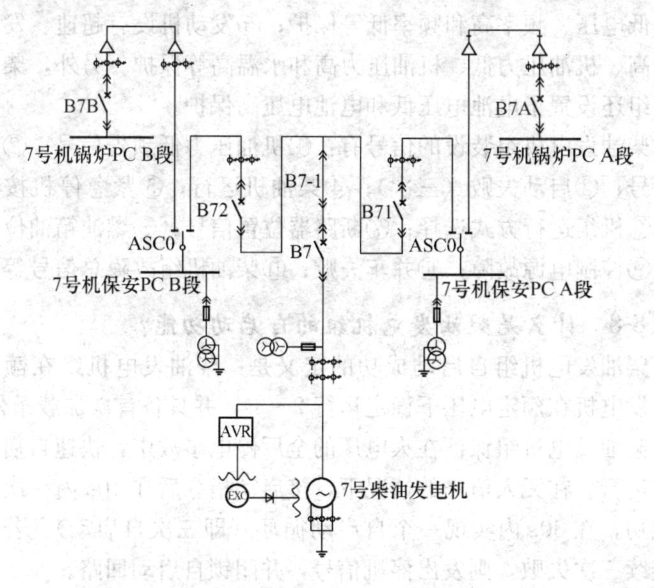

图8-2 7号机组保安电源接线图

正常运行时，保安动力配电中心由锅炉400V PC段供电，当保安段失去工作电源时，通过保安段双电源转换开关联动柴油发电机组自动启动，柴油发电机组启动成功后，电压正常后自动合上柴油发电机出口开关，双电源转换开关自动切换至柴油机供电。当厂用电源恢复后，经一定延时自动切换至工作电源供电。

四期工程设有两段脱硫400V交流事故保安动力配电中心，用7号、8号机保安段作为其保安电源。正常运行时，脱硫保安动力配电中心由脱硫400V PC段供电，当脱硫400V PC段失去电源时，自动切至7号、8号机保安段供电。

8-7 柴油发电机组有哪些保护和信号要求？

随柴油发电机组型号的不同，其保护和信号会有所不同。

柴油发电机组装设的保护有：①1000kW以上的柴油发电机组装设内部相间短路保护和过负荷保护；②1000kW以下的柴油发电机装设过电流保护和速断保护；③发电机总馈线及分支馈线装设相间短路保护和过负荷保护；④发电机还设有逆功率、失磁、过电压、低电压、频率高和频率低等保护；⑤发动机设有超速、发电机温度高、机油压力低、机油压力高和水温高等保护。另外，柴油发电机组还设置了电池电压低和电池电压高保护。

柴油发电机组装设的信号有：①机油压力低预告信号；②低水温信号；③启动失败（三次）；④柴油机运行；⑤紧急停机按钮按下；⑥机组运行方式选择；⑦断路器位置信号；⑧燃油箱油位低信号；⑨控制电源故障；⑩并车失败；⑪柴油机组故障总信号等。

8-8 什么是柴油发电机组的自启动功能？

柴油发电机组自启动成功的定义是：柴油发电机组在额定转速、发电机在额定电压下稳定运行2～3s，并具备首次加载条件。

柴油发电机组保证在火电厂的全厂停电事故中，快速自启动带负载运行。在无人值守的情况下，接启动指令后在10s内一次自启动成功，在30s内实现一个自启动循环（即三次自启动）。若自启动连续三次失败，则发出停机信号，并闭锁自启动回路。

8-9 柴油发电机运行中信号系统包括哪些内容？

信号系统可分别设置在柴油发电机组的控制柜和送往单元控制室DCS。按故障性质分为预告信号（用光字牌和电铃）和事故信号（用光字牌和蜂鸣器）。

柴油发电机组装设的信号有：电气设备故障信号，柴油发电机组运行信号，柴油发电机组启动（三次）失败信号，柴油发电机组超速信号，润滑油油压低、油压过低信号，冷却水水温高、水温过高信号，燃油箱油位低信号，24V直流电源电压消失信号，110V直流控制电源故障信号，旋转整流二极管故障信号，自动电压调整器故障信号，柴油发电机组故障总信号，柴油发电机组运行异常信号，运行方式选择开关位置信号，保安段电源自投回路熔断器熔断信号等。

上述所有信号均可实现与控制室 DCS 通信接口，其中柴油发电机组运行信号、柴油发电机组故障总信号、柴油发电机组运行异常信号和运行方式选择开关位置信号除就地安装外，还通过硬接线引至主机组的单元控制室（无源接点输出）。

8-10 柴油发电机组带稳定负载能力有何要求？

柴油发电机组自启动成功后，保安负荷分两级投入。柴油发电机组接到启动指令后 10s 内允许加载，允许首次加载不小于 50%额定容量的负载（感性）；在首次加载后的 5s 内再次发出加载指令，允许加载至满负载（感性）运行。

柴油发电机组能在功率因数为 0.8 的额定负载下，稳定运行 12h 中，允许有 1h1.1 倍的过载运行，即

$$1.1P' \geqslant \frac{aP_{C}}{1.1\eta}$$

式中 P'——柴油机修正后的输出功率（kW）；

P_{C}——计算负荷的有功功率（kW）；

η——柴油发电机效率；

a——柴油发电机组的功率配合系数，取值 1.10～1.15。

并在 24h 内，允许出现上述过载运行两次。在负载容量不低于 20%时，允许长期稳定运行。

实际上，我国大多数柴油发电机允许 0s 投入的负荷不超过额定功率的 30%。为了保证柴油发电机组在首批负荷投入后能安全运行，应尽量减少 0s 投入的负荷总量，分批投入；另外，可以加大柴油发电机组的容量。

8-11 柴油发电机组的操作模式是如何定义的？

柴油发电机组的启动、并网、负荷调整、停机等操作，均可通过手动、自动、远方 DCS 控制方式实现，如图 8-3 所示为并网控制柜面板内容图，机组的具体操作和控制方式如下：

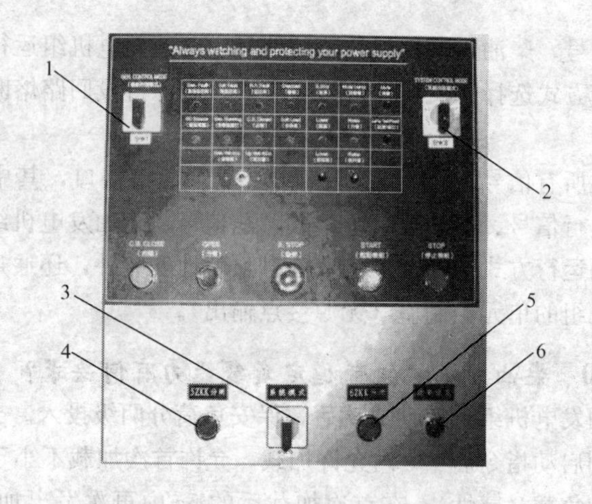

图 8-3　柴油发电机组的控制面板

1—机组启动模式开关 SW1；2—功率输出模式选择开关 SW2；
3—系统模式选择开关 SW3；4—5ZKK 分闸；5—6ZKK 分闸；
6—功率设定

（1）系统模式（选择开关 SW3）。机组启动模式选择开关 SW1 旋于自动位置，输出模式选择开关 SW2 旋于停止位置系统模式选择开关 SW3 旋于自动位置，系统在此模式时，发电机组作为备用电源。

当保安 A 段（或 B 段）电源故障时，由保安 A 段双电源转换开关判断出主电源故障后，向并网柜发出开机信号令发电机组启动（或者并网柜接收到 DCS/手操台发送来的开机信号），当机组正常运行电压正常后，发电机出口断路器自动合闸。当保安 A 段（或 B 段）电源故障时，保安 A 段双电源转换开关切换到柴油发电机侧向保安 A 段（或 B 段）供电。当正常电源恢复正常后，由保安 A 段（或 B 段）双电源转换开关自动切换到正常电源供电，然后延时停止开机信号，并网柜将发电机出口断路器分闸，柴油发电机组延时停机，重新进入备用状态。如同时有几个开机信号发送到并网柜，停机时必须是所有开机信号均停止或发送停机信号到并网柜。

（2）机组启动模式（选择开关 SW1）。

1）手动模式。在控制屏上通过操作开机按钮和停止按钮，控制发电机组启动和停止。通过操作合闸按钮和分闸按钮，控制断路器 ZKK 的合闸和分闸。

2）自动模式。受控于外来信号（5ZKK/6ZKK/DCS/手操台开机信号），当信号出现时发电机组启动，正常运行后，断路器 ZKK 自动合闸，向外供电。

（3）功率输出模式（选择开关 SW2）。

1）手动模式。机组在单机运行时，通过升降速按钮可以调整发电机组的运行速度（运行频率）。机组在并网运行时，通过升降速按钮可以调整发电机组的有功功率输出。

2）自动模式。机组在单机运行时，按预先设定的数值调整发电机组的运行速度（运行频率）。机组在并网运行时，按预先设定的有功功率向外供电。

注意：因任何故障导致机组急停时，重新启动需在机组本体处进行复位。由于在远方 DCS、手动操作台只能启动柴油机，不能停止柴油机组。在远方 DCS、手动操作台启动柴油机后，如需要停止柴油机应到就地将机组启动模式选择开关 SW1 切至停止位置，将柴油机停止运行。取下并网柜中 F6、F7 熔断器，将远方 DCS、手操台启动柴油机自保持继电器 K13（或 K15）复位后，装上并网柜中 F6、F7 熔断器。

8-12　柴油发电机组启动前的检查项目和启动步骤是怎样的？

柴油发电机组启动前的检查项目有：

（1）检查柴油机机油油位在 ADD 与 FULL 之间，冷却液液位正常。

（2）检查燃油充足（应至少有 8h 的燃油量）。

（3）检查柴油机冷却风机各部良好。

（4）检查所有软管无损坏和松脱现象、系统无泄漏。

（5）检查发电机加热器、水加热器自动投停正常，水温保持在 32℃左右。

（6）检查空气进口管道连接牢固，空气滤清器进气阻力指示器正常。

(7) 检查蓄电池电压正常，接线无松动，充电装置运行正常。

(8) 检查辅助电源投入正常，仪表及控制面板指示正常，无报警信号。

(9) 检查发电机各部良好，接线无松动、脱落现象。

(10) 检查柴油发电机组现场清洁、无人工作、照明充足。

柴油机的启动步骤如下：

(1) 检查柴油发电机出口开关各部分良好，出口隔离开关确定在合闸位置。

(2) 检查柴油发电机组 EMCP3.3 控制面板方式开关在“自动”位置，检查柴油发电机组并网柜机组启动模式（选择开关 SW1）在自动位置，功率输出模式（选择开关 SW2）在“停止”位置，系统模式（选择开关 SW3）在“自动”位置。

(3) 通过 DCS 操作面板点击柴油发动机启动按钮或手操台柴油机启动按钮启动柴油机。

(4) 检查柴油发电机组启动至全速运行，检查各仪表指示正确，信号灯指示正常，无异常报警。

(5) 检查柴油发电机出口开关合闸正常。

(6) 根据需要将保安段负荷倒至柴油发动机供电。

8-13 柴油发电机组常见的故障现象、原因和处理方法是什么？

(1) 达到自启动条件（保安母线失压）而机组启动不成功。可能是由于自启动系统出现问题，如选择开关位置不对、控制回路熔断器熔断以及润滑油泵未能启动等。此时应立即就地启动一次，如果仍然不成功，应迅速检查，排除故障。

(2) 误启动。可能的原因有选择开关位置不对、远方启动开关误合和控制回路故障等。此时应将选择开关切至“自动”位置，断开误合的远方启动开关，如没问题则立即通知检修人员检查处理。

(3) 机组在 20s 内启动数次，但不升速。柴油机可能发生故障，应将选择开关切至零位，检查柴油机。

（4）机组启动后升不起电压。可能的原因有：①转速太低；②剩磁电压太低；③整流元件故障；④励磁绕组断线；⑤接线松动或开关接触不良；⑥电刷和集电环接触不良，电刷压力不够；⑦刷握卡涩，电刷不能滑动等。

此时，应根据具体原因采取以下相应措施：①提高转速至额定值；②用蓄电池进行充电；③更换整流元件；④检修断线的励磁绕组；⑤检查接线接头和开关接触部分；⑥清洁集电环表面，调节电刷弹簧压力至正常；⑦打磨或更换刷握。

（5）发生紧急停机的故障。当发生以下紧急情况时，应立即手动停机：①机组超速且已达到超速保护动作值；②机组内部有异常摩擦或金属撞击声；③机组着火；④发电机内部故障但保护或断路器拒动；⑤发生直接威胁人身安全的危急情况等。

8-14　柴油发电机组应进行哪些保养和维护项目？

（1）每日或8h后检查油位、水位是否正常，检查机油、柴油、冷却水系统和排气系统有无泄漏。在发电机运行时，检查排气系统，如有泄漏，立即检修。

（2）每周或50h后，检查空气滤清器是否堵塞，环境恶劣地区应增加检查频率。检查柴油油水分离器，排出柴油油水分离器水分或沉淀物；检查电池充电系统正常。

（3）每月或100h后，检查皮带张力变化情况，检查燃油油位，排出排气管凝结水，检查电池液位及比重，检查发电机排风口无阻塞及异物等。

（4）每半年或250h后，更换机油及机油滤清器（如发电机是作常载机组时，每6个月或250h更换；如发电机是作备用机组时，每12个月或250h更换），更换冷却水滤清器，清洁柴油机呼吸口，更换空气滤清器，检查水箱管路有无松脱或磨损，更换柴油滤清器。

（5）每年或500h后，清洁冷却系统，测试发电机绝缘。

8-15　什么是UPS？有什么作用？

UPS（Uninterruptible Power Supply）是交流不停电电源的简

称。它的主要功能是在正常、异常和供电中断的情况下，均能向重要负荷提供安全、可靠、稳定、不间断、不受倒闸操作和系统运行方式影响的交流电源。这些重要负荷包括如计算机控制系统、热工保护、监控仪表和自动装置等，这类负荷对供电的连续性、可靠性和电能质量具有很高的要求，一旦供电中断将造成计算机停运、控制系统失灵及重大设备损坏等严重后果，因此，在发电厂中还必须设置对这些负荷实现不间断供电的交流不停电电源（简称 UPS），并设立不停电电源母线段，它要求机组启停和正常运行的全部过程供电不间断。

8-16　交流不停电电源 UPS 应满足哪些条件？

（1）在机组正常和事故状态下，均能提供电压和频率稳定的正弦波电源。

（2）能起电隔离作用，防止强电对测量、控制装置，特别是晶体管回路的干扰。

（3）全厂停电后，在机组停机过程中保证对重要设备不间断供电。

（4）有足够容量和过载能力，在承受所接负荷的冲击电流和切除出线故障时，对本装置无不利影响。

8-17　常用 UPS 装置如何接线？

常用的 UPS 接线见图 8-4 所示。正常运行时，不停电母线段由具有独立供电能力（一般由厂用工作 PC 供电），与蓄电池组通过的逆变装置供电，可保证全厂交流停电时，自动切换到直流系统逆变供电而不停电，母线不需切换。由直流系统运行 20min 后，考虑到为减轻蓄电池的负担，可手动切换到保安 PC 供电。若在运行

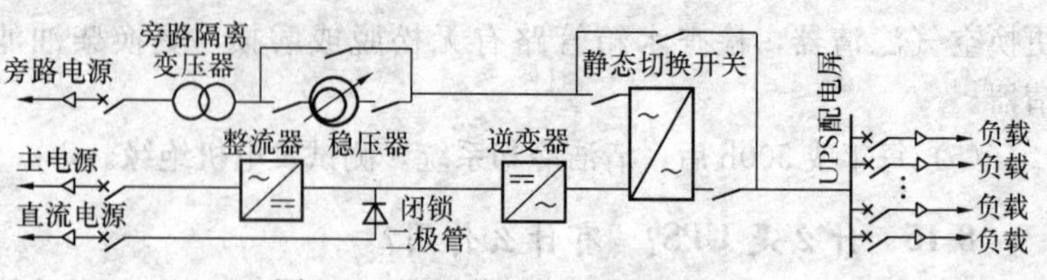

图 8-4　UPS 装置原理接线示意图

中逆变装置发生故障时，需切换到旁路供电（由保安 PC 供电），为了使交流侧的断电时间不大于 5ms，采用由电子开关构成的静态切换开关来保证。采用静态逆变装置，具有可靠性高，故障检修时间短等优点，故可不设备用逆变装置。

每台 200MW 及以上的发电机组，至少应配置一套 UPS 装置，因为工作 UPS 故障而由旁路供电时难以保证较高的电能质量，所以一般应考虑 UPS 的冗余配置。可以采用两套 UPS，一用一备，串联热备份，只有当备用 UPS 故障时才切换到旁路供电。

由于发电厂、变电站目前多采用阀控式密封铅酸蓄电池和高频开关式充电装置，直流系统容量大，可靠性高，所以逆变器无需配备备用电源而是由发电厂、变电站的直流系统供电。不过大多数 UPS 装置也可以自带阀控电池和其他形式的可靠电池，接线方便，可以实现全自动化智能控制。

8-18 1000MW 发电机组的 UPS 装置如何设置？

邹县发电厂四期两台 1000MW 机组，每台机组主厂房设一套双机并联交流不停电电源装置（UPS），主机为瑞士 GUTOR 公司生产的 PEW1080-220/220-EN-R 型产品。系统包括两台主机柜（整流器、逆变器、静态转换开关），两套主机共用一套旁路系统，包括旁路隔离变压器柜、旁路稳压柜，一套馈线柜。两套 UPS 设备通过各自的输入将交流电/直流电转换成交流输出，再经静态切换开关将两路 UPS 输出进行并联，两套 UPS 采用共同旁路。正常运行二者均分负载，当其中一个不间断电源装置发生故障，剩下的装置承担全部负载而不需任何转换动作。UPS 能通过设备内部的 SYNC 信号来协调两台 UPS 输出（包括相位和电压以及输出电流等），使其输出同步。两台 UPS 都应与共同的旁路同步。

主厂房 UPS 系统具有以下特点：

（1）UPS 能够并机、平衡电流输出。

（2）负载电流在两台 UPS 间的平衡度在±10%内。

（3）两台 UPS 各自通过单独直流电源供电。

（4）两台 UPS 使用一个公用旁路确保在两台 UPS 以及旁路

电源间保持同步，以确保能够在同步状态下承担“先通后断”操作。

（5）瞬时过电流由两台UPS共同处理，当两台UPS的输出电流达到它们的输出极限时，通过静态切换开关将重要负载无扰动转移到公用的旁路上。

（6）静态切换开关能够处理3个周波的100%额定输出电流能力（对于50Hz系统来讲为60ms），使下游故障得到清除。

（7）当负载电流恢复正常或者低于UPS的过载极限，静态切换开关能够将重要负载转换回UPS供电，并且两台UPS能够自动恢复并联运行。

（8）任意一台UPS故障不影响另一台UPS的正常运行。

（9）如果一台UPS故障后跳开，另一台UPS能够立即提供100%的负载电流而没有任电力中断，并且不需要做出任何转换操作。故障UPS通过其静态切换开关自动从系统中隔离出去。

（10）如果第二台UPS也发生故障，静态切换开关将负荷无扰地由逆变器切换至共同旁路电源运行。

（11）静态开关转换时间与单套UPS一样。

MIS系统UPS采用瑞士GUTOR公司PEW1030-220/220-EN型产品，容量为30kVA（2台机共一组）。继电器室UPS采用瑞士GUTOR公司PEW1020-220/220-EN型产品，容量为20kVA（2台机共一组）。系统包括一台主机柜（整流器、逆变器、静态转换开关），一套旁路系统，包括旁路隔离变压器柜、旁路稳压柜，一套馈线柜。电源切换时间不大于4ms。

8-19 主厂房UPS装置由哪些功能元件组成？各有何作用？

图8-5为1000MW发电机组UPS装置电气接线示意图，各元件的作用如下：

（1）整流器。整流器由隔离变压器（T001）、晶闸管整流元件（A030）、输出滤波电抗器（L001）和相应的控制板组成。

整流器又称充电器，为12脉冲三相桥式全控整流器，其原理

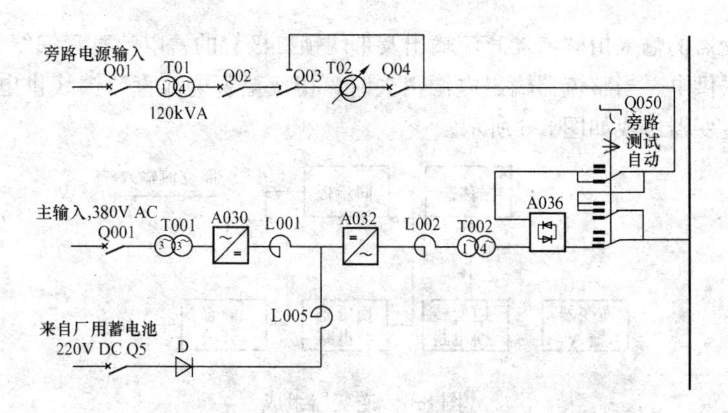

图 8-5　UPS装置电气接线示意图

为：通过触发信号控制晶闸管的触发控制角来调节平均直流电压。输出直流电压经整流器电压控制板所检测，并将测量电压和给定值进行比较产生触发脉冲，该触发脉冲用于控制晶闸管导通角维持整流器输出电压在负载变动的整个范围内保持在容许偏差之内。

隔离变压器用于改变交流电压输入的大小，以提供给整流器一个合适的电压值。

输出滤波器用来过滤DC电流，减少整流器输出的波纹系数，该滤波器是由一个电感线圈组成的。控制板用来提供触发晶闸管的脉冲，脉冲的相位角是晶闸管输出电压的一个函数。控制板把整流器输出的电压量与内部的给定量相比较产生一个误差信号，该误差信号用于调整晶闸管整流器的导通角。若整流器的输出电压降低，控制板产生的信号去增加晶闸管的导通角，从而增加整流器的输出电压至正常值，反之亦然。

整流器输入电压的允许变化率不小于额定输入电压的－20％～30％。允许频率变化率不小于额定输入频率的±10％。整流器具有全自动限流特性，以防止输出电流超过安全的最大值，当限流元件故障时，其后备保护能使整流器跳闸。

（2）逆变器（A032）。逆变器由逆变转换电路、滤波和稳压电路、同步板、振荡器等部分组成。逆变器的功能是把直流电变换成稳压的符合标准的正弦波交流电，并具有过载、欠压保护功能。逆变器的输入由整流器直流输出及带闭锁二极管的蓄电池直流馈线并联供电。当整流器输出电源消失时，切换至蓄电池直流馈线供电。逆变器组成如图 8-6 所示。

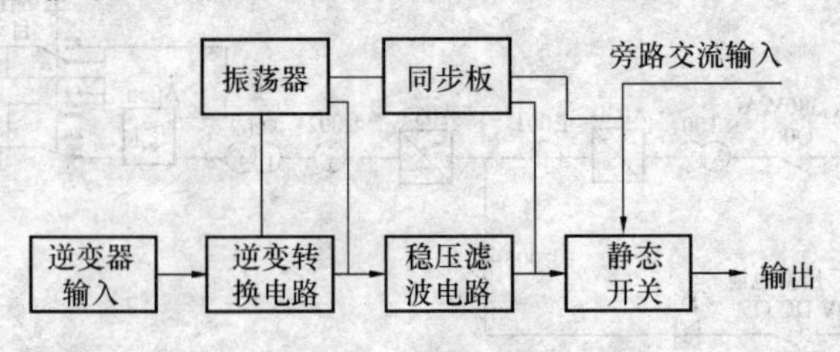

图 8-6　逆变器组成

逆变转换电路由四个晶闸管和换向电容、电感等组成，通过控制四个晶闸管交替动作，将直流电转换为方波，然后通过谐波滤波和稳压输出稳定的交流电。同步板的作用是将逆变器的输出和旁路输入的正弦波相位和频率进行比较，并通过振荡板控制逆变器的输出，使逆变器的频率、相位和旁路输入电压的频率和相位相同，从而保持逆变器和旁路电源同步。通过频率检波器检验逆变器输出和旁路电源输入的频率是否足够接近以至于同步，相位检验电路检查同频和同相条件是否存在，来判断是否允许和旁路电源进行切换。

在正常情况下，逆变器和旁路电源必须保持同步，并按照旁路电源的频率输出。当逆变器的输出和旁路电源输入频率之差大于 0.7Hz 时，逆变器将失去同步并按自己设定的频率输出，如旁路电源和逆变器输出的频率差回到小于 0.3Hz 时，逆变器自动地以 1Hz/s 或更小的频差与旁路电源自动同步。

逆变器内部的振荡器通过提供晶闸管的选通信号，产生合适频率的方波选通脉冲以控制电源开关电路，产生一个频率为 50Hz 的矩形波（方波），经过滤波和稳压电路进行滤波整形后，形成正弦波（频率为 50Hz）。

当逆变器输出发生过电流，过电流倍数为额定电流的 120%时自动切换至旁路电源供电。当直流输入电压小于 176V 时逆变器自动停止工作，并自动切换至旁路电源供电，防止逆变器在低压情况下运行而发生损坏。

（3）旁路变压器。旁路变压器由隔离变压器（T01）和调压变压器（T02）串联组成。隔离变压器输入侧设±5%的抽头。隔离变压器的作用是防止外部高次谐波进入 UPS 系统。调压变压器的作用是把保安段来的交流电压自动调整在规定范围内。

（4）静态切换开关（A036）。静态切换开关由一组并联反接晶闸管和相应的控制板组成，其示意图如图 8-7 所示。由一控制板控制晶闸管的切换，当逆变器输出电压消失、受到过度冲击、过负荷或 UPS 负载回路短路时，会自动切至旁路电源运行并发出报警信号，总的切换时间不大于 3ms。逆变器恢复正常后，经适当延时切回逆变器运行，切换逻辑保证手、自动切换过程中连续供电。也能手控解除静态切换开关的自动反向切换。静态开关的切换其间无供电中断，具有先合后断的功能，因此，静态开关的切换必须满足同步条件，即旁路电源与逆变器输出电压的频率和相位应相同。

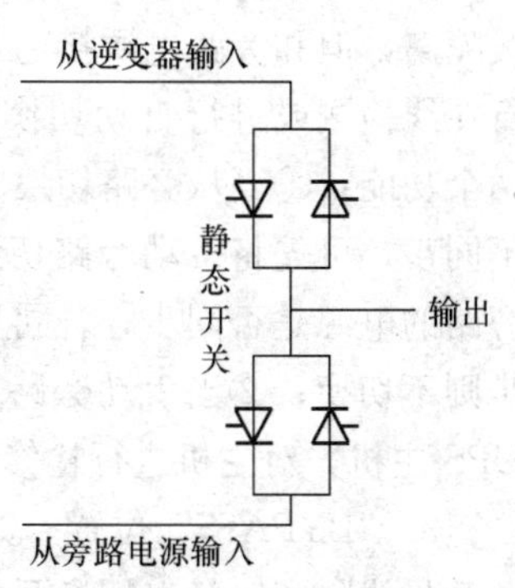

图 8-7　静态开关结构图

（5）手动旁路切换开关（Q050）。此开关专为在不中断 UPS 负载电源的前提下检修 UPS 而设计的，具有“先闭后开”的特点，以保证主母线不失电。

手动旁路切换开关为电子互锁式设计，当需要维修时将逆变器切换至静态旁路，闭合维修开关即可；也可以直接闭合维修开关，负载零扰动切换至静态旁路工作。可以设置逆变器输出与旁路电源的同步控制装置，以保证逆变器输出与旁路电源同步。如果电厂频率偏离限定值，逆变器应保持其输出频率在限定值之内。当电厂频率恢复正常时，逆变器自动地以 1Hz/s 或更小的频差与电厂电源自动同步。同步闭锁装置能防止不同步时手动将负载由逆变器切换至旁路。UPS 控制屏上设有同步指示。手动切换时，逆变器输出和旁路同步。逆变器故障或外部短路由静态切换开关自动切换时则不受此条件的限制。

手动旁路开关有 3 个位置，即 AUTO、TEST 和 BYPASS。

1）“AUTO” 位置。负载由逆变器供电，静态开关随时可以自动切换，为正常工作状态。

2）“TEST” 位置。负载由手动旁路供电。静态开关和负载母线隔离，但和旁路电源接通，逆变器同步信号接入。可对 UPS 进行在线检测或进行自动切换试验。旁路开关的 TEST 位置有以下两个功能：①当从旁路切换回主回路时，为防止主回路与旁路电源不同步，可先将手动旁路切到 “TEST” 位置，可检测出主回路与旁路的电源是否同步，若同步，则可切到 “AUTO” 位置，若不同步则不切换；②当手动旁路开关在 “TEST” 位置时，可直接关闭 UPS 主机，对主机进行检修等操作，并不影响负载的不间断供电。

3）“BYPASS” 位置。负载由手动旁路供电。静态切换开关和负载母线隔离，静态切换开关和旁路电源隔离，逆变器同步信号切断。可对 UPS 进行检测或停电维护。

8-20 UPS 有哪些运行方式？ 正常运行方式是怎样的？

UPS 电源系统为单相两线制系统。运行方式有正常运行方式、蓄电池运行方式、静态旁路运行方式和手动旁路运行方式。正常运行时，由保安段向 UPS 供电，经整流器后送给逆变器转换成交流 220V、50Hz 的单相交流电向 UPS 配电屏供电。220V 蓄电池作为逆变器的直流备用电源，经逆止的二极管后接入逆变器的输入端，当正常工作电源失电或整流器故障时，由 220V 蓄电池继续向逆变器供电。当逆变器故障时，静态旁路开关会自动接通来自保安段的旁通电源，但这种切换只有在 UPS 电源装置电压、频率和相位都和旁通电源同步时才能进行。当静态旁路开关需要维修时，可操作手动旁路开关，使静态旁路开关退出运行，并将 UPS 主母线切换到旁路电源供电。

UPS 正常运行方式如图 8-8 中实线所示，手动旁路开关在 AUTO 位置。交流输入（整流器市电）通过匹配变压器送到相控整流器，整流器补偿市电波动及负载变化，保持直流电压稳定。交流谐波成分经过滤波电路滤除。整流器供给逆变器能量，同时对电

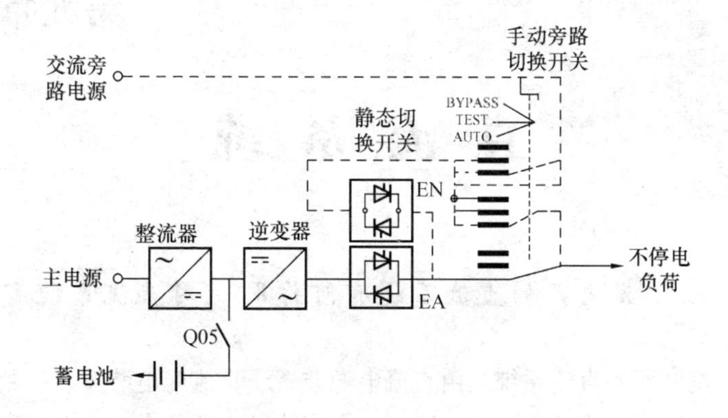

图 8-8　UPS装置正常运行方式示意图

池进行浮充，使电池保持在备用状态（依赖于充电条件和电池型号决定浮充电或升压充电）。此后，逆变器通过优化的脉宽调制将直流转换成交流，通过静态开关供给负载。

8-21　UPS运行中应进行哪些检查？

（1）运行人员每班对UPS装置检查一次。

（2）柜内各元件应无异音、异臭及过热现象，熔断器完好，室温在−15～45℃范围内。

（3）检查UPS装置状态指示灯指示正确，各冷却风扇运转正常。

（4）检查UPS装置输出电压、输出电流正常，负载电流不超过额定值。

（5）检查UPS装置旁路稳压柜运行正常。

（6）检查UPS装置各隔离开关、断路器实际位置与运行方式相符。

（7）检查UPS装置无异常报警信号，盘面指示灯和实际运行方式相对应。装置发生故障报警时，可按下“报警停止”键停止音响，故障未消除前信号仍存在，故障消除后报警自动解除。

第九章

直流系统

9-1 发电厂的直流系统有何作用？对直流系统有何要求？

发电厂的直流系统是由直流电源装置、直流配电装置、控制和监测装置等构成的直流供电网络，在正常及事故状态下为上述直流负荷提供可靠的直流操作电源。主要用于对开关电器的远距离操作、信号设备、继电保护、自动装置及其他一些重要的直流负荷（如事故油泵、事故照明和不停电电源等）的供电。直流系统是发电厂厂用电中最重要的一部分，它应保证在任何事故情况下都能可靠和不间断地向其用电设备供电。

随着现代电力系统向大机组、大电网、超高压、高度自动化方向的快速发展，其直流系统运行品质对保证发电厂、变电站及电力系统的安全运行有着十分重要的影响。因此对直流系统应要求高度可靠性和稳定性，系统接线简单清晰、操作方便，蓄电池及充电装置应安全可靠，免维护或少维护，可实现直流系统微机在线监测，并实现与发电厂、变电站控制系统的通信接口。

9-2 铅酸蓄电池有何结构和功能特点？

蓄电池是一种既能把电能转换为化学能储存起来，又能把化学能转变为电能供给负载的化学电源设备。蓄电池主要由容器、电解液和正、负电极构成。蓄电池可以反复进行充电、放电，反复使用，其电极反应有良好的可逆性。蓄电池分为铅酸蓄电池和碱性蓄电池两类。

铅酸蓄电池主要有防酸隔爆式铅酸蓄电池和阀控式密封铅酸蓄电池。铅酸蓄电池具有可靠性高、容量大和承受冲击负荷能力强等优点，所以以往在电力系统应用较广。铅酸蓄电池的构造主要部件有管式正极板、负极板、隔板、容器和电解液。其电解液为27%～37%的硫酸水溶液，正极为 PbO_2（二氧化铅），负极为 Pb（铅）。正极板可采用玻璃丝管式极板，用来增大极板与电解液的接触面积，以减少内阻和增大单位体积的蓄电容量。玻璃丝管内部充填有多孔的有效物质，通常为氧化铅粉，因玻璃丝表面具有许多细缝，可使管内的有效物质与管外电解液充分接触，有效物质又不易由细缝漏出，所以无脱皮掉粉等弊病，寿命较长。负极板为涂膏式结构，即将铅粉用稀硫酸及少量的硫酸钡、腐植酸、松香等调制成糊状混合物涂填在铅锑合金制成的栅板上。为了增大极板与电解液的接触面积，负极板表面有凸起的楞纹。蓄电池的每一电极是由若干块极板组成的，极板的数目和面积依容量而定，正、负极板交错地排列，负极板比正极板多一块。

为防止极板发生短路，在正、负极板之间用隔板隔开。而正、负极板则浸于电解液中，上缘比电解液面低 10mm 以上，以防止极板翘曲，下缘又与容器的底保持一定的距离，以防沉积物造成短路。

蓄电池充、放电时极板的可逆化学反应方程式为

$$\underset{\text{(正极)}}{PbO_2} + \underset{\text{(正极)}}{Pb} + 2H_2SO_4 \underset{\text{充电}}{\overset{\text{放电}}{\rightleftharpoons}} \underset{\text{(正极)}}{PbSO_4} + 2H_2O + \underset{\text{(负极)}}{PbSO_4}$$

由上式可见，蓄电池放电时，正、负极板都形成了硫酸铅（$PbSO_4$），同时消耗了电解液中的硫酸（H_2SO_4），析出水（H_2O），使电解液的密度下降。在蓄电池充电后，正极板恢复了原来的二氧化铅（PbO_2），负极板恢复了活性铅（Pb），电解液中水减少，硫酸增加，电解液密度恢复到原值。

由于铅酸蓄电池维护量大、体积大，使用过程中产生氢气和氧气，并伴随着酸雾对环境带来污染，如液体溅出会伤及人体，需要经常补充电解液，维护操作比较复杂，因此，近年来阀控式密封铅酸蓄电池很快发展起来。

9-3　什么是阀控式铅酸蓄电池？

阀控式铅酸蓄电池基本克服了防酸式隔爆铅酸蓄电池的缺点，

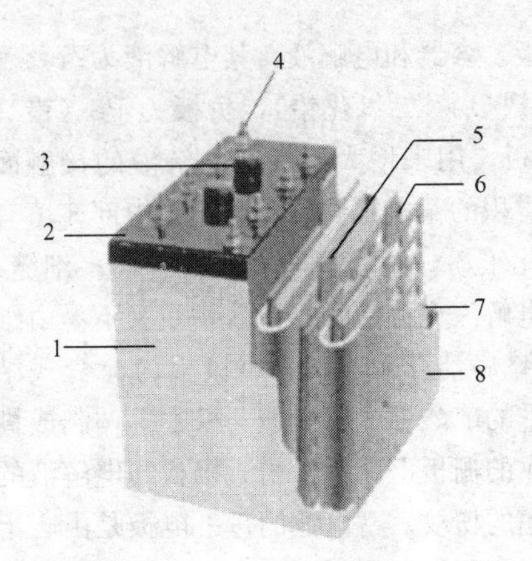

图 9-1 阀控式铅酸蓄电池构造
1—电池壳；2—电池盖；3—安全阀；
4—极柱；5—负极板；6—正极板；
7、8—隔板

以它优越的技术性能，如放电性能优良、自放电电流小、不漏液、无酸雾、无需加水和调酸，以及全封闭、免维护等功能，已逐步代替一般的铅酸蓄电池，其构造如图 9-1 所示。

所谓“阀控”，是指蓄电池正常运行时内部电解液通过控制阀与外界密封隔离，当由于析出气体而使电池内压力升高时，控制阀自动打开排出气体，防止蓄电池超压，防止液体溅出。

阀控式铅酸蓄电池的充、放电化学反应与传统的“铅—硫酸—二氧化铅”没有什么区别，所不同的是，防酸式铅酸蓄电池充电过程中会因水的电解在正极板产生氧气（$2H_2O \rightarrow O_2\uparrow + 4H^+ + 4e$），而在负极板产生氢气（$4H^+ + 4e \rightarrow 2H_2\uparrow$）。阀控式铅酸蓄电池通过以下措施使正极板产生的氧气在充电时很快与负极板的活性物质起反应并恢复成水，所以损失极少，可以使其成为全密封式蓄电池，而无需加酸加水和检查电解液密度，对内部无需维护。

9-4 阀控式密封铅酸蓄电池如何实现免维护？

铅酸蓄电池采取许多结构措施，使蓄电池在充放电过程中避免了电解液的损失，建立起良好的氧循环，并配置了完善的监控、监视手段，实现了密封免维护。

（1）采用铅钙合金板栅，提高了释放氢气电位，抑制了氢气的产生，同时使自放电率降低。

（2）采用负极活性物质海绵状铅，在潮湿的条件下活性极高，能与氧气快速反应，抑制了水的减少。

(3) 氧气与负极反应再化合成水过程的同时，一部分负极板变成放电状态，也抑制了负极板氢气的产生，与氧气反应变成放电状态的负极物质经过充电又恢复到原来的海绵状铅。

(4) 为了让正极释放的氧气尽快流通到负极，采用了超细玻璃纤维隔板，其孔率达 90%以上，电池中电解液被完全吸附在隔板和正、负极板中即极群组内部不能流动，装配时需采取紧装配，使氧气容易流通到负极再化合成水。

氧气的循环复合反应方程式如下：

$$O_2+2Pb=\!=\!=2PbO$$

$$PbO+H_2SO_4=\!=\!=PbSO_4+H_2O$$

为了防止蓄电池内压力异常升高而损坏电池，阀控式铅酸蓄电池设置了安全阀。安全阀开启压力为 10～49kPa。为了防止外部气体进入电池，安全阀返回压力为 1～10kPa。

9-5　阀控式铅酸蓄电池的充电方式有哪些？各有何特点？

蓄电池的充电方式分为以下几种：

(1) 初充电。新安装的蓄电池使用前，或大修中更换的蓄电池为完全达到荷电状态所进行的第一次充电。初充电的工作程序应参照制造厂家说明书进行。

(2) 恒流充电。充电电流在充电电压范围内，维持在恒定值的充电。

(3) 均衡充电。为补偿蓄电池在使用过程中产生的电压不均匀现象，使其恢复到规定的范围内而进行的充电。单体电池的均衡充电电压为 2.30～2.40V，均衡充电电流一般为(1.0～1.25)I_{10}(I_{10}为 10h 放电率的放电电流)。

(4) 恒流限压充电。先以恒流方式进行充电，当蓄电池组端电压上升到限压值时，充电装置自动转换为恒压充电，直到充电完毕。

(5) 浮充电。在充电装置的直流输出端始终并接着蓄电池和负载，以恒压充电方式工作。正常运行时充电装置在承担经常性负荷的同时向蓄电池补充充电，以补充蓄电池的自放电，使蓄电池组以满容量的状态处于备用。单体电池的浮充电压为2.23～2.27V，浮充电流一般为1～3mA/Ah，可根据要求设定。

（6）补充充电。蓄电池在存放过程中，由于自放电，容量逐渐减少，甚至于损坏，按厂家说明书定期进行充电。

9-6 为什么要进行蓄电池的核对性放电？

核对性放电是指在正常运行中的蓄电池组，为了检验其实际容量并发现存在的问题，以规定的放电电流进行恒流放电，可得出蓄电池组的实际容量。因为长期浮充电方式运行的防酸蓄电池，极板表面将逐渐生产硫酸铅结晶体（一般称之为“硫化”），堵塞极板的微孔，阻碍电解液的渗透，从而增大了蓄电池的内阻，降低了极板中活性物质的作用，蓄电池容量大为下降。核对性放电，可使蓄电池得到活化，容量得到恢复，使用寿命延长，确保发电厂和变电站的安全运行。

9-7 阀控式铅酸蓄电池在运行中的充电是怎样进行的？

图9-2为蓄电池运行中的充放电过程示意图。图9-2中列出了蓄电池从新安装到正常运行以及事故情况下的蓄电池电压、直流母线电压、负荷电流和充电电流的变化过程。如图9-2所示，蓄电池正常运行中采取浮充电运行方式，并定期进行恒流限压充电→恒压充电→浮充电过程的手动或自动切换，以使蓄电池组随时具有满容量，确保运行安全可靠。

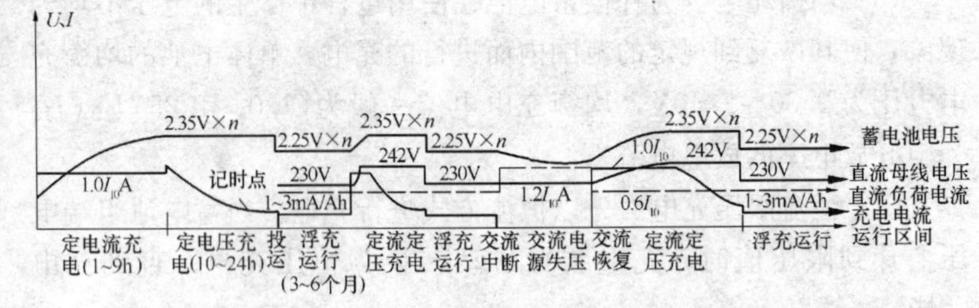

图9-2 阀控式铅酸蓄电池的运行过程示意图

（1）新安装蓄电池用恒流电流为$1.0I_{10}$进行初充电（1～9h）.

单体电池电压上升到2.3～2.4V。

(2) 定电压充电(10～24h)，充电电流沿充电特性曲线减小，当充电电流减小到0.1I_{10}时，充电装置的倒计时开始启动，当整定的倒计时结束时，充电装置将自动或手动地转为正常的浮充电运行，蓄电池转为正常运行状态，电压下降至2.25V即可投运，即转为浮充电运行。

(3) 浮充电。初充电完成后，转为浮充电方式运行，浮充电电压为2.23～2.27V之间（可以根据厂家要求设定）。浮充电流为1～3mA/Ah，作为电池内部自放电和外壳表面脏污引起的爬电损失，从而使蓄电池始终保持95%以上的容量。

(4) 均衡充电。阀控蓄电池在长时间浮充运行中，如发生以下情况，需对蓄电池进行定压定流的均衡充电：①当电池安装完毕投运前；②浮充运行中蓄电池间电压偏差超过规定标准时，即个别电池硫化或电解液密度下降造成电压偏低，容量不足；③当交流电源中断时，放电电量超过规定后的5%～10%时。

上述情况可按程序进行均衡充电。当装有电池监视装置能判断电池容量不足时，可以自动投入充电装置进行均衡充电。如果没有装设监视装置时，一般在浮充运行3个月后进行均衡充电。

(5) 运行中若交流电源中断，则充电电流为零，由蓄电池承担事故下的直流输出，蓄电池电压下降，当电源恢复时立即自动进行恒流恒压充电，一旦由恒流阶段转入恒压阶段后，延时若干小时则自动转为浮充电方式。

9-8 阀控铅酸蓄电池的运行维护事项有哪些？

(1) 电池投入使用前，应先进行补充充电，然后方可投入运行。

(2) 在巡检中应检查电池间连接片有无松动和腐蚀现象，壳体有无渗漏和变形，极柱与安全阀周围是否有酸雾溢出，绝缘电阻是否下降，蓄电池温度是否过高等。

(3) 基准温度为25℃时，应随温度的变化适当调整阀控蓄电池浮充电压值。

（4）电池放电电流一般不应超过 $1C_{10}$ A。电池不应过放电，放电后应及时充电。

（5）保持存放地点清洁、通风、不潮湿，保持最佳环境温度。若储存不用时，每半年补充充电一次。

（6）电池在储存等各种状况下均应防止短路。定期对阀控蓄电池组做外壳清洁工作。

（7）电池应有完整的运行履历记录，记录内容包括出厂日期、安装和运行状况等。

（8）新、旧电池不能混合使用。

9-9　为什么选用高频开关作为蓄电池组充电装置？

阀控蓄电池组能否满足正常运行和事故放电的要求，选用性能良好并具有足够容量的整流电源作为运行中电池均衡充电和浮充电的充电电源非常重要。整流电源是将交流电转换为直流电的一种换流设备，目前应用的整流电源主要有相控式（晶闸管式）和高频开关式整流装置。

虽然采用晶闸管式整流装置作为蓄电池充电电源装置已经有多年的运行经验，但它存在体积大、技术性能差等缺点。而高频开关充电装置采用模块化结构，是采用 PWM（脉宽度制电路 Pulse Width Modulation）变换技术，将交流变成直流的静止型电力变换器，其主要功能是实现蓄电池的均/浮充功能，所以称为充电模块。开关电源的逆变单元工作在高频开关状态。由于工作频率高，电路中滤波电感及电容的体积可大大缩小；同时，高频变压器取代了传统的工频变压器，变压器的体积减小、重量降低；另外，由于开关管高频工作，功率损耗小，因而开关电源效率高。开关管采用 PWM 控制方式，稳压稳流特性较好。将高频开关技术应用于充电电源，不仅有利于充电电源的小型化和高效化，而且易于产生极性相反的高频脉冲电流，从而实现蓄电池脉冲快速充电。

基于高频开关充电模块的上述优点，在电力系统中得到了广泛的应用。

9-10　直流系统由哪几部分组成？　各有何作用？

直流系统主要由交流配电单元、充电模块、直流馈电回路、集中监控单元、绝缘监测单元、降压单元和蓄电池组等部分组成。直流系统原理如图 9-3 所示。

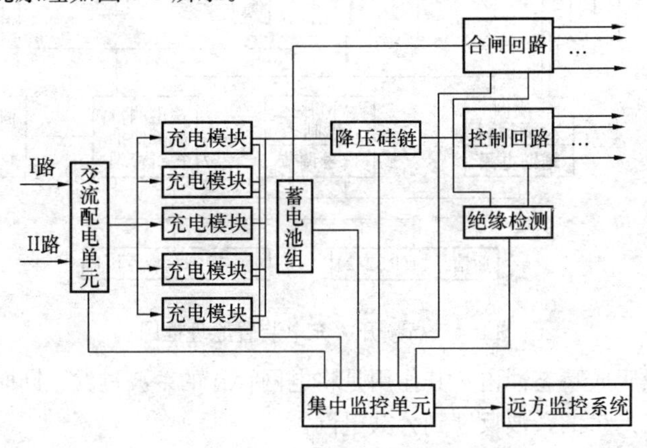

图 9-3　直流系统组成框图

两路交流输入经交流配电单元选择其中一路交流提供给充电模块，充电模块输出稳定的直流，一方面对蓄电池进行浮充电，另一方面为控制负荷提供工作电流。绝缘监测单元可在线监测直流母线和各支路的对地绝缘状况，集中监控单元可实现对交流配电单元、充电模块、直流馈电、绝缘监测单元、直流母线和蓄电池组等运行参数的采集与各单元的控制和管理，并可通过远程接口接受远方 DCS 控制系统的监控。为保证蓄电池放电时合闸母线有较高的电压，在蓄电池输出回路上串联降压单元（降压硅链），后接控制母线。

9-11　ATC 系列智能高频开关电源模块的主要组成部分及功能是什么？

ATC 系列高频开关电源的基本原理框图如图 9-4 所示，其电路主要由主电路和控制电路两部分构成，各部分的主要功能为：

（1）主电路。从交流电网输入、直流输出的全过程，包括：

1）一次侧检测控制电路。监视交流输入电网的电压，实现输入过压、欠压、缺相保护功能及软启动的控制。

2）EMI 输入滤波器。实现对输入电源作净化处理，滤除高频

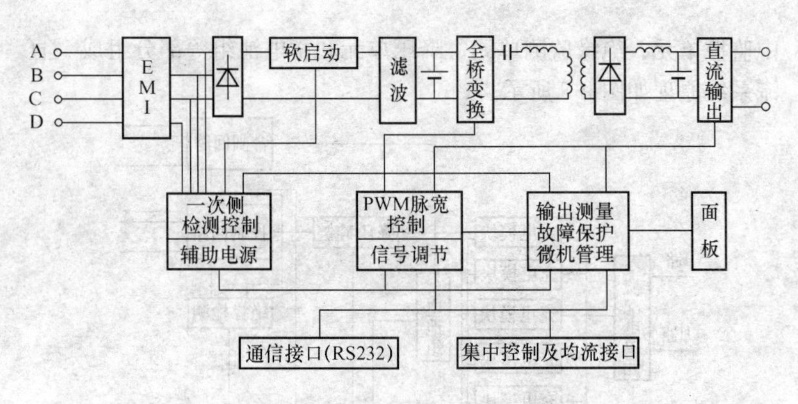

图 9-4　高频开关充电装置原理框图

干扰及吸收瞬态冲击；其作用是将电网存在的杂波过滤，同时也阻碍本机产生的杂波反馈到公共电网。

3）软启动。消除开机浪涌电流。

4）整流与滤波。三相交流输入电源经输入三相整流、滤波变换成直流，即将电网交流电源直接整流为较平滑的直流电，以供下一级变换。

5）全桥变换。将整流后的直流电变为高频交流电，这是高频开关电源的核心部分，频率越高，体积、重量与输出功率之比越小。

6）输出整流与滤波。根据负载需要，提供稳定可靠的直流电源。高频交流经主变压器隔离、全桥整流、滤波转换成稳定的直流输出。

（2）检测、通信电路。除了提供保护电路中正在运行中各种参数外，还提供各种显示仪表数据。输出测量、故障保护及微机管理部分负责监测输出电压、电流及系统的工作状况，并将电源的输出电压、电流显示到前面板，实现故障判断及保护，协调管理模块的各项操作，并跟系统通信，实现电源模块的高度智能化。

（3）辅助电源。提供所有单一电路的不同要求电源，为整个模块的控制电路及监控电路提供工作电源。

（4）控制电路。一方面从输出端取样，与设定标准进行比较，然后去控制逆变器，改变其频率或脉宽，达到输出稳定；另一方面，根据测试电路提供的数据，经保护电路鉴别，提供控制电路对整机进行各种保护措施。PWM控制电路实现输出电压、电流的控制及调节，确保输出电源的稳定及可调整性。

9-12 为什么要设置直流系统绝缘监察装置？微机型绝缘监察装置有何优点？

直流系统运行中会因设备本身原因或外部原因发生对地绝缘降低或接地的危险情况，如不及时发现将会使缺陷持续发展，若直流系统两极发生接地将会造成保护及自动装置误动、断路器误跳闸、拒动等严重事故。因此，必须设置直流系统绝缘监察装置，要求装置可以对正、负直流母线对地绝缘电阻进行实时监测，当绝缘电阻低于设定值时发出报警，以便运行人员及时发现和处理。

传统的绝缘监测仪，无论是采用平衡电桥原理还是采用支路检测原理，均具有检测速度慢、检测精度差、操作复杂等缺点，已逐渐被新一代微机型绝缘监察装置所代替。

邹县发电厂1000MW机组直流系统采用奥特讯公司生产的WJY-3000A型绝缘监测仪。WJY-3000A微机型绝缘监测仪各功能单元采用模块化结构，基本配置由主机、电流变送器以及TA采集模块组成。主机检测正负直流母线的对地电压，通过对地电压计算出正负母线对地绝缘电阻。当绝缘电阻低于设定的报警值时，自动启动支路巡检功能。支路漏电流检测采用直流有源TA，不需向母线注入信号。所有支路的漏电流检测同时进行，被检信号由TA采集后送采集模块，每个模块内含CPU，直接在TA采集模块内部转换为数字信号，由CPU通过串行口上传至绝缘监测仪主机。增加TA以及采集模块可方便的对检测支路数进行扩展，若距离主机较远而需要扩展，可选择增加分机或TA驱动器来实现。分机或TA驱动器与主机之间也都是通过串口通信进行数据传输。这样支路检测精度高、速度快、抗干扰能力强，从而在可靠性、适用性方面等多项技术上有了新的突破，成功地解决了目前直流接地检测装置中存在漏报误报、巡检速度慢、接线过多、安装维护困难以及扩容不方便等弊端，具有较高的稳定性和可靠性，其原理框图如图

9-5所示。装置的母线电压检测采用独立的、高精度、高抗干扰能力的双积分型 A/D 转换器，检测速度快。由于采用智能数字式 TA，所有 TA 通过一根五芯通信线与主机相连，改变了以往 TA 到主机接线复杂的缺点，抗干扰能力也得到了增强。TA 自行计算数据，避免了传统接地仪由 TA 采集漏电流量，由主机进行多次计算的方式，故检测速度也得到了极大的提升，每个 TA 的检测时间仅 0.2ms。绝缘监测仪所配 TA 为内置 CPU，漏电流在 TA 内直接转换为数字量，数字滤波采用 256 次的平均值，测量精度高，抗干扰能力强。TA 自身保存校准值，TA 测量精度与主机性能无关。由于检测的是波形相对变化量，所以电源的波动不影响检测精度。

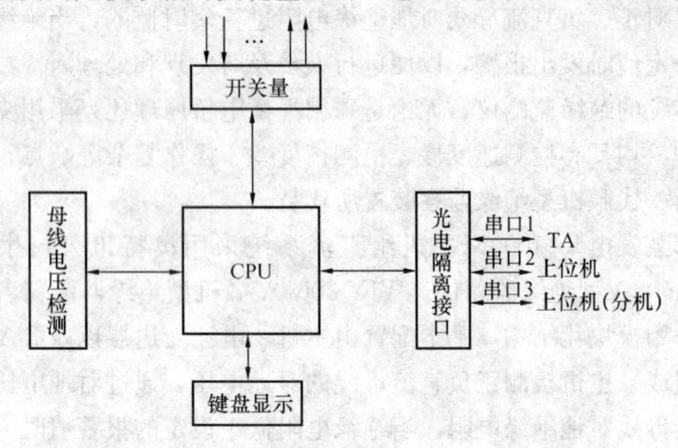

图 9-5　WJY-3000A 微机型绝缘监测仪原理框图

与传统绝缘监测仪相比，微机型绝缘监测装置具有检测精度高、检测速度快、检测范围大、运行稳定性好、可判断接地支路、可解决环路问题、自动化程度高、可实现远方通信接口等优点，应用广泛。

9-13　直流监控系统的主要任务是什么？

直流监控系统主要由集中监控器和监控调度中心计算机组成。集中监控器装于直流电源屏内，通过分散控制方式，对直流系统的充电机、蓄电池组、直流母线、绝缘监测装置、交直流配电装置等进行实时监控，并完成与上位机的通信。监控调度中心可通过电话网、光纤或标准串行口对直流系统进行遥测、遥信、遥调、遥控。监控调度人员可在监控调度中心监视各个现场的直流系统的运行情况，一旦发现某个系统出现异常或报警，则可以直接访问该系统的集中监控器，获取必要的详细信息，实施必要的应急操作，然后根据需要做好准备，再赴现场进行故障处理，实现无人值守，提高维护工作的效率。

集中监控器的主要功能如下：

（1）显示及监测功能。

1）能够对变送器采集的各种模拟量进行监测并显示。还能够将这些模拟量与设定的参数进行对比判断，异常时发出报警信号。如直流母线的电压电流、蓄电池的充放电电压电流和充电机输出的电压电流等。

2）能够对各种开关量输入信号进行判断并显示，异常状态时发出报警信号。

3）能够对绝缘监测装置采集的系统绝缘电阻、电压进行监测并显示。

4）能够对系统设置的各项参数进行查询显示或更改。

（2）对充电机的管理功能。

1）能够对充电模块进行统一管理。

2）能够对充电机的直流输出电压进行调节，手动强制调节或自动调节。

3）能够对充电机的直流输出电流进行调节，手动强制调节或自动调节。

4）能够对充电机进行控制，手动强制控制或自动控制充电机的开/关机、均/浮充。

5）能够监测充电机的直流输出电压、电流。

6）能够监测每一组充电机的运行状态，故障时发出报警信号。

（3）对蓄电池的管理功能。

1）显示蓄电池电压和充、放电电流，当出现过、欠压时报警。

2）设有温度变送器测量蓄电池环境温度，当温度偏离25℃时

（或根据蓄电池厂家提供值），由监控器发出调压命令到充电模块，调节充电模块的输出电压，实现浮充电压温度补偿。

3）具有蓄电池浮充电流过电流报警功能。

4）手动定时均充，可通过监控器键盘预先设置均充电压，然后启动手动定时均充。定时均充程序：以整定的充电电流进行稳流充电，当电压逐渐上升到均充电压整定值时，自动转为稳压充电，当达到预设时间时转为浮充运行。曲线如图 9-2 所示。

5）自动均充功能。系统连续浮充运行超过设定的时间（3 个月），充电器应自动转入均衡充电状态，当充电电流小于 $0.01C_{10}$ 后延时一定时间自动转入浮充电状态。交流电源停电后又恢复供电（时间可以设定），充电器应自动转入均衡充电状态，当充电电流小于 $0.01C_{10}$ 后延时一定时间自动转入浮充电状态。

交流电源停电后蓄电池放电容量超过设定值后，充电器应自动转入均衡充电状态，当充电电流小于 $0.01C_{10}$ 后延时一定时间自动转入浮充电状态。

（4）历史记录功能。系统运行中的重要数据、状态和时间等信息存储起来以备后查，装置掉电不丢失（最大可显示 128 条）。

（5）具有"四遥"功能。监控器设有 RTU 接口，统一汇总系统及各功能单元的实时数据、故障告警信号和设置参数，并完成与上位计算机的通信，实现直流系统的"四遥"功能。

9-14 什么是直流监控系统的"四遥"功能？

直流监控系统是直流电源控制、监视及管理的总称，它的基本功能是完成被监控设备与监控中心的信息交流，是对被监控的直流设备实施"四遥"即遥信、遥测、遥控和遥调功能，完成被监控设备的配置、操作、状态和故障等工况的有序管理。

在发电厂的直流系统中，被监控设备即直流电源设备，监控中心即上位机，是指发电厂的分散控制系统（DCS）。

（1）遥信。将被监控设备的工作状态信号反映到监控中心，称为遥信。如蓄电池的工作状态，充电装置的状态，有无异常情况或有无故障情况等。

（2）遥测。将被监控设备的主要技术数据反映到监控中心，称为遥测。如充电电流、充电电压、浮充电流、母线电压等。

（3）遥控。将监控中心的操作指令传送到被监控设备，称为遥控。如充电装置开机/关机，蓄电池浮充/均充等。

（4）遥调。将监控中心的调整指令传送到被监控设备，称为遥调。如充电电压整定与调整、充电方式变换条件调整等。

9-15　为什么要采用蓄电池放电装置？

蓄电池组作为直流系统的备用电源，其地位极其重要。正常工作时，由交流电源经整流后供给直流负荷用电。若交流电中断，则由蓄电池组连续不断地向直流负荷供电。所以蓄电池是整个供电系统的重要组成部分，是保证供电电源不中断的最后屏障。因此，必须时刻保证蓄电池具有足够的工作可靠性和输出容量。

为了保证蓄电池能够在事故情况下起到关键的备用作用，保证系统的正常运行，根据DL/T 724—2000《电力系统用蓄电池直流电源装置运行与维护技术规程》规定，对于新装或大修后的蓄电池组，应每年进行一次核对性放电，以核对蓄电池的容量和寿命，因此，需要设置蓄电池放电装置。对蓄电池放电装置具有操作方便、放电稳流精度高、无谐波干扰、不对直流系统及蓄电池运行产生影响、装置故障率低和监控方便等要求。

9-16　直流回路的开关电器为什么选用直流断路器？

直流回路断路器包括直流主回路断路器和直流配电回路断路器，起着直流回路的控制和保护作用。如果采用交流断路器代替，则其切断直流电流的能力很差，常因不能正常灭弧而损坏。而采用熔断器则较简单，但熔断器的性能不稳定，受外部环境影响很大，上下级熔断器的配合容易出现误差而造成越级熔断。因此，直流断路器作为直流回路的专用开关电器，以其良好的灭弧性能和工作的可靠性得到了广泛的应用。直流断路器具有以下特点：

（1）电流适用范围广，过载时限特性易于实现上下级配合，有很好的选择性。

（2）具有控制、保护、信号功能，可实现远方和就地操作。可具有过电流、速断（瞬时、延时）及过、欠电压保护功能，可实现工作状态的远方监视。

（3）断路器可做成插拔式结构，检修时可形成明显的断开点，可节省隔离开关。

第十章

继 电 保 护

10-1 继电保护在电力系统中的任务是什么？

GB 50062—1992《电力装置的继电保护和自动装置设计规范》规定，电力网中的电力设备和线路，应装设反映短路故障和异常运行保护装置。继电保护和自动装置应能尽快地切除短路故障和恢复供电。

为了减轻故障和不正常工作状态造成的影响，继电保护的任务是：

（1）当被保护的电力系统元件发生故障时，应该由该元件的继电保护装置迅速准确地给距离故障元件最近的断路器发出跳闸命令，使故障元件及时从电力系统中断开，以最大限度地减少对电力元件本身的破坏，降低对电力系统安全供电的影响，并满足电力系统的某些特定要求（如保持电力系统的暂态稳定性等）。

（2）反映电气设备的不正常工作情况，并根据不正常工作情况和设备运行维护条件的不同（例如有无经常值班人员）发出信号，以便值班人员进行处理，或由装置自动地进行调整，或将那些继续运行而会引起事故的电气设备予以切除。反映不正常工作情况的继电保护装置容许带一定的延时动作。

10-2 电力系统故障的特点和危害是什么？

电力系统的各种故障当中最常见也是最严重的故障形式是短路。当电力系统中的带电部分与地之间以及不同相的带电部分之间的绝缘遭到破坏，即丧失绝缘时，往往会伴随着电流的急剧升高和电压的突然下降，对电气设备的安全运行和系统的稳定性造成极大的危害。

电力系统短路故障时可能产生以下后果：

(1) 故障点的电弧使故障设备损坏。

(2) 短路电流使故障回路中的设备遭到损坏。短路时电流比工作电流大得多，可达额定电流的几倍至几十倍，其热效应和电动力效应可能会使短路回路中的设备受到损坏。

(3) 短路时可能使电力系统的电压大幅度下降，使用户的正常工作遭到破坏，影响用户产品质量。严重时可能千万电压崩溃，引起大面积停电。

(4) 破坏电力系统运行的稳定性。可能引起系统振荡，甚至造成电力系统的瓦解。

电力系统短路的基本形式有三相短路、两相短路、单相接地短路、两相接地短路及发电机或变压器同一相绕组不同线匝之间的短接（简称匝间短路）。

电力系统的正常工作遭到破坏，但未形成故障，称为不正常工作状态。电气设备的过负荷由于功率缺额引起系统频率的下降、发电机的突然甩负荷产生的过电压以及系统振荡等，都属于不正常工作状态。

短路故障和不正常工作状态都可能引起事故，轻则造成小面积的停电，重则造成人身和设备甚至大面积的恶性停电事故。

10-3 继电保护如何分类？

继电保护无论是微机保护还是常规保护都可以按不同方法进行分类。

(1) 按保护所反映的故障类型的不同，可以分为如相间短路保护、接地保护、匝间短路保护、失磁保护等类型。

(2) 按保护功能的不同，可分为主保护、后备保护和辅助保护等。

1) 主保护是指能按要求切除被保护线路（或元件）范围内的短路故障，起主要作用的继电保护。

2) 后备保护是当主保护或断路器拒绝动作时起作用的继电保护。有远后备和近后备两种方式。

3) 辅助保护一般用于弥补主保护某些性能的不足而装设的一

种保护。

（3）按被保护对象的不同，可分为输电线路保护、发电机一变压器组保护、发电机保护、变压器保护、电动机保护、母线保护和电容器保护等。

（4）按继电保护所反映的物理量的不同，可分为电流保护、电压保护、方向电流保护、距离保护、差动保护、高频保护和瓦斯保护等。

1）电流保护是反映电流的增大而动作的保护。

2）电压保护是反映电压的增大或减小而动作的保护。

3）方向电流保护加以方向判别的电流保护。

4）距离保护是反映故障点到保护安装处之间的距离，并根据这一距离的远近来决定动作时限的保护。

5）差动保护是通过比较两参考点之间的电气信号（如电流、相位、功率方向等）差别而动作的保护。

6）高频保护是将线路两端的电气量信号转变成高频信号，利用输电线路作为高频通道传送至对端进行比较，来决定动作时限的保护。有高频方向保护、高频距离保护、高频零序保护和相差高频保护。

7）瓦斯保护是反映变压器油箱内部故障时产生的气体而构成的保护。

10-4 继电保护装置由哪几部分组成？ 各部分的作用是什么？

继电保护装置由测量部分、逻辑部分和执行部分组成，如图10-1所示。

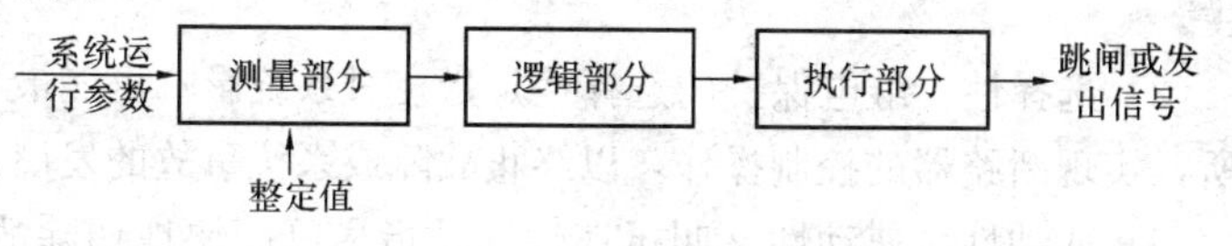

图 10-1 继电保护基本原理构成

（1）测量部分测量被保护元件的某些运行参数，并与保护的整定值进行比较，以判断被保护元件是否发生故障。如果运行参数达到或超过整定值，测量部分向逻辑部分发出信号，表明发生了故障，且保护装置已经启动。

（2）逻辑部分接受测量部分送来的信号后，按照预定的逻辑条件，判断保护装置是否应该动作于跳闸，即实现选择性的要求，并向执行部分发出信号。

（3）执行部分根据逻辑部分送来的信号，按照预定的任务，动作于断路器跳闸或发出信号。

10-5　电力系统对继电保护的基本要求是什么？

对电力系统继电保护的基本性能要求有可靠性、选择性、灵敏性和速动性，继电保护性能的优良通常用四性原则来衡量，而这些要求之间，有的相辅相成，有的相互制约，需要针对不同的使用条件，分别进行协调，一般情况下，动作于跳闸的继电保护要满足四性原则。

（1）可靠性。继电保护的可靠性是对电力系统继电保护的最基本性能的要求，它又分为两个方面，即可信赖性与安全性。

可信赖性要求继电保护在设计要求它动作的异常或故障状态下，能够准确地完成动作；安全性要求继电保护在非设计要求它动作的其他所有情况下，能够可靠地不动作。对这两方面的性能要求适当地予以协调和兼顾。

提高继电保护安全性的方法，主要是采用经过全面分析论证，有实际运行经验或者经试验确证为技术性能满足要求、元件工艺质量优良的装置；而提高继电保护的可依赖性，除了选用高可靠性的装置外，重要的还可以采取装置双重化，实现“二中取一”的跳闸发生。

（2）选择性。继电保护的选择性是指在对系统影响可能最小的处所，实现断路器的控制操作，以终止故障或系统事故的发展。

（3）速动性。速动性又叫迅速性，是指尽可能快地切除故障，以减少设备及用户在大短路电流、低电压下运行的时间，降低设备的损坏程度，提高电力系统并列运行的稳定性。

目前继电保护的动作速度完全能满足电力系统的要求。最快的继电保护装置的动作时间约为5ms。

(4) 灵敏性。继电保护的灵敏性是指其对保护范围内发生的故障或不正常工作状态的反应能力。满足灵敏性要求的保护装置应该是在规定的范围内部故障时，在系统任意的运行条件下，无论短路点的位置、短路的类型如何，以及短路点是否有过渡电阻，当发生短路时都能敏锐感觉、正确反应。通常用灵敏系数或灵敏度来衡量。增大灵敏度，增加了保护动作的信赖性，但有时与安全性相矛盾。在GB 14285—1993《继电保护和安全自动装置技术规程》中，对各类保护的灵敏系数的要求都作了具体的规定，一般要求灵敏系数在1.2～2之间。

10-6 微机保护与传统保护相比有何优越性?

传统的继电保护包括机电型、整流型、晶体管型和集成电路型等四种类型，都是反应模拟量的保护，保护的功能完全依赖于继电器等硬件来实现，往往设备复杂、调试周期长、故障率高。而微机保护是数字式继电保护（是指基于可编程数字电路技术和实时数字信号处理技术实现的电力系统继电保护）的简称。是依赖于微型计算机和相应的软件程序，通过将各种输入量转化成数字信号并经过处理而形成的一种性能优良的新型继电保护装置。它不仅能够实现常规保护装置难以实现的复杂保护原理，提高继电保护的性能，而且能提供诸如简化调试及整定、自身工作状态监视、事故记录及分析等高级辅助功能，还可以完成电力自动化所要求的各种智能化测量、控制、通信及管理等任务，具有优良的性价比。它与常规保护相比具有以下的特点：

(1) 维护调试方便。微机保护的保护性能及特性主要是由软件来实现的，只要微机保护的硬件电路完好，保护的性能就可以得到保证。调试人员只需进行简单的操作即可了解保护装置是否工作良好。

(2) 灵活性好。微机保护只要改变软件就可以使保护的性能和特点灵活地适应电力系统运行方式的变化。

(3) 可靠性高。微机保护具有自动纠错的功能，能够自动地识别和排除干扰，防止因干扰造成的误动；其次，它还具有自诊断能力，能够自动检测出装置本身硬件的异常部分，因此，它的可靠性要高于常规保护。

（4）易于获得附加功能。在系统发生故障后可以提供多种信息，如保护各部分的动作顺序、动作时间、故障类型、故障相别、故障前后的电流和电压的波形和测距值等，配置一台打印机，即可获得纸质报告，通过通信接口可以将上述信息送到当地监控系统或上级调度机构。

（5）保护性能完善。由于计算机的应用，使传统保护中存在的难于解决的技术问题得以很好地解决。如短线路上允许过渡电阻的能力，距离保护中如何区分短路和振荡的问题，以及变压器差动保护中如何识别励磁涌流和内部故障的短路电流等问题，都找到了解决问题的新的原理和方法。

10-7 微机保护硬件系统通常包括哪几个部分？

一套微机保护装置的硬件构成可分为五部分，即数据采集系统、开关量输出输入接口、微型计算机系统、电源及人机接口部分，如图 10-2 所示。

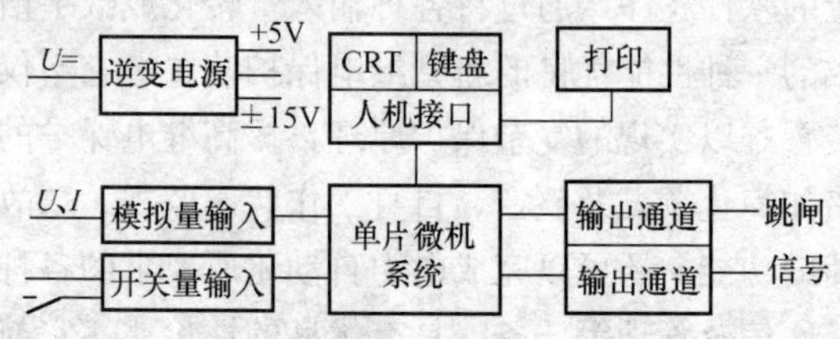

图 10-2 典型的微机保护框图

（1）数据采集系统。微机保护的基本特征是由软件对数字信号进行计算和逻辑处理来实现继电保护的原理，而所依据的电力系统的主要电量却是模拟性质的信号。因此，首先需要通过数字信号采集系统将连续的模拟信号转变为离散的数字信号，这个过程称为离散化。离散化过程包含了两个步骤：第一步是采样过程，通过采样保持器（S/H）对时间进行离散化，即把时间连续信号变为时间离散信号，或者说在一个个等时间间隔的瞬时点上抽取信号的瞬时值；第二步为模数变换过程，通过模数变换器（A/D）对采样信号幅度进行离散化，即把时间上离散而数值上仍连续的瞬时值变换为数字量。数据采集系统的作用就是把从系统采集到的模拟量准确地转变为数字量。

（2）开关量输出输入接口。在微机保护装置中，有些触点是从外部经过端子排引入装置中，例如需要运行人员不打开装置外盖而在运行中切换的各种压板、转换开关及其他保护装置和操作继电器触点等。这些输入量的状态只有断合两种状态，我们称之为开关量输入，也称开入量。另外保护装置动作后也需向装置外部发出跳闸命令去执行断路器跳闸任务，同时还应发出相应的各种中央信号等，这些输出量称为开关量输出，简称开出量。上述这些开入量或开出量进出 CPU 时，为防止干扰需要有相应的输入和输出回路。

（3）微型计算机系统。微机保护装置的数字核心部件就是微型计算机系统，它一般由中央处理器（CPU）、存储器、定时器/计数器及控制电路等部分组成，并通过数据总线、地址总线、控制总线连成一个系统，实现数据交换和控制操作。继电保护程序在微型计算机系统的 CPU 内运行，完成数字信号处理任务，指挥各种外围接口部件运转，从而实现继电保护的原理和各项功能。图 10-3 所示为由一片中央处理器构成的单片微型计算机系统保护原理框图。在一套保护中若由两片或以上的单片机则称为多微机保护系统。

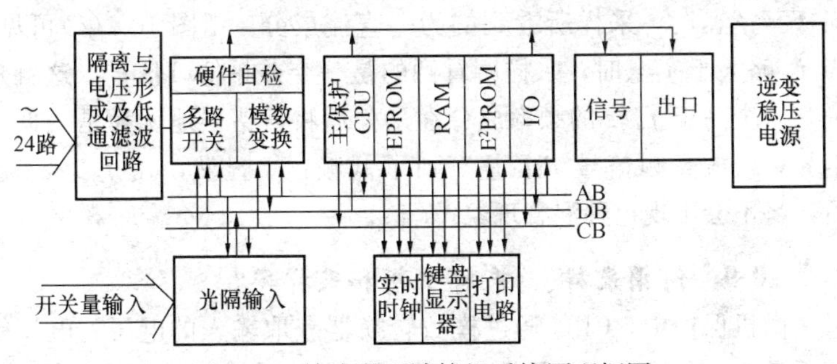

图 10-3　单片微型计算机系统原理框图

（4）电源。微机保护装置的电源是一套微机保护装置的重要组成部分。电源工作的可靠性直接影响着微机保护装置的可靠性，因此，它不仅要求电源的电压等级多，而且要求特性好，还具有强的抗干扰能力。

目前微机保护装置的电源，通常采用逆变稳压电源。一般，集成电路芯片的工作电压为5V，而数据采集系统的芯片通常需要双极性的±15V或±12V工作电压，继电器则需要24V电压。因此，微机保护装置的电源至少要提供5V、±15V、24V几个电压等级，而且各级电压之间应不共地，以避免相互干扰甚至损坏芯片。

（5）人机接口。人机接口部分可以通过键盘、汉化液晶显示、打印及信号灯、音响和语言报警等来实现人机对话。按键作为人机联系的输入手段，可输入命令、地址、数据。而打印机和液晶显示器，则作为人机联系的输出设备，可显示调试结果及故障后的报告。在多微机系统中，人机接口部分一般由一个单独的微机系统或单片机实现。

10-8　采样定理和频率混叠的概念是什么？

在一个数据采集系统中，如果被采样信号中所含最高频率成分的频率为 f_{max}，则采样频率 f_s（$f_s=1/T_s$，T_s 为采样间隔）必须大于 f_{max} 的二倍，否则将造成频率混叠，这就是采样定理的基本内容。

假设被采样信号 $\chi(t)$ 中含有的最高频率为 f_{max}，现将 $\chi(t)$ 中这一频率成分 $\chi_{fmax}(t)$ 单独画于图10-4(a)中。由图10-4(b)可见，当 $f_s=f_{max}$ 时，采样所看到的为一直流成分。由图10-4(c)可见，当 f_s 略大于 f_{max} 时，采样所看到的是一个差拍低频信号。这就是说，一个高于 $f_s/2$ 的频率成分在采样后将被错误地认为是一低频信号，或成高频信号“混叠”到了低频段。显然，在 $f_s>2f_{max}$ 后，将不会出现这种混叠现象。

10-9　何谓采样、采样中断和采样率？

微机保护中，CPU通过模数转换器获取输入的电压、电流等模拟量（也可以含开关量输入）的过程称为采样。它实际上完成了

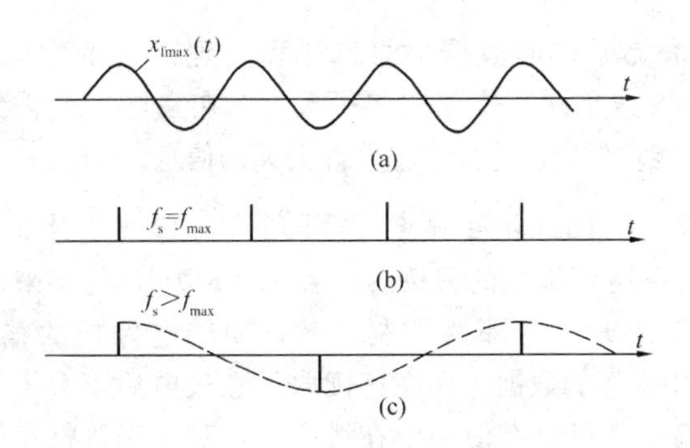

图 10-4　频率混叠示意图

(a) $\chi_{fmax}(t)$波形；(b) $f_s=f_{max}$时的采样信号；

(c) $f_s>f_{max}$时的采样信号

输入连续模拟量到离散数字量的转换过程，它一般通过采样中断来实现，即 CPU 设置一个定时中断，这个中断时间一到，CPU 就执行采样过程，即启动 A/D 转换，并读取 A/D 转换结果。上述定时中断的时间间隔即为采样间隔 T_s，采样率 $f_s=\frac{1}{T_s}$。例如，每个周波采样 20 点，则采样间隔 $T_s=1ms$，采样率 $f_s=1000Hz$。每个采样周波采样 12 点，则采样间隔 $T_s=\frac{5}{3}ms$，采样率 $f_s=600Hz$。

10-10　微机保护硬件中程序存储器的作用和使用方法是什么？

程序存储器用于存放微机保护功能程序代码和一些固定不变的数据，目前实际使用的是一种紫外线可擦除且电可编程只读存储器（EPROM）。EPROM 中的数据允许高速读取且在失电后不会丢失。改写 EPROM 存储的内容需要两个过程，首先在专用擦除器内经紫外线较长时间照射擦除原来存储的数据，然后在专用写入器（称为编程器）写入新数据。因此 EPROM 的内容不能在微机保护装置中直接改写，保存数据的可靠性极高。

10-11　微机保护硬件中 RAM 的作用是什么？

随机存储器 RAM 用来暂存需要快速交换的大量临时数据，如数据采集系统通过的数据信息、计算处理过程的中间结果等。RAM中的数据允许高速读取和写入，但在失电后会丢失。所以RAM中不能存放定值等掉电不允许丢失的信息。

10-12 微机保护硬件中 E^2PROM 的作用是什么？

电可擦除且可编程的只读存储器 E^2PROM，是用来保存在使用中有时需要改写的那些控制参数，如继电保护的整定值等。E^2PROM 中保存的数据允许高速读取且在失电后不会丢失，同时无需专用设备就可以在使用中在线改写，对于修改整定值比较方便。但也正是因为改写方便，E^2PROM 保存数据的可靠性不如EPROM，因而不宜用来保存程序；另外 E^2PROM 写入数据的速度很慢，也不能用它来代替RAM。目前使用的 E^2PROM 有两种接口形式：一种为并行数据总线；另一种是串行数据总线。后者的数据操作需要按特定编码格式逐位进行（类似于串行通信），读写速度较前一种相对较慢，但数据保存的可靠性较高。因此目前人们更倾向于采用串行 E^2PROM 来保存定值，并通过在微机保护装置上电或复位后将串行 E^2PROM 中的定值调入RAM存储区来满足继电保护运行中高速使用定值的要求。

10-13 微机保护硬件中 Flash Memory 的作用是什么？

快闪存储器 Flash Memory（也称为快擦写存储器），目前使用广泛，它的数据读写和存储特点与并行 E^2PROM 类似（即快读慢写、掉电后不丢失数据），但存储容量更大且可靠性更高，在微机保护装置中不仅可以用来保存整定值，还可以用来保存大量的故障记录数据（便于事后事故分析），也可被用来保存程序。目前，不少CPU（如常用的DSP）中已内置了Flash Memory器件，主要用来保存程序，从而可省去外部程序存储器。

10-14 光电耦合器件的作用是什么？

光电耦合器件常用于开关量的隔离，使其输入与输出之间电气上完全隔离，以保证内部弱电电子电路的安全和减少外部干扰。光电耦合器件内部由发光二极管和光敏晶体管组成。目前常用的光电耦合器件为电流型，如图10-5所示为采用光电耦合器件的开关量输入接口电路，当外部继电器触点闭合时，电流经限流电阻 R 流过发光二极管使其发光，光敏晶体管受光照射而导通，其输出端呈现低电平“0”；反之，当外部继电器触点断开时，无电流流过发光二极管，光敏晶体管无光照射而截止，其输出端呈现高电平“1”。该“0”、“1”状态可作为数字量由 CPU 直接读入，也可控制中断控制器向 CPU 发出中断请求。

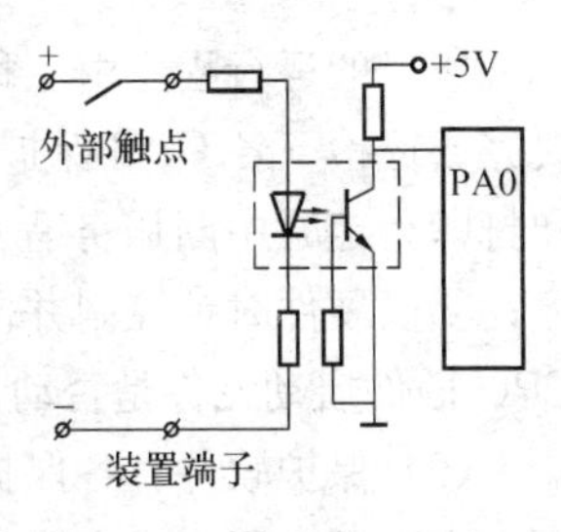

图 10-5　开关量输入回路原理

10-15　什么是数字滤波器？

从本质上讲，数字滤波器是一个计算程序，它是将模拟输入信号的采样数据的时间序列转换成另一个在采样时刻输出数据的时间序列。在滤波过程中，按照预先设定的运算模式，从输入信号的采样数据的时间序列中，提取出相关特征量在采样时刻上的采样值的时间序列。

10-16　数字滤波器的工作原理是什么？

数字滤波器的基本工作原理是从故障电气量的采样值中，利用数字滤波器的算法，提取出继电保护原理所需要的故障特征量在采样时刻的采样值，利用数字滤波器的输出值，通过继电保护算法，实现继电保护功能。

10-17　微机保护的软件包括哪些种类？

微机保护的软件包括接口软件和保护软件两大部分。

(1) 接口软件。接口软件是指人机接口部分的软件，其程序可以为监控程序和运行程序。执行哪一部分程序由接口面板的工作方式或显示器上显示的菜单选择来决定的。调试方式下执行监控程序，运行方式下执行运行程序。

监控程序主要就是键盘命令处理程序，是为接口插件（或电路）及各 CPU 保护插件（或采样电路）进行调试和整定而设置的程序。

接口的运行程序由主程序和定时中断服务程序构成。主程序主要完成巡检（各 CPU 保护插件）、键盘扫描和处理及故障信息排列和打印。定时中断服务程序包括了以下几个部分：①软件时钟程序；②以硬件时钟控制并同步各 CPU 插件的软件时钟；③检测各 CPU 插件启动元件是否动作的检测启动程序。

（2）保护软件。各保护 CPU 插件的保护软件配置为主程序和两个中断服务程序。主程序通常都有三个基本模块：初始化和自检循环模块、保护逻辑判断模块和跳闸（及后加速）处理模块。通常把保护逻辑判断和跳闸（及后加速）处理总称为故障处理模块。

中断服务程序有定时采样中断服务程序和串行口通信中断服务程序。在不同的保护装置中，采样算法是不相同的，例如采样算法上有些不同或者因保护有些特殊要求，使采样中断服务程序部分也不尽相同。不同保护的通信规约不同，也会造成程序的很大差异。

10-18　什么是微机保护故障处理的实时性？

微机保护装置是实时性要求较强的工控计算机设备，所谓实时性就是指在限定的时间内对外来事件能够及时做出迅速反应的特性。例如保护装置需要在限定的极短的时间内完成数据采样，在限定时间内完成分析判断并发出跳合闸命令或报警信号，在其他系统对保护装置巡检或查询时及时响应。这些都是保护装置的实时性的具体表现。保护装置的实时性还表现在保护要对外来事件做出及时反应，就要求保护中断自己正在执行程序，而去执行服务于外来事件的操作任务和程序。实时性还有一种层次的要求，即系统的各种操作的优先等级是不同的，高一级的优先操作应该首先得到处理。显然，这就意味着保护装置将中断低层次的操作任务去执行一级优先操作的任务，也就是说保护装置为了要满足实时性要求必须采用带层次要求的中断工作方式。

10-19　什么是微机保护软件的中断服务程序？

中断是保护装置软件的一个重要概念，微机保护装置离不开中断技术。所谓中断，就是指当外部突发事件发生时，保护装置要第一时间做出反应，并中断低层次的操作任务去执行一级优先操作的任务。中断是依赖中断服务程序来实现的，主要包括：

（1）采样中断服务程序。对保护装置而言，其外部事件主要是指电力网系统状态、人机对话、系统机的串行。电力网系统状态是保护最关心的外部事件，保护装置必须每时每刻掌握保护对象的系统状态。因此，要求保护定时采样系统状态，一般采用定时器中断方式，每经1.66ms中断原程序的运行，转去执行采样计算的服务程序，采样结束后通过存储器中的特定存储单元将采样计算结果传送给原程序，然后回去执行原被中断了的程序。这种采用定时中断方式的采样服务程序称为定时采样中断服务程序。在采样中断服务程序中，除了采样和计算外，通常还含有保护的启动元件程序及保护某些重要程序，例如高频保护在采样中断服务程序中安排检查收发机的情况；距离保护中还设有两健全相电流差突变元件，用以检测发展性故障；零序保护中设有 $3U_0$ 突变量元件等。因此保护的采样中断服务程序是微机保护的重要软件组成部分。

（2）键盘中断服务程序。保护装置还应随时接受工作人员的干预。改变保护装置的工作状态、查询系统运行参数和调试保护装置，这就是利用人机对话方式来干预保护工作。这种人机对话是通过键盘方式进行的，常用键盘中断服务程序或键盘含义处理程序来完成。

（3）串行通信中断服务程序。当系统主机对保护装置有通信要求时，或者接口 CPU 对保护 CPU 提出巡检要求时，保护的串行通信口就提出中断请求，在中断响应时，就转去执行串行口通信的中断服务程序。串行通信按一定的通信规约进行的，其通信数字帧常用地址帧和命令帧二种。系统机或接口 CPU（主机）通过地址帧呼唤通信对象，被呼唤的通信对象（从机）就执行命令帧中的操作任务。从机中的串行口中断服务程序就是按照一定的通信规约，鉴别通信地址和执行主机的操作命令的程序。

10-20　微机继电保护装置对运行环境有什么要求？

微机继电保护装置室内最大相对湿度不应超过75%，应防止灰尘和不良气体侵入。微机继电保护装置室内环境温度在5～30℃

范围内，若超过此范围应装设空调。

10-21 微机继电保护投运时应具备哪些技术文件？

微机继电保护投运时应具备如下技术文件：

（1）竣工原理图、安装图、技术说明书、电缆清册等设计资料；

（2）制造厂提供的装置说明书、保护屏（柜）电原理图、装置电原理图、分板电原理图、故障检测手册、合格证明和出厂试验报告等技术文件；

（3）新安装检验报告和验收报告；

（4）微机继电保护装置定值和程序通知单；

（5）制造厂提供的软件框图和有效软件版本说明；

（6）微机继电保护装置的专用检验规程。

10-22 什么情况下应该停用整套微机继电保护装置？

在下列情况下应该停用整套微机继电保护装置：

（1）微机继电保护装置使用的交流电压、交流电流、开关量输入、开关量输出回路作业时；

（2）装置内部作业时；

（3）继电保护人员输入定值时。

10-23 发电机—变压器组保护装置主、后备保护均按双重化配置，每一套保护应符合哪些要求？

（1）每一套保护中应包含一套发电机差动、主变压器压器差动、厂用高压A、B工作变压器差动、励磁变压器差动等主保护。

（2）每一套保护中不同对象的保护采用不同CPU。同一对象的保护，电量和非电量保护CPU分开。

10-24 发电机—变压器组保护装置保护分柜原则是什么？

（1）同一元件的两套保护应分别布置于不同柜内。

（2）非电量保护单独组屏。

10-25　发电机—变压器组保护装置CPU配置原则是什么？

(1) 保护输入模拟量，输入开关量，保护输出回路，信号回路应满足保护配置图要求。

(2) 保护处理CPU和通信管理CPU应各自独立。每套装置具有自己单独的电源和自动开关。

10-26　发电机—变压器组保护装置接地的要求有哪些？

(1) 保护柜必须有接地端子，并用截面不小于4mm^2的多股铜线和接地网直接连通。保护柜之间的连接应采用专用接地铜排。应连接每一柜的接地铜排，以便形成一个大的接地回路，并且应通过回路中的一个点将回路连接到控制室接地网。接地铜排的截面不得小于100 mm^2。

(2) 接地母线的螺栓连接、并接连接以及分接连接都应不少于4个螺栓。接地母线延伸至整个柜，并连接至屏架、前主钢板、侧主钢板以及后主钢板。接地母线每端有压接型端子，便于外部接地电缆的连接。

(3) 电压互感器及差动用电流互感器的中性点应仅在其进入继电保护屏的端子排处接地，并采用跨接线或连接线进行接地，以便使接地可以分别拆除，不干扰接地。

(4) 保护装置对电厂接地网无特殊要求。

10-27　发电机—变压器组保护范围是什么？

保护区包括发电机、变压器、高压厂用变压器、励磁变压器和主变压器高压侧引线及500kV侧部分。

10-28　发电机—变压器组保护装置的主要功能包括哪些？对保护装置的具体要求有哪些？

发电机—变压器组保护装置的主要功能包括设备性能、保护功能、装置开入量的控制、保护信号传送、控制软件功能和设备安全等不同方面，有以下23条具体要求：

(1) 装置具有独立性、完整性、成套性。在成套装置内含有被保护设备所必需的保护功能。

（2）装置的保护模块配置合理。当装置出现单一硬件故障退出运行时，被保护设备允许继续运行。

（3）非电气量保护可经装置触点转换出口或经装置延时后出口，装置反映其信号。

（4）装置中不同种类保护具有方便的投退功能，保护投退需经过硬压板。

（5）装置具有必要的参数监视功能。

（6）装置具有必要的自动检测功能。当装置自检出元器件损坏时，能发出装置异常信号，而装置不误动。

（7）装置具有自复位功能，当软件工作不正常时能通过自复位电路自动恢复正常工作。

（8）装置各保护软件在任何情况下都不得相互影响。

（9）装置每一个独立逆变稳压电源的输入具有独立的保险功能，并设有失电报警。

（10）装置记录必要的信息（如故障波形数据），并通过接口送出；信息不丢失，并可重复输出。

（11）保护屏、柜端子不允许与装置弱电系统（指CPU的电源系统）有直接电气上的联系。针对不同回路，分别采用光电耦合、继电器转接和带屏蔽层的变压器磁耦合等隔离措施。

（12）装置有独立的内部时钟，其误差每24h不超过±1s，保护管理机提供与GPS对时的接口，保护管理机对保护装置进行时间同步。

（13）双重化主保护及后备保护装置应分别由两个不同的直流母线的馈线或两个电源装置供电并考虑可靠的抗干扰措施；每柜设两路工作电源进线，两路电源进线在保护屏内，开关采用具有切断直流负荷短路能力的、不带热保护的小空气断路器，并在电源输出端设远方“电源消失”的报警信号。

（14）非电气量保护应设置独立的电源回路（包括直流空气小断路器及其直流电源监视回路），出口跳闸回路应完全独立，非电量保护不允许启动失灵保护。

（15）发电机－变压器组、启动备用变压器两套主保护及不同的全停出口应分别置于不同的柜上，并且不要将同种类型的保护集中在同一个 CPU 系统或柜上。

（16）两套保护系统应相互独立。每套保护系统应有单独的输入 TA、TV 和跳闸继电器。

（17）保护出口回路，均经压板投入、退出，不允许不经压板而直接去驱动跳闸继电器。

（18）每套保护装置的出口接点都通过压板，启动中间继电器。每面柜的出口中间继电器相互独立，每面柜可独立运行，每套保护都可单独投入和退出。

（19）系统接口。既可通过硬接线与 DCS 系统接口，又可通过 RS485 或以太网口与其通信，提供多种通信规约，以便适应后定标的 DCS 系统。

（20）运行数据监视。管理系统可在线以菜单形式显示各保护的输入量及计算量。

（21）系统调试。可通过管理系统对各保护模块进行详细调试（操作时通过密码）。

（22）巡回检查功能。在保护系统处于运行状态时，保护模块不断地进行自检，管理系统及时查寻并显示保护模块的自检信息，如发现自检出错立即发出报警，以便及时处理。

（23）按保护配置要求，不同的出口分别设独立的出口继电器。接断路器跳闸的出口继电器须采用电压动作电流保持的出口继电器，以保证断路器可靠跳闸，以及防止继电器断开合闸电流。继电器的接点容量为 DC110V 8A/DC220V 5A，满足强电控制要求，接点数量除满足保护跳闸出口外，并留有 5 副备用接点。信号继电器的接点数量按至少 3 副设置，另外还需提供机组事故跳闸信号和机组异常信号，以及提供远动的单元机组跳闸总信号。重动信号继电器带灯光掉牌指示，手动复归。

10-29　大型发电机—变压器组继电保护配置原则是什么？

（1）考虑到大机组造价昂贵，发生故障将造成巨大损失，而且大机组单机容量大，故障跳闸会对系统产生严重的影响。所以，考虑大机组总体配置时，比较强调最大限度地保证机组安全最大限度地缩小故障破坏范围，对某些异常工况采用自动处理装置。配置保护时着眼点不仅限于机组本身，而且要从保障整个系统安全运行综合来考虑，尽可能避免不必要的突然停机。要求选择可靠性、灵敏性、选择性和快速性好的保护继电器，还要求在继电保护的总体配置上尽量做到完善、合理，并力求避免繁琐、复杂。

（2）关于主保护，1000MW 发电机组的配置原则应该以能可靠地检测出发电机可能发生的故障及不正常运行状态为前提，同时，在继电保护装置部分退出运行时，应不影响机组的安全运行。在对故障进行处理时，应保证满足机组和系统两方面的要求，因此，主保护应双重化。

（3）关于后备保护，发电机、变压器已有双重主保护甚至已超双重化配置，本身对后备保护已不做要求，高压主母线和超高压线路主保护也都实现了双重化，并设置了断路器失灵保护，因此，可只设简单的保护来作为相邻母线和线路的短路后备，对于大型机组继电保护的配置原则是：加强主保护(双重化配置)，简化后备保护。

（4）继电保护双重化配置的原则是：两套独立的 TA、TV 检测元件，两套独立的保护装置，两套独立的断路器跳闸机构，两套独立的控制电缆，两套独立的蓄电池供电。

根据 GB 14285—2006《继电保护和安全自动装置技术规程》及相关措施要求，邹县发电厂 2×1000MW 发电机—变压器组、厂用高压变压器、励磁变压器、高压备用变压器等主设备保护按全面双重化（即主保护和后备保护均双重化）配置。

10-30　1000MW 发电机—变压器组继电保护配置特点是什么？

（1）双主双后备，即双套主保护、双套后备保护和双套异常运行保护的配置方案。其思想是将主设备（发电机或主变压器、厂用变压器）的全套电量保护集成在一套装置中，主保护和后备保护共用一组 TA。

配置两套完整的电气量保护，每套保护装置采用不同组 TA、TV，均有独立的出口跳闸回路。配置一套非电量保护，出口跳闸回路完全独立。

(2) 主变压器高压侧设进线隔离开关，设短引线保护。

(3) 主变压器和发电机过励磁保护需要分开来配置，并且分别按自己的励磁特性来整定，作用于出口。

(4) 发电机差动保护、主变压器差动保护和厂用变压器差动保护 TA 保护区相互交叉衔接，防止出现保护死区，所有差动保护用 TA 采用 5P20 级次。

(5) 主变压器高压侧设置电压互感器 4TV，为发电机并网提供系统侧同期电压。

(6) 发电机转子接地保护由发电机转子接地保护使用方波注入式接地保护，由 REX010、REX011-1 和 REG216 共同组成。UN5000 励磁系统中的发电机转子接地保护退出运行。

(7) 为防止短路电流衰减导致后备保护拒动，发电机采用带记忆的复合电压闭锁过电流保护作为后备保护。

(8) 励磁变压器由其两侧 TA 电流构成励磁变压器差动回路，作用于全停。

(9) 主变压器中性点为死接地方式，只装设简单的零序电流保护作为变压器及 500kV 系统为接地的后备，动作时限上应和线路保护配合。

(10) 厂用高压变压器低压侧采用中性点经中阻接地方式，因此装设厂用高压变压器低压侧零序过电流保护，并注意根据接地电流的大小校验保护的灵敏度。

(11) 高压备用变压器为有载调压变压器，为防止重载下切换分接开关时发生事故，设置了过负荷闭锁有载调压保护。

10-31　大型发电机组保护动作的对象和保护动作出口的方式是怎样的？

(1) 保护动作的对象。

1) 主变压器高压侧断路器；

2）母联或母线分段断路器；

3）灭磁开关；

4）高压厂用变压器低压侧断路器；

5）主汽门；

6）故障录波器。

（2）保护动作出口的含义。

1）全停。断开发电机—变压器组高压侧断路器、断开发电机灭磁开关、断开高压厂用A、B工作变压器低压侧分支断路器、关闭汽轮机主汽门、启动失灵保护（非电量保护不启动失灵保护）、启动10kV电源快速切换装置。

2）减励磁。降低发电机励磁电流至给定值。

3）切换厂用电。高压工作段母线正常工作电源进线跳闸，启动/备用电源进线合闸。

4）程序跳闸。首先关闭汽轮机主汽门，然后由程序跳闸逆功率动作，断开主断路器及灭磁。除关闭主汽门外其余出口与全停出口相同。

5）信号。发出声光信号。

6）减出力。将原动机出力减少到给定值。

7）解列灭磁。主断路器跳闸、灭磁开关跳闸、汽机甩负荷。

8）解列。高压侧断路器跳闸、汽机甩负荷，不灭磁。

9）电量保护跳500kV断路器，其保护出口应有两副接点去启动断路器失灵保护。非电量保护不启动失灵保护。

10-32 大型发电机组需配置哪些类型的继电保护？

大型发电机组的保护配置总的原则是最大限度地提高保护的可靠性，实现保护的双重化甚至多重化，加强主保护，适当简化后备保护。继电保护配置的类型包括主保护、后备保护、异常运行保护和非电量保护。

（1）发电机—变压器组保护。发电机变压器组差动保护。

（2）发电机保护。

1）主保护。发电机差动保护、定子绕组匝间短路保护、定子绕组一点接地保护和转子绕组两点接地保护。

2）后备保护。定子绕组定、反时限过电流保护，转子绕组定、反时限过电流保护、负荷电压闭锁过电流保护、负序过电流保护、阻抗保护和纵差动保护（双重化保护）。

3）异常运行保护。转子一点接地保护，失磁保护，失步保护，过电压保护，频率保护，逆功率保护，误上电保护（突加电压保护）和电超速保护等。

4）非电量保护。断水保护和定子冷却水温度升高等。

（3）变压器保护。

1）主保护。重瓦斯保护和差动保护。

2）后备保护。复合电压过电流保护、零序保护和阻抗保护。

3）异常运行保护。轻瓦斯保护、过负荷启动风扇和冷却器全停。

4）非电量保护。

（4）有关断路器保护。断路器断口闪络保护、断路器非全相运行保护和断路器启动失灵保护。

10-33　发电机—变压器组短路保护动作出口方式是怎样的？

1000MW发电机—变压器组保护设置了二十余种保护，分别反应发电机和变压器的电气量故障、由电气量引起的不正常工作状态以及各种机械故障、非电气量不正常状态，如定子冷却水温度升高、定子冷却水流量减少和润滑油缺少等。保护根据不同故障的程度，动作于不同的结果。1000MW发电机—变压器组短路保护的配置及其出口动作内容见表10-1。

表10-1　发电机—变压器组短路保护设置及出口动作方式

动作内容 保护功能		跳5062启动失灵	跳5063启动失灵	灭磁	跳10kV工作进线	启动10kV快切	关闭主汽门	减励磁	减出力	信号	备　注
发电机差动		×	×	×	×	×	×			×	TA断线报警

续表

保护功能 \ 动作内容		跳5062启动失灵	跳5063启动失灵	灭磁	跳10kV工作进线	启动10kV快切	关闭主汽门	减励磁	减出力	信号	备　注
100%定子接地	t	×	×	×	×	×	×			×	由两部分组成64S1、64S2
失　磁	t1								×		"与"功率元件判别负荷超限
	t1				×	×					"与"机端电压低
	t3	×	×	×	×	×	×			×	"与"高压侧电压低
	t2	×	×	×	×	×	×				"与"功率元件判别出力低，持续时间长
负序过电流（定时限）	t									×	
负序过电流（反时限）		×	×	×	×	×	×				
过激磁（低定值）	t							×		×	
过激磁（高定值、反时限）		×	×	×	×	×	×				
过电压	t	×	×	×	×	×	×			×	
逆功率	t1										
	t2	×	×	×	×	×	×				
程序跳闸逆功率	t1									×	
	t2	×	×	×	×	×					"与"主汽门关闭
失　步	t1									×	
	t2	×	×	×	×	×	×				
频率异常	t1-3									×	
	t4	×	×	×	×	×	×				

续表

保护功能 \ 动作内容		跳5062启动失灵	跳5063启动失灵	灭磁	跳10kV工作进线	启动10kV快切	关闭主汽门	减励磁	减出力	信号	备注
突加电压		×	×							×	
转子一点接地	t1									×	
	t2	×	×	×	×	×	×				
1(2) TV、3TV 断线	v									×	1(2) TV 断线闭锁相关保护 3TV 断线只报警
对称过负荷（定时限）	t								×	×	
对称过负荷（反时限）		×	×	×	×	×	×				
匝间保护		×	×	×	×	×	×			×	
启停机保护				×						×	电流速断与零序过压
复合电压过电流	t	×	×	×	×	×	×			×	复合电压判别由 JHY-31 实现
紧急停机		×	×	×	×	×	×				接收外部信号

10-34 1000MW 发电机装设了哪些保护？

(1) 发电机差动保护（两套）（87G：该括号中是保护代号，下同）。保护利用六个位于发电机主引出线和中性点引出线的套管式电流互感器来实现。区内故障保护应灵敏动作，瞬时动作于全停，另配有电流互感器断线检测功能，在 TA 断线时不闭锁差动保护，同时发出 TA 断线信号。

REG216C 差动保护采用比例制动原理，制动量为矢量积原理，包含了故障电流的方向比较功能，当区外故障时此矢量积为最大值，当区内故障时，制动量自动置零。

(2) 100%发电机定子绕组接地保护（两套）(64G)。95%定子绕组接地采用基波零序电压原理的定子接地保护。零序电压取自机端电压互感器，与ABB公司叠加低频方波原理的定子接地保护组成完整的100%定子接地。根据发电机中性点接地变压器电阻值和发电机中性点接地变压器的抽头变比确定其保护定值和保护范围。该保护根据系统情况和发电机绝缘状况确定是否需要动作于全停，并带时限动作于信号。发电机定子绕组和电压回路的绝缘通过发电机—变压器组保护管理机来监视。

(3) 失磁保护（两套）(40G)。该保护作为发电机励磁电流异常下降或完全消失情况下的保护。该保护带有阻抗元件、母线低电压元件、转子低电压及闭锁（启动）元件功能。

1) 保护组成。①阻抗元件。用于检测失磁，按静稳边界或异步边界整定。②母线低电压元件。用于监视500kV系统电压，按系统稳定的临界电压整定。③转子低电压元件。由励磁系统提供0～100V的模拟量输入或励磁低电压接点作为失磁的辅助判据，区别于外部短路、系统振荡时励磁电压可能升高。④闭锁元件。用于防止外部短路、系统振荡及电压互感器断线时失磁保护动作。

2) 保护动作情况。①发电机正常进相运行时，该保护不动作；②失磁保护宜瞬时或短延时动作于信号；③当发电机母线电压低于保证厂用电稳定运行要求的电压时，延时切换厂用电源；④发电机负荷超过允许负荷时作用于减出力；⑤当减出力至发电机失磁允许负荷以下，其运行时间接近于失磁允许运行时限时，可动作于全停或程序跳闸；⑥失磁后高压母线电压低于系统允许值时，带时限动作于全停或程序跳闸。

(4) 发电机不对称过负荷保护（两套）(46G)。保护由定时限和反时限组成，定时限动作于信号，动作电流按躲过发电机长期允许的负序电流值和按躲过最大负荷下负序电流滤过器的不平衡电流值整定。反时限保护反应发电机转子热积累过程。动作特性按发电机承受负序电流的能力确定，动作于全停。

（5）过励磁保护（两套）（59/81G）。过励磁保护作为发电机过励磁情况下或主变压器过饱和的保护，接于发电机机端电压互感器，定时限动作于信号和减励磁，反时限动作于全停或程序跳闸。

（6）发电机过电压保护（59G）。该保护作为发电机引出线电压异常升高情况下的后备保护，一般的，整定电压为1.3倍标称电压。该保护带0.5s时限动作于全停。

（7）逆功率保护（两套）（32-1G）。逆功率保护分别由取自发电机机端TV电压和发电机机端TA电流构成。逆功率保护反应发电机从系统中吸收有功功率的大小。逆功率受TV断线闭锁。保护带短时限动作于信号，长时限动作于全停。

（8）程序跳闸逆功率保护（两套）（32-2G）。程序跳闸逆功率保护用于确认主汽门关闭后，经短延时动作于全停和报警。

（9）发电机失步保护（两套）（68/78G）。失步保护反映发电机机端测量阻抗的变化轨迹。阻抗元件电压取自发电机机端TV；电流取自发电机机端TA。通常保护动作于信号。当振荡中心在发电机变压器组内部时，失步运行时间超过整定值或电流振荡次数超过规定值时，保护动作于程序跳闸。在短路故障，系统稳定振荡，电压回路断线等情况下，保护不误动作。

（10）发电机低频率运行保护（两套）（81G）。低频率继电器和其相应的时间计数器应整定为在汽轮机叶片达到疲劳极限前使汽轮发电机退出运行或报警。每个继电器整定为不同的频率，与不同的时间计数器相连接。每个时间计数器应能显示汽轮发电机在该特定频率下运行的总累积时间。低频保护的时间计数器应有记忆功能。

低频保护反映系统频率的降低，并受出口断路器辅助接点闭锁。即当发电机退出运行时，低频保护也退出运行。保护动作于程序跳闸。

装置在运行时可实时监视定值、频率 f 及累计时间的显示。

（11）突加电压保护（两套）（50/27G）。突加电压保护作为发电机盘车状态下，主断路器误合闸时的保护。保护由电流元件及电压元件构成，动作于发电机—变压器组高压侧断路器跳闸。发电机—变压器组高压侧断路器合闸后，该保护自动退出，解列后自动投入运行。

（12）断线闭锁保护（60G）。断线闭锁继电器用来探测电压互感器或电压互感器的熔断器故障。当发生故障时，继电器就动作于信号。

（13）发电机转子接地保护（两套）（64R）。该保护作为发电机励磁回路接地故障情况下的保护。一点接地保护发信号，并可带时限动作于程序跳闸。

（14）发电机定子绕组对称过负荷保护（两套）（49G）。过负荷电流继电器由两部分组成，一部分带固定时限动作于信号和减负荷，另一部分具有与发电机定子绕组过负荷能力相匹配的反时限特性。该保护能反映定子绕组的热积累过程，并动作于全停。

（15）发电机定子匝间保护（两套）（59NG）。该保护反映发电机纵向零序电压的基波分量。“零序”电压取自机端专用电压互感器的开口三角形绕组，其中性点与发电机中性点通过高压电缆相连。“零序”电压中的三次谐波不平衡量由数字傅氏滤波器滤出。引入负序功率方向闭锁。

为保证专用电压互感器断线时保护不误动作，采用可靠的电压平衡继电器作为电压互感器断线闭锁环节。保护动作于全停。

（16）发电机启、停机保护（两套）（50/59G）。专门用于发电机启动或停机过程发生相间、定子接地故障时的一种保护。采用电流速断及零序电压保护原理，电流取自发电机的差动电流，且均可在启停机阶段频率低于50Hz时正确动作。该保护跳灭磁开关。（发电机—变压器组500kV断路器合闸后）正常运行时退出。

（17）断路器闪络保护（两套）（46CB）。该保护用来防止在同期或停机操作时两个电力系统之间由于电位差大而在断路器的断口之间产生闪络，该保护动作于灭磁开关及启动断路器失灵保护。

(18) 发电机定子冷却水断水故障保护（两套）。该保护依据冷却水流量和压力的监视情况动作于瞬时信号，若经过一定时延后，冷却水的供给仍不能恢复到正常水平，则该保护动作于程序跳闸。延时和准确的启动模式应由发电机制造厂提供。断水判断由热控给出，保护延时跳闸。

(19) 发电机复合低电压过电流（记忆）保护（两套）(50/27/69G)。该保护反映发电机电压、负序电压和电流大小。动作于发信号及动作于全停。

10-35 发电机—变压器组保护由哪些装置构成？

邹县电厂1000MW机组保护由电量保护A、B系统屏和非电量C保护屏构成。其中A、B屏分别由REG216C型发电机及厂用高压变压器保护、RET521型主变压器保护和SPAD346C2励磁变压器保护实现双重化配置；C屏为非电量保护配置，实现对发电机、主变压器、励磁变压器及两台厂用变压器的非电量所有保护。同时安装一台通信服务器COM500，即为发电机变压器组保护的保护管理机，实现ABB所有保护系统的管理及通信功能。

10-36 ABB公司RE216保护系统有哪些特点？

瑞士ABB厂家生产的具有世界先进水平的REG216型微机保护，具有安装调试方便、便于维护、保护动作速度快和抗干扰能力强等优点。系统主要由下列模块构成：

(1) 216NG61/216NG62/216NG63。辅助电源装置，直流/直流变换器。

(2) 216VC62a。处理器单元。

(3) 216gA61。模拟量输入单元，A/D变换器。

(4) 216AB61。二进制输出单元。

(5) 216DB61。二进制输入及跳同单元。

在RE216系统内永久存储的软件中，提供有多种不同的保护功能。保护某一特定电气设备所需要的保护功能可以单独选择、单独保护以及单独设定。在不同的保护方案中，某一保护功能可使用多次，对所关心的电气设备保护，装置如何对信号进行处理，譬如，如何分配跳闸、分配信号输出，如何对不同的输入、输出分配逻辑信号，这些均由相应的软件配置确定。

系统硬件采用模块式结构。实际所安装的电子器件装置及输入输出小于I/O单元数量，随特定的电气设备保护要求不同而有所不同。例如，会随着保护功能的数量增加而增加，或者出于冗余考虑，随着冗余功能的数量增加而增加。

由于采用模块化设计，并且可以通过软件配置选择保护功能及其他功能，因而可以使REG216发电机保护适宜用作小型、中型及大型发电机的保护，并且也可用作大型电动机、变压器、馈线的保护；而REC216控制装置则可以对中压、高压变电站进行数据采集，执行控制及监视功能。

可以分别通过关断辅助直流电源装置216NG61、216NG62或216NG65上的切换开关，来关断辅助直流电源。

RE216保护系统由至少一个216MB62型电子设备机架及多个输入/输出单元组成，这些输入/输出单元实际上用于与一次电气设备相接口，该电子设备机架带有插入式电子器件模块（插拔式装置）。保护系统可以为屏柜型式，也可以为组件型式。电子模块设计为插拔式装置，要从前面插入、B448C并行总线用于电子单元之间的通信，并装设于机架的后部，在后部也设有一些连接件，可用标准电缆同其输入/输出单元相连接，且可用于与打印机相连。在保护柜的背板里侧，设有输入变换器、带中间（辅助）继电器的输入/输出单元及跳闸继电器单元。所安装的电子单元数量及类型，其在机架中所处的安装位置、机架的数量以及输入/输出单元的数量与布置，随各保护的电气设备不同而不同。

10-37 RE216保护系统运行原理是什么？

将一次系统的电流互感器与电压互感器直接与216GW61输入

变换器单元相连，它可以使测量输入变量信号降至一个合适的量度内，以便于电子回路进行（模拟量信号）处理，并通过系统电缆传送给 216EA61 单元，由其对模拟量信号进行数字化处理，并将数字化信号传送始 B448C 并行总线。

保护将一次系统参量所导出的数字化测量变量，通过 216VC62a 处理单元连续地同保护功能启动值相比较。如果保护功能启动，则通过 B448C 总线将相应的信号或跳闸命令分别传送给 216AB61 输出单元或 216DB61 输入/输出单元。由 216VC62a 处理单元中所安装的软件，确定将保护功能输出单元的信号及跳闸命令分配始 216AB61 输出单元的不同通道，或分配给 216DB61 输入信号及跳闸单元的不同通道。

保护由 216AB61 单元（发信通道）的输出信号及 216DB61 单元（跳闸通道）的输出信号，对 216GA61 输出继电器单元或 216GA62 跳闸继电器单元的 K1、K16 辅助继电器进行控制。辅助继电器的接点为无源接点，并已接至端子排上，以用于同外部发信回路及跳闸回路相连。

同保护相连的外部输入信号可激励 216GE61 输入继电器单元中的 K1、K16 辅助继电器，K1、K16 的无源接点将这些外部信号传送始 216DB61 单元，并且也因此传送给 B448C 总线，在 216VC62a 处理单元中通过对软件进行适当的配置，可将外部信号分配于不同的保护功能，譬如，用于有跳闸信号的逻辑组合（联锁以及闭锁）中，或者用于激励跳闸通道 1～8。跳闸回路 1～8 可直接由 216GE61 输入通道 1～10（K1～K10）中的全部或者部分通道。通过 216GA62 的二极管矩阵（跳闸逻辑）进行激励。也可以将 216GE61 中的某些通道 9～16（K9～K16）用于对外部跳闸回路 1～8 进行监视，而不用作与外部输入相连接。

为了让电子单元上电，保护必须与外部辅助直流电源（站蓄电池）相连。由辅助直流电源单元 216NG61、216NG62 或 216NG65（直流/直流变换器）将站蓄电池电压降至 24V，并对输入电源与输出电源之间提供电气隔离，24V 的电源通过 B448C 并行总线分配给保护设备机架中所插入的装置。216NG61、216NG62、216NG65

电源单元也对输入/输出单元的电子回路提供电源。一个216MB66设备机架可仅配有一个或两个冗余的216NG61、216NG62或216NG65辅助直流电源单元，冗余单元可与同一站蓄电池电源或两个不同的站蓄电池电源相连。

所有的软件配置，即保护功能的选择与设定、输入/输出的信号分配，均通过216VC62a处理单元上的RS-423串行接口进行，相应的连接器为装置前面的25针插口×2，保护通过该口与PC机相连。

10-38 发电机定子绕组故障有何特点？保护如何考虑？

发电机定子绕组中性点一般不直接接地，而是通过高阻接地、消弧线圈接地或不接地，故发电机的定子绕组都设计为全绝缘。尽管如此，发电机定子绕组仍可能由于绝缘老化，或者过电压冲击，或者机械振动等原因发生单相接地和短路故障。由于发电机定子单相接地并不会引起大的短路电流，不属于严重的短路性故障。发电机内部短路故障主要是指定子的各种相间和匝间短路故障，短路故障时在发电机被短接的绕组中将会出现很大的短路电流，严重损伤发电机本体，甚至使发电机报废，危害十分严重，发电机修复的费用也非常高。因此发电机定子绕组的短路故障保护历来是发电机保护的研究重点之一。

发电机定子的短路故障形成比较复杂，大体归纳起来主要有五种情况：①发生单相接地，然后由于电弧引发故障点处相间短路；②直接发生线棒间绝缘击穿形成相间短路；③发生单相接地，然后由于电位的变化引发其他地点发生另一点的接地，从而构成两点接地短路；④发电机端部放电构成相间短路；⑤定子绕组同一相的匝间短路故障。

近年来短路故障的统计数据表明，发电机及其机端引出线的故障中相间短路是最多的，是发电机保护考虑的重点；虽然定子绕组匝间短路发生的概率相对较少，但也有发生的可能性，也需要配置保护。

10-39　发电机比率制动式纵差动保护如何构成？有何特点？

（1）无比率制动差动保护的缺点。为了防止外部故障时误动，保护定值要躲过外部故障时的最大不平衡电流，其值较大，因而灵敏度低，机内某些故障（如经过渡电阻短路）时将会拒动。

（2）比率制动式纵差保护的概念。比率制动式差动保护动作电流不是固定不变的，它随外部短路电流的增大而增大。这种动作电流随外部短路电流成比例增大的差动保护特性称为比率制动原理。

（3）比率制动式差动保护的原理。发电机纵差动保护基本原理如图 10-6 所示，图中以一相为例，规定一次电流以流入发电机为正方向。当正常运行以及发生保护区外故障时，流入差动继电器的差动电流为零，继电器将不动作。当发生发电机内部故障时，流入差动继电器的差动电流将会出现较大的数值，当差动电流超过整定值时，继电器判为发生了发电机内部故障而作用于跳闸。

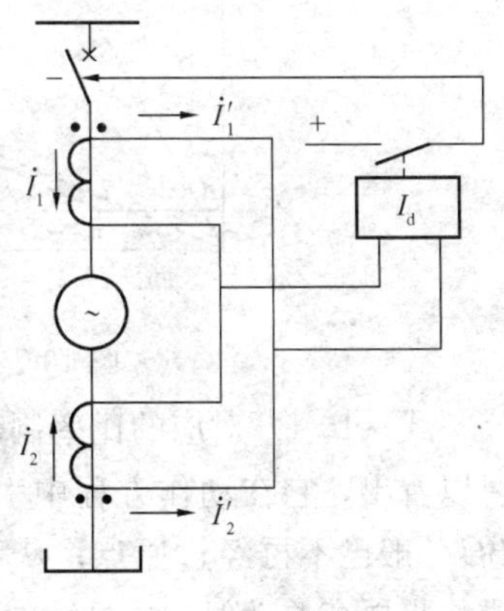

图 10-6　发电机纵差动保护原理

按照传统的纵差动保护整定方法，为防止纵差动保护在外部短路时误动，继电器动作电流 I_d 应躲过最大不平衡电流 I_{unb}，这样一来，纵差动保护动作电流 I_{set} 将比较大，降低了保护的灵敏度，甚至有可能在发电机内部相间短路时拒动。为了解决这个问题，考虑到不平衡电流随着流过 TA 电流的增加而增加的因素，提出了比率制动式纵差动保护，使动作值随着外部短路电流的增大而自动增大。

设 $I_d = |\dot{I}'_1 + \dot{I}'_2|$，$I_{res} = \left|\dfrac{\dot{I}'_1 - \dot{I}'_2}{2}\right|$，比率制动式差动保护的动作方程为

$$\left.\begin{aligned}&I_d > K(I_{res} - I_{res.min}) + I_{d.min}, I_{res} > I_{res.min}\\&I_d > I_{d.min}, I_{res} < I_{res.min}\end{aligned}\right\} \quad (10\text{-}1)$$

式中 I_d——差动电流或称动作电流；

I_{res}——制动电流；

$I_{res.min}$——拐点电流；

$I_{d.min}$——启动电流；

K——制动线斜率（即图 10-7 中斜线 BC 的斜率）。

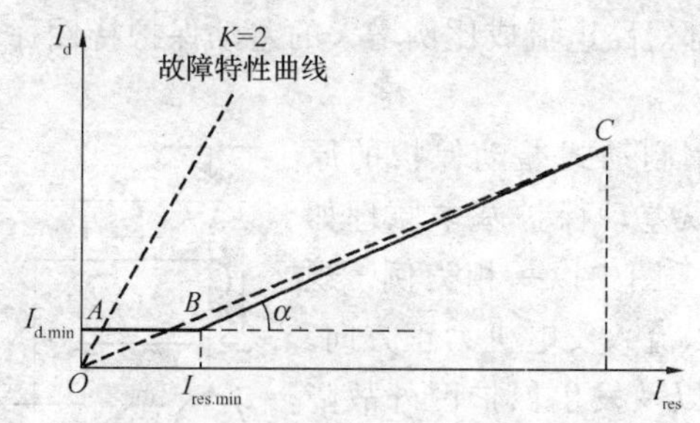

图 10-7 比率制动曲线

式（10-1）对应的比率制动特性如图 10-7 所示。由式（10-1）可以看出，它在动作方程中引入了启动电流和拐点电流，制动线 BC 一般已不再经过原点，从而能够更好地拟合 TA 的误差特性，进一步提高差动保护的灵敏度。注意，以往传统保护中常使用过原点的 OC 连线的斜率表示制动系数，记为 K_{res}，而在这里比率制动线 BC 的斜率是 K（$K=\tan\alpha$）。

当发电机正常运行，或区外较远的地方发生短路时，差动电流接近为零，差动保护不会误动。而在发电机内部发生短路故障时，差动电流明显增大，$\dot{I}_1$ 和 $\dot{I}_2$ 相位接近相同，减小了制动量，从而可灵敏动作。当发生发电机内部轻微故障时，虽然有负荷电流制动，但制动量比较小，保护一般也能可靠动作。

比率制动式差动保护工作原理如下：

1）当 U、V、W 中两相或两相以上差保护同时动作，判为内部故障，动作于跳闸。

2）当只有一相差动保护动作，同时有负序电压存在，认为发生了一点在区内，一点在区外的短路故障。

3）仅一相差动保护动作，认为是TA断线，这样就不需另设TA断线闭锁环节。

（4）比率制动式差动保护的特点。比率制动式差动保护的优点是：①灵敏度高；②在区外发生短路或切除短路故障时躲过不平衡电流的能力强；③可靠性高。其缺点是不能反映发电机内部匝间短路。

10-40 发电机差动保护是如何进行整定的？

发电机差动保护的作用是检测定子区域内的相间故障。该保护灵敏、快速，有绝对的选择性。如图10-8为REG216发电机差动保护的动作特性。

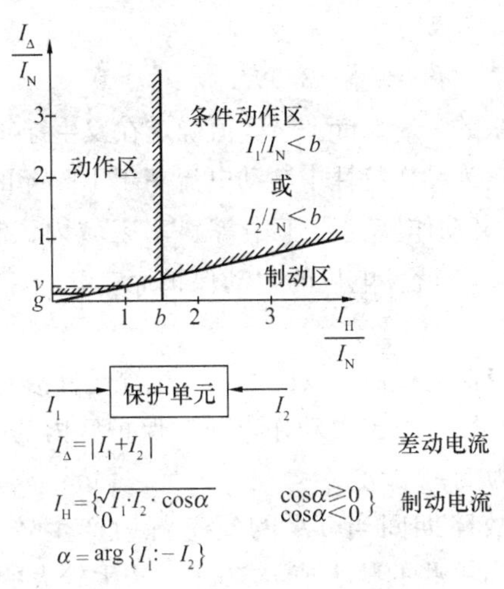

图10-8　发电机差动保护的动作特性（Diff-Gen）

（1）基本整定量g-Setting。该基本整定量g定义内部故障时差动保护的启动整定值。它为动作特性中带有低制动电流I_H的那一段曲线。

应选择“g”为可能的最低量值（高灵敏度），使其可检测最坏情况下的故障，例如当有最低的励磁时，仍可检测出故障。该保护功能不能检测相同绕组中的匝间故障，因为该故障不产生差动电流。但是，在正常运行期间，由于有很小的差动电流，如果“g”设定得太低，可能会导致发生误跳闸。会产生假性差动电流，通常是因为TA误差不相同以及TA负载不相等之故。考虑引起误动的差动电流后，典型的设定值为$0.1I_N$。假如被保护机组相对的两侧TA有不同的精度等级，或者其负载太高时，应设定一个更高的“g”值。根据邹县电厂Ⅰ期、Ⅱ期、Ⅲ期ABB发电机变压器组保护使用情况看，g的取值为0.2倍的I_N，相当于0.25倍$I_{gn.2}$，在《大型发电机变压器继电保护整定计算导则》推荐值（0.10～0.30）$I_{gn.2}$范围内。保护启动时的一次电流值与继电器的整定值、TA变比有关。通过参考值对模/数（A/D）通道作补偿，则按下式进行计算：

经通道补偿，$I_N=I_{gn}=3.99$A。

（2）启动系数v-Setting。“v”值确定在发生穿越性故障期间保护的稳定性。它为动作特性中制动电流高于$1.5I_N$的那一段曲线。

值“v”定义动作特性处于中等斜率区域内、制动电流为I_H时的启动电流I_D。就发电机的差动保护而言，“b”有一个固定的整定值1.5。

“v”应整定得足够低，以使得在发生穿越性故障期间当保护有负荷电流流过时而不引起误动作，而对保护区内的故障仍然灵敏。典型的整定值为$v=0.25$。

在穿越性故障期间当TA的暂态行为产生较大的差动电流时，要选择更高一些的整定值$v=0.5$。产生较大的差动电流通常是由于TA为小尺寸类型，或者是由于TA的负载有较大差别的结果。

（3）整定值：

g-Setting	$0.2I_N$
v-Setting	0.25

10-41　发电机纵差动保护的特点是什么？

（1）不能反映绕组单相接地故障；

（2）不能反应绕组匝间短路（不完全差动保护可以）；

（3）靠近中性点经过渡电阻故障时，保护有死区；

（4）不同相之间两点接地故障时，一点在保护范围以内，另一点在保护范围以外，此时仅有一相差动保护动作。

10-42 发电机相间短路的后备保护应在什么情况下动作？

（1）发电机内部故障，而纵联差动及其他主保护拒动时；

（2）发电机或发电机变压器组的母线故障，而该母线没有母线差动保护或保护拒动时；

（3）当连接在母线上的电气元件（如变压器、线路）故障而相应的保护或断路器拒动时。

发电机后备保护主要包括低电压启动的过电流保护、复合电压启动的过电流保护、负序电流以及单元件低压过电流保护和阻抗保护。

10-43 自并励发电机后备保护为什么要采用带记忆的复合电压闭锁过电流保护？

对于采用自并励静止励磁系统的发电机，当发电机端附近发生短路时，在短路的开始阶段，短路电流比他励式发电机衰减得慢，这期间不存在自并励式发电机短路电流小的问题，因此对瞬时动作的主保护没有影响。但是在稍长一段时间后（如后备保护的延时），自并励式发电机不仅没有强励作用，而且由于机端电压下降，可能使励磁电流逐渐减小，后者进一步使机端电压下降，因而出现发电机最终完全失磁的状态，此时短路电流将随时间不断衰减，最后接近零值，这就可能造成发电机后备保护的拒动。

根据 GB 14285［2001］《继电保护和安全自动装置技术规程》2.2.6.4 规定：自并励发电机宜采用低电压保持的过电流保护，或采用带电流记忆的低电压过电流保护，也可采用精确工作电流足够小的低阻抗保护，即电流启动记忆，由复合电压闭锁的延时保护，发电机闭锁电压采用负序电压和低电压组合。三相过电流元件动作后在时间 t 内保持，在满足复合电压的条件下，经过延时 t_1 后作用于出口发信和跳闸，如果在整定延时 t_1 范围内电压恢复，则切断延时跳闸回路。

10-44 1000MW发电机的定子绕组匝间短路如何配置？

1000MW 机组没有配置定子绕组匝间短路保护，原因是：

随着单机容量的增大，汽轮发电机轴向长度与直径之比明显加大，这将使机组运行中振动加剧，匝间绝缘磨损加快，有时还可能引起冷却系统的故障，因此希望装设灵敏的匝间短路保护。

因为冲击电压波沿定子绕组的分布是不均匀的，波头越陡，分布越不均匀，一个波头为 3μs 的冲击波，在绕组的第一个匝间可能承受全部冲击电压的 25%，因此由机端进入发电机的冲击波，有可能首先在定子绕组的始端发生匝间短路，鉴于此，大型机组均在机端装设三相对地的平波电容和氧化锌避雷器，即使这样我们也不能完全排除冲击过电压造成的匝间绝缘损坏，因此也希望装设匝间短路保护。

发电机定子绕组发生匝间短路会在短路环内产生很大电流。由于原理不同，发电机纵差保护将不能反应。目前为止，反应发电机定子匝间短路的保护有：单元件横差保护、负序功率方向保护、纵向零序电压保护和转子二次谐波电流保护。大型发电机组由于技术上和经济上的考虑，三相绕组中性点侧只引出三个端子，没有条件装设高灵敏横差保护。

负序功率方向保护的灵敏度受系统和发电机负序电抗变化影响较大；纵向零序电压保护需要单独装设全绝缘的电压互感器，容易受电压互感器断线等的影响，误动率高；转子二次谐波电流保护必须增设负序功率方向闭锁，整定计算复杂。这几类匝间保护运行效果很差（误动情况严重），因而其应用都受到了限制。

对于发电机是否装设匝间短路保护，东方电机厂家的意见是：发电机每根定子线棒为单独的一匝，外包主绝缘，故匝间绝缘为双层主绝缘，发电机由于定子线棒绝缘磨损最先发生的是定子接地故障而不是匝间短路，因此，制造厂建议不装设定子匝间保护。

10-45　大型发电机中性点接地方式和定子接地保护应该满足的三个基本要求是什么？

（1）故障点电流不应超过安全电流，否则保护应动作于跳闸。

（2）保护动作区覆盖整个定子绕组；有100%保护区，保护区内任一点接地故障应有足够高的灵敏度。

（3）暂态过电压数值较小，不威胁发电机的安全运行。

10-46　发电机定子单相接地保护有何动作方式？

根据故障接地电流的大小，发生接地故障后保护可能有以下两种不同的处理方式：

（1）当接地电流小于安全电流时，保护可只发信号，经转移负荷后平稳停机，以避免突然停机对发电机组与系统的冲击。

（2）当接地电流较大时，为保障发电机的安全，应当立即跳闸停机。

大型发电机单相接地保护设计时规定接地保护应能动作于跳闸，并可根据运行要求打开跳闸压板，使接地保护仅动作于信号。

采用基波零序电压保护和三次谐波定子接地保护，可构成100%定子接地保护。

10-47　大型发电机为什么应装设100%定子接地保护？

如果定子绕组与铁芯间的绝缘在某一点上遭到破坏，就会发生定子绕组单相接地故障，实践经验表明，定子绕组单相接地故障是发电机最常见的故障之一。尤其当发电机定子绕组采用水冷方式时，由于偶然的漏水致使定子绕组接地（或某点对地绝缘下降至危险值）就更易发生。由于大型汽轮发电机中性点多是高阻接地方式，定子单相接地故障不会引起很大的故障电流，而主要是由绕组对铁芯的分布电容引起的电容电流。接地故障电流的危害主要表现在如下两个方面：

（1）持续的接地电流会产生电弧烧损铁芯，使定子铁芯叠片烧结在一起，造成检修困难。国内烧伤试验表明，对于额定电压大于10kV的发电机，不产生电弧的最大接地电流仅为1A，称为安全电流，而当接地电流为0.75A持续20min就可能破坏硅钢片的绝缘。

实际上中性点采用高阻接地方式时，接地故障电流将大于上述电流值。

（2）接地电流将破坏绕组绝缘，扩大事故。如果一点接地而未及时发现并采取措施，很有可能再发生第二点接地而造成匝间或相间短路故障，严重损坏发电机。

大型发电机在电力系统中具有重要的地位，机组制造工艺复杂、铁芯检修困难，故障损失巨大，因此要求装设具有100%保护区的定子接地保护，而且要求在中性点附近绝缘水平下降到一定水平时，保护就能动作。

10-48　大型机组发电机100%定子接地保护一般如何实现？

目前发电机100%定子接地保护一般由两部分构成：一部分是利用基波零序电压构成的定子接地保护，保护范围在定子绕组的85%以上；另一部分需要由其他原理的保护共同构成100%的定子接地保护，如利用基波零序电压接地保护与三次谐波电压原理和叠加电源方式共同构成。

10-49　反映基波零序电压的定子绕组接地保护是如何实现的？有何特点？

（1）保护构成的原理。定子绕组单相接地时的等值电路如图10-9所示。设故障点位于定子绕组U相距中性点α处，则机端的零序电压为

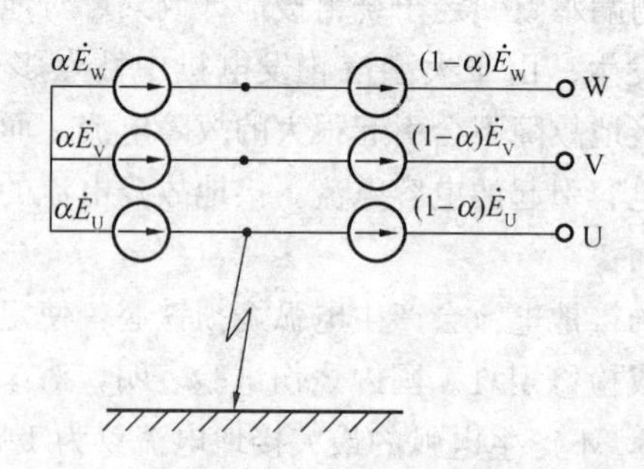

图10-9　发电机定子绕组单相接地示意图

$$\dot{U}_U = (1-\alpha)\dot{E}_U$$

$$\dot{U}_V = \dot{E}_V - \alpha\dot{E}_U$$

$$\dot{U}_W = \dot{E}_W - \alpha\dot{E}_U \tag{10-2}$$

$$\dot{U}_0 = (\dot{E}_U + \dot{E}_V + \dot{E}_W)/3 = -3\alpha\dot{E}_U$$

发电机 $3U_0$ 定子接地保护是根据发电机定子绕组发生单相接地时，有零序电压产生这一特征来构成的。零序电压的大小与接地点距中性点的距离有关，在发电机出口处发生单相接地时，$3U_0$ 电压电为 100V；在中性点发生单相接地时，$3U_0$ 电压为 0V，因此，$3U_0$ 间接反映了接地故障点的位置。动作判据为

$$|3U_0| > U_{0.set} \tag{10-3}$$

式中 $3U_0$——机端零序电压；

$U_{0.set}$——基波零序电压动作值。

若 $3U_0$ 保护整定为 5V，则可以保护从机端开始的 95%定子绕组。

由于三次谐波分量也能在零序网络中反映出来，因此要将正常时的三次谐波分量滤除，以提高保护灵敏度。

对于大型发电机，由于对地电容电流一般都比较大，此时应出口跳闸。

(2) 零序电压的取得。零序电压 $3U_0$ 可以取自发电机机端 TV_0 开口三角处如图 10-10（b）所示，也可以取自发电机中性点处配电变压器二侧 $3U_0$ 电压，如图 10-10（a）所示。$3U_0$ 电压来自机端时应考虑 TV 断线闭锁环节。

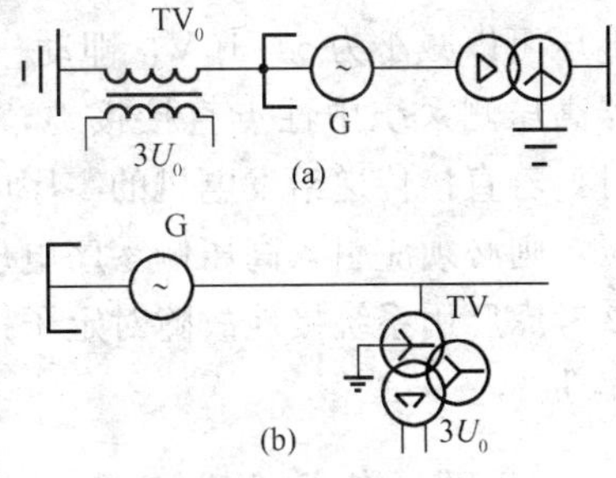

图 10-10 发电机零序电压的取得
(a) $3U_0$ 取自配电变压器二次侧；
(b) $3U_0$ 取自机端 TV 开口三角

为了防止电压互感器一次侧熔断器熔断时在开口△绕组产生的零序电压造成基波零序电压定子接地保护误动作，基波零序电压保护电压信号应取用发电机中性点的配电变压器二次侧（有可靠断线

闭锁措施的除外)。发电机电压互感器熔断器 I-t 特性应与发电机定子接地保护特性相配合，以保证在电压互感器回路发生接地短路时，熔断器先熔断。

(3) 特点。该保护可靠性高，能切除绝大部分定子绕组发生的单相接地故障。但它无法检测发电机中性点附近发生的单相接地故障。

实际测试表明，发电机正常运行时不平衡零序电压可能超过10V，有时因电压互感器饱和，甚至有超过20V的，若按此整定，保护死区当超过10%～20%，对于重要的大型发电机来说，这是不能满足要求的，要想扩大这种保护装置的保护动作区（即降低其动作电压)，应解决以下几方面的问题：努力减小正常运行时的不平衡零序电压。但是从示波图中可看出，不平衡零序电压基本上是三次谐波成分，基波成分极小（经常小于1V)。为了减小接地保护的动作电压，有效而简便的方法就是将二次电压进行三次谐波过滤，经过滤波后基波零序电压定子接地保护的动作电压可以减小为5～10V，即动作区为90%～95%。如果主变压器高压侧系统中性点直接接地，当高压系统发生单相接地故障时，若直接传递给发电机的零序电压超过定子接地保护的动作电压，则必须应引入高压侧零序电压作为制动量，以防误动。还应该考虑厂用系统接地故障对定子接地保护的影响，一般不致发生误动。

10-50 怎样利用三次谐波电压构成发电机定子接地保护?

三次谐波电压定子接地保护的主要任务是检测发电机中性点附近的单相接地故障。经理论分析，在不同地点发生单相接地时，可以得到机端三次谐波电压 U_{T3} 和中性点三次谐波电压 U_{N3} 与 α 之间的变化曲线，如图10-11所示。

由发电机机端TV开口三角处引入机端三次谐波电压 U_{T3}，从发电机中性点TV或消弧线圈引入发电机中性点侧三次谐波电压 U_{N3}。

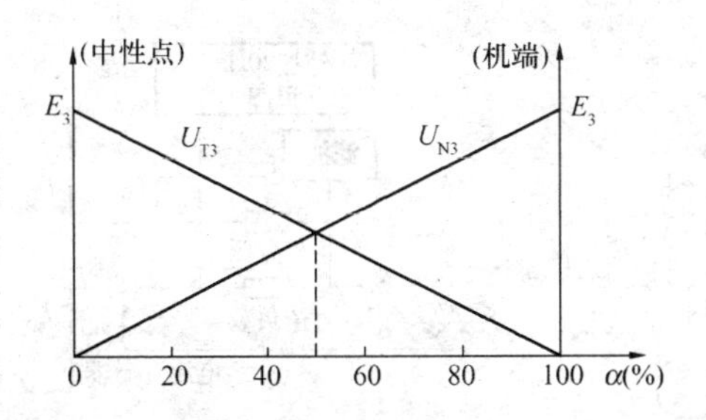

图 10-11　中性点电压 U_{N3} 和机端电压 U_{T3} 随故障点 α 的变化曲线

三次谐波式定子接地保护原理是反应机端和中性点三次谐波大小和相位变化而构成。动作判据为

$$|U_{T3}/U_{N3}|>K \tag{10-4}$$

式中 U_{T3}——发电机机端TV输出的三次谐波电压分量；

U_{N3}——发电机中性点三次谐波电压分量；

K——调整系数，可以根据保护的灵敏度要求，来调整其大小。

三次谐波保护出口可发信或跳闸。

10-51　利用零序电压和叠加电源构成的发电机100%定子绕组单相接地保护原理是什么？

叠加电源构成的发电机100%定子绕组单相接地保护采用叠加低频电源，目前国内应用的叠加交流电源式定子绕组单相接地保护有两种，其一为外加20Hz电源，另一为外加12.5Hz电源。由发电机中性点变压器或发电机端口TV开口三角绕组处注入一次发电机定子绕组。这种方式能够独立地检测接地故障，与发电机的运行方式无关；不仅在发电机正常运行的状态下可以检测，而且在发电机静止或是启动、停机的过程同样能够检测故障，更重要的是，这种方式对定子绕组各处故障检测的灵敏度相同。叠加20Hz低频电源构成的发电机100%定子绕组单相接地保护原理如图10-12所示。

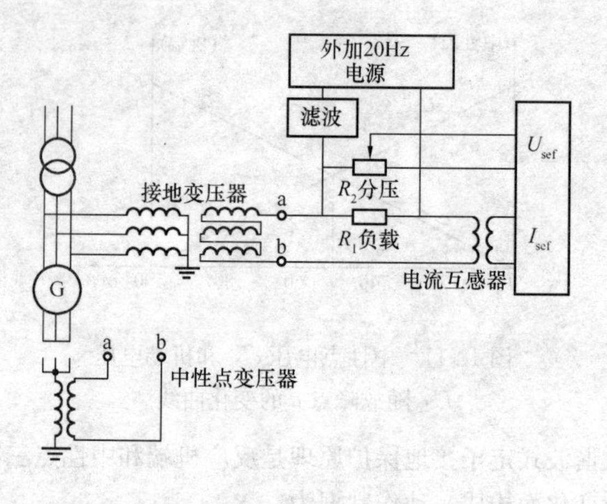

图 10-12　叠加 20Hz 低频电源构成的发电机 100%定子绕组接地保护

10-52　ABB 公司 RE216 100%保护区发电机定子接地故障保护是如何构成的？

定子接地故障保护功能用于检测发电机靠近星形点处的接地故障。保护方案基于电位偏移原理，通过注入编码的低频信号，使发电机星形点的电位发生偏移。注入信号由注入单元 REX010 产生，并通过注入变换器模块 REX011 馈入至定子回路中，该保护功能与覆盖绕组 95%接地故障的电压功能“电压”一起使用，以实现检测绕组 100%范围内的接地故障，保护对其区域内第二个高电阻接地星形点的影响，提供补偿。

定子接地故障在星形点产生的电流大于 5A，使 P8 接触器返回，其将 REX010 型注入单元与 REX011 注入变换器模块分离开来，并中断在转子回路及定子回路中的注入，这种情况下，由 95%定子接地故障保护接替工作，以清除其自己区域内的故障。

整个定子绕组的接地故障保护由 95%的接地故障保护方案及 100%的接地故障保护方案构成。两个保护方案的保护区在定子绕组中重叠。一方面，在发电机机端区域的接地故障主要由 95%的定子接地故障保护方案检测；另一方面，对靠近星形点的接地故障仅可由 100%的定子接地故障保护方案检测。100%接地保护是计算接地电阻值，95%接地保护则是测量发电机中性点电压偏移。100%定子接地保护功能可保护从中性点起的35%的定子绕组。对应于$R_f=0$及$I_{0max}=15A$；95%定子接地保护功能可保护从机端算起的95%的发电机定子绕组。因此这两种保护有一个重叠区（冗余），如图10-13所示。

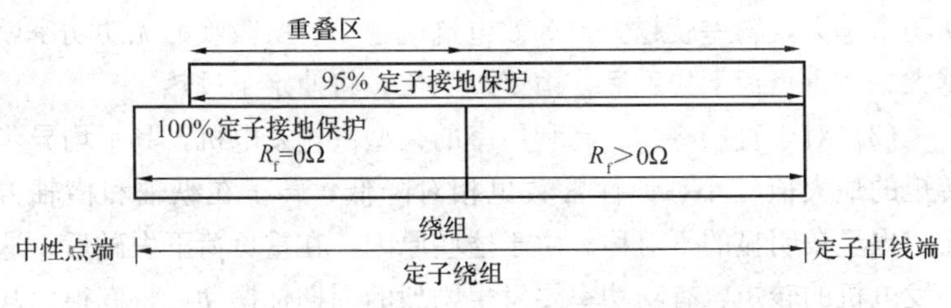

图10-13　定子接地保护区域原理示意图

10-53　大容量发电机发生低励或失磁后所产生的危险主要表现在哪几个方面？

（1）低励或失磁的发电机，由发出无功功率转为从电力系统中吸收无功功率，从而使系统出现巨大的无功差额，发电机的容量越大，在低励和失磁时产生的无功缺额越大，如果系统中无功功率储备不足，将使电力系统中邻近的某些点的电压低于允许值，甚至使电力系统因电压崩溃而瓦解。

（2）当一台发电机发生低励或失磁后，由于电压下降，电力系统的其他发电机在自动励磁调节器的作用下自动增大无功输出，从而使某些发电机、变压器或线路过电流，其后备保护可能因过电流而跳闸，使故障范围扩大。

（3）一台发电机低励或失磁后，由于该发电机有功功率的摆动，以及系统电压的下降，可能导致相邻的正常运行发电机与系统之间，或电力系统的各部分之间失步，使系统产生振荡，甩掉大量负荷。

10-54　对发电机本身来说，低励或失磁产生的不利影响主要表现在哪几个方面？

（1）由于出现转差，在发电机转子回路中出现差频电流。对于直接冷却、高利用率的大型机组，其热容量裕度相对降低，转子更容易过热。流过转子表层的差频电流，还可能使转子本体与槽楔、护环的接触面上发生严重的局部过热甚至灼伤。

（2）低励或失磁的发电机进入异步运行之后，发电机的等效电抗降低，从电力系统中吸收的无功功率增加。低励或失磁前带的有功功率越大，转差就越大，等效电抗就越小，所吸收的无功功率就越大。在重负荷下失磁后，由于过电流，将使定子过热。

（3）对于直接冷却、高利用率的大型汽轮发电机，其平均异步转矩的最大值较小，惯性常数也相对降低，转子在纵轴和横轴方面，也呈较明显的不对称。由于这些原因，在重负荷下失磁后，这种发电机的转矩、有功功率要发生剧烈的周期性摆动，将有很大甚至超过额定值的电磁转矩周期性地作用到发电机的轴系上，并通过定子传递到机座上。此时，转差也作周期性变化，其最大值可能达到4%～5%，发电机周期性地严重超速。这些都直接威胁着机组的安全。

（4）低励或失磁运行时，定子端部漏磁增强，将使端部的部件和边段铁芯过热。

10-55　发电机低励产生的危害比完全失磁更严重吗？

发电机低励时尚有一部分励磁电压，将继续产生剩余同步功率和转矩，在功角0～360°的整个变化周期中，该剩余功率和转矩时正时负地作用在转轴上，使机组产生强烈地振动，功率振荡幅度加大，对机组和电力系统的影响更严重。此情况下一般失步保护会动作，如果失步保护未动作而低励失磁保护装置动作发信后尚未跳闸，应迅速拉开灭磁开关。

10-56　发电机失磁保护的主要判据有哪些？

（1）当测量阻抗进入静稳边界圆，说明功角δ超过90°，发电机已经失去稳定；

（2）当测量阻抗进入异步圆内，说明功角δ超过180°，发电机已经进入异步运行；

（3）无功功率的方向由正（发出感性无功）变为负（吸收感性

无功）；

（4）机端三相电压降低；

（5）励磁电压降低。

10-57　如何防止失磁保护在非失磁状态下的误动作?

下列情况下应保证失磁保护不动作：

（1）发电机出口和变压器高压侧短路故障。

（2）电力系统振荡。

（3）水轮发电机自同期并列。

（4）电压互感器二次回路断线。

（5）发电机通过升压变压器对高压长线路充电。

为此，失磁保护采用的闭锁措施有：

（1）用适当的延时躲过电力系统振荡的影响。

（2）利用是否产生负序分量区别短路故障与失磁。

（3）增设电压互感器断线闭锁功能。

（4）用开关量识别特殊运行方式，如自同期并列或长线路充电。

10-58　什么是过励磁？发电机运行中可能引起过励磁的原因有哪些?

由于发电机或变压器发生过励磁故障时并非每次都造成设备的明显破坏，往往容易被人忽视，但是多次反复过励磁，将因过热而使绝缘老化，降低设备的使用寿命。

发电机和变压器都由铁芯绕组组成，设绕组外加电压为U，匝数为W，铁芯截面为S，磁感应强度为B，则有：$U=4.44fWBS$，因为W、S均为定数，故可写成

$$B=K\frac{U}{f}$$

式中　$K=1/4.44WS$，对每一特定的发电机或变压器，K为定数。

由上式可知：电压的升高和频率的降低均可导致磁密B的增大。

对于发电机，当过励倍数$n=B/B_{n}=\frac{U}{U_{n}}\Big/\frac{f}{f_{n}}=U_{*}/f_{*}>1$

时，要遭受过励磁的危害，主要表现在发电机定子铁芯背部漏磁场增强，在定子铁芯的定位筋中感应电势，并通过定子铁芯构成闭路，流过电流，不仅造成严重过热，还可能在定位筋和定子铁芯接触面造成火花放电，这对氢冷发电机组十分不利。

发电机运行中，可能因以下原因造成过励磁：

（1）发电机与系统并列之前，由于操作错误，误加大励磁电流引起励磁，如由于发电机 TV 断线造成误判断。

（2）发电机启动过程中，发电机随同汽轮机转子低速暖机，若误将电压升至额定值，则因发电机低频运行而导致过励磁。

（3）在切除机组的过程中，主汽门关闭，出口断路器断开，而灭磁开关拒动。此时汽轮机惰走转速下降，自动励磁调节器力求保持机端电压等于额定值，使发电机遭受过励磁。

（4）发电机出口断路器跳闸后，若自动励磁调节装置手动运行或自动失灵，则电压与频率均会升高，但因频率升高较慢引起发电机过励磁。

10-59　转子接地故障的常见形式有哪些？引起故障的主要原因有哪些？

转子绕组绝缘破坏常见的故障形式有两种，即转子绕组匝间短路和励磁回路一点接地。发电机转子在运输或保存过程中，由于转子内部受潮、铁芯生锈，随后铁锈进入绕组，造成转子绕组主绝缘或匝间绝缘损坏；转子加工过程中的铁屑或其他金属物落入转子，也可能引起转子主绝缘或匝间绝缘的损坏；转子绕组下线时绝缘的损坏或槽内绕组发生位移，也将引发接地或匝间短路；氢内冷转子绕组的铜线匝上，带有开启式的进氢和出氢孔，在启动或停机时，由于转子绕组的活动，部分匝间绝缘垫片发生位移，引起氢气通风孔局部堵塞，使转子绕组局部过热和绝缘损坏；运行中转子集电环上的电流引线的导电螺钉未拧紧，造成螺钉绝缘损坏；电刷粉末沉积在集电环下面的绝缘突出部分，使励磁回路绝缘电阻严重下降。

10-60 转子接地保护作用及动作结果是什么？

汽轮发电机通用技术条件规定，对于空冷及氢冷的汽轮发电机，励磁绕组的冷态绝缘电阻不小于1MΩ，直接水冷却的励磁绕组，其冷态绝缘电阻不小于2kΩ。水轮发电机通用技术条件规定，绕组的绝缘电阻在任何情况下部不应低于0.5MΩ。

励磁绕组及其相连的直流回路，当它发生一点绝缘损坏时（一点接地故障）并不产生严重后果；但是若继发第二点接地故障，则部分转子绕组被短路，可能烧伤转子本体，振动加剧，甚至可能发生轴系和汽轮机磁化，使机组修复困难、延长停机时间。为了大型发电机组的安全运行，无论水轮发电机或汽轮发电机，在励磁回路一点接地保护动作发出信号后，应立即转移负荷，实现平稳停机检修。对装有两点接地保护的汽轮发电机组，在一点接地故障后继续运行时，应投入两点接地保护，后者带时限动作于停机。

10-61 为什么说限制汽轮发电机组低频运行的决定性因素是汽轮机而不是发电机？

频率异常保护主要用于保护汽轮机，防止汽轮机叶片及其拉金的断裂事故。汽轮机的叶片，都有一自振频率 f_V，如果发电机运行频率升高或者降低，当 $|f_V - kn| \geqslant 7.5$ 时叶片将发生谐振，其中 k 为谐振倍率，$k=1, 2, 3, \cdots$，n，为转速（r/min），叶片承受很大的谐振应力，使材料疲劳，达到材料所不允许的限度时，叶片或拉金就要断裂，造成严重事故。材料的疲劳是一个不可逆的积累过程，所以汽轮机都给出在规定的频率下允许的累计运行时间。

10-62 为什么频率异常保护也称为低频保护？

因为从对汽轮机叶片及其拉金影响的积累作用方面看，频率升高对汽轮机的安全也是有危险的，所以从这点出发，频率异常保护应当包括反映频率升高的部分。但是，一般汽轮机允许的超速范围比较小；在系统中有功功率过剩时，通过机组的调速系统作用、超速保护以及必要时切除部分机组等措施，可以迅速使频率恢复到额定值；而且频率升高大多数是在轻负荷或空载时发生，此时汽轮机叶片和拉金所承受的应力，要比低频满载时小得多，所以一般频率异常保护中，不设置反应频率升高的部分，而只设置反应频率下降的部分，并称为低频保护。

10-63 发电机失步带来的危害是什么？

（1）对于大机组和超高压电力系统，发电机装有快速响应的自动调整励磁装置，并与升压变压器组成单元接线。由于输电网的扩大，系统的等效阻抗值下降，发电机和变压器的阻抗值相对增加，因此振荡中心常落在发电机机端或升压变压器的范围内。由于振荡中心落在机端附近，使振荡过程对机组的危害加重，机炉的辅机都由机端的厂用变压器供电，机端电压周期性地严重下降，将使厂用机械工作的稳定性遭到破坏，甚至使一些重要电动机制动，导致停机、停炉。

（2）振荡过程中，当发电机电动势与系统等效电动势的夹角为180°时，振荡电流的幅值将接近机端三相短路时流过的短路电流的幅值。如此大的电流反复出现有可能使定子绕组端部受到机械损伤。

（3）由于大机组热容量相对下降，对振荡电流引起的热效应的持续时间也有限制，因为时间过长有可能导致发电机定子绕组过热而损坏。

（4）振荡过程常伴随短路及网络操作过程，短路、切除及重合闸操作都可能引发汽轮发电机轴系扭转振荡，甚至造成严重事故。

（5）在短路伴随振荡的情况下，定子绕组端部先遭受短路电流产生的应力，相继又承受振荡电流产生的应力，使定子绕组端部出现机械损伤的可能性增加。

10-64 对发电机失步保护有哪些要求？

（1）能够尽快检测出失步故障。显然，当扰动一出现，如果保护装置能够立即判断出来将发生非稳定振荡，并及时采取措施，是最理想的。因为这样就可以避免振荡过程的发生，或者可以把非稳定振荡转化为稳定振荡，至少也可以最大限度地缩短振荡过程，减轻振荡过程对电力系统的不利影响。然而，要做到在扰动出现时立即检出失步故障，常常是困难的。因此，通常要求失步保护在振荡的第一个振荡周期内能够可靠动作。

（2）能检测加速失步或减速失步。失步保护动作后，应当根据被保护发电机的具体状况，采取不同措施，而不应当无条件地动作于跳闸。一般，对于处于加速状态的发电机，应当动作于快速降低原动机的输出功率。而处于减速状态的发电机，应当在发电机不过负荷的条件下，快速增加原动机输出功率。

（3）失步保护要有鉴别短路与振荡的能力，当发生短路故障时，失步保护不应误动作。失步保护有鉴别失步振荡与同步振荡的能力，在稳定振荡的情况下，失步保护不应误动作。失步保护应能区分振荡中心在发电机变压器组内部还是外部，当振荡中心不在发电机变压器组内部时，应当经过预定的滑极次数后跳闸，而不是立即跳闸。

（4）当动作于跳闸时，若在电势角 $\delta=180°$ 时使断路器断开，则将在最大电压下切断最大电流，对断路器的工作条件最为不利，有可能超过断路器的遮断容量。因此，失步保护应避免在这一时机动作于跳闸。

10-65 非稳定振荡、短路故障和稳定振荡情况下阻抗轨迹的差别是什么？

（1）当被保护发电机电动势 $\dot{E}_A$ 和系统等效电势 $\dot{E}_B$ 的大小保持不变（即不考虑各发电机励磁调节器的作用），只有夹角 δ 变化时，在阻抗平面上的非稳定振荡阻抗轨迹是一个圆，它以不断变化的功角变化率 $d\delta/dt$ 穿过阻抗平面，在阻抗平面上走过一段距离需要一定的时间。

（2）当发生短路故障时，在短路瞬间，功角 δ 基本不变，而测量阻抗将由负荷阻抗突然下降为短路阻抗，这个过程可看作是跃变过程。

（3）当发生稳定振荡时，振荡阻抗轨迹只是在阻抗平面上第一象限或第四象限的一定范围内变化，而且功角变化率 $d\delta/dt$ 值较小。

10-66 大型汽轮发电机为什么要装设逆功率保护?

当主汽门误关闭或机炉保护动作关闭主汽门而出口断路器未跳闸时，发电机转为电动机运行，由输出有功功率变为从系统吸取有功功率，即称逆功率。逆功率运行，对发电机并无危害，但汽轮机尾部长叶片与残留蒸汽摩擦，会导致叶片过热，造成汽轮机事故。因此，大型汽轮机组上应装设逆功率保护。

10-67 发电机逆功率保护是如何构成的?

逆功率保护功能有两段，其整定值相同，为发电机/原动机机组滑差功率的一半。

第一段有较短的延时，用于保护机组在正常的停运过程中，防止发生超速。通过逆功率保护功能跳主断路器，以防止由于调节器失灵或蒸汽阀泄漏而可能发生的超速。对蒸汽轮机，为防止发生误跳闸，用原动机主蒸汽阀上的辅接点来开放逆功率保护功能。

保护功能第二段的作用是对原动机进行监视，以防止其有过高的温度及可能发生的机械损坏。对这种情形，延时可以长一些，因为温度仅仅是缓慢增加而已。如果由于调速器或者系统不稳定，在低负荷时会发生功率摇摆，则第二段将不能进行跳闸。因为该功能在到延时时间之前，会重复启动、返回，为此，对这种情况，需要用积分器（“延时”功能）来保证进行可靠的跳闸。

10-68 ABB公司REG逆功率保护是如何工作的?

当自动主汽门突然脱扣关闭，发电机仍与电网并列时，发电机处于电动机运行状态，发电机作为电动机运行时汽轮机的允许运行时间为1min（背压小于0.0253MPa）。

程序逆功率的应用：当过负荷（定子、转子、励磁回路）保护、过励磁保护和低励失磁保护等动作后，应保证先关主汽门，等到出现逆功率状态时就确信主汽门已经关闭，这时逆功率继电器动作，允许主断路器跳闸。程序跳闸可避免因主汽门未关而断路器先断开引起灾难性“飞车”事故。保护出口和“主汽门关闭”构成逻辑“与”启动全停。

10-69 什么是误上电保护？ 它的作用是什么？

误上电保护也可称作突加电压保护。发电机在盘车过程中，由于出口断路器误合闸，突然加上三相电压，而使发电机异步启动的情况，在国外曾多次出现过，它能在几秒钟内给机组造成损伤。盘车中的发电机突然加电压后，电抗接近 x''_d，并在启动过程中基本上不变。计及升压变压器的电抗 x_t 和系统连接电抗 x_s，并且在 x_s 较小时，流过发电机定绕组的电流可达 3～4 倍额定值，定子电流所建立的旋转磁场，将在转子中产生差频电流，如果不及时切除电源，流过电流的持续时间过长，则在转子上产生的热效应 I_2^2t 将超过允许值，引起转子过热而遭到损坏。此外，突然加速，还可能因润滑油压低而使轴瓦遭受损坏。

因此，对这种突然加电压的异常运行状况，应当有相应的保护装置，以迅速切除电源。对于这种工况，逆功率保护、失磁保护和机端全阻抗保护也能反应，但由于需要设置无延时元件；盘车状态，电压互感器和电流互感器都已解除，限制了其兼作突加电压保护的使用。一般来说，设置专用的误合闸保护比较好，不易出现差错，维护方便。

如邹县电厂 REG216 的突加电压保护逻辑以低电压元件及电流判据作为停机鉴别元件。发电机在盘车状态下（未加励磁，低速旋转），主变压器高压侧开关三相误合闸，发电机异步启动。由于发电机转子与气隙同步速旋转磁场有较大滑差，转子表面有较大差频电流使发电机转子烧毁。

此保护停机时投压板，并网前解除压板。

10-70 发电机对称过负荷保护的作用及整定原则是什么？

定子过负荷保护的设计取决于发电机在一定负荷倍数下的允许过负荷时间，而这与具体发电机的结构及冷却方式有关。由发电机“允许的电枢电流和持续时间表”可见，允许时间随过电流呈反时限特性。当发生过负荷时，应根据表中值让发电机再运行一段时间，此间系统中进行按频率减负荷，投入备用容量，以及发电机减出力等操作。若仍不能消除发电机过负荷，并超过了允许时间，才将发电机切除。

大型发电机定子绕组对称过负荷保护通常由定时限和反时限两部分组成，具体的整定原则为：定时限部分通常按较小的过电流倍数整定，动作于减出力。如按长期允许的负荷电流下能可靠返回的条件整定。反时限部分在启动后即报警，然后按反时限特性动作于跳闸。

10-71 发电机的不对称过负荷保护的作用及应用范围是什么？

（1）发电机长期承受负序电流的能力。发电机正常运行时，由于输电线路及负荷不可能三相完全对称，因此，总存在一定的负序电流 I_2，但数值较小，如有些情况下，可达 $I_2=2\%\sim3\%I_n$（I_n 是额定电流）。发电机带不对称负荷运行时，转子虽有发热，但如负序电流不大，由于转子散热效应，其温升可不超过允许值，即发电机可以承受一定数值的负序电流长期运行。但负序电流值超过一定数值，则转子将遭受损伤，甚至遭受破坏。因此，发电机都要依其转子的材料和结构特点，规定长期承受的负序电流的限额，这一限额即发电机稳态承受负序电流能力，用 $I_{2\infty}$ 表示。

大型汽轮发电机通过采取如装设阻尼条、槽楔镀银、采用铝青铜槽楔等专门的措施来提高发电机长期承受负序电流的能力。发电机长期承受负序电流的能力 $I_{2\infty}$，是负序电流保护的整定依据之一。当出现超过 $I_{2\infty}$ 的负序电流时，保护装置要可靠动作，发出声光信号，以便及时处理。当其持续时间达到规定值，而负序电流尚未消除时，则应当动作于切除发电机，以防止负序电流造成损害。

（2）发电机短时承受负序电流的能力。在异常运行或系统发生不对称故障时，I_2 将大大超过允许的持续负序电流值，这段时间通常不会太长，但因 I_2 较大，更需考虑防止对发电机可能造成的损伤。发电机短时间内允许负序电流值 I_2 的大小与电流持续时间有关。转子中发热量的大小通常与流经发电机的 I_2 的平方及所持续的时间 t 成正比。若假定发电机转子为绝热体，则发电机允许负序

电流与允许持续时间的关系可用下式来表示

$$I_{*.2}^{2}t=A$$

式中　$I_{*.2}^{2}$——以电机额定电流为基准的负序电流标幺值；

t——允许时间；

A——与发电机型式及冷却方式有关的常数（由制造厂提供）。

A 值实际上就反应了发电机承受负序电流的能力，A 越大，说明发电机承受负序电流的能力越强。

发生不对称短路时，可能伴随较大的非周期分量，衰减的非周期分量在转子中感应出衰减的基波电流，增加转子的损耗和温升。对于大型机组，短路电流中的非周期分量所产生的影响比较显著，以 $I_{*2}^{2}t \geqslant A$ 为判据的负序电流保护，在电流大时间短（如小于 5s）的情况下并不能可靠地保障机组的安全，因此要求大型发电机及有关设备要有完善的相间短路保护。

（3）转子表层负序过负荷保护的构成。为了防止发电机转子遭受负序电流的损害，对于大型汽轮发电机，国内外都要求装设与发电机承受负序电流能力相匹配的反时限负序电流保护。

10-72　反时限负序过电流保护的原理是怎样的？

发电机负序过电流保护反映发电机定子绕组中负序电流的大小。防止发电机转子表面过热。保护由两部分组成，即负序定时限过负荷和负序反时限过电流保护。

反时限特性曲线一般由三部分组成，即上限定时限、反时限和下限定时限，如图 10-14 所示。

负序反时限特性能真实地模拟转子的热积累过程，并能模拟散热，即发电机发热后若负序电流消失，热积累并不立即消失，而是慢慢地散热消失，如此时负序电流再次增大，则上一次的热积累将成为该次的初值。

负序电流保护反时限动作方程为

$$(I_{2*}^{2}-K_{22})t \geqslant A \tag{10-5}$$

式中　K_{22}——发电机发热时的散热效应。

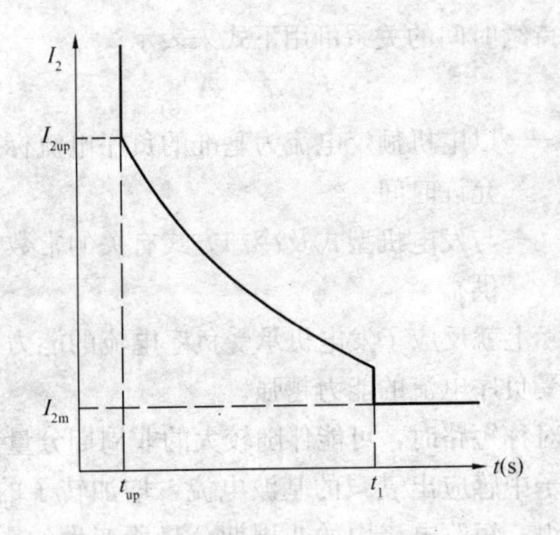

图 10-14 发电机反时限过负荷保护动作特性

10-73 ABB 公司 REG216 的负序过负荷保护的构成及整定原则是什么？

ABB 公司 REG216 的负序过负荷保护分为定时限和反时限两部分，定时限部分动作于信号，反时限部分作于跳闸。

当负序电流达到负序定时限的启动值时，定时限部分作用于发信号，用以提示运行人员进行处理，该值在整定时应低于反时限部分启动值并保留一定预度。

（1）定时限负序过负荷保护。主要应用于保护发电机由于非对称负荷而使转子发生过热。NPS（负序）电流通常由三相系统中的非对称负荷引起，但也可能是由回路断相（单相）所导致。发电机中的非对称负荷产生磁场，它朝正序磁场相反的方向旋转。这种负序磁链在转子中感应电流，从而引起转子有附加的损耗，并使转子的温度升高。后者可能对转子产生很严重的危害，这就是使用 NPS 保护的原因。

发电机中的非对称负荷，用定子的负序电流 I_2 定义，因此，要对该量进行监视。定时限 NPS 功能专用于在非对称时间持续较长但不发生频繁变化的系统中提供保护。通常用于中小型发电机中。

定时限负序电流保护使用两个 NPS 段，一个用于报警，一个用于跳闸，如图 10-15 所示。

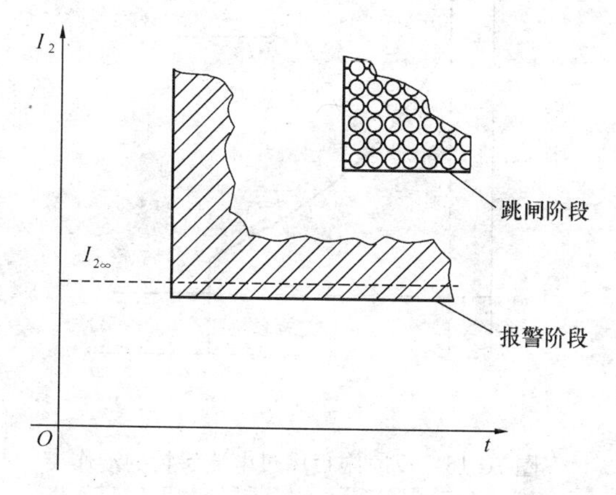

图 10-15 定时限负序过流保护的动作区

最大连续的 NPS 电流额定值 $I_{2\infty}$ 通常由发电机制造厂家以发电机额定电流 I_{GN} 的百分数形式给出。

告警段通常设为 $I_{2\infty}$ 或稍低一些的值，例如当 $I_{2\infty}=10\% I_{GN}$ 时，将"$I_{2\text{-Setting}}$"设为 $8\% I_{GN}$。将跳闸段设为比告警段高 50%～100%的值，例如 $I_{2\text{-Setting}}=15\% I_{GN}$。

总是让 NPS 保护带延时，以避免在发生暂态现象、尤其是在系统中发生相间故障及接地故障时要避免引起误跳闸。可以让该延时相对长些，因为危及发电机转子部分的温升相对来说较低。

当将两阶段均用于进行跳闸时，有高定值的那段应快一些。

(2) 反时限 NPS 负序保护（NPS-Inv）。主要应用于承受高热的大型发电机，以防止其由于非对称负荷而引起转子过热。

反时限 NPS 负序保护特性：

1) 按 NPS 负序值变化的反时限延时，如图 10-16 所示。图 10-16 中：t_{min} 表示最小的定时限动作时间；t_{max} 表示不管反时限特性如何，保护开放的最大延时时间；$I_{B\text{-Setting}}$ 表示补偿相对于 I_N 之差的参考电流（基值电流）；$k_{1\text{-Setting}}$ 表示倍率，动作特性常量；

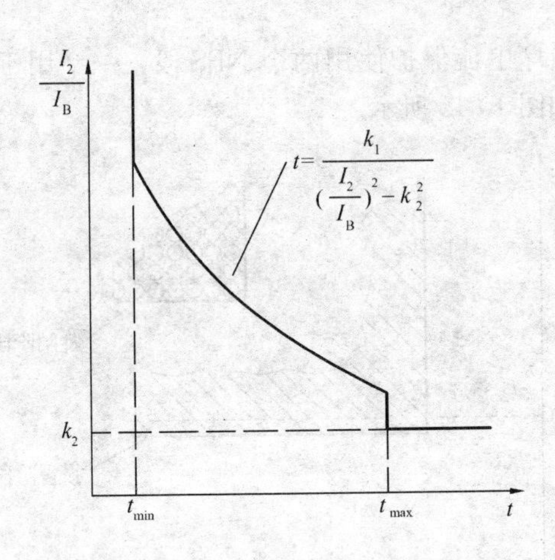

图 10-16　反时限负序过电流保护的动作

$k_{2\text{-Setting}}$表示允许的连续 NPS（I_2/I_B）值，动作特性常量。

$$I_B = I_{GN}\frac{I_{N2}}{I_{N1}}$$

2）动作特性参量有较宽的整定范围。

3）过负荷消失时（热映像的冷却率）反方向计数速率可调节。

4）对直流分量不敏感。

5）对谐波分量不敏感。

6）三相测量。

输入输出量：

(1) TA/TV 输入。电流。

(2) 二进制输入。闭锁。

(3) 二进制输出。启动、跳闸。

(4) 测量。负序电流分量，$I_2 = 1/3(I_U + a2I_V + aI_W)$。

该保护功能用于保护大型发电机。当 NPS 值频繁变化时，短时间内可允许有较高的 NPS 值。特别注意使用该保护功能。

10-74　大型发电机组装设过电压保护的作用是什么？

过电压保护功能通过检测发电机定子及变压器呈现有特别高的

电压，来防止发电机定子绕组及变压器绕组绝缘损坏，而且也防止其由于铁芯损耗增加而引起温度过高。在电压调节器发生故障时，特别容易发生长时间的异常高电压。该功能设有一个延时，以防止在暂态期间发生误跳闸。通常保护设有两个电压段，可以将这两个段均配置为去跳被保护机组。

10-75　导致变压器过励磁的原因有哪些？变压器过励磁有何危害？

造成变压器过励磁的原因可能有：

（1）电力系统由于发生事故而被分割解列之后，某一部分系统中因甩去大量负荷使变压器电压升高，或由于发电机自励磁引起过电压。

（2）由于发生铁磁谐振引起过电压，使变压器过励磁。

（3）由于分接头连接不正确，使电压过高引起过励磁。

（4）进相运行的发电机跳闸或系统电抗器的退出。

（5）发电机出口装设断路器后，由于发电机端原因造成升压主变压器过励磁的几率大大减少，但是由于系统联络断路器断开，造成主变压器甩负荷时仍有可能造成过励磁。

变压器过励磁导致变压器的铁芯饱和，铁损增加，使铁芯温度上升。铁芯饱和后还要使磁场扩散到周围的空间中去，使漏磁场增强。靠近铁芯的绕组导线、油箱壁以及其他金属结构件，由于漏磁场而产生涡流，使这些部位发热，引起高温，严重时要造成局部变形和损伤周围的绝缘介质。现代某些大型变压器，当工作磁密达到额定磁密的1.3～1.4倍时，励磁电流的有效值可达到额定负荷电流的水平。由于励磁电流是非正弦波，含有许多高次谐波分量，而铁芯和其他金属构件的涡流损耗与频率的平方成正比，所以发热更严重。

10-76　变压器保护装置动作出口动作方式有哪些？

根据故障的不同性质，变压器保护作用于不同出口，最严重的情况是全停发电机变压器组，此时将会造成机组厂用电失压。

（1）全停发电机变压器组。断开发电机变压器组500kV侧断路器，断开发电机灭磁开关，断开高压厂用A、B工作变压器低压侧分支断路器，关闭汽机主汽门，启动失灵保护（非电量保护不启动失灵保护）和启动10kV厂用电源快速切换装置。

（2）跳厂用高压变压器单个分支。分支过电流或零序保护适用，作用于跳对应分支和闭锁10kV分支电源快速切换装置切换。

（3）跳厂用高压变压器四个分支。厂用高压变压器高压侧复合电流保护适用，作用于跳开低压侧四个分支断路器。

（4）闭锁有载调压。当厂用高压备用变压器过负荷时闭锁有载调压，防止发生事故。

（5）变压器通风启动。按工作变压器单元件过电流启动冷却器自动运行。

（6）减励磁。励磁变压器过负荷按定时限 t 降低励磁。

10-77 何为500kV断路器闪络保护？ 为什么要装设该保护？

接在220kV以上电压系统中的大型发电机一变压器组，在进行同期并列的过程中，断路器合闸之前，作用于断口上的电压随待并发电机与系统等效电动势之间角度差 δ 的变化而不断变化，当 $\delta=180°$ 时其值最大，为两者电动势之和。当两电动势相等时，则有两倍的运行电压作用于断口上，有时要造成断口闪络事故。断口闪络给断路器本身造成损坏，并且可能由此引起事故扩大，破坏系统的稳定运行。一般是一相或两相闪络，产生负序电流，威胁发电机的安全。为了尽快排除断口闪络故障，在大机组上可装设断口闪络保护。断口闪络保护动作的条件是断路器三相断开位置时有负序电流出现。断开闪络保护首先动作于灭磁，失效时动作于断路器失灵保护。

断路器断口闪络保护的构成原理：断路器三相断开位置时任一相有电流，保护动作后启动本断路器失灵保护。如图10-17所示，利用负序电流元件 I_2 和断路器的辅助触点 QF_U、QF_V、QF_W 构成。当出现负序电流后，如果断路器有一相或两相是断开的，则说明是非全相运行，则动作于跳闸，断路器拒动时，启动断路器失灵

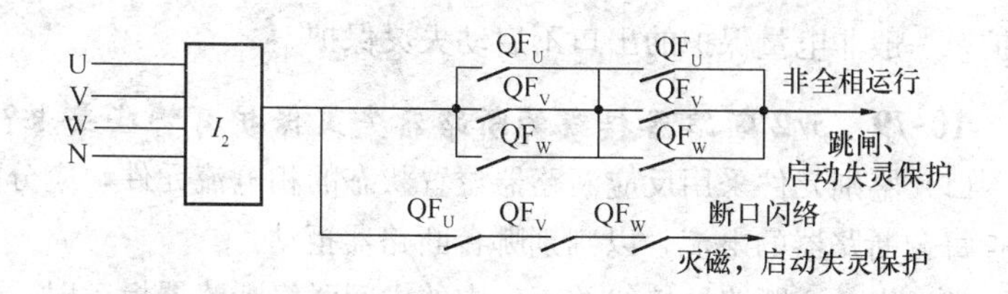

图 10-17　高压断路器闪络保护逻辑原理图

保护；如果断路器三相是断开的，则说明是断口闪络，此时应首先动作本发电机灭磁，以降低断口电压，无效时，再启动失灵保护。

10-78　什么是断路器失灵保护？ 如何构成？

电力系统发生故障时，如果保护动作而出现某断路器失灵（拒动）的情况时，将导致事故范围扩大、烧毁设备甚至使系统的稳定性遭到破坏，因此，对于比较重要的电力系统，应装设断路器失灵保护。

所谓断路器失灵保护，是指当母线连接元件发生故障，但故障元件的保护动作而断路器拒动时，为了保证安全，利用故障元件的保护以较短的时限作用于同一母线上其他有关断路器跳闸的后备保护。

当保护已经发出跳闸命令且断路器拒跳和有电流时启动失灵保护。失灵保护的逻辑框图如图 10-18 所示。其出口方式是启动失灵

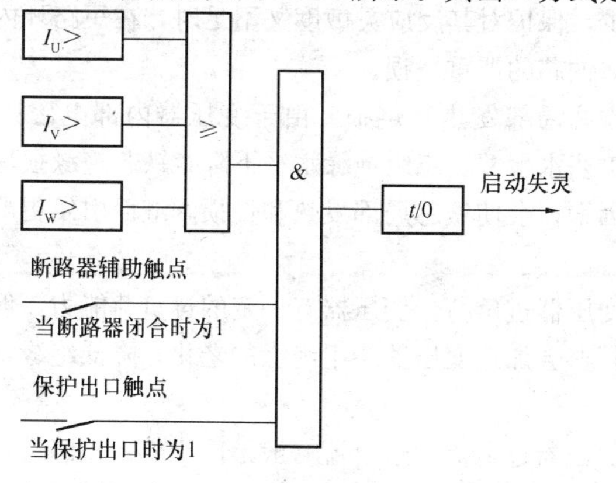

图 10-18　高压断路器启动失灵保护逻辑图

保护，一般非电量保护的出口不启动失灵保护。

10-79　3/2 断路器接线的断路器失灵保护有哪些要求？

（1）鉴别元件采用反应断路器位置状态的相电流元件，应分别检查每台断路器的电流，以判别哪台断路器拒动。

（2）当 3/2 断路器接线的一串中的中间联络断路器拒动时，应采取远方跳闸装置，使线路对端断路器跳闸并闭锁其重合闸。

（3）保护按断路器设置。

10-80　变压器有哪些故障和异常工作状态？

（1）相间短路。这是变压器最严重的故障类型。它包括变压器箱体内部的相间短路和引出线（从套管出口到电流互感器之间的电气一次引出线）的相间短路。由于相间短路给电网造成巨大冲击，会严重地烧损变压器本体设备，严重时使得变压器整体报废，因此，当变压器发生这种类型的故障时，要求瞬时切除故障。

（2）接地（或对铁芯）短路。显然这种短路故障只会发生在中性点接地的系统一侧。对这种故障的处理方式和相间短路故障是相同的，但同时要考虑接地短路发生在中性点附近时的灵敏度。

（3）匝间或层间短路。对于大型变压器，为改善其冲击过电压性能，广泛采用新型结构和工艺，匝间短路问题显得比较突出。当短路匝数少，保护对其反应灵敏度又不足时，在短路环内的大电流往往会引起铁芯的严重烧损。

（4）铁芯局部发热和烧损。由于变压器内部电磁场分布不均匀、制造工艺水平差、绕组绝缘水平下降、铁芯绝缘损坏和铁芯两点接地等因素，会使铁芯局部发热和烧损，继而引发更严重的相间短路。

（5）变压器过负荷。变压器有一定的过负荷能力，但若长期过负荷下运行，会加速变压器绕组绝缘的老化，降低绝缘水平，缩短使用寿命。

（6）变压器过电流。过电流一般是由于外部短路后，大电流流经变压器而引起的。如果不及时切除，变压器在这种电流下会烧损。

(7) 变压器零序过电流。中性点接地的变压器发生内部接地故障或外部接地故障，均会使中性点流过零序电流，变压器零序保护能反映这种故障，有选择地将变压器切除，将故障点隔离。

(8) 变压器过励磁。过励磁的机理与发电机相似，将会引起变压器损耗增加，温升增加，造成铁芯或绕组局部变形、绝缘受损。

(9) 变压器冷却器故障。对于强迫油循环风冷和自然油循环风冷变压器，当变压器冷却器故障时，变压器散热条件急剧恶化，导致变压器油温和绕组、铁芯温度升高，长时间运行会导致变压器各部件过热和变压器油劣化。

(10) 油面下降。变压器油位下降使液面低于变压器钟罩顶部，变压器上部的引线和铁芯将暴露于空气下，会造成变压器引线闪络，铁芯和绕组过热，造成严重事故。

10-81 1000MW机组的主变压器需配置哪些保护?

(1) 主变压器差动保护（两套）(87MT)。该保护作为主变压器三相和相间短路故障的第一套主保护，保护范围是500kV升压站内的TA至发电机出线TA和两台厂用工作变压器高压侧TA，五侧差动。

对于Yd变压器各侧TA均可采用Y接线，差动的相位可由软件完成。

任一相差动保护动作于全停，另配有TA断线检测功能，在TA断线时不闭锁差动保护，同时发TA断线信号。

(2) 主变压器中性点接地过电流保护（两套）(51N-MT)。该保护接在主变压器高压侧中性点TA上，保护反应主变压器的零序电流大小，仅在变压器中性点接地时起作用。保护设两段定值各带两段时限，第一段时限跳本串中间断路器，第二段时限动作于全停。

(3) 主变压器瓦斯保护（一套）(63MT)。该保护作为主变压器内部故障的第二套主保护，保护由变压器制造厂供货，当主变压器发生内部短路故障时才动作，轻瓦斯瞬时动作于信号，重瓦斯动作于全停或切换至信号。

（4）主变压器压力释放保护（一套）（63MT）。该保护由变压器制造厂供货，它是一种能自动复位的机械装置，当变压器内部故障引起的内部压力异常升高时，动作于信号或全停。

（5）主变压器冷却系统故障保护（一套）。t_1 动作于发信号，t_2 动作于程序跳闸或厂用切换。

（6）主变压器油位（一套）。

（7）主变压器油面温度（一套）（23O-MT）。温度高动作于信号；温度高高跳闸或切换至信号。

（8）主变压器绕组温度（一套）（23W-MT）。温度高动作于信号；温度高高跳闸或切换至信号。

10-82 厂用工作变压器的保护配置情况是怎样的？

（1）差动保护（两套）（87AT）。该保护作为厂用工作变压器及相邻元件三相和相间短路故障的第一套主保护。保护范围是每个厂用工作变压器高压侧TA至厂用工作变压器各分支开关内的TA。对于Dyy变压器各侧TA均可采用Y接线，差动的相位可由软件完成。任一相差动保护动作于全停，另配有TA断线检测功能，在TA断线时不闭锁差动保护，同时发TA断线信号。

（2）厂用工作变压器高压侧复合电压闭锁的过电流保护（两套）（50/27AT）。该保护保证有足够的灵敏系数并与高压厂用变压器低压分支过电流保护相配合。保护带两段时限，t_1 动作于厂用电源快速切换，t_2 动作于全停。

（3）厂用工作变压器低压分支过电流保护（两套）（51AT）。每个分支装设两套保护，动作于本分支断路器。闭锁快切。

（4）厂用工作变压器低压分支零序电流保护（两套）（51N-AT）。作为10kV厂用电源系统单相接地故障保护。每个分支各设两套保护，分别接入高压厂用变压器分裂绕组的中性点电流互感器。按照10kV工作段各馈线回路的接地保护的要求，该保护有足够的灵敏系数。t_1 动作于本分支断路器，t_2 动作于全停。

（5）瓦斯保护和压力释放（一套）（63AT）。该保护作为厂用工作变压器内部故障的第二套主保护，瓦斯继电器和压力接点由变压器制造厂提供，当厂用工作变压器发生内部短路故障时才动作，轻瓦斯动作于信号，重瓦斯动作于全停或切换至信号。

（6）厂用工作变压器油面温度（一套）（23O-AT）。温度高动作于信号；温度高高跳闸或切换至信号。

（7）厂用工作变压器油位（一套）。动作于信号。

（8）厂用工作变压器绕组温度（一套）（23W-AT）。温度高动作于信号；温度高高跳闸或切换至信号。

10-83 自并励励磁系统的励磁变压器配置哪些保护？

（1）励磁变压器差动保护（两套）（87ET）。该保护作为励磁变压器短路故障保护，动作于全停。

（2）励磁变速断过电流（两套）（50/51ET）。励磁变压器过电流由定时限和反时限两部分组成。电流元件具有电流记忆功能，记忆时间不小于15s，定时限部分带时限动作于信号，反时限部分动作于全停。

（3）励磁系统过负荷（两套）（49ET）。保护装于励磁变低压侧，反映励磁系统过负荷由定时限和反时限两部分组成。定时限部分是动作电流按正常运行最大励磁电流下能可靠返回的条件整定，带时限动作于信号。反时限部分是动作特性按发电机励磁绕组的过负荷能力确定，动作于全停并可切换至程序跳闸。该保护能反映励磁电流变化时励磁绕组的热积累过程。

（4）励磁系统故障（一套）。由励磁系统给出故障接点，保护动作于全停并可切换至程序跳闸。

（5）励磁变压器温度（一套）（23ET）。温度高报警，温度高高启动全停。励磁变压器为三台单相变压器组成，每台单相变压器保护独立。

10-84 1000MW发电机组非电气量保护是如何配置的？

（1）发电机定子冷却水断水故障保护（两套）。该保护依据冷却水流量和压力的监视情况动作于瞬时信号，若经过一定时延后，冷却水的供给仍不能恢复到正常水平，则该保护动作于程序跳闸。延时和准确的启动模式应由发电机制造厂提供。断水判断由热控给出，保护延时 30s 跳闸。

(2) 励磁系统故障（一套）。由励磁系统给出故障接点，保护动作于全停并可切换至程序跳闸。

(3) FWK 稳控装置停机。由 FWK 稳控装置给出动作接点，保护动作于全停跳闸。

(4) 网控失灵保护。网控失灵保护动作于全停跳闸。

(5) 主变压器油面温度高（一套）(23O-MT)。温度高动作于信号，温度高高跳闸或切换至信号。主变压器为三台单相变压器组成，每台单相变压器保护独立。

(6) 主变压器绕组温度（一套）(23W-MT)。温度高动作于信号，温度高高跳闸或切换至信号。主变压器为三台单相变压器组成，每台单相变压器保护独立。

(7) 主变压器瓦斯保护（一套）(63MT)。该保护作为主变压器内部故障的第二套主保护，当主变压器发生内部短路故障时才动作，轻瓦斯瞬时动作于信号，重瓦斯动作于全停或切换至信号。每台单相变压器保护独立。

(8) 主变压器压力释放保护（一套）(63MT)。是一种能自动复位的机械装置，当变压器内部故障引起的内部压力异常升高时，动作于信号或全停。主变压器为三台单相变压器组成，每台单相变压器保护独立。

(9) 主变压器冷却系统故障保护（一套）。经延时 t_1 动作于跳闸或动作于发信号。每台单相变压器保护独立。

(10) 主变压器油位（一套）。动作于信号，每台单相变压器保护独立。

(11) 励磁变压器温度（一套）(23ET)。温度高报警，温度高高启动全停。励磁变压器为三台单相变压器，每台单相变压器保护独立。

(12) 厂用工作变压器油面温度（一套）(23O-AT)。温度高动作于信号，温度高高跳闸或切换至信号。

(13) 厂用工作变压器绕组温度（一套）（23W-AT）。温度高动作于信号，温度高高跳闸或切换至信号。

(14) 厂用工作变压器瓦斯保护和压力释放（一套）（63AT）。该保护作为厂用工作变压器内部故障的第二套主保护，瓦斯继电器和压力接点由变压器制造厂提供，当厂用工作变压器发生内部短路故障时才动作，轻瓦斯动作于信号，重瓦斯动作于全停或切换至信号。

(15) 厂用工作变压器油位（一套）。动作于信号。

10-85　发电机—变压器组非电气量保护设置的出口动作方式是怎样的？

发电机—变压器组的非电气量保护如瓦斯保护、发电机定子断水保护和温度保护等，反应发电机—变压器组的部分电气故障、机械故障及非正常工作状态。不同的故障保护的出口方式有所不同，或者使断路器跳闸，或者发出信号。1000MW 发电机—变压器组的非电气量保护设置出口动作方式具体情况见表 10-2。

表 10-2　发电机—变压器组非电气量保护设置出口动作方式

跳闸方式 保护功能			跳断路器5062	跳断路器5063	灭磁	跳10kV工作进线	启动10kV段快切	关闭主汽门	信号	备　注
发电机	发电机定子断水	t	×	×	×	×	×	×	×	可切换至程序跳闸
	励磁系统故障		×	×	×	×	×	×	×	可切换至程序跳闸
	FWK 稳控装置停机		×	×	×	×	×	×	×	可切换至只发信
	5062 断路器失灵		×	×	×	×	×	×	×	可切换至只发信
	5063 断路器失灵		×	×	×	×	×	×	×	可切换至只发信

续表

保护功能 \ 跳闸方式		跳断路器5062	跳断路器5063	灭磁	跳10kV工作进线	启动10kV段快切	关闭主汽门	信号	备注
主变压器（每相）	温度超高	×	×	×	×	×	×	×	可切换至只发信
	绕组温度超高	×	×	×	×	×	×	×	可切换至只发信
	重瓦斯	×	×	×	×	×	×	×	可切换至只发信
	冷却器全停 t	×	×	×	×	×	×	×	可切换至只发信
	压力释放							×	
	压力继电器							×	
	温度高							×	
	绕组温度高							×	
	轻瓦斯							×	
	油位异常							×	
励磁变压器（每相）	温度超高	×	×	×	×	×	×	×	可切换至只发信
	温度高							×	
高压厂用变压器	温度超高	×	×	×	×	×	×	×	可切换至只发信
	绕组温度超高	×	×	×	×	×	×	×	可切换至只发信
	重瓦斯	×	×	×	×	×	×	×	可切换至只发信
	压力释放							×	
	压力继电器							×	
	温度高							×	
	绕组温度高							×	
	轻瓦斯							×	
	油位异常							×	

10-86 高压备用变压器的保护是如何配置的?

高压备用变压器保护装置由两面屏组成，含有远方跳闸插件。

保护按双重化配置（非电气量除外），保护设置如下出口动作方式、定义如下：

（1）出口Ⅰ。跳开其高压侧及低压分支断路器；（电气量保护跳闸出口，启动失灵）；

（2）出口Ⅱ。跳开其高压侧及低压分支断路器；（非电气量保护跳闸出口，不启动失灵）；

（3）信号。发声光信号。

保护配置情况如下：

（1）启动/备用变压器差动保护（两套）（87-ST）。该保护作为启动/备用变压器的主保护，该保护范围是从启动/备用变压器220kV套管TA至每台启动/备用变压器断路器10kV各分支TA。该保护应瞬时动作于跳闸出口Ⅰ。

（2）启动/备用变压器复合电压过电流保护（两套）（50/27-ST）。保护由启动/备用变压器220kV套管TA的电流及启动/备用变压器10kV各分支母线TV的复合电压共同构成的保护延时动作于跳闸出口Ⅰ。

（3）启动/备用变压器零序电流保护（两套）（50N-ST）。该保护接在启动/备用变压器高压侧中性点TA上，保护反应启动/备用变压器的零序电流大小，仅在变压器中性点接地时起作用。保护设两段定值各带两段时限，第一段时限跳母联或分段开关，第二段时限动作于跳闸出口Ⅰ。

（4）启动/备用变压器低压备用分支过电流保护（套数与分支数相同，每台启动/备用变压器四个分支）（两套）（51-ST）。每个分支应装设两套保护，动作于本分支断路器。

（5）启动/备用变压器低压侧零序电流保护（套数与分支数相同）（两套）（50/51N-ST）。每个分支应各设两套保护，分别接入分裂绕组的中性点TA。保护有足够的灵敏度系数并与10kV馈线回路的接地保护相配合。保护带两段时限，第一段动作于本分支断路器跳闸。第二段时限动作于跳闸出口Ⅰ。

(6) 启动/备用压器变冷却系统故障及保护（一套）。t_1 动作于发信号，t_2 动作于程序跳闸或厂用切换。

(7) 启动/备用压器变本体瓦斯保护（非电量保护不启动失灵）（一套）（63-ST）。作为启动/备用压器变内部故障的主要保护。轻瓦斯动作于报警，重瓦斯瞬时动作于跳闸出口Ⅱ。

(8) 启动/备用变压器压力释放保护（非电量保护不启动失灵）（一套）（63-ST）。当变压器内部故障引起的内部压力异常升高时，动作于信号或跳闸出口Ⅱ。

(9) 启动/备用压器变有载调压瓦斯保护（非电量保护不启动失灵）（一套）（63-ST）。作为启动/备用压器变有载调压内部故障的主要保护。轻瓦斯动作于信号，重瓦斯瞬时动作于跳闸出口Ⅱ。

(10) 启动/备用压器变有载调压压力释放保护（非电量保护不启动失灵）（一套）（63-ST）。动作于信号或跳闸出口Ⅱ。

(11) 启动/备用压器变过负荷（一套）（49）。保护动作于信号。第一时限启动通风。第二时限闭锁有载调压装置。

(12) 启动/备用压器变油面温度（一套）。温度高动作于信号；温度高高动作于跳闸。

(13) 启动/备用压器变油位（一套）。动作于信号。

(14) 启动/备用压器变绕组温度（一套）。温度高动作于信号；温度高高动作于跳闸。

(15) 启动/备用压器变有载调压油室油位（一套）。动作于信号。

10-87 高压备用变压器电缆保护配置哪些保护？如何动作？

(1) 速断保护（两套）（50CL）。保护瞬时动作于高压备用变压器全停出口Ⅰ，跳高压备用变压器高低压侧断路器，并启动220kV断路器失灵。

(2) 过电流保护（两套）（51CL）。保护延时动作于高压备用变压器全停出口Ⅰ，跳高压备用变压器高低压侧断路器，并启动220kV断路器失灵。

（3）接地保护（两套）（50GCL）。保护采用高压侧出线电流互感器，动作于高压备用变压器全停出口Ⅰ，跳高压备用变压器高低压侧断路器，并启动220kV断路器失灵。

（4）启动/备用变220kV断路器启动失灵保护（两套）（50BF）。当保护已发出跳闸命令且断路器拒跳和有电流时启动失灵。

10-88　可能造成变压器差动保护误动作的因素有哪些？

（1）变压器差动保护两侧电流互感器的电压等级、变比、容量以及铁芯和特性不一致，使差动回路的稳态和暂态不平衡电流都可能比较大。

（2）正常运行时的励磁电流将作为变压器差动保护不平衡电流的一种来源，特别是当变压器过励磁运行时，励磁电流可达变压器额定电流的水平。

（3）空载变压器突然合闸时，或者变压器外部短路切除而变压器端电压突然恢复时，暂态励磁电流的大小可达额定电流的6～8倍，可与短路电流相比拟。

在中性点直接接地系统中，其中一台中性点接地变压器空载合闸时出现励磁涌流，与此同时，并联运行的其他中性点接地变压器中也将出现浪涌电流，这个电流被称之为“和应涌流”，和应涌流通过变压器的接地中性点构成回路，这个电流只在变压器的一侧流通。大容量变压器空载合闸的暂态过程持续期长，和应涌流缓慢增长，其他运行变压器的差动保护有可能在其合闸较长时间之后，由于和应涌流造成误动作。

（4）正常运行中的变压器，根据运行要求，需要调节分接头，这又将增大变压器差动保护的不平衡电流。

10-89　可能造成变压器差动保护拒动作的因素有哪些？

（1）变压器差动保护应能反应高、低压绕组的匝间短路，而匝间短路时虽然短路环中电流很大，但流入差动保护的电流可能不大。

（2）变压器差动保护还应能反应高压侧（中性点直接接地系

统）经高阻接地的单相短路，此时故障电流也较小。

10-90 变压器差动保护不平衡电流产生的原因及消除措施有哪些？

1. 励磁涌流的影响

当变压器空载投入和外部故障切除后电压恢复时，则可能出现数值很大的暂态涌流，这就是励磁涌流。对变压器差动保护来讲，励磁涌流可视为一差动电流。暂态涌流并非故障状况，在暂态涌流期间，保护仍需保持不动作，这是变压器差动保护设计时需考虑的主要因素。随着电力变压器制造中新型矽钢片性能的改进以及速度很快差动保护的采用，励磁涌流现象变得更为突出。

当电压在接近零的时点合闸断路器，若由涌流引起的新磁通与剩磁磁通方向相同，此时出现的涌流最大。两磁通之和可能超过饱和磁通。当涌流引起的新磁通与剩磁磁通方向相反时，涌流就小。因此，涌流的大小取决于断路器合闸时在波形上的时点。

电力系统的电源阻抗以及线路电抗器的电抗决定铁芯饱和时涌流的大小。出现最大涌流的概率并不大。每5～6次断路器操作中有一次引起的涌流接近最大涌流。

变压器之外的短路故障被切除后，系统电压重新恢复过程中，流过保护的恢复涌流要比最初的合闸涌流小。但对于在严重外部故障下不动作的差动保护仍会在切除故障时的涌流下误动作。为避免此情况，恢复涌流同样也需要被识别。

当第二台电力变压器合闸于电源并与另一台原先已在运行的变压器并联时，在后者中将流过感应（sympathetic）涌流，此涌流比初始涌流小。和应涌流现象相当复杂。虽然单台电力变压器合闸电源时的涌流现象很好理解，但当一台变压器突然合闸于电源并与另一台已在运行的变压器并联时，会碰到一些独特的因素影响。

励磁涌流的特点及消除励磁涌流影响的方法：

（1）励磁涌流的特点。

励滋涌流具有以下特点：

1）包含有很大成分的非周期分量，往往使涌流偏于时间轴的一侧；

2）包含大量的高次谐波，而以二次谐波为主；

3）波形之间出现间断，如图 10-19 所示，在一个周期中间断角为α。

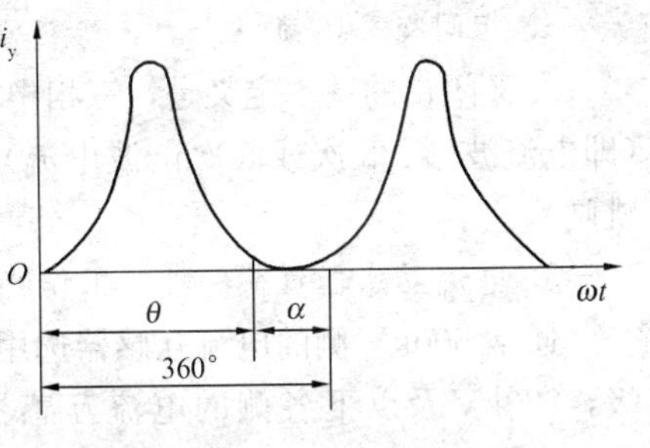

图 10-19 励磁涌流波形

（2）根据以上特点，在变压器纵联差动保护中防止励滋涌流影响的办法有：

1）鉴别短路电流和励磁涌流波形的差别；

2）利用二次谐波制动等。

组合二次谐波制动法和波形制动法，就可能取得躲过涌流的高安全性和稳定性的保护，同时，在严重内部故障甚至在电流互感器饱和时保持此性能。

2. 过励磁电流

过励磁是由于电压过高所引起，可能就像发电机—变压器组那样，同时伴随频率过低。虽然大家知道其他变压器也会出现过励磁，但它对发电机—变压器组的危害是最大的。

过励磁状态通常并不要求电力变压器快速跳闸，但相对较大的励磁电流可能引起差动保护误跳闸。

过电压和频率过低都会增大磁通密度。变压器的过励磁并非是变压器故障，这是电网正常的状况，在此状况下差动保护不应动作。在过励磁状况下，差动保护须被闭锁或制动。

3. 过励磁制动方法

由于波形以时间轴为对称，所以过励磁电流含有奇次谐波。由于三次谐波电流不可能流入△绕组，因此五次谐波是可以作为过励磁判据的最低次谐波。过励磁在△绕组侧产生的励磁电流包含有大的基频分量和小的奇次谐波。在此情况下，五次谐波限定值须整定到一相对低的值。

对很可能处于过电压或频率过低条件下的变压器，应提供基于V/Hz（电压/频率）的过励磁保护。

4. 相间交叉闭锁

交叉闭锁的基本定义是，三相中的一相由于其差动电流的特性（即电流波形、2次或5次谐波电流）可闭锁其他二相的动作（即跳闸）。

5. 电流互感器负荷特性、工作特性与型号不同

通常500kV侧的电流互感器选用考虑暂态特性的保护级即TP级，220kV及以下各侧的电流互感器一般只选用保护级即P级（5P或10P，分别表示复合误差为5%或10%）。TPY型和TPz型互感器的铁芯均有气隙，它们便铁芯剩磁减少到饱和磁密的10%以下，大大改善了互感器的暂态传变性能。而P级互感器的铁芯没有气隙，剩磁大，易饱和。由不同电压等级的TP级和P级互感器共同组成变压器纵差保护行吗？

如果能各侧均用TP级互感器，在技术上是最好的，但是低压侧额定电流大，TP级互感器价格昂贵，所以在经济上不可取，而且低压侧TP级互感器体积大，在封闭母线结构中很难安装。如果各侧均用P级互感器，当高压侧母线为3/2断路器或多角形接线时，高压侧区外短路电流非常大（因不受变压器电抗限制），P级互感器传变特性较差，而中、低压侧短路电流较小，P级互感器传变特性较好，这样在高压侧区外短路时，不平衡电流相当大，会不会引起误动作？为了校验互感器选型的正确性，应按下式计算各侧电流互感器的暂态二次电流 i'_2 为

$$i'_2=\left(\frac{T_s}{T_s-T_p}e^{-t/T_p}-\frac{T_p}{T_s-T_p}e^{-t/T_s}-\cos\omega t\right)I_m$$

式中 T_s——电流互感器二次时间常数，TPY型约为0.5s，TPz型约为0.1s，P级约为4～5s；

T_p——次系统时间常数，可取为0.1s；

I_m——短路电流周期分量幅值（p.u.）。

当发生某一区外短路时，各侧有各自的 T_s 和 I_m 值，代入式（10-1），即可得各侧互感器二次电流，据此可算出该外部短路时的暂态不平衡电流，同时该情况下的制动电流也可完全确定。

6. 调压分接头改变位置与变比不匹配

正常工作时，差动保护流过一小的差动电流。此电流是由于电力变压器的励磁电流、电流互感器变比误差以及分接开关位置改变（若有分接开关时）所引起的。

正常励磁电流与差动保护的动作电流值相比，此电流是很小的，数量级为1%或更小，可被忽略。

改变有载分接开关的分接位置就改变了变压器的变比，差动保护应能自动改变变压器的变比，否则将引起差动保护的不平衡电流。为了防止差动保护的误动作，其定值将被增大10%～20%，降低了差动保护的灵敏度。

7. 分接开关分接位置的适配

若分接位置可知道以及差动功能提供有定期更新的分接开关分接位置的有关信息，那么就可做到与实际变比相适配。在此情况下，可整定差动保护灵敏度更高些。

8. 外部故障

对于保护区外的故障，由于分接开关的分接位置以及各电流互感器的差异，可能出现相对较大的差动电流。最大穿越性故障电流时，由很小百分数不平衡所产生的差动电流可能相当显著。对于刚好在保护区外的严重故障，电流互感器有饱和的危险。对这些情况下的差动电流，差动保护不应动作。

变压器可以以这样的方式与母线连接，即要么用于差动保护的电流互感器与电力变压器绕组串联，要么电流互感器在断路器接线中作为母线的一部分，如一只半断路器接线或环形母线那样。对于一次侧与电力变压器绕组串联的电流互感器，外部故障时其一次电流受到变压器阻抗的限制。

当电流互感器作为母线接线中的一部分，就像在一只半断路器接线和环形母线中那样时，电流互感器的一次电流并不受到变压器阻抗的限制，出现大的一次电流是可预期的。无论上述哪种情况，一电流互感器由于饱和引起输出电流的不足与另一电流互感器输出电流的不足不匹配时，就会出现不平衡电流。

9. 制动式差动保护

为了使差动继电保护装置尽可能灵敏和稳定，就发展了制动式差动保护，现已在电力变压器保护中被普遍采用。保护应提供有某比率的偏置，使差动电流相对于通过变压器的电流达到一定百分数时，保护才动作。这使保护躲过穿越性故障状态，同时仍使保护系统有良好的基本灵敏度。

偏置电流可以以多种不同方法来确定。确定偏置电流 I_{bias} 的一种经典方法是

$$I_{bias}=(I_1+I_2)/2$$

式中 I_1——电力变压器一次侧电流；

I_2——电力变压器二次侧电流。

然而发现，若偏置电流定义为电力变压器的最大电流，这将使电流互感器所碰到的困难能更好地反映出来。

10. 零序电流的消除

在零序电流仅能流过电力变压器一侧而不能流过另一侧时，差动保护可能在外部接地故障时出现误动作。这种情况是，零序电流不能恰当地变换到电力变压器的另一侧。Yd 或 Dy 联结组变压器就不能变换零序电流。电力变压器△绕组由差动保护区内一接地变压器接地时，则在外部接地故障情况下，会出现不希望有的差动电流。因此必须要消除来自△绕组侧的零序电流。

为使整个差动保护对这些情况下的外部接地故障不灵敏，须从电力变压器端电流中消除零序电流，这样它们也就不作为差动电流出现了。

11. 内部故障

对于保护区内的故障，差动回路中出现一与故障电流成比例的电流，变压器的差动保护将动作。

变压器的差动保护常提供非制动式差动保护功能。非制动式差动保护对严重的内部故障提供了更快的故障清除，对于励磁涌流或过励磁电流，保护也不会被闭锁。非制动式差动保护的目的是为了排除在严重内部故障时电流互感器二次电流谐波畸变引起制动过分的危险。

对于非制动式保护功能，电流须整定为高于变压器合闸电源时

的最大涌流。由于涌流的大小取决于若干因素，因此很难精确预测涌流的最大预期值。涌流的大小一般在5～20倍电力变压器额定电流（I_r）的范围内。

10-91 发电机—变压器组保护运行有哪些规定？

（1）发电机—变压器组正常运行中应将发电机—变压器组全部保护投入运行。

（2）停机后合环前应解除发电机—变压器组保护跳发电机主断路器压板。

（3）机组停运后解除启动快切装置压板，解除启动发电机主断路器失灵保护压板。

（4）误上电保护压板，在机组解列后投入，机组并网前解除。

（5）机组停运后，没有特别需要的情况，发电机—变压器组保护装置不需停电。

（6）一般情况下，做发电机—变压器组保护传动时，不得投入启动断路器失灵保护压板。

（7）机组停运后，将发电机断水保护压板解除，并网前投入。

（8）发电机停机检修时，应将发电机定、转子接地保护注入单元退出运行（将REX010注入单元面板开关切至“DISABLE”位置，检查其指示灯亮）。开机前发电机变压器组拆除安全措施后投入运行。

（9）主变压器、高压厂用变压器油温高、绕组温度高、油位异常、压力突变和压力释放保护暂不投入。励磁变压器温度高保护暂不投入。

10-92 发电机—变压器组保护检查项目有哪些？

（1）检查保护面板，各指示应正常。保护面板指示应包括以下几种情况：

1）装置故障灯应不亮。

2）自检闪光灯应正常，闪动频率为10Hz。

3）投运灯指示应正确，确认有关保护已经投入。

4）电源各指示灯应正常。

5）正常时全柜应无红色指示出现。

（2）打印机有无输出，若有输出应及时通知继电保护人员取报告。

（3）保护投停是否正确，压板接触良好。

（4）保护装置无过热、变色、异味、异声和冒烟现象。

10-93 保护装置动作或异常如何处理？

（1）电气设备在运行中发生故障时，值班人员应及时检查保护动作情况，并汇报值长，做好记录，并经第二人复核无误后方可复归信号牌及保护出口。

（2）保护动作后应进行分析动作是否正确，如发现保护误动或信号不正常，应及时通知保护班进行检查，待查出原因处理后方可投入运行。

（3）保护动作开关跳闸，试送时值班人员应首先检查一次设备和保护装置无异常后，方可进行送电操作。

（4）运行中的保护装置，当出现异常信号或有严重缺陷时应立即汇报值长，决定是否停用该保护。如有误动可能，或威胁设备及人身安全时，可先停用，然后汇报值长，并通知保护人员处理。

10-94 微机保护的校验项目有哪些？

（1）测量绝缘。

（2）检验逆变电源（拉合直流电流、直流电压，缓慢上升、缓慢下降时逆变电源和微机继电保护装置应能正常工作）。

（3）检验固化的程序是否正确。

（4）检验数据采集系统的精度和平衡度。

（5）检验开关量输入和输出回路。

（6）检验定值单。

（7）整组试验。

10-95 继电保护及自动装置的运行有哪些一般要求？

（1）控制室内应具备一套完整、正确的二次原理图、展开图，并具有一些应设的技术台账。

（2）继电保护屏前后必须有正确的设备名称，屏上各保护继电器、压板、试验开关、熔断器等均应有正确的标志，投入运行前应检查正确无误。

（3）运行和备用中的设备，其保护及自动装置应投入，禁止无保护的设备投入运行。紧急情况下可停用部分保护，但两种主保护不得同时停用。

（4）继电保护、自动装置及其二次回路的检验应配合主设备停电进行，下列情况经调度员或值长（按管辖范围）同意后，可对不停电设备的继电保护及自动装置进行检查和调试。

1）有两种以上的保护；

2）以临时保护代替原保护；

3）调度员或值长同意退出运行的继电保护及自动装置；

4）事故情况下的检查和调试。

（5）正常情况下，继电保护及自动装置的投入、退出及保护方式的切换，应用专用压板和开关进行，不得随意采用拆接二次线头加临时线的方法进行。

（6）保护跳闸压板投入前，必须先检查保护无动作出口信号等异常情况，再用高内阻电压表测量该跳闸压板两端无异极性电压，然后投入保护跳闸压板。

1）使用万用表测量电压前，必须确认选择开关在“电压”挡，不得在“电阻”挡或“电流”挡，以免因内阻小造成保护误动出口。

2）测量跳闸压板两端无异极性电压时，可以直接在跳闸压板两端测量，但应注意测量表针不得接触金属外壳，以免可能造成直流系统接地，使保护误动出口。

（7）继电保护及自动装置检修后，必须有明确的书面交待和结论。定值若有变更，变更人应做好明文交待，以保证记录与实际设备整定值相符。无结论者不得投入运行。

（8）在运行中二次电流回路上的测量与试验工作应在其专用电流端子上进行，并做好防止CT二次开路的措施，工作结束后恢复原状。

(9) 设备停电检修时，对运行设备有影响的保护应事先停运，设备投入运行及备用前应将保护投入运行。

(10) 继电保护及自动装置正常运行的投入和停用由运行人员操作。当保护的投停需动二次线或微机保护中的设置时则由保护人员进行。

(11) 禁止在运行中的保护盘及自动装置上做任何振动性质的工作。特殊情况下，必须做好安全措施或停用有关保护。电子设备间严禁使用任何无线电通信设备。

(12) 每班应按下列项目对继电保护及自动装置进行一次检查：

1) 每班接班后，应检查继电保护和自动装置无异味、无过热、无异声、无振动和无异常信号。

2) 检查继电器罩壳及微机保护柜门等完整，无裂纹。

3) 检查所有户外端子箱密封良好，PT 二次开关在投入位置，CT 无开路现象。

4) 装置所属断路器、隔离开关、熔断器、试验部件插头、压板等位置应正确。

5) 继电器接点无抖动、发热和发响现象。

6) 装置所属各指示灯的燃亮情况及保护的投、停均和当时的实际运行方式相符。

7) 继电器无动作信号、掉牌及其他异常现象。

8) 装置内部表计指示应正确。

(13) 继电保护及自动装置的异常处理：

1) 当系统或设备发生故障时，值班人员应立即查明动作的保护、开关、信号和光字牌，汇报值长，做记录后复归信号，并将动作情况填入“继电保护动作记录簿”。

2) 电气设备在运行中发生故障时，值班人员应及时检查保护及自动装置的动作情况，及时汇报值长及中调值班员。同时做好记录，并经第二人复核无误后方可复归信号。

3) 发生保护动作、断路器掉闸时，应嘱令持有工作票的工作班组停止工作，查明原因，以便及时处理。如发现保护误动或信号不正常，应及时通知保护班进行检查，待查出原因处理后，方可投入运行。

4）发现装置有起火、冒烟和巨大声响等紧急情况，值班人员先做应急处理，并同时向值长及中调值班人员汇报。

10-96　继电保护及自动装置的投、切应遵守哪些规定？

（1）继电保护及自动装置的投切应与运行方式相适应。继电保护在电气设备投运前投入，自动装置在电气设备投运正常后投入，退出顺序相反。

（2）电气设备加压前，必须按规定投入继电保护装置，禁止无保护或保护装置不完善的电气设备投运。特殊情况下，需得到厂级领导批准后，方可退出保护投运。

（3）继电保护投入应先投交流回路后投直流回路，并检查继电器接点开闭正常，用高内阻电压表测量保护出口压板两端无电压后方可投入保护压板。退出顺序与此相反。

（4）继电保护及自动装置的投切必须经有关领导（部门）批准，自动装置的投切还需根据系统值班调度员的命令执行。

（5）接到投入和解除某种继电保护及自动装置的命令时，必须重复清楚无疑问后方可执行，并及时将执行情况汇报命令发布人。

（6）继电保护及自动装置的投切及方式切换，都应由专用的压板和开关进行，严禁采用拆除二次线和短接线等方法。

（7）继电保护及自动装置的工作状态变更，必须根据有关领导（部门）的通知书和电话命令，采取完备的安全措施后由继电保护人员执行。

（8）运行人员严禁任意将自动装置，运行设备的保护更改或退出运行，各项更改和退出必须经值长同意。

（9）对于带有交流电压回路的保护，如距离保护、低电压保护、低电压闭锁过电流、复合电压过电流、功率保护、定子接地和匝压间保护，当电压互感器故障停用或在其回路上工作（处理熔断器）时，须退出该保护装置。

（10）在运行中仅需投切某一保护时，由继电保护人员在装置中通过软压板投切，不允许用投切总出口压板的方法投切。

（11）新安装的继电保护及自动装置投运前，其规程、图纸应齐备，并使有关运行人员掌握后方可投入运行。

10-97 厂用电微机监测管理系统（ECS）的原理、结构是怎样的？

某发电厂四期 2×1000MW 发电机组厂用电系统配置了 RCS—9700 系列厂用微机监测管理系统。厂用微机监测管理系统实现对主厂房及辅助厂房 10kV 开关柜、400/230V PC 各段中各个回路的有关参数的实时收集、传送、计算、分析、打印以及历史数据的储存，并与电厂 DCS、SIS 以及 10kV、400/230V 动力中心（PC）开关柜各个回路即时通信，实现对厂用微机监测管理系统的管理、监测以及数据存储等功能。系统采用分层分布、开放式网络结构，系统分现场保护测控单元层、通信管理层和上位机系统层三层。

（1）现场保护测控单元层。RCS-9600C 系列 10kV 综合保护测控装置，包括电动机微机综合保护测控装置，电动机微机差动保护测控装置，变压器综合保护测控装置，变压器差动保护测控装置，线路综合保护测控装置和 PT 综合保护测控装置等。每台保护测控装置具有快速 100M 双以太网接口，采用双网通信方式经通信管理单元与系统层的 100M 以太网相连。

ST400/ST500 系列 380V 综合保护测控装置，包括 PC 进线、联络和 TV 回路等配有 ST400Ⅲ型智能配电监控仪，完成对以上回路的开关量及模拟量的监测及与上层的通信。容量小于 90kW 的电动机，配有 ST503 型数字式电动机综合保护装置，完成对电动机回路的开关量及模拟量的监测及与上层的通信。ST400Ⅲ ST503 型数字式电动机综合保护装置与通讯管理单元采用双 RS-485 现场总线方式进行连接。

现场保护测控单元层完成对厂用电系统各个回路的数字量、模拟量的采集、汇总，并将通信管理层需要的有关信号送往通信管理层。同时可接受通信管理层对各个回路设备的参数的整定。

（2）通信管理层。通信管理单元采用双机双网冗余方式配置。

通信管理层连接上位机系统层和现场保护测控单元层，通信管理层主设备——通信管理单元将现场保护测控层10kV、380V系统设备数据、信息收集、分析和处理后向上位机系统层主站传送和交换数据、信息。另一方面接收DCS或后台机下达的命令并转发现场保护测控单元层系列单元，完成对厂用电系统各开关设备的参数整定，实现遥调功能。通信管理层与上位机系统层主站采用100M以太网连接。

（3）上位机系统层。上位机系统层设备系统由工程师维护后台机、打印机及网络设备组成，完成对厂用电系统的模拟量、交流量、开关量、脉冲量、数码量、温度量和保护信息等的数据采集、计算、判别、报警和保护，事件顺序记录（SOE），报表统计，曲线分析，并根据需要向现场保护测控单元层发布命令实现对电气设备的控制和调节。通信主控单元RCS-9698D实现公用DCS以及厂级SIS系统的通信链接和数据交换，整个厂用电微机综合保护及监测管理系统设2套RCS-9698D及2套网络交换机RCS-9882，实现与7号机组DCS、8号机组DCS、公用DCS和SIS系统的双网冗余通信，GPS对时装置RCS-9785及光纤对时扩展装置RCS-9884为整个管理系统提供卫星对时信号，确保全站系统始终保持统一的时间。RCS9881光纤以太网交换机实现整个系统的以太网光纤介质互联，确保通信长距离传输的可靠性、安全性和稳定性。

10-98 厂用微机监测管理工作范围及系统功能有哪些？

厂用微机监测管理系统完成对厂用电系统主要参数的采集、分析、数据存储以及厂用电系统的管理、监测、报表打印等功能。同时通过厂用电通信管理系统可以以通信方式与DCS、SIS实现数据交换。

厂用通信管理单元主要工作范围如下：

（1）主厂房10kV Ⅰ、Ⅱ、Ⅲ、Ⅳ段。包括各个段10kV进线、电动机、变压器馈线以及PT回路的数据采集及分析；

（2）主厂房400V PC汽机、锅炉、保安、公用、照明和检修段。包括各个段进线、母联、电动机、馈线以及PT回路的数据采集及分析。主厂房设备主要与DCS实现数据通信。

（3）输煤10kV以及辅助厂房400VPC各段。包括各个段进线、母联、重要电动机、馈线以及PT回路的数据采集及分析。辅助厂房设备主要SIS实现数据通信。

厂用微机监测管理系统有以下主要功能：①实时数据采集与处理；②数据库的建立与维护；③控制操作；④报警处理；⑤事件顺序记录和事故追忆功能；⑥画面生成、显示和打印；⑦在线计算及制表；⑧时钟同步；⑨系统的自诊断和自恢复；⑩与其他智能设备的接口；⑪运行管理功能；⑫控制功能；⑬管理功能；⑭防误闭锁功能；⑮事故信号的远程复归功能；⑯维护功能；⑰在失去工作电源时信息不丢失；⑱保护定值远方查看及整定功能。

10-99　厂用电微机监测管理系统有何运行规定？

（1）正常运行中厂用电微机监测管理系统应投入运行。

（2）操作员站主机和从机互为备用，在确有需要时，联系检修人员可短暂退出一台。

（3）厂用电微机监测管理系统的主要功能为监视和测量，本身还具有控制功能。在正常运行中，厂用电系统的控制应通过DCS进行，在DCS系统故障时，厂用电微机监测管理系统可作为DCS系统的紧急后备操作手段。

10-100　厂用电动机一般应装设哪些保护？

发电厂厂用电动机一般应装设下列保护：①电流速断保护；②正序过电流保护；③负序过电流保护；④过热保护；⑤过负荷保护；⑥断相保护；⑦低电压保护；⑧接地保护；⑨长启动保护；⑩堵转保护；⑪特大型电动机（2000kW及以上）需装设差动保护。

10-101　厂用电系统的继电保护是如何配置的？

（1）低压厂用变压器装有下列保护。

1）容量大于2000kVA的变压器配置RCS-9622C型综合保护和测控装置，配有以下保护：①差动速断保护；②比率差动保护；③高压侧过电流保护；④高压侧负序过电流保护；⑤高压侧接地保护；⑥低压侧接地保护；⑦线圈温度高保护。

2）容量小于2000kVA的变压器配置RCS-9624C型综合保护和测控装置，配有以下保护：①高压侧过电流保护；②高压侧负序过电流保护；③高压侧接地保护；④低压侧接地保护；⑤线圈温度高保护。

以上保护动作跳开高压侧开关，高压侧开关跳闸联跳低压侧开关。

厂用干式变压器冷却风机、测温装置检修或停送干式变压器温控箱电源前，应短时停用其线温高掉闸保护，以免线温高掉闸保护误动出口。

（2）10kV电动机设有下列保护，保护动作跳开本电动机断路器。

1）功率小于2000kW的电动机装设RCS-9626C型电动机保护测控装置，配置的保护主要有：①定时限过电流保护；②两段负序过电流保护；③过负荷保护；④零序过电流保护；⑤低电压保护。

2）吸风机、送风机、一次风机、循环水泵、电动给水泵等大功率电动机装设RCS-9627C型保护测控装置，配置的保护主要有：①差动速断保护；②比率差动保护；③过电流保护；④负序过电流保护；⑤过负荷保护；⑥零序过电流保护；⑦低电压保护。其中电动给水泵配置RCS-9627C、RCS-9626C型保护测控装置，并配置过热保护，RCS-9627C仅用差动保护。

（3）厂用400V系统保护。

1）400V PC各段工作、备用、联络开关、MCC馈线开关等配有MIC 5.0控制单元。主要有过流、速断保护。保护动作跳开本开关。

2）400V PC各段的框架断路器用于电动机时配有MIC 6.0控制单元，主要有过电流、速断、接地保护。保护动作跳开本开关。

3）400V PC、MCC各段的塑壳断路器的静止负荷配有电子脱扣器STR22SE、STR23SE，主要有过电流、速断保护。保护动作跳开本开关。

4）400V PC、MCC各段的塑壳断路器的电动机配有STR22ME、STR43ME电子脱扣器或MA型热磁脱扣器，主要有短路保护、过负荷保护和缺相故障保护。保护动作跳开本开关。

10-102 RCS-9000系列C型厂用电保护测控装置有何技术优点？

发电厂10kV系统的电动机、变压器及进线保护均采用RCS-9000系列C型保护测控装置。10kV母线电压互感器由电压互感器综合测控装置实现母线电压的测量以及保护、报警等功能。有关信号通过硬接线与DCS进行数据交换，电压信号通过微机测控装置以4～20mA模拟量送往DCS，同时通过通信接口发往厂用监测管理系统。

RCS-9000系列厂用电保护测控装置采用先进的技术，精心的设计，使厂用电保护和测控既相对独立又相互融合，保护装置工作不受测控和外部通信的影响，确保保护的安全性和可靠性。测控装置不仅支持保护、测量、监视和控制功能，还支持电气监控所需的故障信息和录波信息功能。

RCS-9000系列厂用电保护测控装置所有模件包括电源模块、CPU模块和开入开出模块，均采用标准化模块设计思想，可靠性高，通用性强，满足继电保护的高标准严要求。装置采用了新型的32位ARM+DSP硬件平台结构，100M以太网双网，工业用实时多任务操作系统，实现了大容量、高精度的快速、实时信息处理；同时装置具有良好的电磁兼容性能，抗电磁干扰能力强，功耗低，工作温度范围宽。装置的主要技术特点如下：

（1）功能齐全。RCS-9000系列厂用电保护测控装置集合保护、测控功能于一个装置之中，功能齐全，满足厂用电所需的保护、测量（包括电度计量）、监视和控制功能，还提供故障信息和录波信息功能。

（2）保护功能独立。保护测控装置中的保护功能独立。保护模块与其他模块完全分开，保护模块在硬件、软件上均具有独立性。保护功能完全不依赖通信网，网络瘫痪与否不影响保护正常运行。

（3）精度高。装置采用了高分辨率的14位并行A/D转换器，每周波24点采样，结合专用的测量TA，保证了遥测量的高精度。

同时能在当地实时完成有功功率、无功功率、功率因素等的计算并能在当地完成有功电度、无功电度的实时累加。

（4）可靠性和抗干扰性能。由 RCS-9000 系列厂用电保护测控装置构成的综合自动化系统是一个分层分布式系统，各间隔功能独立，各装置之间仅通过网络连接，这样整个系统不仅灵活性很强，而且其可靠性也得到了很大提高，任一装置故障仅影响一个局部元件。同时，装置采用全密封设计及设计的抗干扰组件，使抗振能力、抗电磁干扰能力有很大提高。

（5）强大的故障录波。每个保护装置具有故障录波功能，最长录波时间达 20s，完全满足电动机启动时录波跟踪的要求，并能实现故障波形的远传。

（6）通信接口。双以太网，100Mbps，超五类线或光纤通信接口。1 个 RS-485 串口，1 个 RS-232 串口，其中 RS-232 串口可以用于打印、调试。

（7）汉化显示。装置采用全汉化大屏幕液晶显示，其树形菜单，跳闸报告，告警报告，遥信，遥测，定值整定，控制字整定等都在液晶上有明确的汉字标识，不需对照任何技术资料，现场运行调试人员操作方便。

（8）时钟同步。装置采用软件报文对时和硬件脉冲对时（GPS 差分电平对时或 IRIG-B 码对时）相结合的方式，以保证全厂所有综合保护测控装置的时钟相对误差在 1ms 以内，为事故分析带来极大方便。所有装置公用一个对时总线，以差分信号输入。

10-103 RCS-9626C 电动机（带差动）保护测控装置有哪些技术功能？

RCS-9626C 适用于 3～10kV 电压等级中高压大型电动机保护测控装置，可在开关柜就地安装。

装置具有下列技术功能：

（1）保护功能。

1）短路保护、启动时间过长及堵转保护。三段定时限过流保护。

2）不平衡保护（包括断相和反相）。两段负序过电流保护（其中负序二段可选择整定为反时限）。

3）过负荷保护。

4）过热保护。分为过热报警与过热跳闸，具有热记忆及禁止再启动，实时显示电动机的热积累情况。

5）接地保护。零序过电流保护。

6）低电压保护。

7）FC 回路配合的电流闭锁功能。

8）三路非电气量保护。

9）独立的操作回路及故障录波。

（2）测控功能。

1）10 路遥信开入采集、装置遥信变位；

2）正常断路器遥控分、合；

3）P、Q、I_A、I_C、功率因数等模拟量的遥测；

4）开关事故分合次数统计及事件 SOE 等；

5）可选配 2 路 4～20mA 模拟量输出，替代变送器作为 DCS 电流、有功功率测量接口；

6）可选配 2 路脉冲量输入实现外部电能表自动抄表。

（3）通信功能。

1）2 个 100Mbps 以太网口，屏蔽超五类双绞线或光纤连接；

2）1 个 RS-485 串口，1 个 RS-232 串口，其中 RS-232 串口可以用作打印；

3）电力行业标准 DL/T 667—1999（IEC 60870-5-103 标准）的通信规约；

4）Modbus 通信规约。

（4）对时功能。

1）软件报文对时；

2）硬件脉冲对时功能（GPS 差分电平对时或 IRIG-B 码对时）。

（5）保护信息方面的功能。

1）装置描述的远方查看；

2）装置参数的远方查看；

3）保护定值、区号的远方查看和修改功能；

4）保护功能软压板状态的远方查看和投退；

5）装置保护开入状态的远方查看；

6）装置运行状态（包括保护动作元件的状态和装置的自检信息）的远方查看；

7）远方对装置实现信号复归；

8）故障录波（包括波形数据上送）功能。

10-104　ST500 系列智能型（电动机）控制器有何用途？

ST500 系列智能型电动机控制器用于操作交流 50Hz，额定工作电压至 660V，额定电流至 250A 交流电动机控制回路中的接触器，对电动机的过载、过热、外部故障、堵转、相序、缺相不平衡、欠压、过压、欠功率、接地或漏电等故障引起的危害予以保护，并有测量、操作控制、自我诊断、维护管理和总线通信（“四遥”）等功能。控制器基于微处理器技术，采用模块化设计结构，产品体积小，结构紧凑安装方便，在低压控制终端 MCC 柜中，在 1/4 模数及以上各种抽屉柜中可直接安装使用。

10-105　ST500 系列智能型（电动机）控制器除保护功能外，还具有哪些测量和控制功能？

（1）测量功能。ST500 系列智能型电动机控制器可提供详尽的测量功能，能实现检测电动机回路中的各种参数，同时可提供配套、友好的人机界面查询电动机回路中的各种参数。测量参数有：三相电流测量、三相电压测量、接地（漏电）电流测量、功率测量、功率因数测量、频率测量、电能累计和温度测量。

（2）控制功能。

1）启动方式。控制器可以通过内部整定实现电动机的直接启动、正反启动、双速启动 、电阻压降启动、Y/△启动、自耦变压器降压启动和软启动配合启动等，另外还增加了测控方式和保护方式。

2）状态监视。①电动机在停运状态下，接触器状态监视将检测相关的接触器状态，若检测的状态与原始状态不符合，那么系统将提示用户接线错误。②电动机在启动过程中，接触器状态监视将监视接触器的整个状态转换过程，若转换过程某个接触器转换不正常，那么系统将根据不同转换报告不同的信息。③电动机在运行状态下，接触器状态监视将检测相关的接触器是否符合运行状态下的接触器状态，系统将根据不同的条件报告接触器故障、失压停车、外部停车。④电动机在停运过程中，接触器状态监视将检测相关的接触器是否释放，若没有释放，系统将报告停车失败故障。

（3）特殊控制功能。外部停车、上电自启动以及欠压或失压重启动功能（增选功能）等。

10-106　电弧光母线保护装置有什么功能？

每台机组及输煤段 10kV 开关柜装设一套 VAMP221 型快速动作电弧光母线保护装置，每段 10kV 开关柜的电弧光母线保护装置独立成系统，以避免母线故障时产生的电弧光对设备及人员造成的严重伤害。VAMP221 电弧光保护系统有多个特性，如四个独立的保护区主单元上的电流测量指示，通用的、单独的可编程的输出继电器，全面的功能自检 VAMP 保护继电器和电弧光保护通过 BI/O 总线互连的能力。VAMP221 电弧光保护系统能容易地安装在新的和现有的中、低压开关柜中。

VAMP221 是一个模块化系统，包括主单元、I/O 单元、弧光传感器和可能的中间继电器。

（1）主单元 VAMP221 安装在 10kV 进线及备用进线柜内，包括所有电弧光保护功能，例如过电流和弧光监视。另外还有不平衡负荷报警、断路器失灵保护和系统自检功能等。

（2）辅助单元根据每段开关柜数量及与主单元距离确定辅助单元安装在该段某些开关柜内。

（3）I/O 单元 VAM 10L 作为系统中点传感器和主单元间的连接。每一个 I/O 单元可连接 10 个弧光传感器、一个便携式传感器和一个跳闸输出。

I/O单元VAM 3L作为系统中光纤传感器和主单元间的连接。每一个I/O单元可连接三个光纤传感器、一个便携式传感器和一个跳闸输出。

I/O单元VAM 4C作为系统中电流输入和主单元间的连接。每一个I/O单元可连接三相电流互感器和一作为传感器和主单元的联系。

（4）弧光传感器，在每个开关柜母线室（或断路器室）安装弧光传感器。弧光传感器VAlDA当强光时动作。传感器把光信号转变电流信号，通过I/O单元传递给主单元。便携式传感器VAlDP与弧光传感器的功能相同，只是临时连接到I/O单元。传感器固定在技术人员的上衣口袋来改善工作在带电开关的安全性。弧光传感器遇强光激活，传输电流信号信号通过VAM 10L辅助单元给主单元中间继电器VAR4CE，包括四个常开跳闸继电器。中间继电器能连接到主单元或I/O单元。

电弧光保护装置保护的动作时间在7ms以内，具有故障定位功能，能判别出发生弧光的具体位置，以便于事故的及时处理和分析；具有故障代码指示功能，并对整个系统（包括传感器及连接线）具有完善的在线自检功能，同时能发出告警指示。

第十一章 自动装置

11-1 电力系统的自动控制分为哪几部分内容?

根据电力系统的组成和运行特点，电力系统的自动控制大致分为以下几个不同的自动控制系统：

(1) 电力系统自动监视和控制。终端装置反映系统运行状态的实时信息，将实时信息远传至调度控制中心进行计算、分析，然后将控制方案显示出来，提供给运行人员参考和决策，是提高电力系统安全、经济运行水平的重要手段。

(2) 发电厂动力部分自动控制。是发电厂自动控制系统的重要组成部分。

(3) 电力系统自动装置。电气设备及系统控制与操作的自动装置，是保证电力系统安全、经济、稳定运行，保证电能质量的基础自动化设备。

(4) 电力系统安全装置。保证电力系统安全运行操作、避免重大事故发生和保障人身安全的自动装置。

11-2 电力系统自动装置的硬件组成有哪些结构形式?

从硬件方面来看，目前电力系统自动装置的结构形式主要有四种，即微型计算机系统、工业控制计算机系统、分散控制系统(DCS) 和现场总线系统 (FCS)。

对于单一控制功能的自动装置，采用微型计算机系统可满足运行要求，如同步发电机的自动并列装置。微型计算机系统一般由传感器、取样保持器、模拟多路开关、A/D 转换器、存储器、通信单元、中央处理单元 (CPU) 及外设等部分组成，其结构示意图如图 11-1 所示。对于控制功能要求较高、软件开发任务较为繁重的系统，如同步发电机自动励磁调节系统，大多采用工业控制计算机系统。工业控制计算机系统主要由稳压电源、机箱和不同功能的总线模板以及键盘等外设接口组成，如图 11-1 所示。而对于分散的多对象的成套检测控制装置则采用 DCS 或 FCS 系统，如远动装置和发电厂的机炉控制系统等。

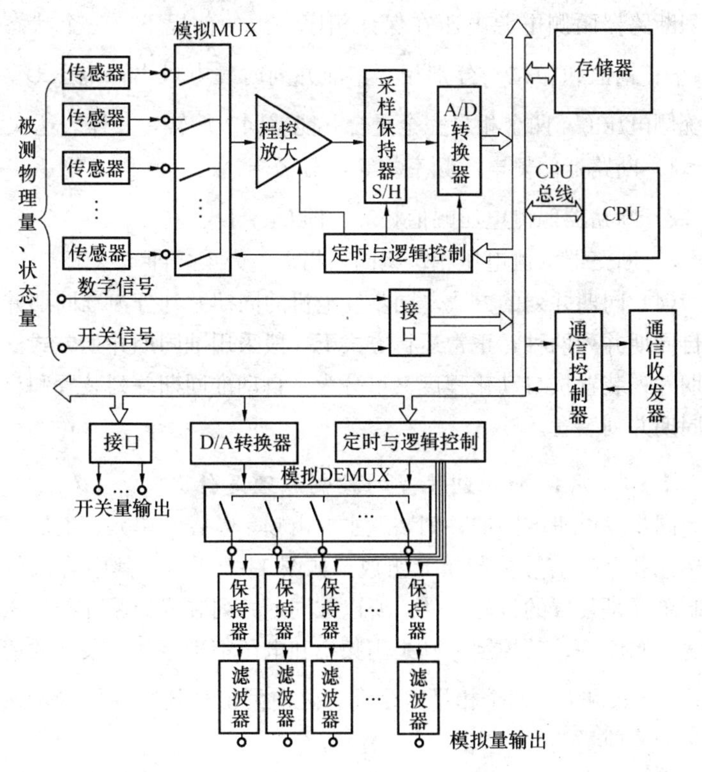

图 11-1　微型计算机系统框图

11-3　发电机同期并列的原则和条件是什么？ 有哪些并列的方式？

（1）同期并列的定义。发电机与电力系统并列时，必须调整主断路器两侧的电压幅值、频率和相位满足一定的条件方能合闸，这种满足必须同期条件的合闸操作称为同期并列。

（2）同步发电机并列时应遵循如下的原则。

1）并列断路器合闸时，冲击电流应尽可能小，其瞬时最大值一般不超过1～2倍的额定电流。

2）发电机组并入电网，迅速进入同步运行状态，其暂态过程要短，以减小对电力系统的扰动。

（3）同期并列的条件。同步发电机与系统并列的理想条件，是并列断路器两侧电源电压在保证相序一致的前提下，三个状态量（频率、幅值和相位）分别相等，即并列时发电机出口电压$\dot{U}_G$和系统侧电压$\dot{U}_X$两个相量完全重合并能够同步旋转，具体表达式为

1）断路器两侧电压频率相等，即$f_G=f_X$；

2）断路器两侧电压幅值相等，即$\dot{U}_G=\dot{U}_X$；

3）断路器两侧电压相位相同，相角差为零，即$\delta_e=0$。

（4）同期并列的方式。同步发电机的同期并列分为准同期并列和自同期并列两种，正常运行方式下一般采用准同期并列方式。准同期并列装置按自动化程度又可分为半自动准同期并列装置和自动准同期并列装置。

11-4 准同期并列装置的控制原理是什么？

同步发电机准同期并列装置主要由频率差控制单元、电压差控制单元和合闸信号控制单元组成，如图11-2所示。其中合闸信号控制单元是装置的核心部件，所以准同期并列装置的原理即指该单元的控制原理。其控制原则是当频率和电压都满足并列条件的情况下，在$\dot{U}_G$和$\dot{U}_X$两个相量完全重合之前发出合闸脉冲信号，该信号称为提前量信号。如图11-3所示。

当电网参数一定时，并列时的冲击电流决定于合闸瞬间的脉动电压（电压差）U_S值。要求断路器合闸瞬间U_S尽可能小，其最大值应使冲击电流不超过允许值。主触头闭合瞬间所出现的冲击电流值以及进入同步运行的暂态过程，决定于合闸时的脉动电压U_S和滑差角频率ω_S。

$$U_S=\sqrt{U_X^2+U_G^2-2U_XU_G\cos\omega_S t}$$

从上式中可以看出，在脉动电压U_S的脉动波形中有准同期并列所需的检测的信息—电压幅值差、频率差以及相角差随时间的变

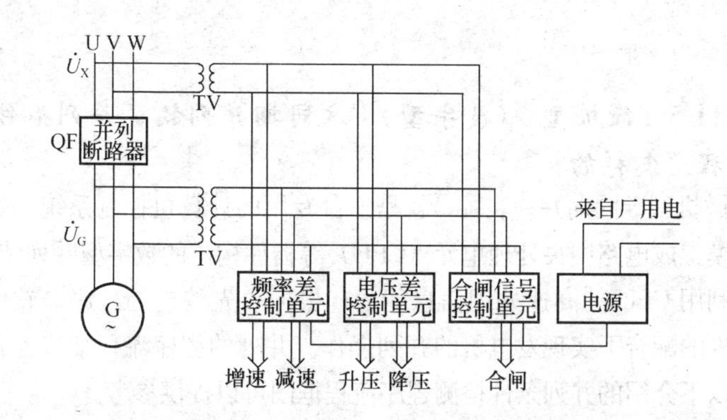

图 11-2　准同期并列装置主要组成部件

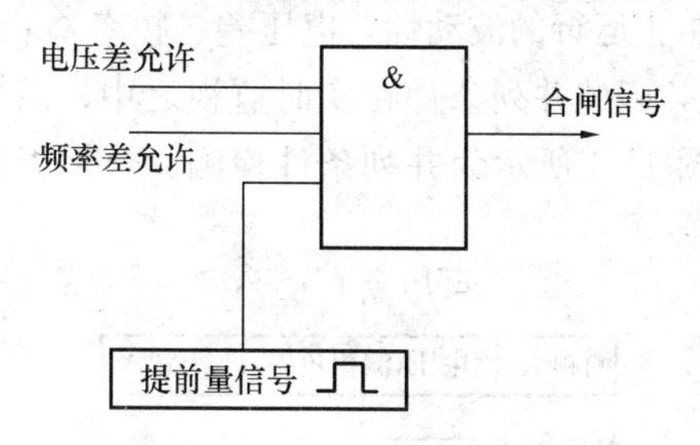

图 11-3　合闸信号控制逻辑

化规律。因而，可以利用它为自动并列装置提供并列的信息以及选择合适的合闸信号发出时间。

因为 $U_{Smin}=|U_G-U_X|$，如果测量出 U_{Smin} 的值，就可判别出断路器两侧电压差的幅值是否超出允许值。而断路器两侧电压的频率差就是脉动电压 U_S 的频率 f_S。为了使合闸瞬间正好使 $\dot{U}_G$ 和 $\dot{U}_X$ 两个相量重合，考虑到断路器和控制回路的固有动作时间，必须在两电压量重合之前发出合闸信号，即取一提前量。

根据提前量的不同，准同期并列分为恒定越前相角和恒定越前时间两种原理。在 U_G 和 U_X 两相量重合之前恒定角度发出合闸信号，称为恒定越前相角并列装置。在 U_G 和 U_X 重合之前恒定时间发出合闸信号，称为恒定越前时间并列装置，恒定越前时间 t_{YJ} 一般取自动并列装置出口继电器动作时间 t_c 与断路器合闸时间 t_{QF}

之和。

11-5 微机型（数字型）准同期并列装置并列条件检测流程是怎样的？

微机型准同期并列装置，就是一台专用的计算机控制系统，是用大规模集成电路中央处理单元（CPU）等器件构成的数字型并列装置。装置利用CPU的高速处理信息能力，根据事先编制的程序（软件），在硬件的配合下实现发电机的并列操作。并列的程序流程细节各有差异，以下介绍的并列条件检测程序流程框图可以提供参考。

在并列操作中，只有满足同期并列的条件后，装置才会发出合闸指令。为了防止运行的波动性，电压差、频率差采用定时中断约20ms计算一次，因此并列条件在实时监视之中，以确保并列操作的安全性。如图11-4所示为并列条件检测、合闸程序控制原理的参考框图。

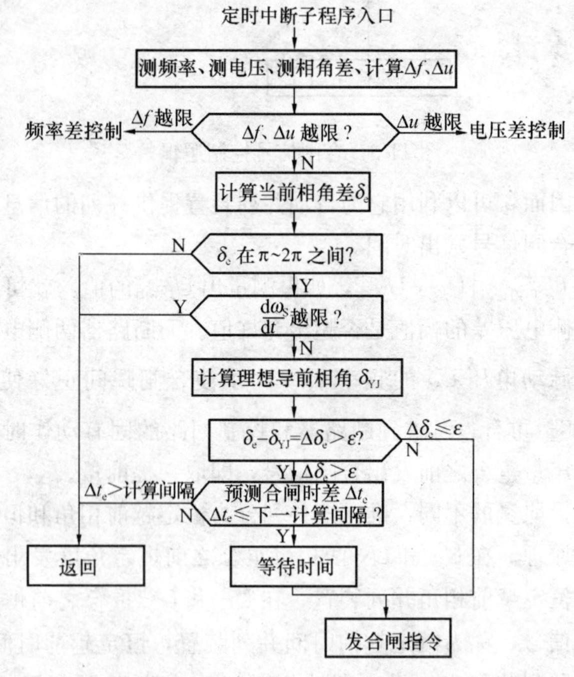

图11-4 并列条件检测、合闸控制程序原理框图

首先要对测量到的频率差、电压差进行判断，如果越限，则由频差调整和电压差调整按设定好的调整系数和调节准则输出调节信号进行调整，直到满足并列条件。如果 Δf、Δu 都小于设定值，则已满足并列条件，然后进行合闸相角差的捕捉。先进行当前相角差 δ_e 的计算，以了解当前并列点脉动电压 U_S 的状况，看 δ_e 是否处于 π～2π 之间。因为恒定越前时间 t_{YJ} 一般限定在两相量间相角差逐渐减小阶段，因此，如果 δ_e 的值在 0～π 之间，则是相角差 δ_e 在逐渐增大区间，就可不必作恒定越前时间最佳导前相角 δ_{YJ} 计算。如果 δ_e 是处于 π～2π 之间，则立即设法捕捉住最佳导前相角 δ_{YJ} 时发出合闸指令。计算恒定越前时间最佳导前相角 δ_{YJ} 时需计及相角差加速度 $\frac{\Delta\omega_S}{\Delta t}$。如果相角差加速度过大，不仅表明转速不稳定，还说明转轴的驱动能量较大，合闸后，其暂态过程严重甚至造成失步。因此为了保证并列过程顺利且合闸后快速进入同步运行，必须加以合闸相角差加速度的限值条件，在加速度小于设定值的条件下，使计算得到的最佳导前相角 δ_{YJ} 与当前相角差 δ_e 相比较，如果满足 $|(2\pi-\delta_i)-\delta_{YJ}|$ 的值在允许的计算误差 ε 之内（δ_i 为本计算点的相角），则装置立刻发出合闸脉冲。如果差值大于允许的计算误差 ε，则进行预测合闸时间差 Δt_e 计算，如果 Δt_e 大于下一个计算点的间隔，则返回待下一个计算点重新计算。如果 Δt_e 小于或等于下一计算点的时间间隔，那么就延迟 Δt_e 时间后发出合闸并列脉冲。

11-6　电力系统并网有哪两种情况？

电力系统倒闸操作中，断路器连接两侧电源的合闸操作称之为并网，并网分为差频并网和同频并网两种情况。

（1）差频并网。发电机与系统并网和已解列两系统间联络线并网都属差频并网。并网时需实现并列点两侧的电压相近、频率相近、在相角差为 0°时完成并网操作。

（2）同频并网。未解列两系统间联络线并网属同频并网（或合环）。这是因为并列点两侧频率相同，但两侧会出现一个功角 δ，δ 的值与连接并列点两侧系统其他联络线的电抗及传送的有功功率成比例。这种情况的并网条件应是当并列点断路器两侧的压差及功角在给定范围内时即可实施并网操作。并网瞬间并列点断路器两侧的功角立即消失，系统潮流将重新分布。因此，同频并网的允许功角整定值取决于系统潮流重新分布后不致引起新投入线路的继电保护动作，或导致并列点两侧系统失步。

11-7　SID-2CM 微机同期并列装置的工作原理是怎样的？

同期并列装置实施电网并列的操作时，关键是能够确保以最短的时间和良好的控制品质促成同期条件的实现，准确捕捉到第一次出现的并网机会，向并列点断路器发出合闸脉冲。因为实现快速并网对满足系统负荷供需平衡及减少机组空转能耗有重要意义。

SID-2CM 系列微机同期控制器的突出特点是能自动识别差频和同频同期性质。SID-2CM 控制器使用了模糊控制算法，其表达式为

$$U = g(E,C)$$

式中　U——控制量；

E——被控量对给定值的偏差；

C——被控量偏差的变化率；

g——模糊控制算法。

模糊控制理论是依据模糊数学将获取的被控量偏差及其变化率作出模糊控制决策。下面的模糊控制推理规则表可描述其本质。

表 11-1 中 E 的模糊值分成正大到负大共八挡，将偏差变化率 C 的模糊值分成正大到负大共七挡，与它们对应的控制器发出的控制量 U 的模糊值就有 56 个，从正大到负大共七类值。以调频控制为例，如控制器测量的频差 $\omega_S = \omega_F - \omega_X$（$\omega_F$、$\omega_X$ 分别为待并发电机及系统的角频率）为负大，而频差变化率 $\frac{d\omega_S}{dt}$ 也是负大，则控制量 U 为零（表中右下角的值）。这表明尽管发电机较之系统频率很低，但当前发电机频率正以很高的速度向升高方向变化，因此无需控制发电机频率就能恢复到正常值。

表 11-1　　　　　　　　模糊控制分挡表

U＼E（C）	正大	正中	正小	正零	负零	负小	负中	负大
正大	零	零	负中	负中	负大	负大	负大	负大
正中	正小	零	负小	负小	负中	负中	负大	负大
正小	正中	正小	零	零	负小	负小	负中	负大
零	正中	正中	正小	零	零	负小	负中	负中
负小	正大	正中	正小	正小	零	零	负小	负中
负中	正大	正大	正中	正中	正小	正小	零	负小
负大	正大	正大	正大	正大	正中	正中	零	零

人们很自然会想到这些模糊控制量的值具体在控制过程中到底是多少呢？应该有个量化的环节，例如变成控制器发出控制信号的脉冲宽度和脉冲间隔。SID-2CM 控制器正是通过均频控制系数 K_F 和均压控制系数 K_V 两个整定值来对控制量进行量化的，K_F 及 K_V 的选取是在发电机运行过程中人工手动将频差或压差控制超出频差及压差定值的工况下进行，根据 SID-2CM 控制器在纠正频差及压差的过程中所表现的控制质量来修改 K_F 及 K_V，当发现纠正偏差的过程太慢，则应加大 K_F 或 K_V，反之，如纠正偏差过快并出现反复过调，则应减小 K_F 或 K_V，直到找到最佳值。

11-8　SID-2CM 微机同期并列装置有哪些主要功能？

（1）SID-2CM 微机同期并列装置有 8～12 个通道可供 1～12 台发电机或 1～12 条线路并网复用，或多台同期装置互为备用，具备自动识别并网性质的功能，即自动识别当前是差频并网还是同频并网（合环）。

(2) 设置参数有：断路器合闸时间，允许压差，过电压保护值，允许频差，均频控制系数，均压控制系数，允许功角，并列点两侧 TV 二次电压实际额定值，系统侧 TV 二次转角，同频调速脉宽，并列点两侧低压闭锁值，同频阈值，单侧无压合闸，无压空合闸和同步表功能。

(3) 控制器以精确严密的数学模型，确保差频并网（发电机对系统或两解列系统间的线路并网）时捕捉第一次出现的零相差，进行无冲击并网。

(4) 控制器在发电机并网过程中按模糊控制理论的算法，对机组频率及电压进行控制，确保最快最平稳地使频差及压差进入整定范围，实现更为快速的并网。

(5) 控制器具备自动识别差频或同频并网功能。在进行线路同频并网（合环）时，如并列点两侧功角及压差小于整定值将立即实施并网操作，否则就进入等待状态，并发出遥信信号。

(6) 控制器能适应任意 TV 二次电压，并具备自动转角功能。

(7) 控制器运行过程中定时自检，如出错，将报警，并文字提示。

(8) 在并列点两侧 TV 信号接入后而控制器失去电源时将报警。三相 TV 二次断线时也报警，并闭锁同期操作及无压合闸。

(9) 发电机并网过程中出现同频时，控制器将自动给出加速控制命令，消除同频状态。控制器可确保在需要时不出现逆功率并网。

(10) 控制器完成并网操作后将自动显示断路器合闸回路实际动作时间，并保留最近的 8 次实测值，以供校核断路器合闸时间整定值的精确性。

(11) 控制器提供与上位机的通信接口（RS-232、RS-485），并提供通信协议和必需的开关量应答信号，以满足将同期控制器纳入 DCS 系统的需要。

(12) 控制器采用了全封闭和严密的电磁及光电隔离措施，能适应恶劣的工作环境。

(13) 控制器供电电源为交直流两用型，能自动适应 110、220V 交直流电源供电。

(14) 控制器输出的调速、调压及信号继电器为小型电磁继电器，合闸继电器则有小型电磁继电器及特制高速、高抗扰光隔离无触点大功率 MOSFET 继电器两类供选择，后者动作时间不大于 2ms，长期工作电压可达直流 1000V，接点容量直流 6A。在接点容量许可的情况下，可直接驱动断路器，消除了外加电磁型中间继电器的反电势干扰。

(15) 控制器内置完全独立的调试、检测、校验用试验装置，不需任何仪器设备即可在现场进行检测与试验。

(16) 可接受上位机指令实施并列点单侧无压合闸或无压空合闸。

(17) 在需要时可作为智能同步表使用。

(18) 控制器提供同步表视频转换器可选件，将同步表的相位、压差、频差及合闸信息通过视频电缆传送到控制室大屏幕的视频输入端。

11-9　SID-2CM 型自动同期装置面板指示灯分别有何含义？

(1) 指示灯。

1) “频差/功角” 及 “压差” 指示灯在差频并网时越上限为绿色，越下限为红色，如出现同频时频差灯也为红色，不越限时熄灭。同频并网时如果功角或压差越限，指示灯为橙色。

2) “合闸” 指示灯在控制器发出合闸命令期间点亮（红色），点亮时间为断路器合闸时间 t_k 的两倍。

(2) 装置面板上方有 8 个继电器状态指示灯，用以显示相应输出控制继电器状态，降压继电器（绿色），升压继电器（红色），减速继电器（绿色），加速继电器（红色），合闸继电器（红色），报警继电器（黄色），合闸闭锁继电器（黄色），功角越限继电器（黄色）。

（3）液晶显示器状态显示行最下一行，其左右两端可能出现如下提示信息：

1）电压高。指待并侧的电压高于系统侧电压，并超过允许压差。

2）电压低。指待并侧的电压低于系统侧电压，并超过允许压差。

3）频率高。指待并侧的频率高于系统侧频率，且频差超过允许频差。

4）频率低。指待并侧的频率低于系统侧频率，且频差超过允许频差。

5）同频。指差频并网时待并侧的频率与系统侧的频率一致或极相近。

6）待并侧低压闭锁。待并侧电压低于闭锁电压时引起控制器闭锁。

7）系统侧低压闭锁。系统侧电压低于闭锁电压时引起控制器闭锁。

8）发电机过电压。发电机电压超过过电压保护值，此时控制器持续进行降压控制。

9）功角大。同频并网时功角超过允许功角，不满足并网条件。

10）压差大。同频并网时压差超过允许压差，不满足并网条件。

11-10　SID-2CM 型控制器如何实现与上位机的联机？

用户可以选择通过 RS-232 或 RS-485 串行接口与上位机通信。在现场无人值班时，控制器的方式选择开关应放在“工作”状态，在上位机给控制器加上有关信号及电源并发出“投入同期装置”命令后，控制器即可开始与上位机通信。完成并网后上位机可以发出“退出同期装置”命令，也可让控制器一直带电。

（1）硬件连接。RS-232 接口在控制器的前面板上，使用 RS-232 通信电缆将笔记本电脑或 PC 机与控制器直接连接起来。RS-232 通信电缆长度一般不超过 15m。RS-485 接口可以将若干个同期控制器，甚至其他具有 RS-485 接口的设备用 RS-485 现场总线（屏蔽双绞线）连接起来。在同一台计算机的 RS-485 总线上可挂接的同期控制器及其他设备可达 99 台。RS-485 双绞线长度可延伸 1.2km。

（2）控制器配置。使用串行口与上位机通信应使串行口的波特率设置成与上位机一致，还需要设置控制器的设备号，以及选择是使用 RS-232 接口还是 RS-485 接口。

（3）并网监控软件。用户可根据本控制器的通信协议自行设计或由第三方设计监控软件。并网监控软件的画面如图 11-5 所示。中间为相位表，指向 0°的指针代表系统侧电压矢量，其为参照轴，另一指针（软件画面显示为蓝色）代表待并侧电压矢量，在并网过程中它将按频差的大小及符号旋转，相位表的内圈半径与额定电压对应，当电压矢量的长度超过或不足此半径时其差值就反映该电压对额定值的压差。左边用一个刻度计表示频差，当不超过允许频差时，用绿色条块表示，当超过允许频差时，用红色条块表示。右边的刻度计表示压差。在控制器合闸后，显示理想的合闸导前角和实

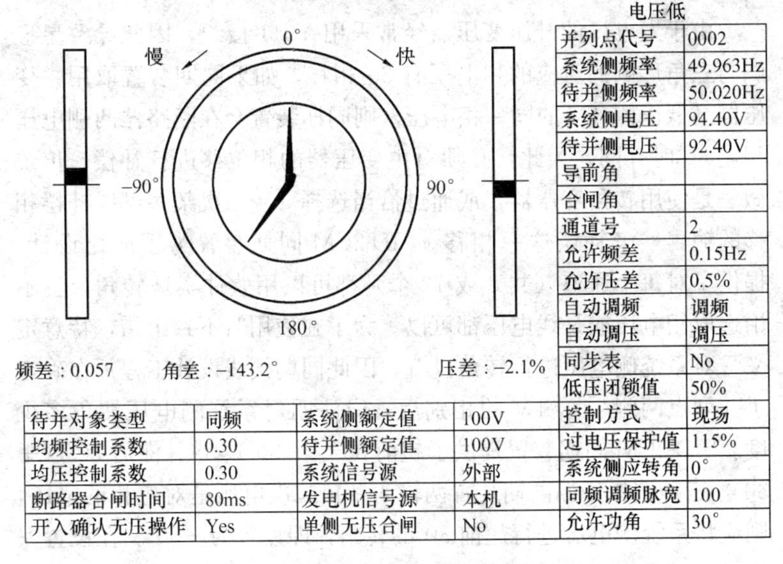

图 11-5　并网监控软件的画面

际合闸角。

不论控制器的控制 方式选择“现场”或“遥控”都可在上位机显示器上看到该画面，仅在“遥控”方式时画面上有“遥控”二字。

上位机除了可以通过 RS-485 现场总线与 SID-2CM 控制器进行通信外，还可用一个开关量（继电器）通过电缆从远方启动 SID-2CM 控制器，方式有二：

1）控制器处在断电状态。用上位机的这个开关量（继电器）给控制器上电，控制器就进入工作状态。并网结束后，上位机断开控制器电源。

2）控制器在上次并网后一直处在带电状态。用上位机的这个开关量（继电器）以短暂（1～2s）闭合的方式对控制器进行复位操作，控制器就进入工作状态。最终停留在并网结束的带电状态，持续显示实测断路器合闸时间。

11-11 SID-2CM 同期并列装置如何实现自动转角功能？

由于发电厂的升压变压器经常采用 Yd11 接线，因此导致星形侧与三角形侧的对应的相电压有 30°相移，如果同期装置取用主变压器高低压侧 TV 的同一相电压，则同期装置会在断路器两侧电压相差 30°时并网，为此，必须对主变压器的相位移进行补偿。传统做法是使用转角变压器，或通过恰当选择 TV 二次某些可以补偿相移的输出，来补偿这一相移。SID-2CM 同期装置为了简化设计，提供了对每个通道（共 8 或 12 个）都可以用软件实现转角，且不论选取相电压或是线电压都可以。为了在使用时不致出错，特意定义只对系统侧电压进行转角设置，因此同期接线设计工程师在确定了并列点两侧采样 TV 的相别后，应注明对系统侧电压转角多少度。SID-2CM 同期装置提供了超前 30°（−30°）、0°、滞后 30°（+30°）三种选择。如同期装置两输入 TV 二次电压是对应相的电压，则应将系统侧电压进行超前 30°的转角，即设置为−30°。在设置完毕后一定要在现场通过相应核相测试进一步确认设置无误。

11-12 SID-2CM同期并列装置如何实现单侧或双侧无压合闸？

作为并列点的断路器在大多数情况下是在并列点两侧电压正常时进行同期合闸，但有时也会要求仅在一侧有电压，而另一侧无电压或两侧都没有电压的情况下合上断路器。例如在厂用电工作变压器的电源由发电机端分支引出时，发电机启动过程中的厂用电需由高压厂用启动/备用变压器送到厂用工作母线上，这时厂用启动/备用变压器低压侧连接到厂用工作母线的断路器就要在厂用工作母线无压的情况下合闸送电。又如要完全无电压时试验断路器，这是自动准同期装置的一种特殊工作方式，为了适应这一要求，SID-2CM型同期装置提供了这一功能，即在通道参数整定中增加“单侧无压合闸”和“无压空合闸”菜单，当选择YES时，即表明该通道（并列点）具备单侧无压或无压空合闸功能，此时同期装置不会因无压立即执行低压闭锁，而是再去检测TV二次是否断线及检测由JK3-24或JK3-25是否送来确认无压操作的开关量状态，如接点闭合就马上执行无压合闸，否则执行低压闭锁。这个开关量由上位机或人工在实施无压合闸及同期装置上电前送给同期装置。

11-13 SID-2CM控制器二次接线图是怎样的？各外接插座的用途是什么？

如图11-6所示为控制器二次接线参考图。TQMG、TQMo、TQMs’、TQMo’分别为待并侧和系统侧TV二次电压，用于获取并网信息，它们可以根据需要选择相电压或线电压。控制器对外的引出线分别由7个插座引出，其中JK1、JK2、JK3、JK4、JK5、JK6为各不相同的航空插头座，JK7为标准仪器电源插座，它们的功能如下：

（1）JK1为控制器电源插座，4芯。用了JK1-1及JK1-2两芯，可接入110、220V交直流电源，如用直流电源，JK1-2为正极，JK1-1为负极。

（2）JK2为并列点断路器两侧TV二次电压输入插座，14芯。JK2-3、JK2-5两芯为待并侧电压，JK2-4、JK2-6为系统侧电压，

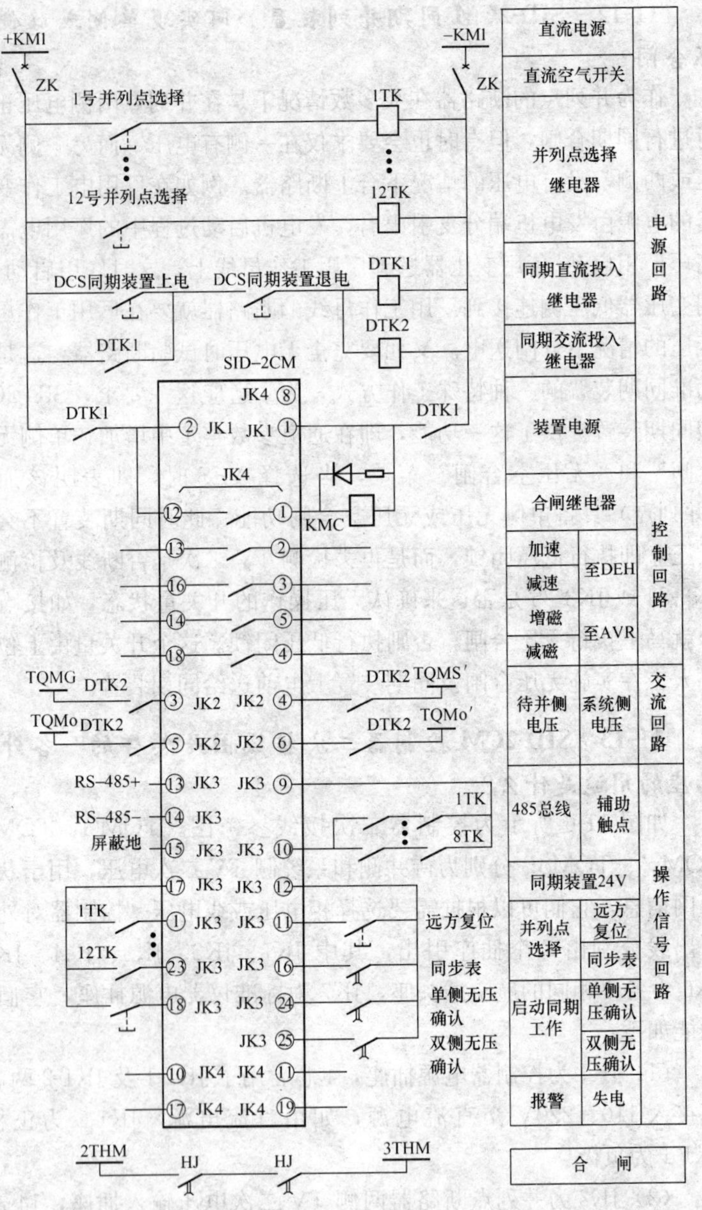

图 11-6　SID-2CM 同期并列装置控制器二次接线参考图

由于 SID-2CM 有自动转角功能，并不拘泥必须两侧电压都是相电压或都是线电压，也与 TV 次级是否共地无关，因此 TV 输入接线设计没有相别、数值及是否有接地点的限制。

JK2-7、8、9、1、14、10、11、12、2、13 分别接入并列点两侧 TV 的三相二次电压和任一相熔丝（或空气断路器）前电压，用以检测三相 TV 二次是否断线，这对于确保无压合闸的安全是必要的。当不需要无压合闸功能时则可不接入这些 TV 二次电压。

（3）JK3 为开关量输入及通信口插座，26 芯。JK3-1～JK3-8、JK3-20～JK3-23 及＋24V 公共端 JK3-17 共 13 芯实现并列点选择，由每个并列点的同期开关 TK（或继电器、同期自动选线器、可编程控制器）用一个常开接点将 JK3-17 与 JK3-1～JK3-8 及 JK3-20～JK3-23 中的某芯接通即可。如果是单台发电机或单条线路专用，则无需通过同期开关，直接将 JK3 插头中的 JK3-17 与 JK3-1～JK3-8 中的某芯接死即可。为了获得多台同期装置互为备用的功能，每台同期装置都存储有其他并列点的同期参数整定值，最多不超过 8 或 12 个并列点，每台同期装置的并列点排序都一样。这样当某台机的同期装置移到另一台机的同期装置安装处时，就会自动调出被替换机组的同期参数整定值。JK3-9 及 JK3-10 接入并列点断路器的辅助接点（常开），其用途有二：一是用来实测断路器合闸回路动作时间；二是用来确认线路是在切除还是投入状态。在用于多对象时各并列点断路器辅助接点通过各自的同期开关或选线器接到装置的 JK3-9 及 JK3-10 上。JK3-11 及 JK3-12 接至控制台上的远方复位按钮（常开）或由上位机控制的一个常开开关量上，其功能是对装置进行复位操作，使程序从头再执行一遍。其目的有二：一是当装置按经常带电方式工作时，使其重新启动；二是当装置出现故障或受干扰死机时，使其重新启动。前述各开关量都应通过屏蔽线引入。JK3-13、JK3-14、JK3-15 是 RS-485 串行通信口引出线，直接与 RS-485 现场总线相连（屏蔽双绞线），处在总线末端的装置要在 JK3-13 及 JK3-14 间并联一个 120Ω 1W 的终端电阻，电阻可固定在端子排上。

（4）JK4 为控制量输出插座，19 芯。用以输出升压、降压、加速、减速、合闸控制信号，及出错报警、装置失电（工作电源）、功角越限信号，每个信号都是空接点，在装置内部互不相通，即没有公共点，如果升压、降压或加速、减速有公共点可在装置外部连接。所有内部控制继电器的接点容量是220VAC、5A或220VDC、0.5A，如被控对象的工作电压及电流在此范围内，可不经外接中间继电器直接驱动被控对象。如用户选用高抗扰光隔离无触点大功率MOSFET继电器作为合闸输出，容许直接驱动工作电压及电流不超过1000VDC，6A的断路器合闸电路，装置的引出端子为JK4-1、JK4-12，请注意极性，JK4-1为“－”，JK4-12为“＋”。

（5）JK5为测试模块接口插座，55芯。装置在运行时不使用此插座，因此不需在设计的同期接线图中反映此插座的接线。其主要用于对装置进行测试，即将此插座通过由厂家提供的专用电缆与JK2、JK3、JK4相连。

（6）JK6为录波信号输出插座，4芯。装置在运行时不使用此插座，因此不需在设计的同期接线图中反映此插座的接线。其提供并网过程的脉振电压（JK6-1、JK6-2）及合闸输出空接点（JK6-3、JK6-4）信号，供录波使用。请注意，脉振电压未经过转角处理。

（7）JK7为测试模块电源插座。用于给测试模块提供220VAC交流电源，在装置运行时不使用，因此也不需反映在同期接线图中。

11-14　3/2断路器接线的同期装置如何接线？

在3/2断路器接线的每一个完整串中有三台断路器，连接着四个可能互相分开的电源系统（两组母线、一条进线和一条出线）。在每个电源系统上都装有电压互感器，当任意一台断路器断开时，其两侧的电源都可能不同步，也就是说，每台断路器都应设为同期并列点，合闸时都应考虑同步问题。

3/2断路器接线因运行方式变化很大，所采用的电压互感器也随之变化，所以其同期接线也很复杂。一般来说，同步电压的取得常采用“近区优先”原则。图11-7所示为该原则构成的同步电压接线的示意图。

图 11-7 中 u_1、u_2 为断路器合闸时两侧的电源电压，该接线的同步电压回路随运行方式切换比较复杂，可以借助有关断路器和隔离开关的辅助触电来实现，也可以借助相应的重动继电器触电来实现切换。例如断路器 QF11 技能型同期操作时，同步电压可以这样取得：

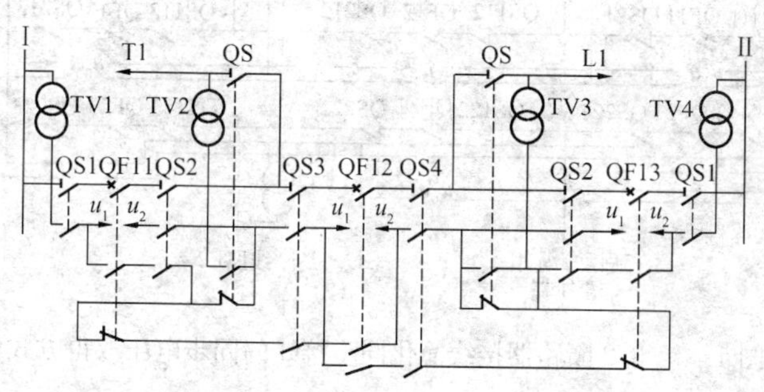

图 11-7 3/2 断路器接线取得同步电压的“近区优先”原则

（1）u_1 的取得。取自母线Ⅰ电压互感器 TV1。

（2）u_2 的取得。

1）取自变压器 T1 的电压互感器 TV2；

2）当变压器 T1 回路停电，QS 断开时，自动切换到线路 L1 的电压互感器 TV3；

3）当变压器 T1 回路和线路 L1 回路均停电，两个回路的隔离开关均断开时，自动切换到母线Ⅱ的电压互感器 TV4 上。

变压器高压侧有的为了节省投资，不设电压互感器，而是利用发电机出口电压互感器的二次主绕组电压进行同期操作。只有当调压变压器的两侧电压变化差异较大，经计算低压侧电压互感器的二次电压不能满足要求时，才在高压侧设一台单相电压互感器。

图 11-7 所示的接线比较灵活，如线路变压器进线侧装有隔离开关，电压互感器装在隔离开关外侧时，线路或变压器检修不会影响该串断路器的同期操作，但同期电压回路需要串接许多辅助触点，接线较为复杂。如果线路不装设隔离开关或电压互感器装在断路器与线路隔离开关之间时，一般采用如图 11-8 所示的简化接线，

直接取断路器两侧的电压作为同步电压。

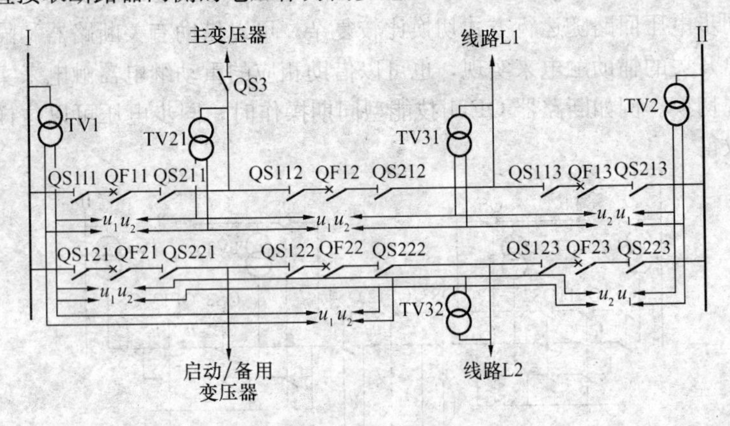

图 11-8　3/2 断路器接线简化同步接线的同步电压取得方式

11-15　同步电压的取得有何要求？

DL/T 5136—2001《火力发电厂、变电所二次线设计技术规程》规定：“发电厂和变电所应采用单相同步系统”。同步点的电压取得方式要求为：

（1）根据电气主接线中电源侧或线路侧的同步点，明确属于同频并网还是差频并网。

（2）各侧电压的相序及相位，如变压器的接线组别为 Yy 或 Dd，高低压侧电压的相位相同；变压器也可为 Yd11、Yd1 接线组别，此时高低压侧电压的相位相差 30°。

（3）电压互感器的接线方式及电压满足同期装置的要求。电压互感器二次侧绕组有中性点接地和 V 相接地两种方式。二次电压主绕组一般为 $100/\sqrt{3}$（V），有些辅助绕组作零序保护用，一次侧为中性点直接接地的二次电压为 100V，中性点非直接接地的系统二次电压为 100/3（V）。此时同步点两侧电压，如用主绕组则可以用线电压 100V，辅助绕组对一次系统中性点直接接地方式，则要用辅助绕组的二次电压（100V）。自动准同期装置的电压可以有 100V 或 $100/\sqrt{3}$（V），所以根据具体情况，可以采用电压互感器的主二次绕组的 $100/\sqrt{3}$（V），也可采用辅助二次绕组的 100V。

表 11-2 列出了根据我国电力系统的中性点接地方式、电压互感器及同期装置等设备情况，发电厂、变电站的同期装置同步电压的取得方式。由表 11-2 可见，同步装置要求输入 100V 时，因运行系统的电压互感器的主二次绕组的电压为 $100/\sqrt{3}$（V），为了取得二次电压 100V，只得取辅助二次绕组的电压 100V。对变压器为 Yd11 连接组别时，其两侧断路器同步电压为了取得相位上的相同，运行系统取 W 相。如果取 W 相有困难时，中性点直接接地系统的断路器可取 U 相或 V 相，此时对变压器为 Yd11 连接组别时，可以经转角变压器转角后接入同期装置，而目前的微机型自动同期装置可具有自动转角功能。某发电厂 1000MW 机组同期装置采用 SID-2CM 同期装置，附图 3 为同期装置接线图，可参考阅读。

表 11-2　　　　单相同期方式及相量图

同期方式	运行系统	待并系统	说　明
中性点直接接地系统的母线之间	N $\dot{U}_u$ $\dot{U}_w$ $\dot{U}_v$	N $\dot{U}'_u$ $\dot{U}'_w$ $\dot{U}'_v$	利用电压互感器接成开口三角形的辅助二次绕组的一相电压 $\dot{U}_{wN}$ 和 $\dot{U}_{w'N}$
中性点直接接地系统的线路之间	N $\dot{U}_w$	N $\dot{U}'_w$	利用电压互感器二次电压为 100V 的辅助绕组电压 $\dot{U}_{wN}$ 和 $\dot{U}_{w'N}$
Yd11 变压器两侧的断路器	N $\dot{U}_w$	$\dot{U}'_u$ $\dot{U}'_v$ $\dot{U}'_w$	运行系统取电压互感器辅助绕组相电压 $\dot{U}_{wN}$，待并系统 V 相接地的和 $\dot{U}_{v'w'}$
中性点非直接接地系统	$\dot{U}'_u$ $\dot{U}'_v$ $\dot{U}'_w$	$\dot{U}_u$ $\dot{U}_v$ $\dot{U}_w$	电压互感器二次侧为 V 相接地，利用 $\dot{U}_{vw}$ 和 $\dot{U}_{v'w'}$

11-16　1000MW发电机采用自动励磁方式升压自动方式并列（以7号机5063断路器并网为例）的操作步骤是什么？

（1）检查汽轮机转速维持在2985～3015r/min；
（2）检查励磁调节器在“远方”位置；
（3）检查5063断路器满足并网顺控条件；
（4）选择5063断路器并网顺控操作面板上自动方式；
（5）检查励磁系统切至“自动”方式；
（6）检查励磁系统投入正常；
（7）检查发电机电压自动升至27kV；
（8）核对发电机三相电压平衡，空载参数正确；
（9）检查发电机转子回路绝缘良好；
（10）检查发电机变压器组无异常信号发出；
（11）检查发电机同期装置投入正常；
（12）检查发电机变压器组5063断路器自动合闸良好；
（13）检查发电机三相电流平衡，调整有、无功正常；
（14）检查5063断路器同期复位正常；
（15）点击5062断路器图标；
（16）点击5062断路器操作面板上的开机并串按钮；
（17）点击5062断路器开机并串面板上的开机并串确认按钮；
（18）检查发电机同期装置投入正常；
（19）检查发电机—变压器组5062断路器自动合闸良好；
（20）检查5062断路器同期复位正常。

11-17　发电机采用自动励磁方式，自动方式与系统解列的操作步骤是什么？

（1）检查10kVⅠ、Ⅱ、Ⅲ、Ⅳ段母线已倒至备用电源运行。
（2）检查发电机有功负荷减至零。
（3）将发电机无功负荷减至接近于零。
（4）检查解列顺控条件满足。
（5）点击发电机解列顺控操作面板中“自动”软键。

（6）检查发电机变压器组5062断路器确已拉开。

（7）检查发电机变压器组5063断路器确已拉开。

（8）检查调节器减励动作正常。

（9）检查调节器确已退出。

（10）检查发电机灭磁开关确已拉开。

（11）检查发电机定子电压和三相电流到零。

11-18 微机型故障录波装置的主要功能是什么？

微机型故障录波装置是以微处理机为主体构成的快速数据采集和计算分析处理系统。用于自动采集电力系统发生故障时，包括故障前、故障时刻和故障后的电气数据、继电保护及断路器的动作顺序，以及故障发生的时间、地点等信息，进行分析计算后存盘、打印；或将故障信息远传至调度部门，再由分析器显示各种数据。故障录波装置为故障查找、原因分析、保护及自动装置动作评价等提供实时的、科学的技术资料和分析依据。装置的主要功能可概括为：

（1）高速故障记录功能。高速采样并记录故障或操作过程中出现的电流、电压暂态过程，记录系统电压和振荡现象。

（2）故障状态过程记录功能。记录故障引起的电流、电压及其导出量（如有功功率、无功功率）、频率变化全过程的波形，检测保护动作行为，了解系统动态变化规律，校核系统计算程序及提供参数的正确性。

（3）长过程的动态记录功能。记录发电机有功、无功功率输出，励磁电压、电流，转子转速等；记录线路、母线的有功潮流、电压、频率、断路器的动作和变压器的抽头等。

11-19 故障录波装置的主要技术性能要求有哪些？

（1）故障录波装置计算机系统应为开放式分层分布结构，由后台机、前置屏和打印机等组成，它们之间通过通信网卡连接，构成完整的局域通信网络。

（2）后台机主要完成装置的运行、调试管理、定值整定、录波数据存储、故障报告形成和打印、远程传送、配置GPS时钟通信接口，实现全网统一时钟等功能。后台机应采用性能先进可靠的工业控制机，具有良好的抗干扰能力。

（3）前置机主要完成模拟量和开关量的采集和记录、故障启动判别、信号转换及上传等功能。提供独立的电源输入、输出。前置机应采用小板插件式结构，便于运行、调试维护，抗干扰性能强。面板应便于监测和操作。应具有装置自检、装置故障或异常的报警指示等。

（4）开关量和模拟量的输入应有抗干扰隔离措施，确保主机系统可靠工作。

（5）装置设置以下信号指示或报警并传至发电厂DCS，即自检故障报警、录波启动报警、装置异常报警、电源消失报警和信号总清—手动复归报警。

11-20　1000MW发电机组的故障录波装置如何设置？

（1）每台发电机—主变压器组各装设一套WDGL-Ⅳ/F型发电机—变压器组故障录波装置屏，启动/备用变压器装设一套WDGL-Ⅳ/B故障录波装置屏。装置的工作电源分别为由UPS装置提供AC 220V和由直流屏提供DC 110V。

（2）故障录波装置启动方式包括模拟量启动、开关量启动和手动启动。

（3）主要录波分析内容包括发电机交流电压、电流、中性点电压，励磁交、直流电压和电流，主变压器交流电压、电流，高压厂用变压器及启动/备用变压器交流电压、电流及机组保护和安全自动装置的动作情况等。录波结束后，录波数据自动转存于后台机的硬盘保存，且能自动完成故障报告打印。

11-21　1000MW发电机—变压器组故障录波装置的模拟量录波数据有哪些？

（1）发电机定子电压U_U、U_V、U_W；

（2）发电机定子电流I_U、I_V、I_W；

（3）发电机中性点侧电压U_n；

（4）发电机中性点侧电流I_n；

（5）发电机励磁电压U_f；

(6) 发电机励磁电流 I_f；

(7) 励磁变压器高压侧电流 I_U、I_V、I_W；

(8) 主变压器高压侧电压 U_U、U_V、U_W；

(9) 主变压器高压侧电流 I_U、I_V、I_W；

(10) 主变压器高压侧零序电流 I_n；

(11) 高压厂用变压器A高压侧电流 I_U、I_V、I_W；

(12) 高压厂用变压器A低压侧A段电压 U_U、U_V、U_W；

(13) 高压厂用变压器A低压侧A分支电流 I_U、I_V、I_W；

(14) 高压厂用变压器A低压侧中性点A分支电流 I_o；

(15) 高压厂用变压器A低压侧B段电压 U_U、U_V、U_W；

(16) 高压厂用变压器A低压侧B分支电流 I_U、I_V、I_W；

(17) 高压厂用变压器A低压侧中性点B分支电流 I_o；

(18) 高压厂用变压器B高压侧电流 I_U、I_V、I_W；

(19) 高压厂用变压器B低压侧C段电压 U_U、U_V、U_W；

(20) 高压厂用变压器B低压侧C分支电流 I_U、I_V、I_W；

(21) 高压厂用变压器B低压侧中性点C分支电流 I_o；

(22) 高压厂用变压器B低压侧D段电压 U_U、U_V、U_W；

(23) 高压厂用变压器B低压侧D分支电流 I_U、I_V、I_W；

(24) 高压厂用变压器B低压侧中性点D分支电流 I_o。

11-22 1000MW发电机—变压器组故障录波装置采集的开关量信号有哪些?

某发电厂1000MW发电机—变压器组故障录波装置采集的开关量信号明细见表11-3。

表11-3 1000MW发电机—变压器组故障录波装置采集的开关量信号

序号	测点名称	序号	测点名称
1	7号主变压器差动、零流动作信号	4	励磁变压器差动信号
		5	励磁变压器反时限过负荷
		6	励磁变压器定时限过负荷
2	断路器闪络动作信号	7	发电机—变压器组保护内部故障信号
3	励磁变压器过电流信号		

续表

序号	测点名称	序号	测点名称
8	发电机差动保护信号	31	7B工作变压器分支7C过电流或零序过电流信号
9	100%定子接地保护信号	32	7B工作变压器分支7D过电流或零序过电流信号
10	失磁保护信号	33	7号主变压器差动、零流动作信号
11	发电机负序过电流保护信号	34	断路器闪络动作信号
12	发电机过激磁保护信号	35	励磁变压器过电流信号
13	发电机逆功率保护，程序跳闸逆功率信号	36	励磁变压器差动信号
14	发电机过电压信号	37	励磁变压器反时限过负荷
15	发电机失步保护信号	38	励磁变压器定时限过负荷
16	发电机频率异常保护信号	39	发电机—变压器组保护内部故障信号
17	发电机转子接地保护信号	40	发电机差动保护信号
18	1TV断线信号	41	100%定子接地保护信号
19	3TV断线信号	42	失磁保护信号
20	发电机过负荷保护信号	43	发电机负序过电流保护信号
21	发电机复合电压过电流信号	44	发电机过激磁保护信号
22	TA断线信号	45	发电机逆功率保护，程序跳闸逆功率信号
23	发电机匝间保护信号	46	发电机过电压信号
24	启停机保护信号	47	发电机失步保护信号
25	7A工作变压器差动保护信号	48	发电机频率异常保护信号
26	7A工作变压器复合电压过电流信号	49	发电机转子接地保护信号
27	7A工作变压器分支7A过电流或零序过电流信号	50	1TV断线信号
28	7A工作变压器分支7B过电流或零序过电流信号	51	3TV断线信号
29	7B工作变压器差动保护信号	52	发电机过负荷保护信号
30	7B工作变压器复合电压过电流信号	53	发电机复合电压过电流信号
		54	TA断线信号

续表

序号	测点名称	序号	测点名称
55	发电机匝间保护信号	75	主变压器V相绕组温度超高
56	启停机保护信号	76	主变压器V相重瓦斯
57	7A工作变压器差动保护信号	77	主变压器V相压力释放
58	7A工作变压器复合电压过电流信号	78	主变压器V相压力继电器
		79	主变压器W相绕组温度超高
59	7A工作变压器分支7A过电流或零序过电流信号	80	主变压器W相重瓦斯
		81	主变压器W相压力释放
60	7A工作变压器分支7B过电流或零序过电流信号	82	主变压器W相压力继电器
		83	FWK稳控装置停机
61	7B工作变压器差动保护信号	84	500kV断路器620失灵启动停机
62	7B工作变压器复合电压过电流信号		
63	7B工作变压器分支7C过电流或零序过电流信号	85	500kV断路器622失灵启动停机
		86	励磁系统故障
64	7B工作变压器分支7D过电流或零序过电流信号	87	发电机定子断水
		88	励磁变压器U相温度超高
65	主变压器U相油温超高	89	励磁变压器U相温度高
66	主变压器U相绕组温度超高	90	励磁变压器V相温度超高
67	主变压器U相重瓦斯	91	励磁变压器V相温度高
68	主变压器U相压力释放	92	励磁变压器W相温度超高
69	主变压器U相压力继电器	93	励磁变压器W相温度高
70	主变压器U、V、W油温高	94	高压厂用变压器A油温超高
71	主变压器U、V、W绕组温度高	95	高压厂用变压器A绕组温度超高
72	主变压器U、V、W轻瓦斯	96	高压厂用变压器A重瓦斯
73	主变压器U、V、W油位异常	97	高压厂用变压器A压力释放
74	主变压器V相油温超高	98	高压厂用变压器A压力继电器

续表

序号	测点名称	序号	测点名称
99	高压厂用变压器A油温高	105	高压厂用变压器B重瓦斯
100	高压厂用变压器A绕组温度高	106	高压厂用变压器B压力释放
		107	高压厂用变压器B压力继电器
101	高压厂用变压器A轻瓦斯	108	高压厂用变压器B油温高
102	高压厂用变压器A油位异常	109	高压厂用变压器B绕组温度高
103	高压厂用变压器B油温超高	110	高压厂用变压器B轻瓦斯
104	高压厂用变压器B绕组温度超高	111	高压厂用变压器B油位异常

11-23　对备用电源自动投入装置（ATS）有什么要求？

ATS是备用电源自动投入（转换）装置Automatic Transfer Switching equipment的缩写，是将负载电路从一路电源可靠切换到另一路电源的自动装置，以保证重要负荷供电的可靠性和连续性。对ATS的要求具体如下：

（1）工作电源不论因何种原因电压消失时，装置均应动作。如工作着的厂用变压器发生故障、厂用母线上的出线发生短路而断路器拒动造成的越级跳闸、保护误跳闸以及运行人员误操作等原因，都会造成厂用母线失压，所有上述这些情况，ATS装置都应启动，使备用电源投入工作，以保证不间断的供电。

（2）应保证在工作电源或设备断开后装置才动作。因工作母线失去电压，可能是由于供电元件发生故障，为防止把备用电源或设备投入到故障元件上，加重设备损坏程度，所以在设计备用电源自动投入装置时要考虑到这点。

（3）装置应保证只动作一次，以免多次投入到故障元件上，对系统造成不必要的冲击。

（4）装置动作时间以使负荷的停电时间尽可能短为原则。

（5）当电压互感器二次侧熔断器熔断时，装置不应启动。

（6）工作母线、备用母线同时失去电压时，装置不应启动。正常工作情况下，备用母线无电压时，ATS装置应退出工作，避免不必要的动作。当供电电源消失，或系统发生故障造成工作母线、备用母线同时失去电压时，装置也不应动作，以保证电源恢复时，仍由工作电源供电。

（7）一个备用电源同时为几个工作电源备用时，如备用电源已代替一个工作电源工作，当另一工作电源断开时，装置仍应能动作；当工作电源有两个备用电源时，若两个备用电源为两个彼此独立的备用系统，应分别装设独立的ATS装置。当任一备用电源都能作为全厂各工作电源的备用电源时，ATS装置应使任一备用电源都能对全厂各工作电源实行自动投入。

11-24　厂用工作电源与备用电源之间有哪些切换方式？

（1）从运行的状态及切换的原因来看，切换可分为正常切换和事故切换。

1）正常切换是指当机组启停时，当具备切换条件时由运行人员手动操作，进行厂用工作电源和备用电源之间的切换。整个切换过程中始终保持厂用负荷的不间断供电。

2）事故自动切换是指当工作电源发生事故而跳闸时，备用电源自动投入装置能立即启动，自动、迅速地将备用电源投入，保证厂用负荷的连续供电。

（2）从断路器的动作顺序来看，切换可分为（动作顺序以工作电源切向备用电源为例）串联切换、并联切换和同时切换。

1）串联切换是指在工作电源断路器全部断开时才能合上备用电源断路器。是将工作电源断路器的辅助接点直接串联（或经中间继电器）在备用电源断路器的合闸回路中来实现的，多用于事故切换。

2）并联切换是指先合上备用电源，两电源短时并联，再跳开工作电源。这种方式多用于正常切换。

3）同时切换是指备用电源断路器合闸和工作电源断路器跳闸是同时进行的。这种方式介于并联切换和串联切换之间。备用电源合闸命令在工作电源跳闸命令发出之后、工作电源未跳开之前发出。母线断电时间大于0ms而小于备用开关合闸时间。这种方式既可用于正常切换，也可用于事故切换。通常断路器的合闸时间大于其跳闸时间，所以，断电时间等于断路器的固有合闸时间减去跳闸时间，断电时间将随着断路器动作时间的不同而有差异，同时切换比串联切换的断电时间要短，但它对断路器的跳、合闸时间调整的精确度要求较高。如果断路器调整不好，可能会发生跳闸时间等于或大于合闸时间，即产生所谓断路器的重叠现象。在事故情况下，发生重叠现象有可能将备用电源合到故障点上，使故障范围进一步扩大。

（3）从切换的速度来看，切换分为延时切换和快速切换。

1）延时切换原指在工作电源断路器断开后，不是瞬时合上备用电源断路器，而是延时一段时间后再合上备用电源断路器。现在延时切换主要指同期捕捉切换和残压切换。采用延时的目的是为了防止厂用电动机承受过大的冲击力，但将引起锅炉运行状态的波动。

2）快速切换是指工作电源和备用电源断路器的动作采用的是同时切换或串联切换的方式，而且要求断路器的合闸必须是快速的，具有这种特征的切换方式称为“快速切换”。

11-25 BA型备用电源自动投入装置的控制器旋钮开关有哪几个功能位置？

BA型备用电源自动投入装置是厂用电源自动切换控制器，用于备用电源向无发电机控制电源间转换自动控制（如电除尘的PC段母线），适用于Compact NS和Masterpact开关。ATS装置由断路器本体和控制器构成，两台断路器的状态包括均断开、一合一分和一分一合三种状态，不允许两台断路器均在合位。其控制器的旋钮开关位置含义如下：

（1）自动方式AUTO。正常情况下BA型备用电源自投装置方式开关应投入自动方式。当正常电源失电、备用电源正常时，自动切换到备用电源运行；当工作电源恢复正常时，自动切换回工作电源运行。

（2）强制电源N。当备用电源自投装置方式开关投入N时，如果备用电源投入时，将自动跳开备用开关，合上工作电源开关。

(3) 强制电源 R。当备用电源自投装置方式开关投入 R 时，如果工作电源投入时，将自动跳开工作电源开关，合上备用电源开关。

(4) 手动停止 STOP。当备用电源自投装置方式开关投入 STOP MANU 时，将退出备用电源自投装置。

11-26 什么情况下应停用备用电源自动投入装置？

(1) 装置故障或自投回路故障及有工作时；

(2) 厂用工作变压器停电前；

(3) 厂用备用变压器停电前；

(4) 备用电源无电压时。

11-27 ASCO 系列进线双投转换开关是如何实现厂用电源切换的？

某发电厂主厂房 MCC 400V 双电源进线和 400V 保安 PC 段工作与备用电源的切换开关采用 ASCO ATS 进线双投转换开关，型号为 7ACTSB3-H5，实现双路电源的不间断切换。开关型号的含义为：A 表示自动；CTS 表示闭路切换开关；B 表示一般切换；3 表示三相；H 表示电压，380V；5 表示标准控制盘，无外箱。

ASCO ATS 切换开关将连接在一个电源上的一个或多个负载线路转接到另一个电源的自动装置。自动转换开关是一种独立的电器元件，它区别于断路器、熔断器、负荷开关、隔离开关、接触器等。自动转换开关包含了断路器和控制器两部分，用于两路电源间的转换，具有独立的侦测和判别功能，转换为自动的。ASCO 双投闭路自动转换开关采用闭路转换，其 ATS 为“先通后断”式，负载可以真正做到 100% 不停电。闭路转换的要求：①电压差为 ±5%；②频率差为 ±0.2Hz；③相位差为 ±5°；④并联时间小于 100ms。

ASCO ATS 不同于双断路器或双接触器或双负荷开关组合形式。其工作原理像电动的“跟头闸”，是真正的一体化的双投机构，原理接线示意图如图 11-9 所示。

ASCO 闭路式切换开关允许在正常侧与紧急侧电源同时存在且

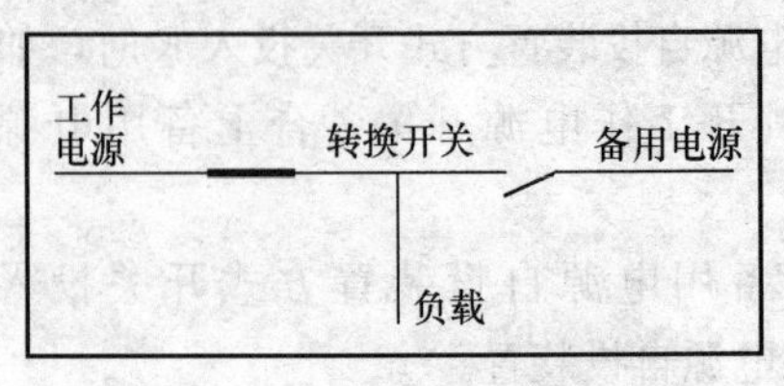

图 11-9　ASCO ATS闭路双投转换开关接线示意图

同步时，正常侧与紧急侧双组主接点可短时间重叠切换（先接后离），切换过程负载不停电，由控制逻辑持续监视双边电源状态并自动判断须进行开路切换或闭路切换，额定容量为150～4000A。闭路式切换开关不需控制发电机之调速器，而是主动侦测当双边电源满足切换要求时，方进行闭路切换，因此自动切换开关与发电机间只需要启动线而不需要其他控制线，正常侧与紧急侧双边主接点重叠时间少于100ms。此开关可自动判断需行使闭路或开路切换，在开路切换时仍含相角侦测（1n-PhaseMonitor）切换功能。为避免异常操作，ASCO 7000 系列闭路式切换开关控制器均已内建同步侦测失败警告信号及重叠时间过长跳脱保护线路。

11-28　WATS 进线双投转换开关有何特点？

辅助厂房双电源进线 MCC 采用 WATSNB 型进线双投转换开关。开关具有延时功能，具有电源电压、欠压、过压、失压和断相检测功能。该开关以施耐德电气公司的 Multi9 系列、Compact 系列断路器或负荷开关为执行元件，并配以机电一体化、带机电双重联锁的新型控制机构，特别适合用在不容许电源断电的重要供电场所。

它是由两台断路器加机械联锁组成，具有短路保护功能。控制器主要用来检测被监测电源（两路）工作状况，当被监测的电源发生故障（如任意一相断相、欠压、失压或频率出现偏差）时，控制器发出动作指令，开关本体则带着负载从一个电源自动转换至另一个电源，备用电源其容量一般仅是常用电源容量的20％～30％。

产品的主要特点有：

（1）三种可选工作方式。自投自复工作方式、互为备用工作方式和自投不自复工作方式。

（2）三种稳定工作位置。常用电源合、备用电源分；常用电源分、备用电源合；常用电源分、备用电源分。

(3) 体积小，结构简单，外形美观，具备 1～630A 规格；操作方便，使用寿命长；2 极、3 极、4 极开关均可提供。

(4) 开关切换驱动采用单电机驱动，结构简单，切换可靠平稳、无噪音、冲击力小。

(5) 开关带有机电联锁保护，确保两路电源可靠工作，互不干涉。

(6) 开关能带负载自动切换，紧急时可采用手柄进行手动切换。

(7) 控制器保护熔断器分断能力为 50kA，提高了配电安全。

(8) 在手动与自动运行方式间加有联锁，保证手动方式下自动操作失效。执行断路器手柄折断、触头黏接或负载故障（过载、短路）时自动转换开关不切换，真正实现机电联锁。

(9) MCB 型自动转换开关驱动机构擒纵由叉型改为凹型，解决了 MCB 加长手柄断裂、MCB 闭合不同步等故障，恢复了 MCB 速合、速断的功能，有效提高产品机械寿命。

(10) 提供接错线保护，当用户将工作电源误接 AC380V 时，通过声光进行报警，提高了设备的可靠性。

11-29 MFC2000-2 型微机厂用电快速切换装置的硬件构成及功能是什么？

MFC2000-2 型微机厂用电快速切换装置采用两片 INTEL 80C196 KC CPU，主 CPU 完成开关量输入检测、逻辑和切换等主要功能，辅 CPU 完成显示、通信和打印等辅助功能。主 CPU 用其高速输入口测量频率和相角，在电压周波的每一过零点，可立即计算出该电压最新时刻的频率，任一时刻可计算出两电压间的相差，做到瞬时检频检相。主从 CPU 间通过双口 RAM 进行数据交换。

装置采用了先进的总线隔离技术，CPU 板总线不外引，大大提高了装置的抗干扰能力。取自 TV 二次侧的电压和 TA 二次侧的电流经装置内小 TV 和小 TA 隔离变换后经调理整形，一部分进入 12 位高速 A/D 转换器测量幅值，另一部分经再经整形后进入主

CPU 的高速输入口 HIS 测量频率和相位，HIS 的分辨率为 2μs，其精度完全能满足要求。开关量输入和输出部分均采用光电隔离技术，以免外部干扰引起装置工作异常，跳合闸出口经逻辑组合进一步提高可靠性。人机界面部分由液晶显示屏、箭头式触摸键和 LED 信号指示灯组成，液晶显示屏采用 240×180 点阵式，中文菜单。

装置设有 2 个通信接口，1 个是 485 口，半双工，宜接入 DCS 系统或电气监控系统，最大传输距离 1000m，通信速率 9600Bps。另 1 个为 232 口，可直接接插便携式电脑。装置设标准并行打印口一个，可直接接插打印机。装置设标准 GPS 对时信号接口 1 个，采用直流 24V 有源脉冲秒对时，可与 GPS 系统进行精确对时。如图 11-10 所示为 MFC2000-2 型快切装置的硬件构成示意图。

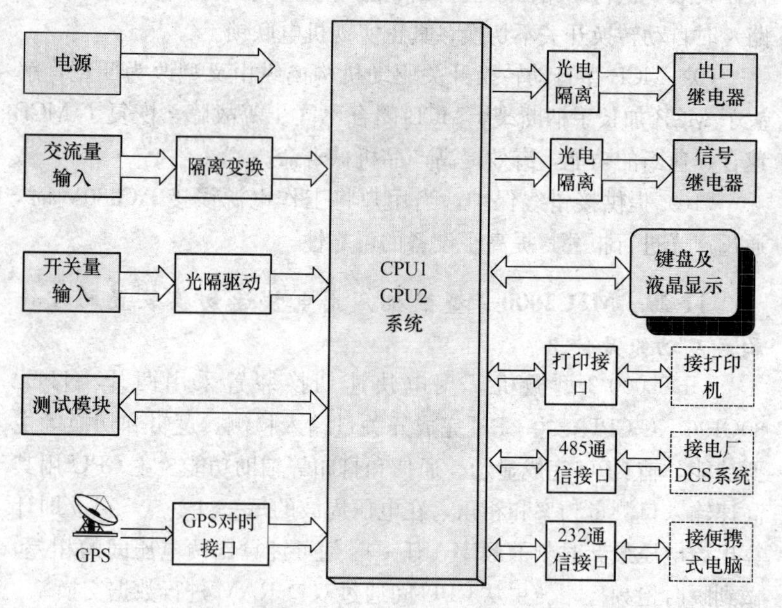

图 11-10　MFC2000-2 型快切装置的硬件构成示意图

装置在切换时间上具有快速切换、同期捕捉切换和残压切换等功能，快切不成功时自动转入同期捕捉和残压方式。在切换方式上可实现正常手动切换、事故切换、不正常切换以及并联切换、串联切换、同时切换功能。

11-30 MFC2000-2型微机厂用电快速切换装置具有哪些闭锁报警和故障处理功能？

（1）保护闭锁。某些保护（如分支过电流）动作时，闭锁本装置。

（2）出口闭锁。当装置内部软压板或控制台闭锁开关闭锁装置的跳合闸出口时，装置发出口闭锁信号。出口闭锁可往复投退，不必经手动复归。

（3）开关位置异常闭锁。当正常监测发现工作、备用断路器不是一个在合位一个在开位（工作断路器误跳除外）位置时，将闭锁出口，并发此信号，等待复归。切换过程中如发现一定时间内该跳的断路器未跳开或该合的断路器未合上，装置将根据不同的切换方式分别处理（如在同时切换中，若该跳的断路器未跳开，将造成两电源并列，装置将执行去耦合功能，跳开刚合上的断路器），并给出位置异常闭锁信号。

（4）备用电源失电闭锁、报警。当两电源一电源工作而另一电源失电，将无法进行切换操作，装置将给出报警信号并进入等待复归状态。考虑到备用段TV的检修情况，可将此功能进行投退。但退出后，后备失电的情况下，装置只能实现残压切换。

（5）TV断线闭锁、报警。厂用母线TV一相或两相断线，装置将闭锁、报警并等待复归。

（6）装置异常闭锁、报警。装置投入后即始终对CPU、RAM、EPROM、E^2PROM、AD等重要部件进行自检，一旦有故障，装置将闭锁、报警并等待复归。

（7）装置失电报警。装置开关电源输出的+5V、±15V、±24V直流电源任一路失电，装置将立即报警。

（8）自动闭锁，等待复归。当进行了一次切换操作后，或发生闭锁（出口闭锁除外）信号后（出口闭锁由人工投退）以及发生故障情况（电压消失除外）时，装置将自动闭锁，进入等待复归状态，只能手动复归解除。如闭锁或故障仍存在，则复归不掉。此状态下不影响外部操作及启动信号。

11-31 何谓厂用电“快速切换”？有何优点？

当厂用电源消失时，厂用电动机开始惰走，而且厂用负荷多为高压电动机，所以厂用母线频率及幅值逐渐衰减，即出现母线残压。厂用电快速切换装置启动将使备用电源电压与母线残压进行并列，从而将工作电源切换为备用电源运行。下面以厂用母线残压相量的变化轨迹为例说明两个电源的切换过程，如图 11-11 所示为某机组厂用母线残压变化的极坐标图形式。

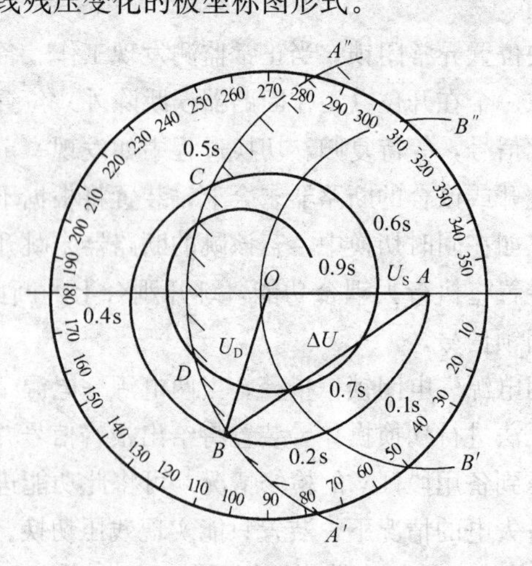

图 11-11 厂用母线残压变化特性

图中 U_D 为母线残压，U_S 为备用电源电压，ΔU 为备用电源电压与母线残压间的差压。假定正常运行时工作电源与备用电源同相，其电压相量端点为 A，则母线失电后残压相量端点将沿残压曲线由 A 向 B 方向移动，如能在 AB 段内合上备用电源，则既能保证电动机安全，又不使电动机转速下降太多，这就是所谓的“快速切换”。快速切换的整定值有两个，即频差和相角差，在装置发出合闸命令前瞬间将实测值与整定值进行比较，判断是否满足合闸条件。由于快速切换总是在启动后瞬间进行，因此频差和相差整定可取较小值。

厂用电采用快速切换的优点如下：

（1）备用电源电压与残压间的相角差很小，从而对电动机绕组的冲击明显减小。

（2）缩短切换时间，有利于厂用母线电压和电动机自启动的恢复，对锅炉的稳定运行也有利。能够加速恢复的主要原因，是由于厂用母线残压很高（约额定电压的90%以上）和电动机速度下降不多时就合上了备用电源。

11-32　实现快速切换的影响因素是什么？

从快速切换的原理可知，能否切换成功主要取决于工作电源与备用电源间的固有初始相位差 $\Delta\Phi_0$、快切装置启动的方式（保护启动等）、备用开关的固有合闸时间以及母线段当时的负载情况［相位差变化速度 $\Delta\Phi/\Delta t$（或频差 Δf）］等。因此，实际应用中以下条件决定了能否成功实现快速切换：

（1）断路器合闸时间。快速断路器的合闸时间一般小于100ms，有的甚至只有40～50ms左右，这为降低相位或频率差、实现快速切换提供了必要条件。

（2）系统接线、运行方式。系统接线方式和运行方式决定了正常运行时厂用母线电压与备用电源电压间的初始相角，若该初始相角较大，如大于20°，则不仅事故切换时难以保证快速切换成功，连正常并联切换也将因环流太大而失败或造成设备损坏事故。

（3）故障类型。故障类型则决定了从故障发生到工作断路器跳开这一期间厂用母线电压和备用电源电压的频率、相角和幅值变化。

（4）保护动作时间。保护动作时间和各其他有关断路器的动作时间及顺序也将影响频率、相角等的变化。

11-33　如何理解“快速切换”的时间？

快速切换时间涉及两个方面：一是开关固有跳合闸时间；二是快切装置本身的动作时间。

就开关固有跳合闸时间而言，当然是越短越好，特别是备用电源开关的固有合闸时间越短越好。从实际要求来说，固有合闸时间以不超过3～4Hz为好，国产真空断路器通常都能满足。若切换前工作电源与备用电源同相，快切装置以串联方式实现快速切换时，母线断电时间在100ms以内，母线反馈电压与备用电源电压间的相位差在备用电源断路器合闸瞬间一般不会超过20°～30°，这种情况下，冲击电流、自启动电流、母线电压的降落及电动机转速的下降等因素对机炉的运行带来的影响均不大。对开关速度的过分要求是不必要的，因为快速切换阶段频差和相位差的变化较慢，速度提高10ms，相位差仅减小几度，但对机构的要求不小。

快切装置本身的固有动作时间包括其硬件固有动作时间和软件最小运行时间。装置硬件固有时间主要包括开关量输入、开关量输出两部分的光隔及继电器动作时间，再加上出口跳合闸继电器的动作时间。软件最小运行时间指最快情况下软件完成测量、判断、执行等的时间。与开关一样，过分追求快速对快切装置来说同样是不必要的，而且是有害的。从硬件来说，就目前的制造水平而言，进一步提高速度意味着减少或取消继电器隔离环节，仅采用光耦隔离，从现场实际应用情况来说，采用继电器—光耦两级隔离的技术更为成熟可靠。从软件来说，针对断路器断开时灭弧引起的暂态所需进行的一些特别计算处理以及开关量输入测量时的去抖处理等都是保证装置动作的准确性和可靠性所必不可少的，省却这些时间只能使装置加快几毫秒，于切换几无影响，但对装置动作可靠性来说也许是致命的。

11-34　什么是同期捕捉切换？什么是残压切换？

所谓“同期捕捉切换”，是指在图11-11中C点后至CD段切换时，不是采用固定延时的办法，而是采用实时跟踪残压的频差和角差变化，在反馈电压与备用电源电压相量第一次相位重合时合闸的切换方式。

所谓“残压切换”是指当残压衰减到20%～40%额定电压后实现的切换方式。残压切换虽能保证电动机安全，但由于停电时间过长，电动机自启动成功与否、自启动时间等都将受到较大限制。

快切不成功时最佳的后备方案是同期捕捉。有关数据表明：反相后第一个同期点时间约为 0.4～0.6s，残压衰减到允许值（如 20%～40%额定电压）为 1～2s，而长延时则要经现场试验后根据残压曲线整定，一般为几秒，以保证自启动电流在 4～6 倍内。可见，同期捕捉切换，较之残压切换和长延时切换有明显的好处。

11-35 快切装置如何与同期装置配合？

厂用电快切装置实现同期捕捉切换时，同期捕捉之“同期”与发电机同期并网之“同期”有很大不同。同期捕捉切换时，电动机相当于异步发电机，其定子绕组磁场已由同步磁场转为异步磁场，而转子不存在外加原动力和外加励磁电流。因此，备用电源合上时，若相角差不大，即使存在一些频差和压差，定子磁场也将很快恢复同步，电动机也很快恢复正常异步运行。所以，此处同期指在相角差零点附近一定范围内合闸（合上）。虽然厂用电系统的断路器都有同期问题，但快切装置无法实现同频操作，大部分快切装置也是借助于同期监察继电器 KY 来应付同频操作的功角问题。

因此，厂用电快切装置的职责是解决事故情况下备用电源的操作问题，即快速、安全地实现备用电源的投切，最大限度地减少对厂用电动机的损害，而没有必要让快切装置去实施厂用电系统正常的倒闸操作。在发电厂自动装置的设计中，同期装置和快切装置的合理分工是：同期装置负责正常情况下同期点断路器的合闸操作，快切装置负责事故情况下（厂用工作母线失电）厂用电系统的断路器的跳、合闸操作。

11-36 1000MW 机组 10kV 厂用电切换的步骤是什么（通过 DCS 进行操作）？

（1）备用（工作）→工作（备用）切换（并联自动方式）。

1）确认方式设置中将控制方式选为“远方”，将远方并联切换方式设置为“自动”。

2）在 DCS 系统上将“出口闭锁”投退设置为“投入”。

3）在 DCS 系统上将手动方式设置为“并联”。

4）复归装置（如果此时装置处于闭锁状态）。

5）确认装置无闭锁。

6）操作DCS系统“手动切换”启动开关。

7）装置将自动合上工作（备用）开关、断开备用（工作）开关。

8）光字牌“切换完毕”、“装置闭锁”灯亮，切换完成。

(2) 备用（工作）→工作（备用）切换（并联半自动方式）。

1）确认方式设置中将控制方式选为“远方”，将远方并联切换方式设置为“半自动”。

2）在DCS系统上将“出口闭锁”投退设置为“投入”。

3）在DCS系统上将手动方式设置为“并联”。

4）复归装置（如果此时装置处于闭锁状态）。

5）确认装置无闭锁。

6）操作DCS系统“手动切换”启动开关。

7）确认工作（备用）开关合好后，拉开备用（工作）开关。

8）光字牌“切换完毕”、“装置闭锁”灯亮，切换完成。

参 考 文 献

[1] 宗士杰. 发电厂电气设备及运行. 北京：中国电力出版社，1997.

[2] 华东电业管理局. 电业工人技术问答丛书 高压断路器技术问答. 北京：中国电力出版社，1997.

[3] 华东电业管理局. 电业工人技术问答丛书 电气运行技术问答. 北京：中国电力出版社，1997.

[4] 山西省电力工业局. 电气设备运行(初、中、高级工). 北京：中国电力出版社，1997.

[5] 华东电业管理局. 电业工人技术问答丛书 变压器检修技术问答. 北京：中国电力出版社，1999.

[6] 张三惠. 电磁学. 北京：清华大学出版社，1999.

[7] 华东六省一市电机工程(电力)学会. 电气设备及系统. 北京：中国电力出版社，2000.

[8] 中国华东电力集团公司科学技术委员会. 600MW 火电机组运行技术丛书 电气分册. 北京：中国电力出版社，2000.

[9] 国家电力调度通信中心. 电力系统继电保护实用技术问答. 北京：中国电力出版社，2000.

[10] 钱亢木. 大型火力发电厂厂用电系统. 北京：中国电力出版社，2001.

[11] 潘龙德. 电气运行. 北京：中国电力出版社，2002.

[12] 卢文鹏. 发电厂变电站电气设备. 北京：中国电力出版社，2002.

[13] 白忠敏等. 现代电力工程直流系统. 北京：中国电力出版社，2003.

[14] 张建平等. 电气设备检修技术问答. 北京：中国电力出版社，2003.

[15] 杜宗轩等. 电气设备运行技术问答. 北京：中国电力出版社，2004.

[16] 卓乐友. 电力工程电气设计 200 例. 北京：中国电力出版社，2004.

[17] 张保会，尹项根. 电力系统继电保护. 北京：中国电力出版

社，2005.
［18］ 范绍彭. 电气运行. 北京：中国电力出版社，2005.
［19］ 胡虔生，胡敏强. 电机学. 北京：中国电力出版社，2005.
［20］ 陶苏东，荀堂生，张盛智. 600MW级火力发电机组丛书 电气设备及系统. 北京：中国电力出版社，2006.
［21］ 陈启卷. 电气设备及系统. 北京：中国电力出版社，2006.
［22］ 王维俭等. 大型发电机变压器内部故障分析与继电保护. 北京：中国电力出版社，2006.
［23］ 杨冠城. 电力系统自动装置原理. 北京：中国电力出版社，2007.
［24］ 宋志明. 继电保护原理与应用. 北京：中国电力出版社，2007.
［25］ 王晓玲. 电气设备及运行. 北京：中国电力出版社，2007.

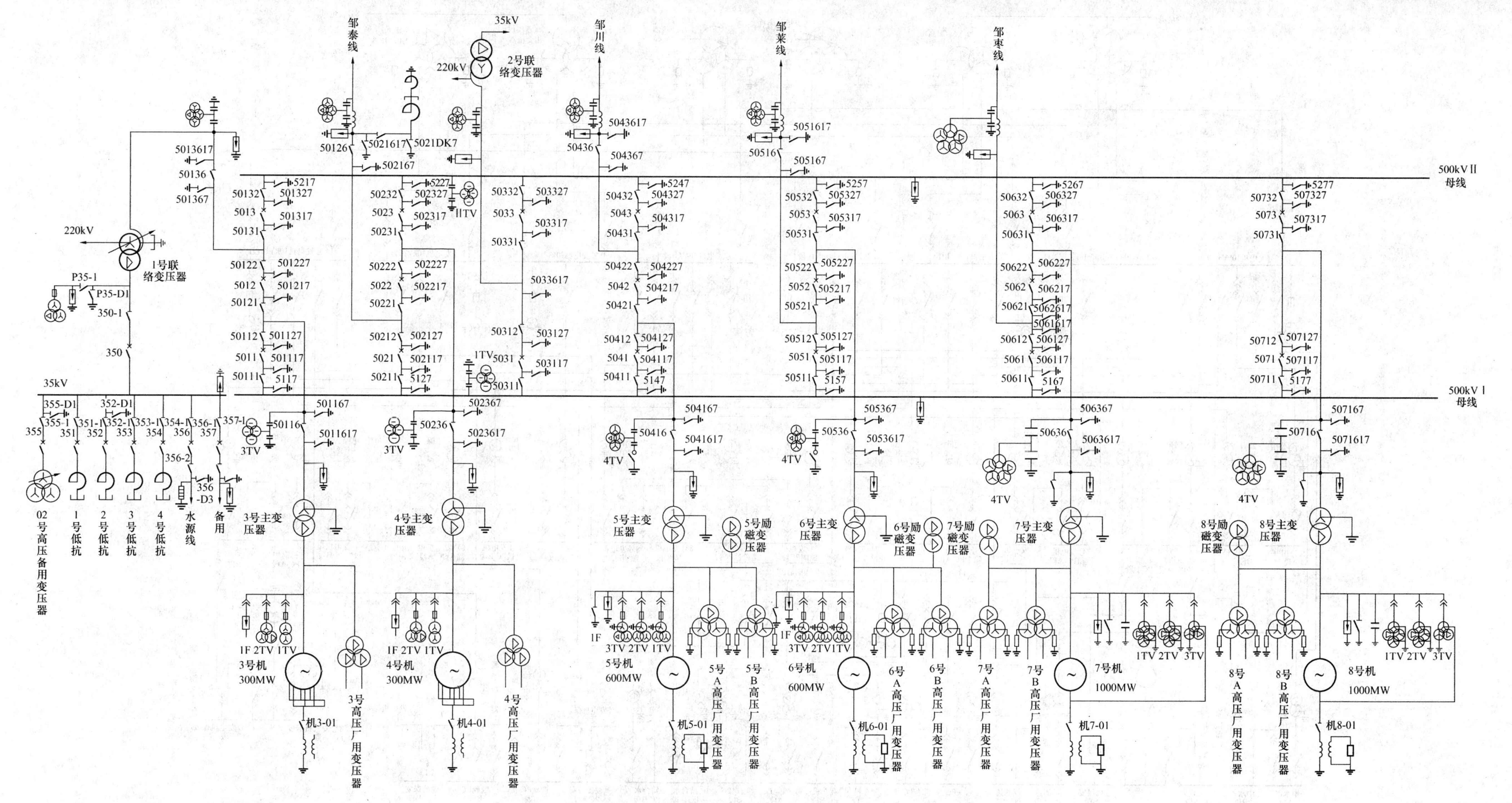

附图1　邹县发电厂电气主接线图

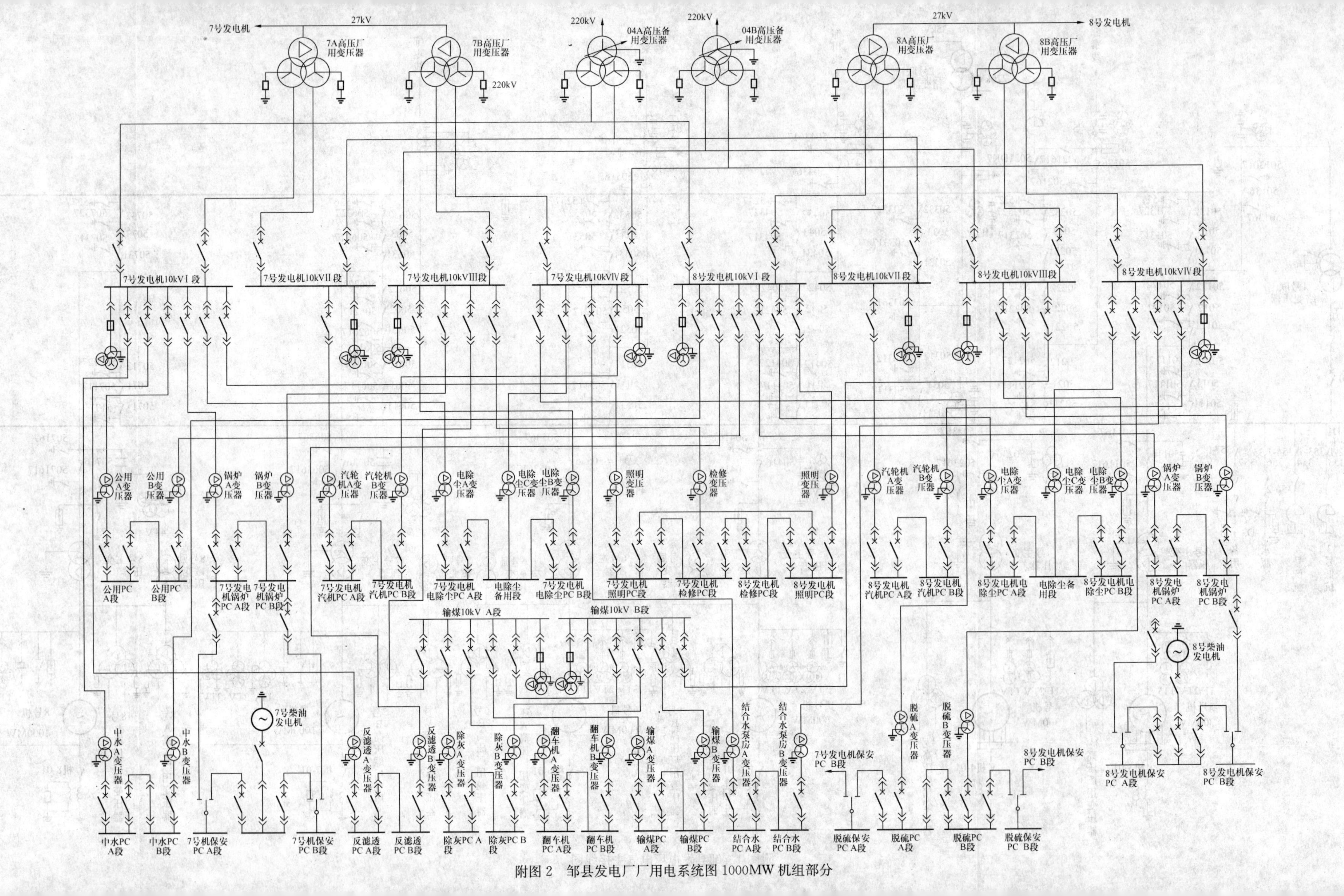

附图2 邹县发电厂厂用电系统图1000MW机组部分

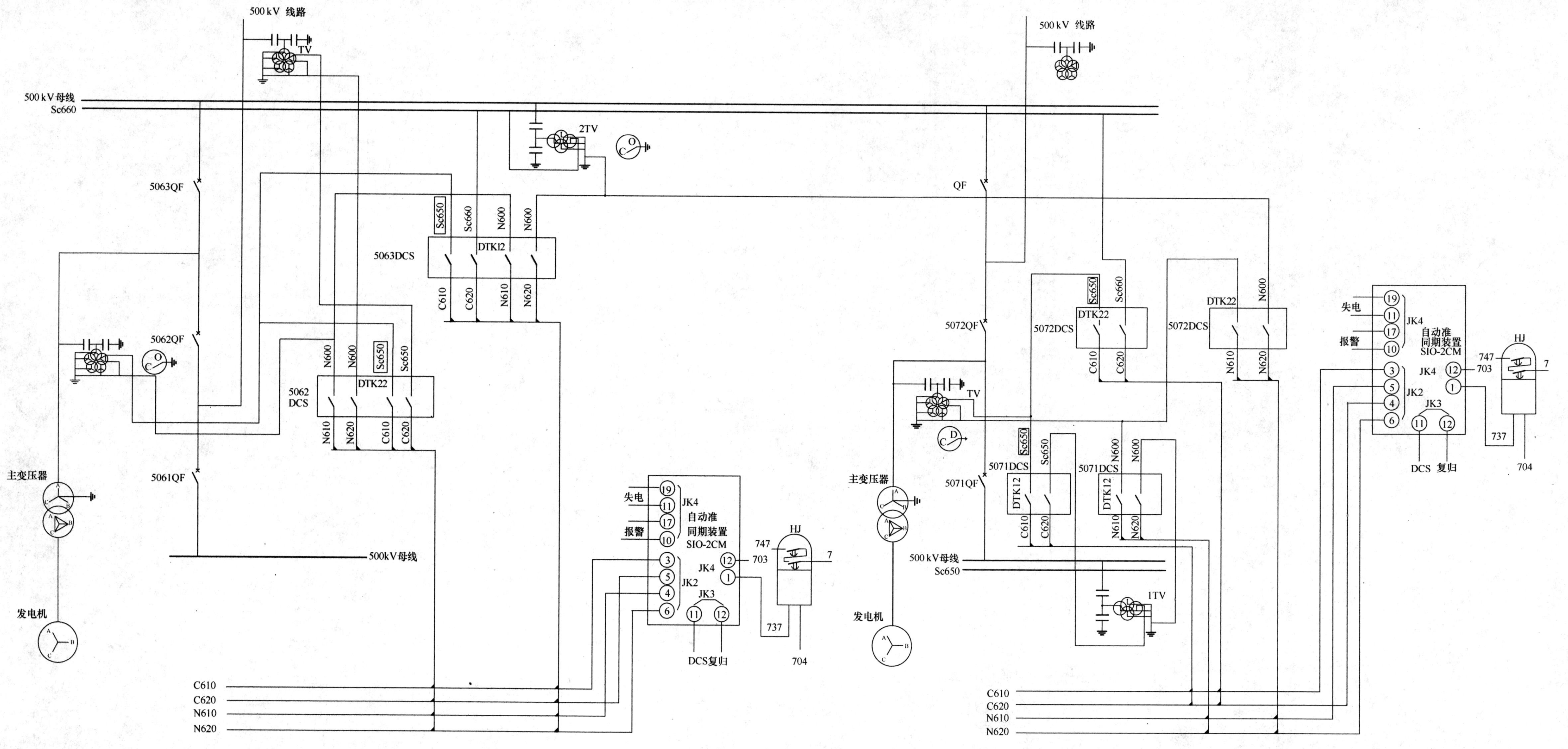

500 kV 线路
TV
500 kV 母线
Sc660
2TV
5063QF
Sc650
Sc660
N600
N600
DTK12
5063DCS
C610
C620
N610
N620
5062QF
N600
N600
Sc650
Sc650
DTK22
5062
DCS
N610
N620
C610
C620
5061QF
主变压器
500kV母线
发电机
失电
报警
JK4
自动准
同期装置
SIO-2CM
JK2
JK3
DCS复归
HJ
747
703
7
737
704
C610
C620
N610
N620
500 kV 线路
QF
5072QF
5072DCS
DTK22
Sc650
Sc660
C610
C620
5072DCS
DTK22
N600
N610
N620
TV
5071DCS
Sc650
Sc650
DTK12
C610
C620
5071DCS
N600
N600
DTK12
N610
N620
5071QF
主变压器
500 kV母线
Sc650
1TV
发电机
失电
报警
JK4
自动准
同期装置
SIO-2CM
JK2
JK3
DCS
复归
HJ
747
703
7
737
704
C610
C620
N610
N620

附图 3　同期装置接线图